ライブラリ数理・情報系の数学講義 = 5

関数論講義

金子　晃　著

サイエンス社

サイエンス社のホームページのご案内
https://www.saiensu.co.jp
ご意見・ご要望は　rikei@saiensu.co.jp　まで．

はしがき

本書は，関数論の入門書です．微分積分学が実変数の関数を扱うのに対し，関数論は複素変数の関数を扱うもので，その主役となるのは，正則関数，すなわち，複素変数の意味で微分可能な関数です．この理論は 19 世紀に複素数が数学界で存在を認められたのと並行して，微積分をさらに深く探求するために誕生し発展しました．ここで得られた多くの成果は，その後解析学はもちろん，代数学や幾何学，そして物理などとも結びついて発展し，関数論の一つの結果が後に誕生した数学の一分野の雛形となっていることも少なくありません．

関数論は普通，理工系の学部の 2～3 年で教えられています．実数の世界から抜け出して複素数の世界に入ることで，計算が簡単になったり見通しが良くなったりするので，その実用的な価値が広く認められているからですが，より初等的な数学においても複素数の効用は少なくありません．本書の前半では，まずそのような計算の手段としての実用的技法を身につけることを目指します．高木貞治先生は有名な著書『解析概論』で，微分積分学は複素数の世界に出ることで初めて完成する，という主旨のことを述べて居られます．著者もこれに感動した一人です．本書の後半では，関数論の定番のより深い結果を扱い，また新しい数学の契機となった多種多様な成果をなるべく多く紹介し，関数論が果たした現代数学への先駆的役割を明らかにしたいと思います．

著者は長く“佐藤超関数の理論”を専門としてきましたが，関数論はその重要な基礎を成しています．東京大学では教養学部に在籍したので，学部の関数論の講義は担当機会がありませんでしたが，教養の学生向け自由選択科目『全学一般ゼミナール』で，佐藤超関数の 1 変数の原論文や，たまたま 1980 年代に解決されたビーベルバッハ予想の論文の輪講などを行い，それらの準備として関数論の速成入門講義を行ったことがあります．また大学院では専門の講義の一部として関数論の多変数版である多変数関数論を取り上げました．お茶の水女子大学に移った後は，関数論が数学科と著者の所属した情報科学科との共通科目だったことから，2 年間これを担当させてもらい，標準的な内容を一通り講義する機会を得ました．そのとき配布した講義要旨が本書の骨格を成しています．所属柄，数学科の科目としては一風変わった計算機演習なども取り入れ，本書でもこの内容を付録で紹介しています．これらのプログラムを動かすことで関数論をより具体的で身近なものに感じて頂ければ幸いです．

著者が関数論を学んだ頃までは，関数論は平面の位相の概念への入門を兼ねており，書物の最初の方はその解説に当てられていました．その後，微積分の講義が単なる計算から位相的，理論的な内容を含むように変化してきたので，本書ではそのような議論は微積分の復習の形で使う定理を述べる一方，証明については一部を除き微積分の教科書を参照し，その後の議論を厳密に進めるようにしています．これは数学科などでそのような微積分を学んだ読者が関数論についても厳密な理論展開を効率よく学びたいという場合への配慮ですが，計算を主とした微積分を学んだ読者が関数論でも計算を身につけたいと考えて本書を手にされた場合をも配慮し，細部の証明に煩わされず定理等の意味だけを把握して読み進められるよう，多くの計算練習を載せています．

本書はサイエンス社の『ライブラリ数理・情報系の数学講義』の一冊として企画されながら，長く執筆の気が昂らずにいました．それは一つには，定年退職した著者に講義の機会が無くなった現在，世の中に関数論の良書は数多く，今更１冊を加える意義があまり感じられなかったせいもあります．今回，著者がいつも数学や計算機のお手伝いをしながら人工知能の勉強をさせて頂いているお茶の水女子大学理学部情報科学科小林研究室の院生，漆原理乃さんから，そういう企画が有るなら原稿を読んで関数論の勉強をしたいという有り難いご提案を頂き，急遽執筆に取り掛かりました．関数論は著者が初めて抽象的な数学に触れた分野で，書き始めると青春の思い出も蘇り，楽しくなってつい書きすぎた所もありますが，その分個性が出せたかと思います．しかも漆原さんのチェックのお蔭で，基礎的な部分は読みやすい教科書になっていると思います．ここに深い謝意を記し記念とさせて頂きます．

サイエンス社編集部の田島伸彦氏には，十年以上に渡り忍耐強く原稿をお待ち頂いたことに感謝致します．また編集部の鈴木綾子氏，西川遣治氏には編集作業と校正を通して多大なお世話になりました．ここに謹んで謝意を表します．

2020 年 12 月 4 日

著者識

目　次

* 印が付けられた箇所は学部の講義としてはやや専門的なので，関数論の概要を素早く知りたい人は飛ばしてもよいでしょう．ただしこれらには本書の特徴を成す内容も含まれているので，余裕のある人は是非目をお通しください．
x.y は第 x 章 y 番目の注（長めの脚注相当）で，記号 x.y で引用されます．
は続きが本書のサポートページに載せられていることを示します．そこへのリンクはサイエンス社のサイト https://www.saiensu.co.jp/ で本書を検索すれば見つかります．そこには正誤表や各種参考資料なども置かれる予定です．

第1章

複素数に親しもう

この章では，複素数の取り扱い，特に複素平面における複素数のふるまいについて初等的な題材を用いて練習し，複素数に慣れてもらうことで関数論を学ぶための準備運動とします．

1.1 複素数と関数論の歴史概観

関数論の基礎は複素数です．ただし実数も複素数の一部なので，真にそれを特徴づけるのは虚数です．虚数が数学に登場した経緯を振り返ってみましょう．

代数計算で根号の内部に負の数が現れることがあるのは早くから東西の文明で認識されていました．しかし，虚数単位の i が虚数の英語である imaginary number の頭文字から来ていることからも分かるように，これはあくまで虚構の数で[1]，計算の途中では使っても最後の結果に残る場合は問題自身が不適切とされました．和算でもこのような問題は“虚題”として捨てられたのです．

イタリアルネサンス期に G. Cardano（カルダーノ）は 3 次方程式の根の公式を導いたとき，実根を求めようとして虚数が現れることがあるのに気づいていました．R. Bombelli（ボンベッリ）は普通の人向けにイタリア語で代数の教科書を書き，単なる手段としてでしたが今と同じ複素数の計算規則を与えました．また，Cardano の公式において虚数の計算をうまくやると実根がすべて求まることも指摘しました．

18 世紀に活躍したドイツ系スイス人の L. Euler（オイラー）は数学史上最多の業績を残し，虚数を用いても多くの計算をしました．彼はいくつかの関数が複素数に対しては多価関数となることを認識しており，また e や π の記号と並んで虚数単位の記号 i を導入し，$e^{i\pi}+1=0$ という美しい等式を遺しました．

19 世紀になると虚数の存在を正式に認めようという動きが具体化しました．フランス系スイス人の R. Argand（アルガン）は 1806 年に複素数を平面の点に対応させ，

---

1) i は添え字としての需要が大きいので，これを避けて $\sqrt{-1}$ を使う数学者も少なくありません．また電磁気学では i が電流を表すので伝統的に j を代わりに使ってきました．しかし本書では高校以来なじみの i を用います．

複素数の演算の幾何学的意味を論じました[2].

C.F. Gauss は早くから虚数の実在を確信しており，代数方程式が複素数の範囲で次数だけの根を持つこと（いわゆる代数学の基本定理）を証明し，学位論文としました．そこでは複素平面の位相の議論が暗に使われていますが，彼は慎重な人で，当時まだ数学界には虚数を認めない人たちも居たため，彼は自分の成果が誰にも文句を付けられないよう複素数は表に出さず，“任意の実係数 1 変数多項式は 1 次または 2 次の実係数多項式の積に因数分解できる” という表現で論文を書いたのです．彼は自分では複素数を変数とする関数の理論を持っており，複素平面で自由に思考し，複素積分が平面の線積分であることも認識し，Cauchy の積分定理の内容を知っていましたが，論争に巻き込まれるのを避けて若い頃の公表論文では複素数を表に出さず，そのため関数論の創始者の仲間には入り損ないました．ただ後に機が熟したと見て，代数学の基本定理を複素係数にして発表し直したときには複素平面をおおっぴらに使い，それ以後複素平面は Gauss 平面と呼ばれるようになりました[3].

N. H. Abel は楕円関数，及びそれを一般化した Abel 関数の理論を複素変数の関数の理論として与えました．若い人たちは虚数の存在など微塵も疑っておらず，保守的な人たちのことも意に介さなかったのです．

A. Cauchy は微分積分学の理論的基礎を与えた人ですが，正則関数に関しては厳密な定義は与えずに関数論をどんどん展開していきました．B. Riemann, K. Weierstrass に到り，それぞれ幾何学的，及び解析学的立場から正則関数の厳密な定義とともに関数論の理論的基礎付けが与えられました．Riemann 全集に載っている最初の論文は彼の学位論文で，冒頭の 4 ページで正則関数の定義を導いており，そこは教養課程の学生でも読むことができるので，ドイツ語が読める人は原論文を読んでみると良いでしょう[4].

---

[2] 実は Argand より早く，ノルウェーの C. Bessel（有名な数学者 F. W. Bessel とは別人）が，Gauss の学位論文が書かれたのと同じ 1797 年に，Argand と同様の内容の論文を発表していました．Argand の仕事も知られるまでにかなりの時間がかかりましたが，この人の仕事は 19 世紀の数学者達には知られること無く終わってしまいました．

[3] フランス人は同朋愛から Argand 平面と呼んでいます．

[4] この論文は今はインターネットで自由に閲覧できます：
https://www.maths.tcd.ie/pub/HistMath/People/Riemann/Grund/Grund.pdf
フリーではありませんが仏訳や英訳もあります．本書のサポートページに日本語への抄訳を載せる予定です．なお Riemann 全集は Dover 社から安価なペーパーバックとして出版されており，高名な先生が勧めていたので，著者も学生時代に同級生達と競って買いました．

問 1.1-1（レポート問題[5]）　下記の参考文献の中から（あるいは他の数学史書から）適当なものを選んで一部または全部を読み，上に紹介した歴史の中から（あるいはそれ以外に関数論に関連した歴史的テーマから）気に入ったトピックを選んでレポートとして提出せよ．

この節の参考文献の例（この他巻末の文献 [14] の緒言は是非一読されると良い．）

[1] 高木貞治『近世数学史談』，共立出版，1933（何度か復刊され，岩波文庫版もある）．
[2] ボイヤー C.B.（加賀美鉄雄・浦野由有訳）『数学の歴史 1 ～ 5』，朝倉書店，1985.
[3] ボタチーニ U.（好田順治訳）『解析学の歴史』，現代数学社，1990.
[4] カッツ V.J.（上野健爾・三浦伸夫監訳）『数学の歴史』，共立出版，2005.
[5] 吉田耕作『数学の歴史 IX, 19 世紀の数学，解析学 I』，共立出版，1986.
[6] デュードネ J. 編（上野健爾他訳）『数学史 I, II, III』，岩波書店，1985.

1.2　複素数の演算と複素平面

【複素平面】　複素数は $z = x + yi \leftrightarrow \binom{x}{y}$ により平面ベクトルと同一視されます．x, y はそれぞれ z の**実部**，**虚部**と呼ばれ，$\mathrm{Re}\, z$, $\mathrm{Im}\, z$ で表されます[6]．このとき $\boldsymbol{R}^2$ は $\boldsymbol{C}$ と同一視され，**複素平面**と呼ばれます[7]．ここでは複素数の加減算と実数倍は 2 次元のベクトル演算に他なりません．ベクトルの演算には無かった新たな概念は，複素数同士の乗除算ですが，これがどんな幾何学的意味を持つか調べましょう．

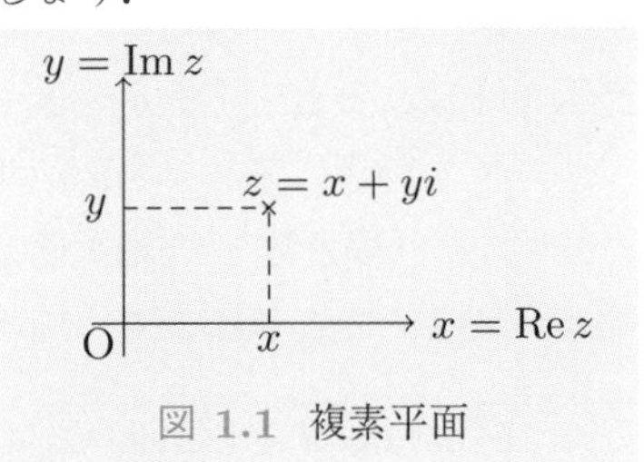

図 1.1　複素平面

5) 講義の臨場感を出すためにこの表現を残しましたが，手間がかかる問題程度の意味です．

6) 書物によってはドイツ文字でこれらを $\Re z$, $\Im z$ と記します．実は TeX のデフォールトはこちらの記号になっています．なお，$x + yi$ はしばしば $x + iy$ とも書かれます（[9] など）．i を定数だと思うとこう書きたくなるのですが，以後この順序には気を使わないでください．

7) 高校ではある時期から複素数平面と呼ばれていますが，これはその頃指導要領の改定に関わった代数幾何学の高名な先生が，“これは正確には複素平面じゃなく複素直線なので区別した方が良いんだよね”（この言葉の意味は後の 1.3 で解説しています）と漏らされたのが真面目に取り上げられて現在のように変わったと伝えられています．著者は直接聞いた話ではないのですが，更にこの先生は後に後悔したという話も伝わっています．英語では今でも complex plain なので，本書では昔通りの複素平面を使います．なお，複素平面はゆとり世代の 10 年間高校数学から消えていましたが，その後も複素数平面の名で復活したようです．

1.1　実はベクトルの方が一般に普及したのはずっと後なのです．$\boldsymbol{R}^n$ の点に実用的な四則演算が入る（体となる）のは $n = 1, 2, 4$ だけですが，線形演算だけを持つベクトル空間は n が何でもよく，そのことが広く認識されるまでは，3 次元ベクトルを表すのにも複素数を拡張した Hamilton（ハミルトン）の四元数 (quaternion) というものが重宝され，電磁気の計算でも用いられていました．これは $\boldsymbol{x} = a_0 + a_1 i + a_2 j + a_3 k$, $a_0, a_1, a_2, a_3 \in \boldsymbol{R}$, の形の表現の全体で，加法については複素数と同様ですが，乗法は $i^2 = j^2 = k^2 = -1$, $ij = k$, $jk = i$ という関係をもとに結合律と分配律を満たすように定義されるものです．これらの関係から $ji = j(jk) = (jj)k = -k = -ij$, 同様に $kj = -i = -jk$, $ki = j = -ik$ が導かれ，積の一部が非可換で，いわゆる非可換体となります．四元数では $z^2 + 1 = 0$ は $\pm i, \pm j, \pm k$ 以外にも $i\cos\theta + j\sin\theta$ のように無限に解を持ち，この意味でも複素数体 $\boldsymbol{C}$ は貴重な存在です．

i による乗法は平面における 90 度の回転と解釈されます．よって i^2 は 180 度の回転，すなわち -1 倍で，ベクトルの向きを変えます．i の掛け算は $\boldsymbol{R}^2$ では次のような 2 次の正方行列による積

$$z = x + yi \leftrightarrow \begin{pmatrix} x \\ y \end{pmatrix} \quad \text{とすれば} \quad iz = -y + xi \leftrightarrow \begin{pmatrix} -y \\ x \end{pmatrix} = \begin{pmatrix} 0 & -1 \\ 1 & 0 \end{pmatrix} \begin{pmatrix} x \\ y \end{pmatrix}$$

に対応し，これは回転行列 $\begin{pmatrix} \cos\theta & -\sin\theta \\ \sin\theta & \cos\theta \end{pmatrix}$ による積の $\theta = \dfrac{\pi}{2}$ という特別な場合です．

【de Moivre の公式と極表示】　平面の座標として極座標を用いたときに対応する複素数の表現が**極表示**と呼ばれるもので，$z = x + yi$ を $r = \sqrt{x^2 + y^2}$, $\theta = \mathrm{Arctan}\,\dfrac{y}{x}$ を用いて $z = re^{i\theta}$ の形に表します．r は動径で，z に対応する位置ベクトルの長さですが，これは複素数 z の**絶対値**とも呼ばれ $|z|$ で表されます．θ は z の**偏角**と呼ばれ $\arg z$ で表されます．

$$e^{i\theta} = \cos\theta + i\sin\theta \tag{1.1}$$

は **Euler の等式**と呼ばれるもので，指数関数と三角関数の定義によっては証明できる式となります（次章参照）が，当座は左辺を右辺の略記だと思っておきましょう．この等式と，θ の符号を変えた $e^{-i\theta} = \cos\theta - i\sin\theta$ とから

$$\cos\theta = \frac{e^{i\theta} + e^{-i\theta}}{2}, \quad \sin\theta = \frac{e^{i\theta} - e^{-i\theta}}{2i} \tag{1.2}$$

という便利な式も得られます．

以上の導入法では，極表示は極座標 $x = r\cos\theta$, $y = r\sin\theta$ を i を使っ

てまとめたものに過ぎません．しかし，三角関数の加法定理を用いると，$z_1 = r_1 e^{i\theta_1}$，$z_2 = r_2 e^{i\theta_2}$ に対し，

$$z_1 z_2 = r_1 e^{i\theta_1} r_2 e^{i\theta_2} = r_1 r_2 e^{i(\theta_1+\theta_2)} = r_1 r_2\{\cos(\theta_1+\theta_2) + i\sin(\theta_1+\theta_2)\}$$

が成り立つことが容易に確かめられ，この指数法則の拡張のような性質がこの記法の使用を正当化しています．（実は次章で指数関数を複素変数にまで拡張し，これが本当に指数法則から導かれることを示します．）この特別な場合として，指数法則 $(e^{i\theta})^n = e^{in\theta}$ が成り立ちますが，これは書き直せば de（ド）Moivre（モアヴル）の法則：

$$(\cos\theta + i\sin\theta)^n = \cos n\theta + i\sin n\theta$$

に他なりません．高校数学ではこの公式の証明が数学的帰納法の練習問題としてよく使われていますが，これは指数法則 $(e^{i\theta})^n = e^{in\theta}$ を $e^{i(n-1)\theta}e^{i\theta} = e^{in\theta}$ という帰納法で証明することと同等です．

極表示を用いると，冪乗根は偏角の等分に帰着されます．$z = re^{i\theta}$ とすると，$\sqrt[n]{z} = \sqrt[n]{r}e^{i\theta/n}$ は確かに $(\sqrt[n]{z})^n = z$ を満たしますが，実はこれだけではありません．(1.1) から任意の整数 k について $e^{2k\pi i} = 1$ なので，

$$\sqrt[n]{z} = \sqrt[n]{r}e^{i(\theta+2k\pi)/n}, \quad k = 0, 1, \ldots, n-1 \tag{1.3}$$

は n 個の異なる z の n 乗根となります[8]．特に，1 の n 乗根は $e^{2\pi ki/n}$，$k = 0, 1, \ldots, n-1$ です．これは代数方程式 $z^n = 1$ のすべての根[9]に相当し，従って因数分解

$$z^n - 1 = \prod_{k=0}^{n-1}(z - e^{2k\pi i/n})$$

が成り立ちます．中でも $e^{2\pi i/n}$ は **1 の原始 $\boldsymbol{n}$ 乗根**と呼ばれ，他のものはこの冪乗となっています．このように整数以外の冪乗演算に対しては，指数法則を $(e^{i\theta})^{1/n} = e^{i\theta/n}$ のように機械的に使ってはいけません．それは求める値の一部にしかならないのです．

ここで複素数 $z = x + yi$ に対し，その**複素共役** $\overline{z} = x - yi$ の概念を思い出

[8] これ以外の k に対しては，$k \bmod n$，すなわち k を n で割った余りに対する値と一致し，(1.3) に含まれます．

[9] 高校で代数方程式の解と言っていたものを本書では根と言います．

しましょう．$\overline{z}$ は z と実軸に関して線対称の位置にあります．複素共役をとる操作は幾何学的にはこの実軸に関する鏡映変換で，**上半平面** $\mathrm{Im}\, z > 0$ と**下半平面** $\mathrm{Im}\, z < 0$ を交換し，実軸は動かしません．代数学的には複素共役をとる操作は四則演算と可換，すなわち複素数体の同型写像です[10)]：

$$\overline{z \pm w} = \overline{z} \pm \overline{w}, \quad \overline{zw} = \overline{z}\,\overline{w}, \quad \overline{\left(\frac{z}{w}\right)} = \frac{\overline{z}}{\overline{w}}. \tag{1.4}$$

次のようなよく使われる等式にも注意しましょう：

$$\mathrm{Re}\, z = x = \frac{z + \overline{z}}{2}, \quad \mathrm{Im}\, z = y = \frac{z - \overline{z}}{2i}, \quad z\overline{z} = x^2 + y^2 = |z|^2. \tag{1.5}$$

また，極表示では次の等式もよく使われます：

$$\overline{(e^{i\theta})} = e^{-i\theta}. \tag{1.6}$$

これは $\overline{\cos\theta + i\sin\theta} = \cos\theta - i\sin\theta$ からすぐ出てきますが，形式的にバーを指数の肩に移動したものとなっており，後で冪級数を用いたその正当化も与えられます．

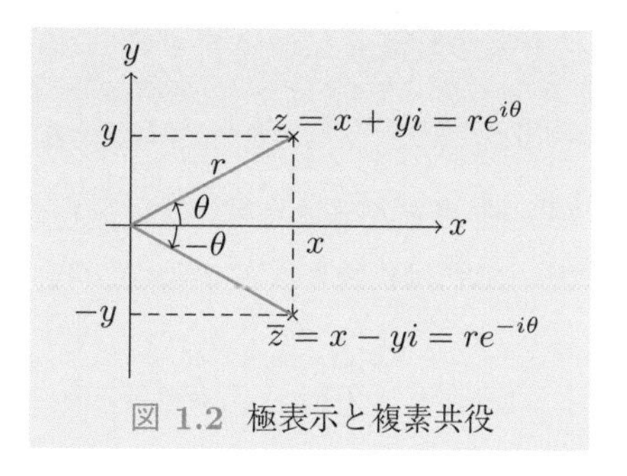

図 1.2　極表示と複素共役

【Cardano の公式】　これは3次方程式の根の公式[11)]で，初等代数学などの講義で習っていると思いますが，知らない人もいるようなので複素数の計算練習を兼

10) 以下の等式を初めて見たという人は計算練習に確かめてみてください．ただし，$\sqrt{-1}$ を $-\sqrt{-1}$ に写す操作が体の同型を与えることはGalois（ガロア）群の元による体の同型写像の最も簡単な例として代数学では当たり前の事実です．ちなみに，i が $\sqrt{-1}$ と $-\sqrt{-1}$ のどちらを表しているかは，平面の向きの選択と同様，数学の中だけでは決められません．

11) これは同時代の S. del Ferro（デルフェッロ）と N. F. Tartaglia（タルタッリヤ）が発見した公式を Cardano が一般化したものです．彼の著書には弟子の L. Ferrari（フェッラーリ）が発見した4次方程式の解法も載っています．ちなみにこの後は5次方程式の根の公式の探求から Abel によるその不可能性の証明を経て Galois 理論が誕生し現代代数学への道が拓けたのでした．

ねて教養としてここに書いておきます．一般の 3 次方程式 $x^3+ax^2+bx+c=0$ は，例えば組立除法を用いた根の平行移動で $x^3+qx+r=0$ の形に帰着されます．（組立除法は高校で教えていた時期もありますが，未習の人も $y=x+\frac{a}{3}$ という置換を素朴に計算すればこの形に導けます．）

$\omega=\frac{-1+\sqrt{-3}}{2}$ は受験数学でもおなじみの 1 の原始 3 乗根ですが，これを用いると $\omega^2+\omega+1=0$ に注意して因数分解の有名な公式は

$$
\begin{aligned}
x^3+y^3+z^3-3xyz &= (x+y+z)(x^2+y^2+z^2-xy-xz-yz)\\
&= (x+y+z)(x+\omega y+\omega^2 z)(x+\omega^2 y+\omega z)
\end{aligned}
$$

と 1 次因子まで分解できます．ここで $R=\frac{r^2}{4}+\frac{q^3}{27}$ とすれば，$y=\sqrt[3]{-\frac{r}{2}+\sqrt{R}}$, $z=\sqrt[3]{-\frac{r}{2}-\sqrt{R}}$ と置いたとき，$q=-3yz$, $r=-y^3-z^3$ が容易に確かめられます．従って

$$
x^3+qx+r=x^3-y^3-z^3-3xyz=(x-y-z)(x-\omega y-\omega^2 z)(x-\omega^2 y-\omega z)
$$

と変形され，これを 0 と置いたものから 3 根

$$
x=\begin{cases}
\sqrt[3]{-\frac{r}{2}+\sqrt{R}}+\sqrt[3]{-\frac{r}{2}-\sqrt{R}},\\
\omega\sqrt[3]{-\frac{r}{2}+\sqrt{R}}+\omega^2\sqrt[3]{-\frac{r}{2}-\sqrt{R}},\\
\omega^2\sqrt[3]{-\frac{r}{2}+\sqrt{R}}+\omega\sqrt[3]{-\frac{r}{2}-\sqrt{R}}
\end{cases}
$$

が得られます．（ここでは，1 行目の 3 乗根があたかも標準的に決まっているように書きましたが，$\sqrt[3]{\ }$ の中身が実数ならともかく，一般にはどれを指すのか明らかではありません．実はそれぞれの 3 乗根が 3 個ずつ有り，上の公式における これらの組合せは掛け合わせたら $-\frac{q}{3}$ になるようなもののすべてとなっているのです．）なお，$R>0$ のときは一つ目の根で実の立方根を選択しておけば，後の二つは互いに複素共役になります．（$\omega^2=\overline{\omega}$ に注意！）

例題 1.2-1　3 次方程式 $x^3-15x-4=0$ を
(1) 高校生式のやり方で整数根を見つけ出して因数分解する，
(2) Cardano の公式を用いる，
ことにより解き，両者を比べよ．

解答　(1) $f(x)=x^3-15x-4$ は $f(0)=-4<0$ だが，x を増加させれば

やがて正になるので，符号が変わる場所を探ってゆくと，$x = 4$ で零となることが分かる．$x - 4$ で $f(x)$ を割ると，$x^2 + 4x + 1$ が得られるので，他の2根は $-2 \pm \sqrt{3}$ と分かる．

(2) Cardano の公式より，まず $R = \frac{4^2}{4} + \frac{-15^3}{27} = -121$. 従って $\sqrt{R} = 11i$. よって3根は

$$\sqrt[3]{2+11i} + \sqrt[3]{2-11i}, \quad \frac{-1 \pm \sqrt{3}i}{2}\sqrt[3]{2+11i} + \frac{-1 \mp \sqrt{3}i}{2}\sqrt[3]{2-11i} \ (\text{複号同順}) \tag{1.7}$$

ここで，

$$2 \pm 11i = \sqrt{125}e^{i\theta} = \sqrt{125}(\cos\theta \pm i\sin\theta), \quad \text{ここに} \quad \theta = \text{Arccos}\,\frac{2}{5\sqrt{5}}.$$

すると，$\sqrt[3]{2 \pm 11i} = \sqrt{5}e^{i\theta/3} = \sqrt{5}(\cos\frac{\theta}{3} \pm i\sin\frac{\theta}{3})$ と取れ，一つ目の根が

$$\sqrt{5}\Big(\cos\frac{\theta}{3} + i\sin\frac{\theta}{3}\Big) + \sqrt{5}\Big(\cos\frac{\theta}{3} - i\sin\frac{\theta}{3}\Big) = 2\sqrt{5}\cos\frac{\theta}{3}.$$

と求まる．同様に，$\omega = e^{2\pi i/3}$, $\omega^2 = e^{4\pi i/3} = e^{-2\pi i/3}$ より他の2根も

$$\sqrt{5}e^{(\theta \pm 2\pi)i/3} + \sqrt{5}e^{-(\theta \pm 2\pi)i/3} = 2\sqrt{5}\cos\frac{\theta \pm 2\pi}{3}$$

と求まる．3実根の場合はこのように三角関数を用いた実の表現ができる[12)]が，一般にはこれ以上簡単にはならない．しかし，今は cos の3倍角の公式から $t = \cos\frac{\theta}{3}$ は $4t^3 - 3t = \cos\theta = \frac{2}{5\sqrt{5}}$ を満たすことが分かり，ここで $t = \frac{s}{\sqrt{5}}$ と変換して両辺に $5\sqrt{5}$ を掛けると，$4s^3 - 15s = 2$ となり，符号を考えると $s = 2$ に決まる．従って $\cos\frac{\theta}{3} = t = \frac{2}{\sqrt{5}}$, $\sin\frac{\theta}{3} = \frac{1}{\sqrt{5}}$ となり，$\sqrt{5}(\cos\frac{\theta}{3} \pm i\sin\frac{\theta}{3}) = \sqrt{5}(\frac{2}{\sqrt{5}} \pm i\frac{1}{\sqrt{5}}) = 2 \pm i$ なので，

$$\sqrt[3]{2+11i} + \sqrt[3]{2-11i} = 2 + i + (2 - i) = 4$$

が分かる．これらを用いて (1.7) に戻って計算すれば，$-2 \pm \sqrt{3}$ も求まる．

なお，3倍角の公式を用いて $\cos\frac{\theta}{3}$ を Cardano の公式で求めようとするのは堂々巡りになるだけである．この例でも $\sqrt[3]{2+11i}$ が再び出てくる． □

---

12) このように3次方程式の根を三角関数で表したのは F. Viète（ヴィエト）（ラテン名ヴィエタ）が最初です．彼は3倍角の公式を発見し，3次方程式をそれに帰着させてこのような根の表現を得ました．

1.2　3 次方程式の判別式，すなわち，根の差積の平方は，上の形だと $D = -108R = 4q^3 + 27r^2$ となることが知られており（例えば [4], 例 7.5 (2)），従って実係数なら 3 根とも実の条件は $D > 0$[13]，すなわち $R < 0$ です．よって 3 根とも実のときは Cardano の公式で計算の途中に一旦虚数が現れますが，四則演算と根号を用いたどのような根の公式も虚数を逃れることはできないことが後に Galois 理論を用いて示されました．

問 1.2-1　次の 3 次方程式を上の例題と同様に二通りの方法で解け．
(1) $x^3 - 7x + 6 = 0$　　(2) $x^3 + x^2 - 2 = 0$.

【平面幾何の問題への複素数の応用】　複素平面を通じて，複素数の計算を平面幾何の問題を解くのに利用することができます．基本的には座標で計算する解析幾何や，それを現代化したベクトルの利用と同等ですが，複素数の簡潔な表現のおかげで計算が見通しよくなったり楽になったりすることがあります．複素数の計算でよく使われる幾何学的意味付けを集めておきましょう．完全なリストではないので，例題の扱いとしておきます．

例題 1.2-2　以下を確かめよ：

(1) 二つの複素数 z_1, z_2 を結ぶ線分上の点は

$$(1-t)z_1 + tz_2, \quad 0 \leq t \leq 1 \tag{1.8}$$

で表現される．特に $t = 1/2$ のとき，$\frac{z_1+z_2}{2}$ はこの線分の中点となる．

(2) (1.8) で t を $\boldsymbol{R}$ 全体に動かしたものは，z_1, z_2 を通る直線のパラメータ表示を与える．また α を通り方向 β を持つ直線のパラメータ表示は

$$z = \alpha + t\beta, \ \ t \in \boldsymbol{R}. \tag{1.9}$$

(3) (1.9) の z が満たす方程式は

$$\overline{\beta}z - \beta\overline{z} - \alpha\overline{\beta} + \overline{\alpha}\beta = 0. \tag{1.10}$$

(4) z_1, z_2, z_3 を頂点とする三角形の重心は $\dfrac{z_1 + z_2 + z_3}{3}$.

(5) z_1, z_2 を通る直線と w_1, w_2 を通る直線が平行となるための条件は，比

[13] 3 次方程式の判別式のこの性質は高校の数学の知識で容易に証明できますが，一般の高次方程式の場合は判別式だけで実根の個数を推測する簡単な方法は無く，$D = 0$ が重根の存在と同値だというぐらいしか分かりません．

$\dfrac{w_2 - w_1}{z_2 - z_1}$ が実数となることである．また垂直となるための条件は，この比が純虚数（すなわち実部が零）となることである．

略解 (1) はベクトルの場合と同じ議論で示せる．特に

$$z_2 - \frac{z_1 + z_2}{2} = \frac{z_2 - z_1}{2} = \frac{z_1 + z_2}{2} - z_1$$

なので，中点であることが確認できる．

(2) は明らか．ちなみに (1.8) は

$$(1-t)z_1 + tz_2 = z_1 + t(z_2 - z_1)$$

と書き直し，$t \in \boldsymbol{R}$ が動く範囲を制限しなければ，これは z_1 を通り，方向 $z_2 - z_1$ を持つ直線のパラメータ表示となる．

(3) は $z = \alpha + t\beta$ とその複素共役 $\overline{z} = \overline{\alpha} + t\overline{\beta}$ とから t を消去したもの．左辺が純虚数となっていることに注意せよ．

(4) はこの点が頂点 z_1 と対辺の中点 $\frac{z_2+z_3}{2}$ を結ぶ，いわゆる中線上に存在することが，

$$\frac{z_1 + z_2 + z_3}{3} = \frac{1}{3}z_1 + \frac{2}{3}\frac{z_2 + z_3}{2}$$

から分かり，対称性によりこれは他の頂点と辺の対に対しても成り立つので，中線の交点という重心の定義により従う．またこの式から重心が中線の頂点から見て 2/3 の位置にあることも分かる．

(5) は実数倍がベクトルとしての向きを変えず，また i 倍が正の向きに 90 度回転させることから分かる． □

問 **1.2-2** α, β を通る直線が満たす $z, \overline{z}$ の方程式を示せ．

例題 1.2-3 三つの複素数 α, β, γ が正三角形を成すための条件として次の各々が使える．これらの意味を述べよ．

(1) $|\beta - \alpha| = |\gamma - \beta| = |\alpha - \gamma|$.

(2) $\gamma - \alpha = e^{\pi i/3}(\beta - \alpha)$.

略解 (1) は定義通り．(2) は正三角形が頂角 60 度 $= \frac{\pi}{3}$ の二等辺三角形であること（ただし，α, β, γ が正の向きに並んでいる場合）を表している． □

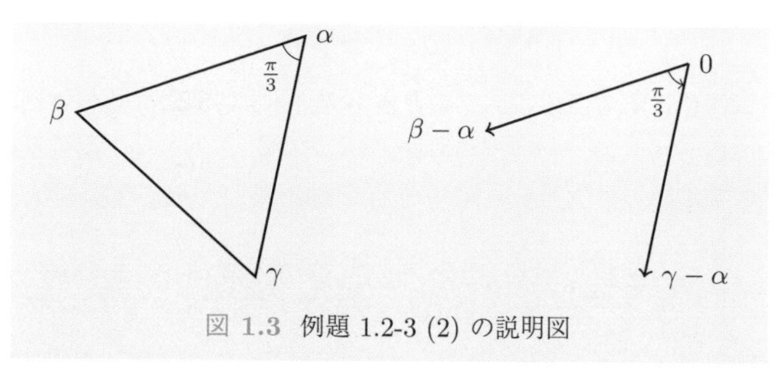

図 1.3 例題 1.2-3 (2) の説明図

例題 1.2-4 次の各々は α を中心とする半径 r の円周を表すことを説明せよ：

(1) $|z-\alpha| = r$.

(2) $z = \alpha + re^{it}$, $0 \leq t < 2\pi$.

(3) $z\overline{z} - \overline{\alpha}z - \alpha\overline{z} + \alpha\overline{\alpha} - r^2 = 0$.

略解 (1) は円の定義で，(2) はそれをパラメータ表示したもの．(3) は

$$|z-\alpha|^2 = (z-\alpha)(\overline{z}-\overline{\alpha}) = z\overline{z} - \overline{\alpha}z - \alpha\overline{z} + \alpha\overline{\alpha} = r^2$$

から分かる． □

問 1.2-3 次の式はどんな図形を表すか？

(1) $z\overline{z} - 2z - 2\overline{z} = 1$　(2) $z\overline{z} - (1+i)z - (1-i)\overline{z} = 1$　(3) $z\overline{z} - 2z + 3\overline{z} = 1$.

問 1.2-4 複素数 α を中心とする複素平面の角 θ の回転による複素数 z の行き先 w を z で表せ．

ではちょっとした応用問題を解いてみましょう．

例題 1.2-5 （ナポレオンの定理）[14] 平面の勝手な三角形の各辺の外側に，その辺を一辺とする正三角形を描く．このとき次を示せ：

(1) これらの正三角形の重心は正三角形を成す．

(2) この新たな正三角形の重心はもとの三角形の重心と一致する．

解答 三角形の頂点が三つの複素数 α, β, γ に対応し，これらは正の向き，すなわち

---

[14] これは『基礎演習線形代数』の例題 1.2-2 ですが，ここではそれを複素数を用いて解いてみます．定理の名前については同書の脚注参照．

$$\gamma - \alpha = re^{i\theta}(\beta - \alpha), \quad \exists r > 0,\ 0 < \exists\theta < \pi,$$

という位置関係にあるとする．このとき α から β に向かう辺の外側に作った正三角形の重心 w_1 は，初等幾何の知識によれば，1 辺を 30 度内側に回した位置にある垂線の長さ $\frac{\sqrt{3}}{2}|\alpha - \beta|$ を 2/3 に縮めたところに有るので，

$$w_1 = \beta + \frac{2}{3}\frac{\sqrt{3}}{2}e^{\pi i/6}(\alpha - \beta) = \frac{1}{\sqrt{3}}e^{\pi i/6}\alpha + \Big(1 - \frac{1}{\sqrt{3}}e^{\pi i/6}\Big)\beta$$

となる．同様に，β から γ, γ から α に向かう辺の外側に作った正三角形の重心 w_2, w_3 は，それぞれ

$$w_2 = \frac{1}{\sqrt{3}}e^{\pi i/6}\beta + \Big(1 - \frac{1}{\sqrt{3}}e^{\pi i/6}\Big)\gamma,$$
$$w_3 = \frac{1}{\sqrt{3}}e^{\pi i/6}\gamma + \Big(1 - \frac{1}{\sqrt{3}}e^{\pi i/6}\Big)\alpha$$

となる．これらより重心は，例題 1.2-2 (4) を用いると

$$\frac{w_1 + w_2 + w_3}{3} = \frac{\alpha + \beta + \gamma}{3}$$

となることが暗算で確かめられる．次に，

$$w_3 - w_1 = \Big(1 - \frac{2}{\sqrt{3}}e^{\pi i/6}\Big)\alpha - \Big(1 - \frac{1}{\sqrt{3}}e^{\pi i/6}\Big)\beta + \frac{1}{\sqrt{3}}e^{\pi i/6}\gamma,$$
$$w_2 - w_1 = -\frac{1}{\sqrt{3}}e^{\pi i/6}\alpha - \Big(1 - \frac{2}{\sqrt{3}}e^{\pi i/6}\Big)\beta + \Big(1 - \frac{1}{\sqrt{3}}e^{\pi i/6}\Big)\gamma.$$

よって，$e^{\pi i/3}e^{\pi i/6} = e^{\pi i/3 + \pi i/6} = e^{\pi i/2} = i$ に注意すれば，

$$e^{\pi i/3}(w_2 - w_1) = -\frac{1}{\sqrt{3}}i\alpha - \Big(e^{\pi i/3} - \frac{2}{\sqrt{3}}i\Big)\beta + \Big(e^{\pi i/3} - \frac{1}{\sqrt{3}}i\Big)\gamma.$$

これが $w_3 - w_1$ と一致することが正三角形の条件である．これは α, β, γ が任意な場合の主張なので，このためにはこれらの係数毎に両者が一致する必要があるが，それは

$$e^{\pi i/6} = \cos\frac{\pi}{6} + i\sin\frac{\pi}{6} = \frac{\sqrt{3}}{2} + \frac{1}{2}i, \quad e^{\pi i/3} = \cos\frac{\pi}{3} + i\sin\frac{\pi}{3} = \frac{1}{2} + \frac{\sqrt{3}}{2}i$$

を代入すれば容易に確かめられる．　□

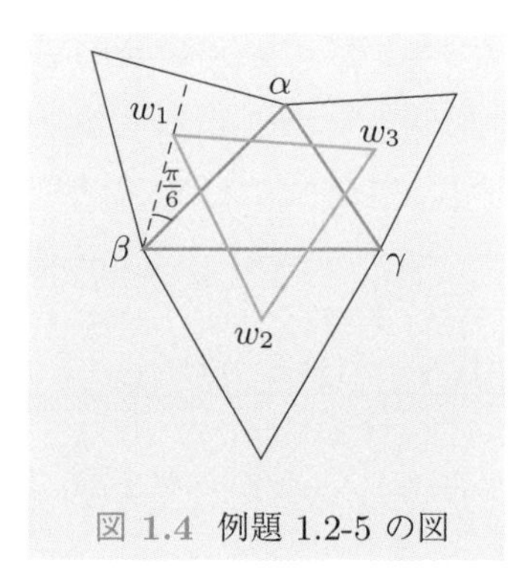

図 1.4　例題 1.2-5 の図

この証明はベクトルを使った場合と同等ですが，少し短くなっています．エレガントではないかもしれませんが，機械的に示せるのは利点でしょう．

複素数を使ったからと言って何でも簡単になる訳ではありません．最後にちょっと計算が面倒(めんどう)な例を取り上げましょう．これらは初等幾何学で示す方がずっと簡単なものもありますが，複素数による表現が必要となった場合の参照用に基本的なものを載せておきます．

例題 1.2-6　z_1, z_2 を通る直線にその上には無い z から下ろした垂線の足とその長さを求めよ．

解答　z を通りこの直線 $z_1 + t(z_2 - z_1)$ に直交する直線は，もとの直線の方向に i を掛けて 90 度回して $z + si(z_2 - z_1)$, $s \in \boldsymbol{R}$ とパラメータ表示される．これともとの直線との交点は，

$$z + si(z_2 - z_1) = z_1 + t(z_2 - z_1), \quad \text{従って，} \quad t - si = \frac{z - z_1}{z_2 - z_1}.$$

これから，両辺の虚部を取れば，(1.5) により，

$$s = -\operatorname{Im}\frac{z - z_1}{z_2 - z_1} = -\frac{1}{2i}\left(\frac{z - z_1}{z_2 - z_1} - \frac{\overline{z} - \overline{z_1}}{\overline{z_2} - \overline{z_1}}\right)$$

となるから，垂線の足は

$$\begin{aligned} &z + si(z_2 - z_1) \\ &= z - \frac{z - z_1}{2} + \frac{1}{2}\frac{(z_2 - z_1)(\overline{z} - \overline{z_1})}{\overline{z_2} - \overline{z_1}} = \frac{z + z_1}{2} + \frac{1}{2}\frac{(z_2 - z_1)(\overline{z} - \overline{z_1})}{\overline{z_2} - \overline{z_1}} \end{aligned}$$

$$= \frac{\overline{z_2}z + z_2\overline{z} - \overline{z_1}z - z_1\overline{z} + z_1\overline{z_2} - \overline{z_1}z_2}{2(\overline{z_2} - \overline{z_1})} = \frac{\mathrm{Re}\{(\overline{z_2} - \overline{z_1})z\} + i\,\mathrm{Im}(z_1\overline{z_2})}{\overline{z_2} - \overline{z_1}}.$$

垂線ベクトルは $si(z_2 - z_1)$ に対応するので，その長さはこの絶対値で，

$$|s||z_2 - z_1| = |z_2 - z_1|\left|\mathrm{Im}\,\frac{z - z_1}{z_2 - z_1}\right| = \frac{|\mathrm{Im}\{(\overline{z_2} - \overline{z_1})(z - z_1)\}|}{|z_2 - z_1|}$$
$$= \frac{|\mathrm{Im}\{(\overline{z_2} - \overline{z_1})z - z_1\overline{z_2})\}|}{|z_2 - z_1|}. \qquad \square$$

例題 1.2-7　(1) $0 \le \theta_1 < \theta_2 < 2\pi$ とする．原点 O を中心とする円 $|z| = R$ の周上の点 $z_1 = Re^{i\theta_1}$, $z_2 = Re^{i\theta_2}$ に対し，$z = Re^{i\theta}$, $\theta_1 \le \theta \le \theta_2$ がこの周上でこれら 2 点の間で動くとき，角 $\angle z_1zz_2$ は一定なことを示し，その値を求めよ．またそれは中心角 $\angle z_1\mathrm{O}z_2$ の半分であることを示せ．

(2) z が反対側の円弧 $\theta_2 \le \theta \le \theta_1 + 2\pi$ 上にあるときはどうか？

解答　(1) これは初等幾何で円周角として有名な事実だが，複素数で計算するとどうなるかを調べる．円周角 $\angle z_1zz_2$ は二つの複素数 $z_1 - z$ と $z_2 - z$ の間の角なので $\frac{z_1 - z}{z_2 - z}$ の偏角に等しい．これが一定であることは，この値が原点を通る一定の直線上にあることを意味する．それは z が弧 $\widehat{z_1z_2}$ の中点 $z_0 = Re^{i(\theta_1+\theta_2)/2}$ のときも同じなので，まずこの点のときの値を調べると，

$$\frac{z_1 - z_0}{z_2 - z_0} = \frac{Re^{i\theta_1} - Re^{i(\theta_1+\theta_2)/2}}{Re^{i\theta_2} - Re^{i(\theta_1+\theta_2)/2}} = \frac{e^{i\theta_1} - e^{i(\theta_1+\theta_2)/2}}{e^{i\theta_2} - e^{i(\theta_1+\theta_2)/2}} = \frac{e^{i(\theta_1-\theta_2)/2} - 1}{e^{i(\theta_2-\theta_1)/2} - 1}$$
$$= e^{i(\theta_1-\theta_2)/2}\frac{1 - e^{-i(\theta_1-\theta_2)/2}}{e^{i(\theta_2-\theta_1)/2} - 1} = -e^{i(\theta_1-\theta_2)/2} = e^{i\{2\pi-(\theta_2-\theta_1)\}/2}.$$

これから円周角の値は（もしそれが一定なら）$\frac{1}{2}\{2\pi - (\theta_2 - \theta_1)\}$ となることが分かる．中心角は図 1.5 から分かるように $\theta_1 + 2\pi - \theta_2 = 2\pi - (\theta_2 - \theta_1)$ なので，これはその半分に等しい．

一般の z も同じ直線上にあることは，これらの比が実数となることで確認できる：

$$w := \frac{z_1 - z}{z_2 - z}\Big/\frac{z_1 - z_0}{z_2 - z_0} = \frac{Re^{i\theta_1} - Re^{i\theta}}{Re^{i\theta_2} - Re^{i\theta}}\frac{1}{-e^{i(\theta_1-\theta_2)/2}} = \frac{e^{i\theta_1} - e^{i\theta}}{e^{i\theta_2} - e^{i\theta}}\frac{-1}{e^{i(\theta_1-\theta_2)/2}}.$$

これが実数かどうかは，その複素共役と等しいことで確認できる：

$$\overline{w} = \frac{e^{-i\theta_1} - e^{-i\theta}}{e^{-i\theta_2} - e^{-i\theta}} \frac{-1}{e^{-i(\theta_1-\theta_2)/2}} = \frac{e^{-i\theta_1}}{e^{-i\theta_2}} \frac{e^{i\theta} - e^{i\theta_1}}{e^{i\theta} - e^{i\theta_2}} \frac{-1}{e^{-i(\theta_1-\theta_2)/2}}$$
$$= \frac{e^{i\theta_1} - e^{i\theta}}{e^{i\theta_2} - e^{i\theta}} \frac{1}{e^{i(\theta_1-\theta_2)}} \frac{-1}{e^{-i(\theta_1-\theta_2)/2}} = \frac{e^{i\theta_1} - e^{i\theta}}{e^{i\theta_2} - e^{i\theta}} \frac{-1}{e^{i(\theta_1-\theta_2)/2}} = w.$$

(2) このときは記号を変えて $z' = e^{i\theta'}$, $\theta_2 < \theta' < \theta_1 + 2\pi$ としよう．z_2 と z_1 を交換すれば (1) の計算が通用するので，円周角は

$$\frac{1}{2}\{2\pi - (\theta_1 + 2\pi - \theta_2)\} = \frac{1}{2}(\theta_2 - \theta_1),$$

また，中心角は

$$2\pi - \{\theta_1 + 2\pi - \theta_2\} = \theta_2 - \theta_1$$

となる．特に，円周角は (1) の場合のそれと加えると π, すなわち互いに補角の関係にある．　□

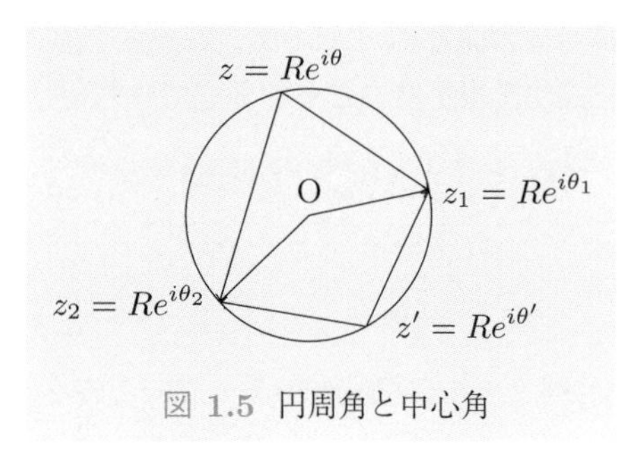

図 1.5　円周角と中心角

問 1.2-5　二つの異なる点 α, β が実軸上の各点から等距離にあるための条件を求めよ．また虚軸上の各点から等距離にあるための条件を求めよ．

この他，内接円，外接円の計算などもけっこう大変です．もっともこれらは解析幾何で座標により計算しても大変で，複素数にしたから難しくなったという訳ではありません．勇気のある人は挑戦してみてください．

【根軸の怪】　二つの円

$$z\overline{z} - \overline{\alpha_1}z - \alpha_1\overline{z} + |\alpha_1|^2 - r_1^2 = 0, \qquad z\overline{z} - \overline{\alpha_2}z - \alpha_2\overline{z} + |\alpha_2|^2 - r_2^2 = 0 \quad (1.11)$$

の交点を通る円の族は，$(k, l) \neq (0, 0)$ なるパラメータの対により

$$k(z\overline{z} - \overline{\alpha_1}z - \alpha_1\overline{z} + |\alpha_1|^2 - r_1^2) + l(z\overline{z} - \overline{\alpha_2}z - \alpha_2\overline{z} + |\alpha_2|^2 - r_2^2) = 0 \quad (1.12)$$

と表されます．特に $k=1, l=1$ とすれば，2 次の項が消えて

$$(\overline{\alpha_2}-\overline{\alpha_1})z+(\alpha_2-\alpha_1)\overline{z}+|\alpha_1|^2-|\alpha_2|^2-r_1^2+r_2^2=0 \tag{1.13}$$

という 1 次式になります．従って直線を表しますが，これは二つの円の交点を通る直線で，**根軸**と呼ばれ，初等幾何学では重要な概念です．直線は例外的に思えるでしょうが，後に複素平面に無限遠点を追加した Riemann 球面を導入すると，これは円が無限遠点を通るという特別な場合と解釈することもできます．

例題 1.2-8 二つの円の根軸はこれらの円への接線の長さが等しい点の軌跡と一致することを示せ[15)]．

解答 点 $w\in\boldsymbol{C}$ から円 (1.11) への接線は，その方向ベクトルに対応する複素数 $e^{i\theta}$ を用いて $w+te^{i\theta}$ と表示したとき，これを円の方程式に代入して得られる t の 2 次方程式が重根を持つことで判定できる：

$$\begin{aligned}&(w+te^{i\theta})(\overline{w}+te^{-i\theta})-\overline{\alpha_1}(w+te^{i\theta})-\alpha_1(\overline{w}+te^{-i\theta})+|\alpha_1|^2-r_1^2\\&=t^2-\{\overline{(\alpha_1+w)}e^{i\theta}+(\alpha_1+w)e^{-i\theta}\}t+|w|^2-\overline{\alpha_1}w-\alpha_1\overline{w}+|\alpha_1|^2-r_1^2\\&=0.\end{aligned}$$

今は直線の方向を単位ベクトルに取っているので，この 2 次方程式の根自身が w から交点までの距離を与える．一般には交点は二つあり，それらの積は根と係数の関係により方程式の 0 次の項

$$|w|^2-\overline{\alpha_1}w-\alpha_1\overline{w}+|\alpha_1|^2-r_1^2$$

で与えられる．これが方向 $e^{i\theta}$ に依存しないのが**方冪の定理**であり，特に接線の長さの平方とも一致する．よって条件はこの量が二つの円で一致すること，すなわち，

$$|w|^2-\overline{\alpha_1}w-\alpha_1\overline{w}+|\alpha_1|^2-r_1^2=|w|^2-\overline{\alpha_2}w-\alpha_2\overline{w}+|\alpha_2|^2-r_2^2$$

である．両辺から共通項 $|w|^2$ を取り去ったものは，w を z に書き直せば，根

15) 二つの円が交わっている場合は方冪の定理から根軸が持つこの性質は明らかですが，交わっていないときは逆にこの性質を仮定しないと根軸が描けません．

軸の方程式となる．　□

問 **1.2-6**　根軸は二つの円の中心を結ぶ直線と直交することを示せ．

さて，平面の 2 円は交わるとは限りませんが，上の円の族，並びに根軸はその場合も描けます．これはいったい何なのでしょうか？　この解説は以下の 1.3 に書きます．これを読むと混乱するかもしれません．心配な人は飛ばして次の節に進んでも良いでしょう (^^;

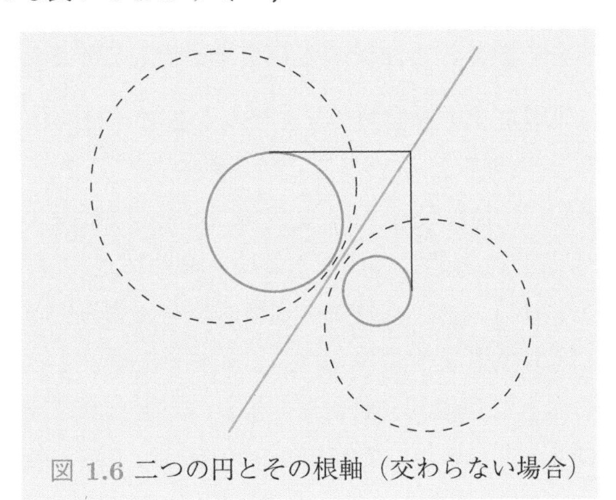

図 **1.6** 二つの円とその根軸（交わらない場合）

1.3　実は根軸は二つの円の複素交点を通っています．それがたまたま実の方程式で表されているのです．複素交点はどこにあるのでしょうか？　我々は複素平面を導入し $z, \overline{z}$ という複素数を用いていろんなものを表してきましたが，これは所詮実の対象の表現に過ぎず，このような表現法を使ったからと言って複素交点は出てきません．円の方程式を $\boldsymbol{R}^2$ での $(x-a_1)^2+(y-b_1)^2-r_1^2=0$, $(x-a_2)^2+(y-b_2)^2-r_2^2=0$ に戻し，交点を計算してみると，交わらない場合はこれらを満たす (x, y) が複素数で二つ出てきます．すなわち，x, y のそれぞれが複素数を動くようにした，$\boldsymbol{C}^2$ という空間の中でこれらの方程式を考えると，常に二つの交点が得られます．図 1.6 を描くのに用いた実例で言うと，

$$x^2+(y-2)^2=4, \quad (x-3)^2+y^2=1$$

から，引き算して 2 で割ると，根軸の方程式 $3x-2y-4=0$ が得られます．これから y を求めて一つ目の円の方程式に代入すると，$13x^2-48x+48=0$ という 2 次方程式が得られ，その根が $\frac{24\pm4\sqrt{3}i}{13}$ で，確かに虚点で交わっていることが分かります．つまり，円の方程式は複素化すると $\boldsymbol{C}^2$ 内の複素 1 次元の "曲線" を表しており，そのようなものが二つあると必ず 2 点で交わること，そしてそれらを通る複素直線（$\boldsymbol{C}$ と同じもの）である根軸がただ一つ定まること，普通に実の世界から見えるのはその

実の切り口である実直線だという訳です．このように，x, y を独立な複素変数だと思うと，$z = x + yi, \bar{z} = x - yi$ は $\boldsymbol{C}^2$ の正当な座標変換となり，円の複素表示は，この新しい座標系では直角双曲線の方程式の形をしています．つまり完全に複素化してしまうと，円も直角双曲線も同じものになってしまいます．

本書では以後複素 1 次元の対象しか扱いませんが，2 変数の対象の複素化とはどういうことかについてちょっとだけお話ししました．

1.3　複素変数の関数

高校で学んできたお馴染みの関数の変数を複素化してみましょう．

【冪関数】　$\sqrt{z}$ は本質的に多価関数です．実数の世界では，高校以来 $x > 0$ のとき，$\sqrt{x}$ により 2 乗すると x になる正の実数を表し，また $x < 0$ のときは $\sqrt{-x}$ をこの意味として純虚数 $\sqrt{-x}i$ を表すこととしていましたが，z が一般の複素数になると $\sqrt{z}$ は方程式 $w^2 = z$ の二つの根のどちらを表すのかがそれほど自明ではなくなります．高校での慣習も場合によっては自然な決め方とは言えなくなることがあります．例えば，$z = 1$ で $\sqrt{z} = 1$ から出発し，z を単位円の上を正の向きに連続的に動かし，$\sqrt{z}$ の方もそれに連れて連続的に動くように繋げてゆくと，$z = -1$ で確かに i となり，さらに続けて原点の周りを一回転して元の 1 まで来たときは $\sqrt{1} = -1$ になっています．高校での慣習を守ろうとすると，値がいきなり不連続に 1 に変わり，かえって不自然です．かといってこの場合は -1 だよと言うのは，途中を見ていないと，帆かけ舟という折り紙で，帆だと思ってつかんでいたものが目をつぶってる間に舳先(へさき)になっていたというのと似たような，きつねにつままれた現象が起こります．また，高校の慣習に従うと，$\sqrt{a}\sqrt{b} = \sqrt{ab}$ という二つの実数に対する公式が，a, b ともに負のときだけ成り立たないということになります．$\sqrt{z}$ を最初から多価関数だと思い，$\sqrt{1} = \pm 1$ と解釈するとこのような不都合が解消します．しかし，いつも複数個の値を考えるのは煩わしいので，普通は考えている点の近傍ではそのうちの一つを連続的に繋がるように選択します．これを**分枝**と呼びます．正の実軸の近傍では，実部が正となるような $\sqrt{z}$ の分枝を選ぶことができます．負の実軸の近傍では，原点を上から回ってきた値か，それとも下から回ってきた値か選択に迷う場合があるでしょうが，いずれにしても一つの分枝を選ぶことは可能です．しかし，原点には多価性がしわ寄せされており，値

を 1 価にするような近傍は取れません．このような点は**分岐点**と呼ばれます．

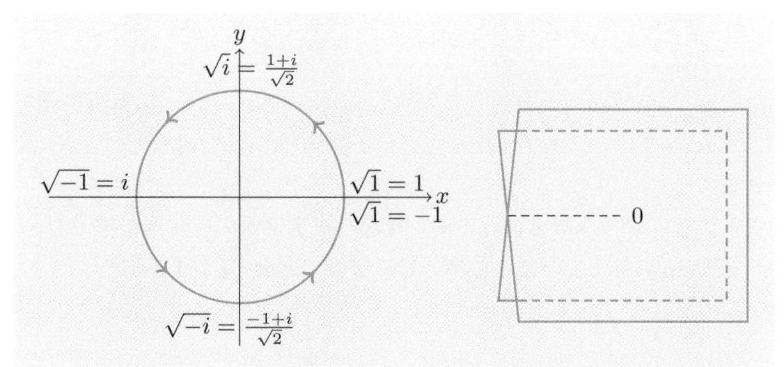

図 1.7　左：$\sqrt{z}$ の値変化の様子，右：値の分離（説明は例 9.1-3 参照）

より一般に，$\sqrt[n]{z}$ は n 価の多価関数となります．その n 個の値は (1.3) で調べた通りです．

【初等超越関数の複素変数化】　一般の複素数 $z = x + iy$ に対して，指数関数を，指数法則を頭から仮定して

$$e^z = e^{x+iy} = e^x e^{iy} = e^x(\cos y + i \sin y) \tag{1.14}$$

で定義してしまいましょう．（真ん中の二つは見て見ぬふりをして，最後の式を定義とするのです．）これは指数法則を満たすことが，実数の指数関数の指数法則と，三角関数の加法定理とから確かめられます：

$$\begin{aligned} e^{z+w} &= e^{(x+iy)+(u+iv)} = e^{(x+u)+i(y+v)} = e^{x+u}\{\cos(y+v) + i\sin(y+v)\} \\ &= e^x e^u \{\cos y \cos v - \sin y \sin v + i(\sin y \cos v + \cos y \sin v)\} \\ &= e^x(\cos y + i \sin y) \cdot e^u(\cos v + i \sin v) = e^z e^w. \end{aligned}$$

問 1.3-1（レポート問題）　双曲線関数 $\sinh x$, $\cosh x$ の定義と，それらが満たす諸公式を挙げ，それらの関係式が何故 $\sin x$, $\cos x$ のそれに似ているかを説明せよ．

対数関数は指数関数の逆関数として導入されました．これを複素変数に拡張しましょう：複素数 $w = e^z = e^x e^{iy}$ の絶対値は e^x, 偏角は y, 従って逆関数は

$$\log w = z = x + iy = \log|w| + i \arg w$$

となるべきなので，この最後の辺を定義とします．z で書き直せば

$$\log z = \log|z| + i \arg z. \tag{1.15}$$

偏角は $2\pi i$ の整数倍の不定性（多価性）を持つので，$\log z$ は**無限多価**です．例えば，$\log(-1) = \pi i + 2n\pi i$ $(n \in \boldsymbol{Z})$ ですが，代表的な値として πi はよく使われます．

逆三角関数も対数関数で書けます：次図は複素平面の三角形を描いたものですが，$x = \sin\theta$ とすると，この図と対数関数の定義 (1.15) から

$$\theta = \mathrm{Arcsin}\, x = \arg(\sqrt{1-x^2} + ix) = \frac{1}{i}\log(\sqrt{1-x^2} + ix) \tag{1.16}$$

となっています．（log の実部は $\log 1 = 0$ となっていることに注意しましょう．）すなわち，逆三角関数の多価性は対数関数の多価性と同起源なのです．

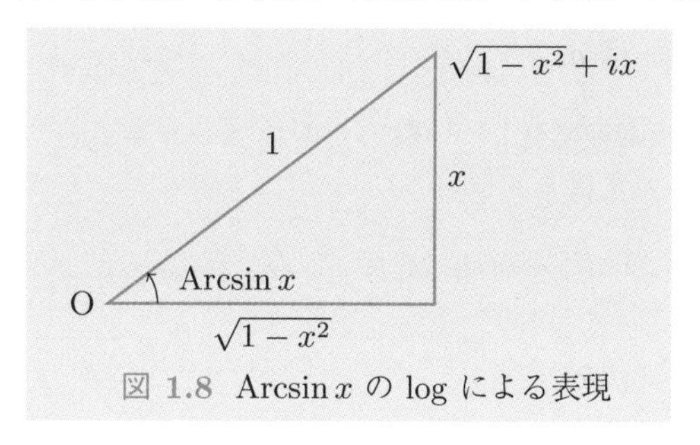

図 1.8 Arcsin x の log による表現

x を複素数 z にしたときの逆三角関数の妥当な定義については，問 1.3-3 を見て下さい．

問 1.3-2 上と同様に複素平面で適当な三角形を描くことにより，$\mathrm{Arccos}\, x$, $\mathrm{Arctan}\, x$ の対数関数による表現を求めよ．

問 1.3-3 Euler の等式から導かれた (1.2) から逆三角関数を計算し，上に得た表現と突き合わせてみよ．また逆三角関数の複素変数への拡張を示せ．

一般の**冪関数** z^a は a が有理数 $\frac{q}{p}$ のときは，$(\sqrt[p]{z})^q$ あるいは $\sqrt[p]{z^q}$ と解釈され，p 価関数となります．a が無理数のときは $\frac{q_n}{p_n} \to a$ と近似有理数列を取って，$z^a = \lim_{n\to\infty} z^{q_n/p_n}$ で定義するのが高校流でした．これは結局 $e^{a\log z}$ と一致するので．大学では面倒だからこちらを定義とするのが普通でしょう．これは $\log z$ と同様，無限多価になります．この定義なら a が複素数になっても

意味を持ちます．分枝の指定が難しいですが，$z=1$ の近くでは $1^a=1$ となる分枝を選べば高校で使っていたものと一致します．

問 **1.3-4**　指数公式 $z^a \cdot z^b = z^{a+b}$ を確認し，その使用上の注意を述べよ．

問 **1.3-5**　1^i の値をすべて挙げよ．

【複素数を用いた微積分の公式の統一】　逆三角関数と対数関数の変数の複素化とそれに基づいた両者の密接な関係が分かると，微積分の積分公式がいかにすっきり統一的に見れるようになるかを，いくつかの代表的な例で見てみましょう．

例題 1.3-1　(1) 高校では $\displaystyle\int \frac{1}{x}dx = \log|x| + C$ と絶対値を付けたのに大学の先生は付けないことが多いのは何故か？

(2) $\displaystyle\int \frac{1}{x^2+a}dx$ は a の正負で形がひどく違うが，本当に別の関数になってしまうのか？

解答　(1) $x<0$ のとき $\log|x| = \log(-x) = \log x + \log(-1)$ だから，絶対値をつけるか否かは積分定数の調整に吸収される．

1.4　複素数になっても $\int \frac{1}{x+i}dx = \log|x+i| + C$ などと解答する人が居ますが，このような場合に絶対値を付けるのは完全な間違いです．高校数学の悪しき慣習から早く抜け出しましょう！

(2) $a<0$ のとき

$$\int \frac{1}{x^2+a}dx = \frac{1}{2\sqrt{-a}}\int\left(\frac{1}{x-\sqrt{-a}} - \frac{1}{x+\sqrt{-a}}\right)dx$$
$$= \frac{1}{2\sqrt{-a}}\{\log(x-\sqrt{-a}) - \log(x+\sqrt{-a})\}$$

だが，ここで $a>0$ とすれば

$$\log(x\pm\sqrt{-a}) = \log(x\pm\sqrt{a}i) = \log\sqrt{x^2+a} \pm i\,\mathrm{Arctan}\,\frac{\sqrt{a}}{x}$$
$$= \log\sqrt{x^2+a} \pm i\left(\frac{\pi}{2} - \mathrm{Arctan}\,\frac{x}{\sqrt{a}}\right)$$

だから

$$\int \frac{1}{x^2+a}dx = \frac{1}{2i\sqrt{a}}(-2i)\left(\frac{\pi}{2} - \mathrm{Arctan}\,\frac{x}{\sqrt{a}}\right) = \frac{1}{\sqrt{a}}\mathrm{Arctan}\,\frac{x}{\sqrt{a}} - \frac{\pi}{2\sqrt{a}}.$$

最後の辺の第2項は積分定数に繰り込めるので，積分定数の調節で微積分の馴染みの公式に帰着する． □

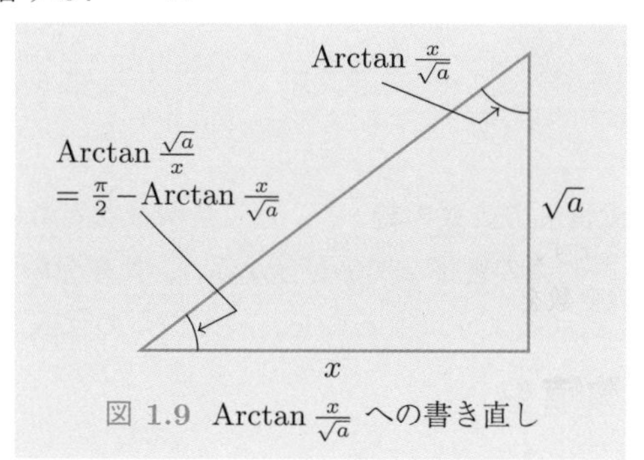

図 1.9 Arctan $\frac{x}{\sqrt{a}}$ への書き直し

問 1.3-6 $\int \frac{1}{\sqrt{ax^2+1}}dx$ の表現が $a=1$ から $a=-1$ まで変わるときの変化の様子を上にならって観察し，次の二つの公式を関連付けよ．

$$\int \frac{dx}{\sqrt{x^2+1}} = \log(x+\sqrt{x^2+1}), \qquad \int \frac{dx}{\sqrt{1-x^2}} = \mathrm{Arcsin}\, x.$$

問 1.3-7 (1) $x>0$ のとき $\log\frac{x-i}{x+i} = 2i\,\mathrm{Arctan}\, x - \pi i$ となることを示せ．またこれを用いて次の計算を正当化せよ：

$$\int \frac{1}{x^2+1}dx = \frac{1}{2i}\int\left(\frac{1}{x-i}-\frac{1}{x+i}\right)dx = \frac{1}{2i}\{\log(x-i)-\log(x+i)\}$$
$$= \frac{1}{2i}\log\frac{x-i}{x+i}+C = \mathrm{Arctan}\, x + C.$$

(2) $\frac{1}{x^2+1} = -\mathrm{Im}\,\frac{1}{x+i}$ を用いて同上の実不定積分を計算せよ．

1.5 このような計算を定積分に対して行う場合は，log を用いた表現のままで積分限界を代入すると log の分枝の選び方に注意を払う必要があります．例えば問 1.3-7 (1) の定積分版を対数関数のまま計算すると，次のような感じになります．積分区間を通して上端と下端が同じ分枝に乗るように選べば良いのですが，多価関数の扱いに慣れるまでは実の原始関数を求めてから積分限界を代入した方が安全でしょう．

$$\int_0^1 \frac{1}{x^2+1}dx = \frac{1}{2i}\int_0^1\left(\frac{1}{x-i}-\frac{1}{x+i}\right)dx = \frac{1}{2i}\Big[\log(x-i)-\log(x+i)\Big]_0^1$$
$$= \frac{1}{2i}\{\log(1-i)-\log(-i)-\log(1+i)+\log i\}$$
$$= \frac{1}{2i}\left\{\log\sqrt{2}-\frac{\pi}{4}i-\left(-\frac{\pi}{2}i\right)-\left(\log\sqrt{2}+\frac{\pi}{4}i\right)+\frac{\pi}{2}i\right\} = \frac{\pi}{4}.$$

この例の場合は結果が実数になるので，分枝を間違えても虚部を無視すれば正しい答が得られます．

第2章 複素変数の関数から正則関数へ

この章ではまず，微積分の立場で実変数の複素数値関数の扱い方を復習し，その後で独立変数を複素数に変えて本格的な関数論の世界に踏み出します．

2.1 複素数値2変数関数に対する微積分

【基礎的な計算法】 2 変数 x, y の複素数値関数 $f(x,y)$ は，

$$f(x,y) = u(x,y) + iv(x,y) \tag{2.1}$$

と，二つの実数値関数を i で繋げたものです．これは 2 次元ベクトル値関数 $(u(x,y), v(x,y))$ と同一視できるので，それらに対する微分，積分の演算は実部，虚部それぞれに対して作用させればよろしい：まず x に関する偏微分は，

$$f_x(x,y) = \frac{\partial}{\partial x} f(x,y) :=^{1)} \frac{\partial u}{\partial x}(x,y) + i\frac{\partial v}{\partial x}(x,y). \tag{2.2}$$

y に関する偏微分 $f_y(x,y)$ も同様です．

積分は 2 次元ならまずは重積分が自然でしょう：$D \subset \boldsymbol{C}$ を適当な積分領域とするとき，微分のときと同様，実部・虚部それぞれで計算します：

$$\iint_D f(x,y)dxdy := \iint_D u(x,y)dxdy + i\iint_D v(x,y)dxdy. \tag{2.3}$$

平面内の曲線に沿う 1 次元的な微積分というのもありましたね．

$$C: \quad x = \varphi(t),\ y = \psi(t), \quad 0 \leq t \leq T \tag{2.4}$$

を滑らかな曲線弧 C（のパラメータ表示）とします[2)]．点 $(\varphi(0), \psi(0))$,

---

1) 本ライブラリの既刊書と同様，本書でも記号 := により，この左側の量を右側の式で定義するという意味を表します．ときどき忘れて単に = だけになるかもしれません．

2) 本書では直感的に曲線らしい記号 C で表してはいますが，現代数学の慣用に倣い抽象論で曲線（弧）と言うときはこの写像のことを指し，像の幾何図形には限定しません．パラメータとしては主に t を用いますが，他の変数にしても良いし，その範囲も $a \leq t \leq b$ など，議論に応じて柔軟に取り替えます．

$(\varphi(T), \psi(T))$ はそれぞれ C の**始点**，**終点**と呼ばれます．滑らかとは，$\varphi'(t)$, $\psi'(t)$ が連続で，(φ', ψ') が零ベクトルにならない[3]というものです．このとき，**曲線 C に沿う微分**は

$$\frac{d}{dt}f(\varphi(t), \psi(t)) = f_x(\varphi(t), \psi(t))\frac{d\varphi}{dt} + f_y(\varphi(t), \psi(t))\frac{d\psi}{dt} \tag{2.5}$$

で定義されます．ここで $f_x(\varphi(t), \psi(t))$ 等は偏微分を計算した後で $x = \varphi(t)$, $y = \psi(t)$ を代入しているものとします．特に，$\varphi(t) = x_0 + at$, $\psi(t) = y_0 + bt$, (a, b) は単位ベクトルのとき，

$$\frac{d}{dt}f(\varphi(t), \psi(t)) = af_x + bf_y$$

は (a, b) 方向の**方向微分**でした．x, y に関する偏微分 f_x, f_y 自身は，それぞれ x 軸，y 軸方向の方向微分です．

例題 2.1-1　a を定数とするとき，関数 $e^{iat} = \cos at + i \sin at$ の t に関する微分は iae^{iat} となる（すなわち，指数関数の微分を形式的に行った結果と等しい）ことを示せ．

解答

$$\frac{d}{dt}(\cos at + i \sin at) = -a \sin at + ai \cos at = ia(\cos at + i \sin at)$$

なので，この結果を指数関数で表示し直せば上のようになる．　□

2.1　この計算結果は i が虚数であることを無視して形式的に指数関数の微分を直接実行すればよいことを示していますが，これは後の節で正当化されます．

これらの計算には実数値関数に対する積の微分や合成関数の微分や，積分の変数変換などの公式がそのまま使えます．念のためいくつか確認しておきましょう．

補題 2.1[4]　$f(x, y)$, $g(x, y)$ を複素数値の 2 変数関数とするとき，

$$\frac{\partial}{\partial x}(fg) = \frac{\partial f}{\partial x}g + f\frac{\partial g}{\partial x}, \quad \frac{\partial}{\partial y}(fg) = \frac{\partial f}{\partial y}g + f\frac{\partial g}{\partial y}. \tag{2.6}$$

---

3) 単に微積分の計算をやるだけならこの最後の仮定は不要ですが，幾何学的な議論が必要となったときに奇妙な例を排除するためこれを仮定しておきます．

4) 本書では，問と例題にはそれぞれに節ごとの通し番号を付けていますが，補題，定理，系，定義は検索に便利なように章ごとにすべてまとめて通し番号を付けています．

証明　$f = u + iv$, $g = p + iq$ をそれぞれの実部・虚部への分解とすれば，$fg = (up - vq) + i(uq + vp)$ なので，

$$\begin{aligned}\frac{\partial}{\partial x}(fg) &= \frac{\partial}{\partial x}(up - vq) + i\frac{\partial}{\partial x}(uq + vp)\\ &= u_x p + up_x - v_x q - vq_x + i(u_x q + uq_x + v_x p + vp_x)\\ &= u_x(p + iq) + (u + iv)p_x + v_x(-q + ip) + (-v + iu)q_x\\ &= (u_x + iv_x)(p + iq) + (u + iv)(p_x + iq_x) = f_x g + fg_x.\end{aligned}$$

$\dfrac{\partial}{\partial y}$ についても全く同様である．　□

合成関数については 2 変数の関数の合成関数に対する通常の偏微分公式しか一般には期待できません（なお後出補題 2.13 参照）が，例えば $g(z) = z^n$ のような場合は，$g(f(x, y)) = f(x, y)^n$ に対して

$$\frac{\partial}{\partial x}\{f(x, y)^n\} = nf(x, y)^{n-1}\frac{\partial f}{\partial x} \tag{2.7}$$

のように，一見合成関数の微分っぽい式が成り立ちます．これを確かめるのに，全体を実部，虚部に分けて微分してみるというのはいかにも非効率です．こういうときは“微分とは 1 次近似なり”という微分の究極の定義に立ち返るのがよろしい．そもそも $f(x, y) = u(x, y) + iv(x, y)$ に対して $\frac{\partial f}{\partial x} = \frac{\partial u}{\partial x} + i\frac{\partial v}{\partial x}$ としてよかった理由は，

$$\begin{aligned}&f(x + \Delta x, y) = f(x, y) + \frac{\partial f}{\partial x}(x, y)\Delta x + o(\Delta x)\\ &= u(x + \Delta x, y) + iv(x + \Delta x, y)\\ &= u(x, y) + \frac{\partial u}{\partial x}(x, y)\Delta x + o(\Delta x) + iv(x, y) + i\frac{\partial v}{\partial x}(x, y)\Delta x + o(\Delta x)\end{aligned}$$

における Δx の係数比較から来ています．ここで $o(\Delta x)$ は $\Delta x \to 0$ としたとき Δx で割ってもまだ 0 に近づくような微小量を表すのでした．（複素数量の収束の意味については次節で復習します．）すると (2.7) の左辺は

$$\begin{aligned}\{f(x + \Delta x, y)\}^n &= \left\{f(x, y) + \frac{\partial f}{\partial x}(x, y)\Delta x + o(\Delta x)\right\}^n\\ &= f(x, y)^n + nf(x, y)^{n-1}\frac{\partial f}{\partial x}(x, y)\Delta x + o(\Delta x)\end{aligned}$$

における Δx の係数ということになります．1 行目から 2 行目への変形は代数的な計算なので，f が複素数値でも通用します．

問 2.1-1 補題 2.1 の証明を上で (2.7) を導いた方法で再証明せよ．

問 2.1-2 (1) 複素数値関数 f, g に対して次の公式を示せ：

$$\frac{\partial}{\partial x}\left(\frac{f}{g}\right) = \frac{f_x g - f g_x}{g^2}, \qquad \frac{\partial}{\partial y}\left(\frac{f}{g}\right) = \frac{f_y g - f g_y}{g^2}.$$

(2) n が負の整数のときも，(2.7) が成り立つことを確かめよ．

線積分の復習は次の項目でやります．まだ他にもいろいろ有るでしょうが，すべてをやっている暇は無いので，これくらいで切り上げます．心配になったら最後は実部，虚部それぞれに分けて確かめれば済みます．

さて，ここまでは単に微積分（一部は 2 年生の範囲でしょうが）の復習に過ぎませんでした．ところで $z = x + iy$ なので，x, y の関数は z の関数と言うこともできます．しかし，実際に計算しようとすると z だけで話をするのはとても窮屈です．$\mathrm{Re}\, z$, $\mathrm{Im}\, z$ を使えば可能ですが，これでは x, y を使うのと変わりありませんね．そこで複素共役の記号 $\overline{z} = x - iy$ も補助に使うと，

$$z = x + iy, \quad \overline{z} = x - iy \quad \Longrightarrow \quad x = \frac{z + \overline{z}}{2}, \quad y = \frac{z - \overline{z}}{2i} \tag{2.8}$$

となり，x, y の関数が $z, \overline{z}$ の関数として自然に表せます．注意しておきますが，z を与えれば $\overline{z}$ も決まってしまうので，これはあくまで形式的な表現の話で，本当の座標変換ではありません[5]．従って複素数値の 2 変数関数 $f(x, y)$ を $f(z, \overline{z})$ のように記すのはよくありません．敢えて書くなら単に $f(z)$ とするべきです．ここで z の関数として $f(z) = z^n$ と $f(z) = |z|$ を取り上げ，これらの x に関する偏微分の計算を比較してみましょう：

$$\frac{\partial}{\partial x} z^n = \frac{d}{dz} z^n \cdot \frac{\partial z}{\partial x} = n z^{n-1} \cdot 1 = n z^{n-1}, \tag{2.9}$$

$$\begin{aligned} \frac{\partial}{\partial x}|z| &= \frac{\partial}{\partial x}\sqrt{z\overline{z}} = \frac{d}{d(z\overline{z})}\sqrt{z\overline{z}}\,\frac{\partial}{\partial x}(z\overline{z}) = \frac{1}{2\sqrt{z\overline{z}}}\left(\frac{\partial z}{\partial x}\overline{z} + z\frac{\partial \overline{z}}{\partial x}\right) \\ &= \frac{1}{2|z|}(\overline{z} + z) = \frac{x}{|z|}. \end{aligned} \tag{2.10}$$

[5] ただし 1.3 のように $z, \overline{z}$ を独立した複素変数と解釈すると，(2.8) は $\boldsymbol{C}^2$ の座標変換となり，ここではその変換結果を $\boldsymbol{R}^2 \simeq \boldsymbol{C}$ に制限して見ていると思うことはできます．制限した結果 $z, \overline{z}$ は独立でなくなります．

（前者の計算には (2.7) を用い，また後者の計算では，$z\bar{z}$ をひとまとまりの実変数とみなして合成関数の微分公式を用いました.）つまり，後者ではもとの表現には現れていなかった $\bar{z}$ を陽に書かないと正しく計算ができません.

問 **2.1-3**　上の計算に倣って次の計算をしてみよ.

(1) $\dfrac{\partial}{\partial y}z^n$　(2) $\dfrac{1}{2}\Big(\dfrac{\partial}{\partial x}+i\dfrac{\partial}{\partial y}\Big)z^n$　(3) $\dfrac{1}{2}\Big(\dfrac{\partial}{\partial x}-i\dfrac{\partial}{\partial y}\Big)z^n$

(4) $\dfrac{\partial}{\partial y}|z|$　(5) $\dfrac{1}{2}\Big(\dfrac{\partial}{\partial x}+i\dfrac{\partial}{\partial y}\Big)|z|$　(6) $\dfrac{1}{2}\Big(\dfrac{\partial}{\partial x}-i\dfrac{\partial}{\partial y}\Big)|z|$.

【複素線積分】　$f(x,y)$, $g(x,y)$ を連続関数とするとき，

$$f(x,y)dx+g(x,y)dy$$

の形の表現を **1 次微分形式**と呼ぶのでした．このとき，C を滑らかな曲線弧 (2.4) とすれば，**C に沿う線積分**が

$$\int_C fdx+gdy=\int_0^T\{f(\varphi(t),\psi(t))\varphi'(t)+g(\varphi(t),\psi(t))\psi'(t)\}\,dt \tag{2.11}$$

で定義されます．ここでも各項は，例えば $f(x,y)=u(x,y)+iv(x,y)$ なら

$$\int_0^T f(\varphi(t),\psi(t))\varphi'(t)dt=\int_0^T u(\varphi(t),\psi(t))\varphi'(t)dt+i\int_0^T v(\varphi(t),\psi(t))\varphi'(t)dt$$

のように実部，虚部それぞれに対して計算されます．線積分の値は，パラメータの取り換えで不変，ただし，曲線の向きを変えるような変換では値の符号が変わることなどは，これからよく使うので思い出しておきましょう．

特に，$C: y=\varphi(x)$, $a\le x\le b$, あるいは $C: x=\psi(y)$, $a\le y\le b$ という，1 変数関数のグラフで表されるような曲線に沿った線積分は，それぞれ x, あるいは y がそのままパラメータとして使え，

$$\int_C f(x,y)dx=\int_a^b f(x,\varphi(x))dx,\qquad \int_C f(x,y)dy=\int_a^b f(\psi(y),y)dy$$

となります．この場合は φ, ψ は単に連続なだけで意味を持ちます．

C が**閉曲線**，すなわち始点と終点が一致しているときは，C 上の線積分に $\oint$ の記号を使うのが慣例でした．本書でもこの記号が後でたくさん出てきます．曲線弧の場合は始点と終点が指示されるのが普通なので，向きを気にすることはないのですが，閉曲線の場合にはパラメータが指定されないとどっちに回る

かが問題になります．本書では，特に指示されない限り閉曲線には**正の向き**，すなわち曲線に沿って動くとき閉曲線の内部[6)]が左手になるような向きにパラメータを入れるものとします．

z と $\overline{z}$ を使うと複素係数の微分形式は，

$$dz = dx + idy, \quad d\overline{z} = dx - idy \tag{2.12}$$

で表すこともできるようになります[7)]: $f = u + iv$ なら，

$$\int_C f dz = \int_C (u + iv)(dx + idy) = \int_C \{(udx - vdy) + i(vdx + udy)\},$$
$$\int_C f d\overline{z} = \int_C (u + iv)(dx - idy) = \int_C \{(udx + vdy) + i(vdx - udy)\}$$

という意味になります．

例題 2.1-2 複素平面の点 $\alpha = a + bi$ を中心とする半径 R の円周に正の向きを付けたものを C とするとき，自然数 $n \geq 1$ に対して次を示せ：

$$\oint_C \frac{dz}{(z-\alpha)^n} = 0 \quad (n \neq 1), \qquad \oint_C \frac{dz}{z-\alpha} = 2\pi i. \tag{2.13}$$

解答 C のパラメータ表示を普通に $x = a + R\cos\theta$, $y = b + R\sin\theta$ あるいはまとめて

$$z = \alpha + Re^{i\theta}, \quad 0 \leq \theta \leq 2\pi \tag{2.14}$$

ととれば，例題 2.1-1 の計算から C 上で

$$dz = d(\alpha + Re^{i\theta}) = Rde^{i\theta} = Rie^{i\theta}d\theta$$

となる．すると，$n \neq 1$ のときは

$$\oint_C \frac{dz}{(z-\alpha)^n} = \int_0^{2\pi} \frac{Rie^{i\theta}d\theta}{R^n e^{ni\theta}} = iR^{1-n}\int_0^{2\pi} e^{(1-n)i\theta}d\theta$$
$$= iR^{1-n}\left[\frac{e^{(1-n)i\theta}}{(1-n)i}\right]_0^{2\pi} = 0$$

---

6) ここでは閉曲線とは，円周や長方形の周など，ある幾何図形の周となっているものを想定しています．一般的に内部の議論をするには単純閉曲線と言って，自分自身と交わらないという条件が必要ですが，線積分を計算するだけなら向きさえ指定すれば単純性は必要ありません．なお第 3 章では単純性に関連した議論を紹介しています（特に定義 3.1 と ☞3.6）．

7) こちらは，$\boldsymbol{C}$ 上の 2 次元ベクトル空間（いわゆる $\boldsymbol{R}^2$ の余接空間の複素化）$\boldsymbol{C}dx + \boldsymbol{C}dy$ において，基底を dx, dy から $dz, d\overline{z}$ に取り替えるもので，普通の代数的な手続きです．

となる．（ここで用いた $e^{(1-n)i\theta}$ の原始関数も例題 2.1-1 から分かる．）$n=1$ のときだけは特別で，この計算は次のようになる：

$$\oint_C \frac{dz}{z-\alpha} = \int_0^{2\pi} \frac{Rie^{i\theta}d\theta}{Re^{i\theta}} = \int_0^{2\pi} id\theta = 2\pi i. \quad \square$$

さて，以下では微分形式 dz に対する線積分の評価をするときに

$$\left|\int_C f(z)dz\right| \leq \int_C |f(z)||dz| \leq |C| \max_{z\in C}|f(z)| \tag{2.15}$$

のような不等式がよく使われます．ここで $|dz| = \sqrt{dx^2+dy^2}$ は曲線の弧長要素として ds で表されるものに相当し，$|C|$ は曲線 C の長さを表しています．従って $|C| = \int_C |dz|$ は弧長の定義ですが，これはパラメータ表示を使えば

$$\begin{aligned}\left|\int_C f(z)dz\right| &= \left|\int_C f(\varphi(t),\psi(t))(\varphi'(t)+i\psi'(t))dt\right| \\ &\leq \int_0^T |f(\varphi(t),\psi(t))(\varphi'(t)+i\psi'(t))|dt \\ &= \int_0^T |f(\varphi(t),\psi(t))|\sqrt{\varphi'(t)^2+\psi'(t)^2}dt\end{aligned}$$

となり，$\sqrt{\varphi'(t)^2+\psi'(t)^2}dt$ が弧長要素であることから上の不等式は高校数学のレベルでも分かります．なお，あまり出てきませんが $d\bar{z}$ に関する線積分の評価も $|dz| = |d\bar{z}|$ なので同じような不等式になります．

問 2.1-4 C を単位円周に正の向きを与えたものとするとき，次の線積分を計算せよ．ただし n は正整数とする．

(1) $\displaystyle\oint_C \frac{1}{z^n}d\bar{z}$　(2) $\displaystyle\oint_C \frac{1}{\bar{z}^n}dz$　(3) $\displaystyle\oint_C \frac{1}{\bar{z}^n}d\bar{z}$　(4) $\displaystyle\oint_C \bar{z}^n dz$.

2.2 複素平面として見直した平面の位相

これまでの話は，複素数を導入すると確かにいろいろ便利なことはあるなというもので，関数論，すなわち，真に複素変数 z の関数の理論には入っていません．z の複素数値関数 $f(z)$ が真に z だけの関数とはどういう意味でしょう

か？　関数論ではそれを正則関数[8]と呼びますが，それが何かをこれからいろんな角度から考察するのが関数論の第一歩です．

z だけで書けるような関数として，一番分かりやすいのは，z の多項式

$$P(z) = a_0 z^n + a_1 z^{n-1} + \cdots + a_n \tag{2.16}$$

です[9]．これに $z = x + iy$ を代入して書き直すと x, y の 2 変数多項式が出てきますが，逆に x, y の 2 変数多項式を勝手に書いてしまうと，一般にはそれを z だけで表すことはできず，$\bar{z}$ も必要になります．

多項式だけでは物足りないのですが，これを無限和に拡張して，冪(べき)級数

$$f(z) = \sum_{n=0}^{\infty} c_n z^n \tag{2.17}$$

まで考えると，豊かな例が得られます．というか，展開の中心を一般化した

$$f(z) = \sum_{n=0}^{\infty} c_n (z - \alpha)^n \tag{2.18}$$

まで考えれば正則関数がすべて得られることが後で分かります．

【複素数列と級数の収束】　以上をきちんと議論するため，冪級数の収束の話とそれを述べるための平面の位相について復習し，それを複素数で表現し直すことを考えましょう．以下は内容的には微積分の復習のようなものです．

定義 2.2　複素数の列 $z_n = x_n + iy_n$ が複素数 $z = x + iy$ に収束する，記号で $z_n \to z$ とは，平面の点列 (x_n, y_n) が点 (x, y) に収束することを言う．従ってこれは $x_n \to x$ かつ $y_n \to y$，すなわち，実部，虚部がそれぞれ対応する値に収束することである．

---

[8] この言葉は regular function の訳語です．昔は英語でもこれが結構使われましたが，あまりにもあちこちで使われる言葉なので，最近は holomorphic の方が主に使われます．（こちらは 1859 年に Briot-Bouquet(ブリオ–ブーケ) の著書で導入された由緒正しいものです．）日本でもこれに“整型”という訳語を与えていた書物がありました．これは第 6 章で出てくる“有理型”関数のアナロジーでそれなりに妥当性はあるのですが普及しませんでした．これだけ定着した用語を今更変えるのは大変なので，英語の書物を読むときだけ注意するようにしましょう．

[9] $|z|$ だって z だけの関数じゃないかという声がどこかでしましたが，これは単なる記号で，何でも $f(z)$ と書いたら z だけの関数だと主張するのと同じことです．実際，この記号の定義 $|z| = \sqrt{x^2 + y^2} = \sqrt{z\bar{z}}$ に戻ると，どうしても $\bar{z}$ 無しには書けないことが納得できるでしょう．

平面の距離は複素数の絶対値を用いて表せます：$\mathrm{dis}(z,w) := |z-w|$ は $z = x+iy,\ w = u+iv$ としてみれば $\sqrt{(x-u)^2+(y-v)^2}$ となり，確かに平面の Euclid（ユークリッド）距離と一致します．特に，$|z|$ は点 z と原点 0 との距離です．絶対値の記号を用いることにより，複素数列の収束や，複素級数の収束の条件を実数列や実の級数の議論と同じように表現することができます：

補題 2.3 複素数列 z_n が z に収束するとは，実数列の意味で $|z_n - z| \to 0$ となることと同値である．すなわち，任意の $\varepsilon > 0$ に対し，n_ε を適当に選べば，$n \geq n_\varepsilon$ のとき $|z_n - z| < \varepsilon$ となることである．

これは $z_n = x_n + iy_n,\ z = x + iy$ とすれば

$$|z_n - z| = \sqrt{(x_n - x)^2 + (y_n - y)^2}$$

となることから明らかですね．

これから厳密な議論を行うため，次の定義も思い出しておきましょう．

定義 2.4 複素数列 z_n が **Cauchy 列**であるとは，$n, m \to \infty$ のとき $|z_n - z_m| \to 0$ となること，すなわち，$\forall\varepsilon > 0$ に対して $\exists n_\varepsilon$ s.t.[10] $n, m \geq n_\varepsilon$ ならば $|z_n - z_m| < \varepsilon$ となることである．

$z_n = x_n + iy_n$ のとき，z_n が Cauchy 列であることは，$x_n,\ y_n$ がともに Cauchy 列であることと同値なことも明らかでしょう．従って，実数の連続性公理から，次のことが従います．これは欲しい複素数を作るための基本的な手段です．

系 2.5（**Cauchy の判定条件**） Cauchy 列は収束する．また逆に収束列は Cauchy 列である．

級数の収束はその部分和で定まる数列の収束で定義されましたが，複素数の級数 $\sum_{n=0}^{\infty} \alpha_n$ でもこれは同じで，部分和 $S_n = \sum_{k=0}^{n} \alpha_k$ の収束で定義されます．極限は級数の和と呼ばれ，部分和が Cauchy 列となる条件は

[10] s.t. は such that の略記でした．この書き方は補題 2.3 のような普通の文章による表現を板書で使うように記号化したもので，微積分でも習っているでしょうから，本書でも以下こちらを主に用います．

$$\forall\,\varepsilon > 0\ \exists n_\varepsilon \ \text{ s.t. } \ n \geq n_\varepsilon,\ p \geq 0 \ \Longrightarrow\ \left|\sum_{k=n}^{n+p} \alpha_n\right| < \varepsilon \tag{2.19}$$

と級数の言葉に翻訳されます．特に $p = 0$ とすれば収束の必要条件として $\alpha_n \to 0$ が得られます．実の級数の場合と同様，絶対収束の概念が $\sum_{n=0}^{\infty} |\alpha_n|$ の収束で定義され，“絶対収束 $\Rightarrow$ 収束” が Cauchy の条件から直ちに示されます．

連続的な複素変数に関する収束の概念も ε-δ 論法を用いて同様に厳密に定義することができます．$\lim_{z\to z_0} f(z) = \alpha$ とは $\forall\varepsilon > 0$ に対し，$\exists\delta > 0$ s.t. $0 < |z - z_0| < \delta \Longrightarrow |f(z) - \alpha| < \varepsilon$ となることです．$f(z)$ が z_0 で**連続**とは，$\lim_{z\to z_0} f(z) = f(z_0)$ となることです．これらは $z = x + iy$ として $f(z) = u(x, y) + iv(x, y)$ と実部・虚部で表せば，u, v それぞれに対する 2 変数としての $(x, y) \to (x_0, y_0)$ の極限，あるいは (x_0, y_0) での連続性と同等になります．従って詳しくは書きませんが連続的変数に関する極限について成り立つ微積分の諸々の定理が適用できます．

【冪級数とその例】　さて，微積分では，冪級数に対して収束半径 R や収束円 $|x| < R$ の定義が導入されましたが，実数の世界だけで見ていると，これらは線分の長さや区間にしかならないので，どうして “円” という言葉が使われるのか不思議に思った人もいるでしょう．実は冪級数は $|z| < R$ を満たす複素数についても収束します．これは微積分の対応する主張をそのまま引き写せば証明もでき，微積分の授業でそこまで習った人も居るでしょうが，念のために精密な定式化を与えておきましょう．

定義と定理 2.6　冪級数 (2.18)（係数 c_n は一般に複素数とする）について，

$$\frac{1}{r} = \limsup_{n\to\infty} \sqrt[n]{|c_n|} \tag{2.20}$$

で r を定める．（ただし，右辺が 0 のとき $r = \infty$, 右辺が ∞ のとき $r = 0$ と規約する．）このとき，$\forall r' < r$ について，冪級数は $|z - \alpha| \leq r'$ において一様に絶対収束する．また $|z - \alpha| > r$ においては発散する．r をこの冪級数の**収束半径**と呼ぶ．また (2.20) は **Cauchy-Hadamard**（コーシー-アダマール）の公式と呼ばれる．

実際（以下簡単のため $\alpha = 0$ とします），$r' < r'' < r$ なる r'' を取れば，

$\frac{1}{r} < \frac{1}{r''}$, 従って上極限の定義により有限個の例外を除いて $\sqrt[n]{|c_n|} \le \frac{1}{r''}$ となるので，$n \ge n_0$ でこれが成り立つとすれば，そのような項は $|z| \le r'$ では $|c_n z^n| \le \left(\frac{r'}{r''}\right)^n$ となります．$\sum_{n=n_0}^{\infty} \left(\frac{r'}{r''}\right)^n$ は公比が 1 より小さい無限等比級数の有限個を除いたものなので，収束します．従ってこれを優級数とするもとの冪級数は z のこの範囲では少なくともこの級数と同じ速さで一様に絶対収束します．**一様収束**とは，z に依存しない収束の速さが選べることでしたね．これを丁寧に示すには，$\forall \varepsilon > 0$ に対し，$\sum_{n=n_\varepsilon}^{\infty} \left(\frac{r'}{r''}\right)^n < \varepsilon$ となる $n_\varepsilon \ge n_0$ を選んでおけば，$n \ge n_\varepsilon$ では $|z| \le r'$ なる任意の z について

$$\left|\sum_{k=n}^{\infty} c_n z^n\right| \le \sum_{k=n}^{\infty} |c_n z^n| \le \sum_{k=n}^{\infty} \left(\frac{r'}{r''}\right)^n < \varepsilon$$

となるから，という風に論じます．

$|z| > r$ で発散することは，同様に上極限の定義から $\frac{1}{|z|} < \frac{1}{r}$ に対しては無限に多くの n について $\sqrt[n]{|c_n|} > \frac{1}{|z|}$ となるので，そのような n について $|c_n z^n| > 1$ となり，収束の必要条件である一般項 $\to 0$ を満たしていないことから言えます．

さて，冪級数の代表例は

$$e^z = 1 + z + \frac{z^2}{2!} + \cdots + \frac{z^n}{n!} + \cdots \tag{2.21}$$

でした．この級数は微積分では e^x の Taylor（テイラー）展開から導いたと思いますが，ここでは右辺で複素指数関数 e^z を定義してしまいましょう．この冪級数の収束半径が無限大で，従って任意の複素数 z に対して定義されることは，微積分で習ったでしょう．また e^{z+w} にこれを適用し各項を 2 項定理で展開しまとめ直すと，$e^z e^w$ に帰着することで指数法則が確かめられることも，微積分の演習で多分やっているでしょう．（微積分での計算は絶対収束により項の順序の変更が許されるということだけに基づいているので，複素数になってもそのまま通用します．）

問 **2.2-1**　上の計算を未習の人は（忘れた人は復習として）このことを確かめよ．

指数法則が成立するので，$e^{x+iy} = e^x e^{iy}$, また

$$
\begin{aligned}
e^{iy} &= 1 + iy - \frac{y^2}{2!} - i\frac{y^3}{3!} + \frac{y^4}{4!} + i\frac{y^5}{5!} + \cdots \\
&= \Big(1 - \frac{y^2}{2!} + \frac{y^4}{4!} - + \cdots\Big) + i\Big(y - \frac{y^3}{3!} + \frac{y^5}{5!} - + \cdots\Big) \\
&= \cos y + i \sin y
\end{aligned}
$$

となります．ここで最後の三角関数への書き換えは，微積分で学んだ三角関数の Taylor 展開の知識を用いたのですが，今はこれらの級数で三角関数を定義してしまいましょう[11]．そうするとこれらは複素変数に対しても意味を持つようになります：

$$
\cos z := 1 - \frac{z^2}{2!} + \frac{z^4}{4!} - + \cdots + (-1)^n \frac{z^{2n}}{(2n)!} + \cdots, \tag{2.22}
$$

$$
\sin z := z - \frac{z^3}{3!} + \frac{z^5}{5!} - + \cdots + (-1)^n \frac{z^{2n+1}}{(2n+1)!} + \cdots. \tag{2.23}
$$

すると，先に複素指数関数の定義に用いた等式 (1.14) がここでの定義から導けることになり，(1.2) も複素変数に対して成立します：

$$
\cos z = \frac{e^{iz} + e^{-iz}}{2}, \quad \sin z = \frac{e^{iz} - e^{-iz}}{2i}. \tag{2.24}
$$

問 **2.2-2** (2.24) を用いて，三角関数に関する以下の性質を導け[12]：
(1) 三角関数の加法公式を指数関数の指数法則から導け．
(2) $\cos^2 z + \sin^2 z = 1$ を示せ．

冪級数の他の例として，関数 $\log(1+z)$ の $z = 0$ での Taylor 展開を思い出しましょう．z が実数のときは

$$
\log(1+z) = z - \frac{z^2}{2} + \frac{z^3}{3} - + \cdots + (-1)^{n-1} \frac{z^n}{n} + \cdots \tag{2.25}
$$

でした．この冪級数は収束半径が 1 なので，残念ながらこれで $\log(-1)$ の値を見るということはできません．そもそも冪級数は 1 価な関数を表しているので，これで表現されるのは $\log 1 = 0$ という選択から出発して連続に繋がっ

[11] 三角関数を幾何学的に定義し，その性質を厳密に論じるのは時間が足りないと言うので，微積分の講義でもこれを定義としてしまう先生がときどき居ますね (^^; そのような先生の議論の仕方として問 2.2-2 以下を用意したので味わってください．

[12] さらなる性質の導出には導関数が必要なので，続きは次の節に回します．一番面倒なのは実の三角関数の知識に頼らずに，級数で定義された三角関数の周期性を示すところです．

た $\log z$ の値，いわゆる一つの**分枝**の一部に過ぎません．

問 **2.2-3**（レポート問題）　対数関数の Taylor 展開を用いて $\log(1+z) = \log\sqrt{(1+x)^2+y^2} + i\,\mathrm{Arctan}\,\dfrac{y}{1+x}$ を直接示してみよ．

【近傍・開集合・閉集合・連結性】　微積分の復習の最後に少し理論寄りの，よく使われる位相の用語を思い出しておきましょう．証明等は例えば [2], 7.6 節などを見て下さい．

定義と補題 2.7　(1) $\boldsymbol{C}$ の部分集合 $\{z \in \boldsymbol{C}\ ;\ |z-\alpha| < \varepsilon\}$ は α の **ε-近傍**と呼ばれ，$B_\varepsilon(\alpha)$ で表される．これを含む集合 U は一般に α の**近傍**と呼ばれる．
(2) 部分集合 $E \subset \boldsymbol{C}$ に対し，E の点 α が E の**内点**であるとは，α のある近傍が E にそっくり含まれることを言う．また α が E の**外点**とは，α のある近傍が E と交わりを持たないことを言う．α が E の**境界点**とは，それ以外の点，すなわち α のどんな近傍も E の点と E に属さない点を含むことを言う．E の内点の集合は E の**内部**，外点の集合は E の**外部**，境界点の集合は E の**境界**と呼ばれる．
(3) α が集合 E の**集積点**であるとは，α の任意の近傍が E の点を無限個含むことを言う．（α は E の点でもそうでなくてもよい．）$\alpha \in E$ が E の集積点ではないとき，E の**孤立点**と呼ばれる．
(4) $\Omega \subset \boldsymbol{C}$ が**開集合**であるとは，その点がすべて Ω の内点であることを言う．
(5) $F \subset \boldsymbol{C}$ が**閉集合**とは，F の集積点がすべて F に属することを言う．$\boldsymbol{C}$ の部分集合については F が閉集合となることは，F の点列が $\boldsymbol{C}$ で収束していれば極限も必ず F に属することと同値である．また F の境界が F に含まれることとも同値である．
(6) F が閉集合であることと F の補集合が開集合であることは同値である．

時には，集合 E の ε-近傍という言葉も使われます．これは，$\bigcup_{z\in E} B_\varepsilon(z)$ のことを言います．つまり，E の少なくとも一つの点からの距離が ε より小さいような点の集まりです．

E の内部と外部は定義により $\boldsymbol{C}$ の開集合となり，従って E の境界は $\boldsymbol{C}$ の閉集合となります．位相空間の一般論では，境界点の集合が意外なものになる例が出てきますが，関数論の応用では普通は開集合の境界は曲線か孤立点（図 2.1 左）かスリット（図 2.1 右）ぐらいを考えておけば大丈夫です．

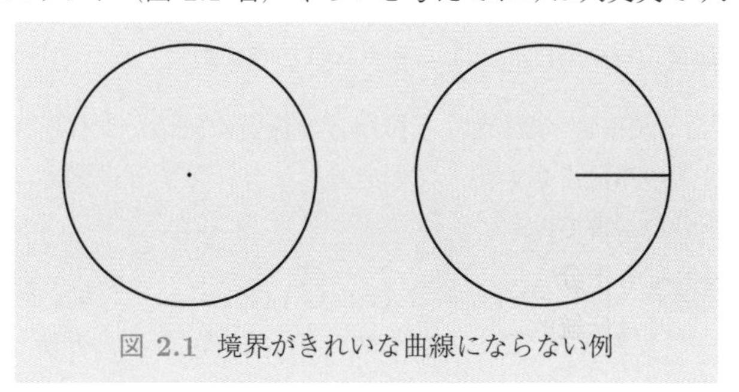

図 2.1　境界がきれいな曲線にならない例

開集合と閉集合の集合演算に関する安定性についても復習しておきます．

補題 2.8 (1) 有限個の開集合の共通部分は開集合となる．開集合の合併については無限個でも開集合となる．

(2) 有限個の閉集合の合併は閉集合となる．共通部分については無限個でも閉集合となる．

(3) $E \subset \boldsymbol{C}$ の**閉包**とは E にその集積点を，あるいはその点列の収束先を，すべて付け加えたもののことを言う．これは E に境界を合併することと同値であり，また E を含む $\boldsymbol{C}$ の閉集合すべての共通部分にも等しい．従って E の閉包は E を含む閉集合のうち包含関係に関して最小のものである．

集合 E の閉包，内部，境界を表す記号は書物により異なります．本書では，境界を ∂E で表すことにします．閉包は $\overline{E}$ と書くと複素共役と紛らわしいので，やや冗長ですが $E \cup \partial E$ と書くことにします．内部の記号は $\mathrm{Int}(E)$ とします．ただしこの言葉は以下では上の定義の意味で使うことはほとんど無く，むしろ**閉曲線 C の内部**のように C で囲まれた範囲を指して使います．この閉曲線という言葉も，（閉集合にはなりますが）その意味の閉ではありません．

最後に連結性について復習しておきましょう．

定義 2.9 $\boldsymbol{C}$ の部分集合 S が**連結**とは $\boldsymbol{C}$ の二つの空でない開集合 Ω_1, Ω_2 で $\Omega_1 \cup \Omega_2 \supset S$ となるものは必ず $\Omega_1 \cap \Omega_2 \cap S \neq \emptyset$ を満たすことをいう．S が**弧状連結**とは，$\alpha, \beta \in S$ を任意に取るとき，この 2 点を結ぶ連続曲線弧 $C : z = \Phi(t), 0 \leq t \leq T, \Phi(0) = \alpha, \Phi(T) = \beta$, で S に含まれるものが存在す

ることを言う.

補題 2.10 $\boldsymbol{C}$ の開集合 Ω については，連結であることと弧状連結であることは同値である.

この補題の証明は省略します．気になる人は [2], 章末問題 9 などを見てください．面倒だと思う人は，連結の定義を直感的に分かりやすい弧状連結で理解してください．本書では連結性と弧状連結性が一致しないような集合は扱わないので，それでも十分です.

さて，関数論では伝統的に次の言葉を用います：

定義 2.11 $\boldsymbol{C}$ の連結開集合のことを**領域**と呼ぶ. 領域の閉包を**閉領域**という.

領域は関数論を展開する主な舞台でした．本書でもこの用語を使うことにしますが，分野によってはこの言葉は別の意味で使われることもあるので注意してください．なお，閉領域から境界を除いてももとの領域に戻るとは限りませんし，境界も異なった集合になることがあります．図 2.1 はいずれも領域の例ですが，閉包をとると普通の円板になります．閉領域という言葉は境界が普通の曲線をなしているときに使うのが普通です.

以下では連結でない集合 F も出てきますが，そのような F については連結な部分集合の包含関係に関する極大なものを F の**連結成分**と呼ぶのでした. 関数論では位相空間の一般論に出てくるような奇妙な例を扱うことは普通はしないので，有限個の連結成分が互いに交わらずに並んでいるようなものを思い浮かべておけば大抵は大丈夫です.

2.3 複素偏微分と Cauchy-Riemann の方程式

関数論の対象となる正則関数とは，z だけで表される $\boldsymbol{C}$ 上の関数のことです．z の多項式 (2.16) や z の冪級数 (2.18) などはいかにもそれらしく見え，逆に $|z|^2 = z\bar{z}$ などはそうではないというのは，感覚的には分かりますが，この区別を数学で厳密に表すにはどうすればよいでしょうか？

【微分演算子の複素化】 直感的には $f(z)$ が $\bar{z}$ を含まないというのは，$\frac{\partial}{\partial \bar{z}} f(z) = 0$ で良いではないか，と思われますね．公式 (1.5) の $x = \frac{z+\bar{z}}{2}$,

$y = \frac{z-\bar{z}}{2i}$ を用いて微分演算子の変換を形式的に書いてみると，

$$\frac{\partial}{\partial z} = \frac{\partial x}{\partial z}\frac{\partial}{\partial x} + \frac{\partial y}{\partial z}\frac{\partial}{\partial y} = \frac{1}{2}\frac{\partial}{\partial x} + \frac{1}{2i}\frac{\partial}{\partial y} = \frac{1}{2}\Big(\frac{\partial}{\partial x} - i\frac{\partial}{\partial y}\Big),$$
$$\frac{\partial}{\partial \bar{z}} = \frac{\partial x}{\partial \bar{z}}\frac{\partial}{\partial x} + \frac{\partial y}{\partial \bar{z}}\frac{\partial}{\partial y} = \frac{1}{2}\frac{\partial}{\partial x} - \frac{1}{2i}\frac{\partial}{\partial y} = \frac{1}{2}\Big(\frac{\partial}{\partial x} + i\frac{\partial}{\partial y}\Big).$$

従って，

$$\frac{\partial}{\partial z} = \frac{1}{2}\Big(\frac{\partial}{\partial x} - i\frac{\partial}{\partial y}\Big), \qquad \frac{\partial}{\partial \bar{z}} = \frac{1}{2}\Big(\frac{\partial}{\partial x} + i\frac{\partial}{\partial y}\Big) \tag{2.26}$$

となります．これらを**複素偏微分**と呼ぶことにしましょう．すると $\frac{\partial}{\partial \bar{z}}f(z) = 0$ は

$$\frac{1}{2}\Big(\frac{\partial}{\partial x} + i\frac{\partial}{\partial y}\Big)f(z) = 0 \tag{2.27}$$

と解釈すれば良さそうですね．これを **Cauchy-Riemann の方程式**（あるいは，（偏）微分方程式，関係式，条件など）と呼びます．$\frac{1}{2}$ は有っても無くても条件としては変わりませんが，$\frac{\partial}{\partial \bar{z}}$ との繋がりで普通は付けておきます．

2.2　既に注意したように，(2.8) は座標変換ではないので，(2.26) の導き方は形式的なものですが，(2.12) と同様，この書き換え自身は $\boldsymbol{R}^2$ の接空間の複素化 $\boldsymbol{C}\frac{\partial}{\partial x} + \boldsymbol{C}\frac{\partial}{\partial y}$ の基底の取り替えとして数学的に正当で，新しい基底は (2.12) の双対基底となります：

$$\Big\langle \frac{\partial}{\partial z}, dz\Big\rangle = \Big\langle \frac{\partial}{\partial \bar{z}}, d\bar{z}\Big\rangle = 1, \quad \Big\langle \frac{\partial}{\partial z}, d\bar{z}\Big\rangle = \Big\langle \frac{\partial}{\partial \bar{z}}, dz\Big\rangle = 0.$$

これを踏まえると (2.26) は次のような 2 変数関数の（全）微分の定義に戻った，より正統的な導き方ができます．上の形式的計算が不満な人にはこちらがお勧めです．

$f(x,y)$ の微分は，x, y にそれぞれ独立な微小増分 Δx, Δy を与えたときの

$$f(x+\Delta x, y+\Delta y) = f(x,y) + A\Delta x + B\Delta y + o(\sqrt{\Delta x^2 + \Delta y^2})$$

の微小増分に関する 1 次部分（を $\Delta x \mapsto dx$, $\Delta y \mapsto dy$ と書き換えたもの）です．$\Delta y = 0$, あるいは $\Delta x = 0$ という特別な場合を考えると，$A = \frac{\partial f}{\partial x}$, $B = \frac{\partial f}{\partial y}$ であることが分かるのでした．この微小増分は複素表現では $\Delta z = \Delta x + i\Delta y$ となりますが，同時に $\overline{\Delta z} = \Delta x - i\Delta y$ でもあるので，この二つは独立増分ではありません．上の近似式をこれらで書き換えると，

$$f(z+\Delta z) = A\frac{\Delta z + \overline{\Delta z}}{2} + B\frac{\Delta z - \overline{\Delta z}}{2i} = \frac{1}{2}(A-iB)\Delta z + \frac{1}{2}(A+iB)\overline{\Delta z} + o(|\Delta z|)$$

となり，ここに $\Delta z, \overline{\Delta z}$ の係数は，それぞれ

$$\frac{1}{2}(A-iB) = \frac{1}{2}\Big(\frac{\partial f}{\partial x} - i\frac{\partial f}{\partial y}\Big) = \frac{\partial f}{\partial z}, \quad \frac{1}{2}(A+iB) = \frac{1}{2}\Big(\frac{\partial f}{\partial x} + i\frac{\partial f}{\partial y}\Big) = \frac{\partial f}{\partial \bar{z}}$$

です．すなわち，最初に定義した複素偏微分 $\frac{\partial f}{\partial z}$, $\frac{\partial f}{\partial \bar{z}}$ は f の微小近似式の 1 次部分を複素表示したときの，それぞれ Δz, $\overline{\Delta z}$ の係数です．

例題 2.3-1 複素指数関数を第 1 章 (1.14) のように $e^z = e^x(\cos y + i\sin y)$ で定義したとき，実変数の関数の微分を既知として，これが Cauchy-Riemann の方程式を満たすことを確認せよ．

解答 まず x, y に関する偏微分を計算してみると，

$$\frac{\partial}{\partial x}\{e^x(\cos y + i\sin y)\} = e^x(\cos y + i\sin y),$$
$$i\frac{\partial}{\partial y}\{e^x(\cos y + i\sin y)\} = ie^x(-\sin y + i\cos y) = e^x(-\cos y - i\sin y).$$

故に，

$$\left(\frac{\partial}{\partial x} + i\frac{\partial}{\partial y}\right)\{e^x(\cos y + i\sin y)\} = 0. \quad \square$$

問 **2.3-1** x, y の次のような関数が Cauchy-Riemann の方程式を満たすかどうか確かめよ．
(1) $x^2 - y^2 + 2xyi$ (2) $x^2 - y^2 - 2xyi$ (3) $e^{x^2-y^2}(\cos 2xy + i\sin 2xy)$.

問 **2.3-2**（レポート問題） 前章で導入した定義 $\log z = \log\sqrt{x^2+y^2} + i\,\mathrm{Arctan}\,\frac{y}{x}$ の右辺が Cauchy-Riemann の偏微分方程式を満たすことを確かめよ．（このような計算は人間にやらせるべきではないと思う人は，付録の課題 1 を参考に計算機にやらせてみよ．）

せっかく複素偏微分の記号を導入したので，これを計算するのに一々 x, y の微分に戻っていたのでは，その意義が薄れますから，少しこれらを用いた計算法を調べておきましょう．

補題 2.12 (i) 二種の複素微分の間には

$$\overline{\left(\frac{\partial}{\partial z}\right)} = \frac{\partial}{\partial \bar{z}}, \qquad \overline{\left(\frac{\partial}{\partial \bar{z}}\right)} = \frac{\partial}{\partial z} \tag{2.28}$$

という関係が有る．更に，以下の等式が成り立つ：

$$\frac{\partial}{\partial z}\overline{f(z)} = \overline{\left(\frac{\partial}{\partial \bar{z}}f(z)\right)},\ \frac{\partial}{\partial \bar{z}}f(z) = \overline{\left(\frac{\partial}{\partial z}\overline{f(z)}\right)},\ \frac{\partial}{\partial \bar{z}}\overline{f(z)} = \overline{\left(\frac{\partial}{\partial z}f(z)\right)}. \tag{2.29}$$

(ii) 複素微分は以下の性質を持つ：

(1)（**線形性**）α, β を複素定数とするとき，

$$\frac{\partial}{\partial z}\{\alpha f(z)+\beta g(z)\}=\alpha\frac{\partial}{\partial z}f(z)+\beta\frac{\partial}{\partial z}g(z), \tag{2.30}$$

$$\frac{\partial}{\partial \bar{z}}\{\alpha f(z)+\beta g(z)\}=\alpha\frac{\partial}{\partial \bar{z}}f(z)+\beta\frac{\partial}{\partial \bar{z}}g(z). \tag{2.31}$$

(2)（**複素偏微分に関する積の微分公式**）

$$\frac{\partial}{\partial z}\{f(z)g(z)\}=\left\{\frac{\partial}{\partial z}f(z)\right\}g(z)+f(z)\frac{\partial}{\partial z}g(z), \tag{2.32}$$

$$\frac{\partial}{\partial \bar{z}}\{f(z)g(z)\}=\left\{\frac{\partial}{\partial \bar{z}}f(z)\right\}g(z)+f(z)\frac{\partial}{\partial \bar{z}}g(z). \tag{2.33}$$

(3)（**複素偏微分に関する商の微分公式**）

$$\frac{\partial}{\partial z}\left\{\frac{f(z)}{g(z)}\right\}=\frac{\{\frac{\partial}{\partial z}f(z)\}g(z)-f(z)\frac{\partial}{\partial z}g(z)}{g(z)^2}, \tag{2.34}$$

$$\frac{\partial}{\partial \bar{z}}\left\{\frac{f(z)}{g(z)}\right\}=\frac{\{\frac{\partial}{\partial \bar{z}}f(z)\}g(z)-f(z)\frac{\partial}{\partial \bar{z}}g(z)}{g(z)^2}. \tag{2.35}$$

証明　(i) 関係 (2.28) は複素微分の定義式 (2.26) の両辺の複素共役を取れば形式的に得られる[13]．等式 (2.29) の確認は練習問題とする（問 2.3-3）．

(ii) (1) は偏微分作用素 $\frac{\partial}{\partial x}$, $\frac{\partial}{\partial y}$ が線形で，複素微分がそれらの 1 次結合であることから明らかである．(2) は $\frac{\partial}{\partial x}$, $\frac{\partial}{\partial y}$ に対して補題 2.1 で積の微分公式を示したので，それらの 1 次結合として得られる．(3) も同様に問 2.1-2 (1) から得られる．　□

問 **2.3-3**　等式 (2.29) を確かめよ．

補題 2.13　複素微分 (2.26) について次の合成関数の偏微分公式が成り立つ：

$$\frac{\partial}{\partial z}g(f(z))=\frac{\partial g}{\partial w}\frac{\partial}{\partial z}f(z)+\frac{\partial g}{\partial \bar{w}}\frac{\partial}{\partial z}\overline{f(z)}, \tag{2.36}$$

$$\frac{\partial}{\partial \bar{z}}g(f(z))=\frac{\partial g}{\partial w}\frac{\partial}{\partial \bar{z}}f(z)+\frac{\partial g}{\partial \bar{w}}\frac{\partial}{\partial \bar{z}}\overline{f(z)}. \tag{2.37}$$

証明　x, y に戻して計算すると，$f=u+iv$, $w=\xi+i\eta$ と置き，$g(w)=g(\xi,\eta)=g(u(x,y),v(x,y))$ とみなせば，

---

[13] そんなことをして大丈夫かと思う人は，これらの演算子を実数値の関数 $u(x,y)$ に施してから複素共役を取ってみれば納得できるでしょう．

$$\frac{\partial}{\partial x}g(f(x,y)) = \frac{\partial g}{\partial \xi}\frac{\partial}{\partial x}u(x,y) + \frac{\partial g}{\partial \eta}\frac{\partial}{\partial x}v(x,y),$$
$$\frac{\partial}{\partial y}g(f(x,y)) = \frac{\partial g}{\partial \xi}\frac{\partial}{\partial y}u(x,y) + \frac{\partial g}{\partial \eta}\frac{\partial}{\partial y}v(x,y).$$

よって

$$\begin{aligned}\frac{\partial}{\partial z}g(f(x,y)) &= \frac{1}{2}\Big(\frac{\partial}{\partial x}g(f(x,y)) - i\frac{\partial}{\partial y}g(f(x,y))\Big)\\ &= \frac{\partial g}{\partial \xi}\frac{1}{2}\Big(\frac{\partial}{\partial x}u(x,y) - i\frac{\partial}{\partial y}u(x,y)\Big)\\ &\quad + \frac{\partial g}{\partial \eta}\frac{1}{2}\Big(\frac{\partial}{\partial x}v(x,y) - i\frac{\partial}{\partial y}v(x,y)\Big)\\ &= \frac{\partial g}{\partial \xi}\frac{\partial u}{\partial z} + \frac{\partial g}{\partial \eta}\frac{\partial v}{\partial z}.\end{aligned}$$

これに (2.26) を逆に解いて得られる

$$\frac{\partial}{\partial x} = \frac{\partial}{\partial z} + \frac{\partial}{\partial \overline{z}}, \qquad \frac{\partial}{\partial y} = i\Big(\frac{\partial}{\partial z} - \frac{\partial}{\partial \overline{z}}\Big) \tag{2.38}$$

を $w, \overline{w}$ と ξ, η に書き直したもの

$$\frac{\partial}{\partial \xi} = \frac{\partial}{\partial w} + \frac{\partial}{\partial \overline{w}}, \qquad \frac{\partial}{\partial \eta} = i\Big(\frac{\partial}{\partial w} - \frac{\partial}{\partial \overline{w}}\Big)$$

を代入すると，上は

$$\begin{aligned}&= \Big(\frac{\partial g}{\partial w} + \frac{\partial g}{\partial \overline{w}}\Big)\frac{\partial u}{\partial z} + i\Big(\frac{\partial g}{\partial w} - \frac{\partial g}{\partial \overline{w}}\Big)\frac{\partial v}{\partial z}\\ &= \frac{\partial g}{\partial w}\frac{\partial}{\partial z}(u+iv) + \frac{\partial g}{\partial \overline{w}}\frac{\partial}{\partial z}(u-iv) = \frac{\partial g}{\partial w}\frac{\partial f}{\partial z} + \frac{\partial g}{\partial \overline{w}}\frac{\partial \overline{f}}{\partial z}\end{aligned}$$

となる．二つ目も同様に導けるが，一つ目の両辺の複素共役を取った後で g を一斉に $\overline{g}$ に置き換え，(2.29) の関係に注意しても得られる．

別証 2.2 で紹介した微分の解釈を用いて，合成関数 $g(f(z))$ の微分を考えると，

$$f(z+\Delta z) = f(z) + \frac{\partial f}{\partial z}\Delta z + \frac{\partial f}{\partial \overline{z}}\overline{\Delta z} + o(|\Delta z|),$$
$$g(w+\Delta w) = g(w) + \frac{\partial g}{\partial w}\Delta w + \frac{\partial g}{\partial \overline{w}}\overline{\Delta w} + o(|\Delta w|).$$

ここで $w = f(z)$, $\Delta w = \dfrac{\partial f}{\partial z}\Delta z + \dfrac{\partial f}{\partial \overline{z}}\overline{\Delta z} + o(|\Delta z|)$ とみなし，1 行目を 2 行目に代入すれば

$$
\begin{aligned}
&g(f(z+\Delta z))\\
&= g(f(z)) + \frac{\partial g}{\partial w}\Big(\frac{\partial f}{\partial z}\Delta z + \frac{\partial f}{\partial \bar z}\overline{\Delta z}\Big) + \frac{\partial g}{\partial \overline{w}}\overline{\Big(\frac{\partial f}{\partial z}\Delta z + \frac{\partial f}{\partial \bar z}\overline{\Delta z}\Big)} + o(|\Delta z|)\\
&= g(f(z)) + \Big(\frac{\partial g}{\partial w}\frac{\partial f}{\partial z} + \frac{\partial g}{\partial \overline{w}}\overline{\frac{\partial f}{\partial \bar z}}\Big)\Delta z + \Big(\frac{\partial g}{\partial w}\frac{\partial f}{\partial \bar z} + \frac{\partial g}{\partial \overline{w}}\overline{\frac{\partial f}{\partial z}}\Big)\overline{\Delta z} + o(|\Delta z|).
\end{aligned}
$$

$\overline{\frac{\partial f}{\partial \bar z}} = \frac{\partial \bar f}{\partial z}$, $\overline{\frac{\partial f}{\partial z}} = \frac{\partial \bar f}{\partial \bar z}$ に注意すれば，これから Δz, $\overline{\Delta z}$ の係数として，それぞれ (2.36), (2.37) が得られる．　□

次は正則関数の最も現代的な定義です：

定義 2.14 Cauchy-Riemann 方程式 (2.27) の C^1 級の解のことを**正則関数**と呼ぶ．正則関数 f に対しては $\frac{\partial f}{\partial z}$ を $\frac{df}{dz}$ あるいは $f'(z)$ と記す．

$\boldsymbol{C^1}$ **級**とは，1 階の偏導関数がすべて連続なことを言います．（伝統的な言い方では**連続的微分可能**と言います．）このように，偏微分方程式に現れる偏導関数がすべて連続で，代入したら方程式を満たすものは一般にその方程式の**古典解**と呼ばれます．

f が正則関数なら，Cauchy-Riemann の方程式から

$$
\frac{\partial f}{\partial x} = -i\frac{\partial f}{\partial y}, \quad 従って \quad f'(z) = \frac{df}{dz} = \frac{\partial f}{\partial z} = \frac{\partial f}{\partial x} = -i\frac{\partial f}{\partial y} \tag{2.39}
$$

となることに注意しましょう．正則関数の定義を定義 2.14 だけで済ますと後がとても楽なのですが，本書は教科書なので，“複素微分可能な関数” という正則関数の古典的な定義も次節で導入し，両者の関係を述べることにします．記号 $\frac{df}{dz}$ は，ここでは $\frac{\partial f}{\partial \bar z} = 0$ だから $\frac{\partial f}{\partial z}$ をそう書いても良いだろうという立場ですが，その古典的な正当化もそちらで与えます．

その前に，この Cauchy-Riemann 方程式の偏微分方程式における特殊性を示す解の性質を計算練習の形で述べておきます．

補題 2.15 $f(z)$, $g(z)$ が正則関数なら，次もまた正則関数となる：
(1) 複素定数 α, β について $\alpha f(z) + \beta g(z)$,
(2) $f(z)g(z)$,
(3) $g(z) \neq 0$ となるところで $\frac{f(z)}{g(z)}$.
更に，

(4) $f(z)$, $g(z)$ が正則関数なら，$f(z)$ の値が g の定義域に含まれるような z において合成関数 $g(f(z))$ も正則となる．

証明 (1) は Cauchy-Riemann の微分方程式が斉次線形なことから従う：

$$\frac{\partial}{\partial\bar{z}}\{\alpha f(z)+\beta g(z)\}=\alpha\frac{\partial}{\partial\bar{z}}f(z)+\beta\frac{\partial}{\partial\bar{z}}g(z)=0+0=0.$$

(2) はこの方程式が 1 階であることから積の微分法より従う：

$$\frac{\partial}{\partial\bar{z}}\{f(z)g(z)\}=\left\{\frac{\partial}{\partial\bar{z}}f(z)\right\}g(z)+f(z)\frac{\partial}{\partial\bar{z}}g(z)=0+0=0.$$

(3) は 補題 2.12 (ii) (3) の (2.35) から従う．(4) は補題 2.13 の (2.37) より

$$\frac{\partial}{\partial\bar{z}}g(f(z))=\frac{\partial g}{\partial w}\frac{\partial}{\partial\bar{z}}f(z)+\frac{\partial g}{\partial\bar{w}}\frac{\partial}{\partial\bar{z}}\overline{f(z)}$$

となるが，第 1 項は $\dfrac{\partial f}{\partial\bar{z}}=0$, 第 2 項は $\dfrac{\partial g}{\partial\bar{w}}=0$ によりこれは 0 となる． □

2.3 このように，Cauchy-Riemann 方程式はその解の集合がいわゆる $\boldsymbol{C}$ 上の多元環，すなわち，$\boldsymbol{C}$ 上の線形空間で和と積が定義されてそれらの演算が環の公理[14)]を満たすものとなっているような貴重な存在なのです．環の構造は方程式が 1 階斉次なことから来ていますが，同じ 1 階斉次でも $\frac{\partial f}{\partial x}=0$ などは単に解の独立変数が減るだけで，あまり意味のある解の集合は得られません．Cauchy-Riemann 方程式の解の集合が豊かなものとなっているのには，もう一つ後述のようにこの方程式が楕円型であるという性質が重要な役割を持っています．

問 **2.3-4** 次の関数は原点以外で正則となることを確かめよ．［ヒント：計算機を用いてもよいが用いないでやる工夫をしてみよ.］

$$\frac{x^2-y^2}{(x^2+y^2)^2}-\frac{2xyi}{(x^2+y^2)^2}.$$

問 **2.3-5** (1) $\frac{\partial}{\partial z}$ および $\frac{\partial}{\partial\bar{z}}$ の極座標による次のような表現を確かめよ．

$$\frac{\partial}{\partial z}=\frac{e^{-i\theta}}{2}\left(\frac{\partial}{\partial r}-\frac{i}{r}\frac{\partial}{\partial\theta}\right),\quad \frac{\partial}{\partial\bar{z}}=\frac{e^{i\theta}}{2}\left(\frac{\partial}{\partial r}+\frac{i}{r}\frac{\partial}{\partial\theta}\right).\tag{2.40}$$

(2) f が正則関数なら，$f'(z)=e^{-i\theta}\frac{\partial f}{\partial r}=-\frac{ie^{-i\theta}}{r}\frac{\partial f}{\partial\theta}$ となることを示せ．

問 **2.3-6** n を自然数とするとき，冪関数 $z^{1/n}$ は多価関数であるが，分枝を適当に決め，例えば $z=re^{i\theta}$ に対して $r^{1/n}e^{i\theta/n}$ と定めたものは，$r>0$, $-\pi<\theta<\pi$ で正則となることを示せ．

問 **2.3-7** (i) 次の式を確かめよ：

---

14) 結合律，分配律，乗法の単位元の存在など，詳細は [4], 定義 1.3 などを参照．

$$4\frac{\partial}{\partial z}\frac{\partial}{\partial \bar{z}} = \frac{\partial^2}{\partial x^2} + \frac{\partial^2}{\partial y^2} = \triangle \quad \text{(2 次元 Laplace 作用素)}.$$

(ii) 偏微分方程式 $\triangle f = 0$ は **Laplace 方程式**，またその解 $f(x, y)$ は**調和関数**と呼ばれる．正則関数は複素数値の調和関数であること，従ってその実部，虚部は（普通の意味での実数値の）調和関数となることを示せ．

(iii) 次の実数値関数に適当な虚部を付けて正則関数にできるか？ できるものはその結果を示し，できないものはその理由を示せ[15)]．

(1) $e^{x^2-y^2}\cos 2xy$　　(2) $e^x \cos 2y$　　(3) $x^3y - xy^3$.

(iv) 問 2.3-5 の (2.40) と (i) を用いて，Laplace 作用素の極座標表示を求めよ．

2.4 正則関数の古典的定義

【正則関数の古典的定義】 正則性を複素変数 z についての微分可能性により定義します．

定義 2.16 $f(z)$ が点 z で**正則**とは，極限

$$f'(z) := \lim_{\Delta z \to 0} \frac{f(z + \Delta z) - f(z)}{\Delta z} \tag{2.41}$$

が確定することを言う．すなわち，$\forall \varepsilon > 0$ に対し，$\exists \delta > 0$ s.t.

$$|\Delta z| < \delta \quad \Longrightarrow \quad \left| \frac{f(z + \Delta z) - f(z)}{\Delta z} - f'(z) \right| < \varepsilon \tag{2.42}$$

となるような複素数 $f'(z)$ が存在することを言う．このような $f'(z)$ を $f(z)$ の点 z における微分係数と呼ぶ．またこのとき $f(z)$ は点 z で**複素微分可能**と言い，上の極限操作を**複素微分**という．

極限値を表すのにいきなり関数記号 $f'(z)$ を使いましたが，これはもしいろんな z に対してこれらの極限値が存在すれば，それは z の関数とみなせるのでそれを $f'(z)$ で表そうという含みです．微積分の場合と同様で，このとき $f'(z)$ は $f(z)$ の**導関数**と呼ばれます．

この定義と Cauchy-Riemann の条件の関係を見るため，微積分でも有効だった分母を払った形の微分の定義を使いましょう．上の条件 (2.41) は

$$f(z + \Delta z) = f(z) + f'(z)\Delta z + o(\Delta z) \tag{2.43}$$

15) 第 3 章の問 3.2-6 で，実数値調和関数に適当な虚部を補って正則関数を作る方法が示されますが，今のところは目の子で求めましょう．

と同値です．ここで $\Delta z = \Delta x + i\Delta y$ とすれば，$o(\Delta z) = o(|\Delta z|) = o(\sqrt{\Delta x^2 + \Delta y^2})$ のことです．従って上は

$$f(z+\Delta z) = f(z) + f'(z)\Delta x + if'(z)\Delta y + o(\sqrt{\Delta x^2 + \Delta y^2})$$

と書き直され，これから $f(z)$ が x, y の 2 変数関数として点 $z = x + iy$ において（全）微分可能であること，従って特に f はこの点で連続となることが分かります．のみならず，この式の 1 次の無限小項の係数は偏微分の定義により

$$f'(z) = \frac{\partial f}{\partial x}, \quad if'(z) = \frac{\partial f}{\partial y} \tag{2.44}$$

であり，従って，

$$\frac{\partial f}{\partial x} + i\frac{\partial f}{\partial y} = 0, \quad \frac{\partial f}{\partial x} - i\frac{\partial f}{\partial y} = 2f'(z)$$

となるので，確かに

$$\frac{1}{2}\left(\frac{\partial}{\partial x} - i\frac{\partial}{\partial y}\right)f(z) = f'(z), \quad \frac{1}{2}\left(\frac{\partial}{\partial x} + i\frac{\partial}{\partial y}\right)f(z) = 0$$

となっていることが分かります．これは，複素偏微分の記号でそれぞれ

$$\frac{\partial f}{\partial z} = f'(z), \qquad \frac{\partial f}{\partial \overline{z}} = 0 \tag{2.45}$$

を意味するので，正則関数に対しては後者により $\overline{z}$ を含まないのだから，前者を $\dfrac{df}{dz}$ と書いてもよいでしょう，ということで $f'(z)$ という記号を用いたことも正当化できます．

以上をまとめると次の定理が得られました：

定理 2.17 $f(z)$ が定義 2.16 の意味で点 z で正則なら，そこで（全）微分可能であり，かつ Cauchy-Riemann の偏微分方程式 (2.27) を満たす．

(2.43) のような分母を払った形の導関数の定義に慣れていない人のためには，次のような古典的な説明もあります．上の定義は差分商 $\frac{f(z+\Delta z)-f(z)}{\Delta z}$ の極限が Δz の 0 への近づき方に依らず一定であることを含んでいるので，特に x 軸方向から近づいたときの値 $\frac{f(z+\Delta x)-f(z)}{\Delta x} = \frac{f(x+\Delta x,y)-f(x,y)}{\Delta x} \to \frac{\partial f}{\partial x}$ と，y 軸方向から近づいたときの値 $\frac{f(z+i\Delta y)-f(z)}{i\Delta y} = \frac{f(x,y+\Delta y)-f(x,y)}{i\Delta y} \to \frac{1}{i}\frac{\partial f}{\partial y}$ が一致するので，

$$\frac{\partial f}{\partial x} = \frac{1}{i}\frac{\partial f}{\partial y}, \qquad \text{すなわち} \qquad \frac{\partial f}{\partial x} + i\frac{\partial f}{\partial y} = 0$$

となる訳です．ついでに Cauchy-Riemann の方程式の古典的な表現にも言及しておきましょう．$f(z) = u(x,y) + iv(x,y)$ と実部，虚部で表せば，$\frac{\partial f}{\partial x} = \frac{\partial u}{\partial x} + i\frac{\partial v}{\partial x}$, $\frac{\partial f}{\partial y} = \frac{\partial u}{\partial y} + i\frac{\partial v}{\partial y}$ なので，上の等式から

$$\frac{\partial u}{\partial x} + i\frac{\partial v}{\partial x} + i\frac{\partial u}{\partial y} - \frac{\partial v}{\partial y} = 0,$$

従って，実部，虚部を零と置いて次のような連立偏微分方程式が得られます：

$$\frac{\partial u}{\partial x} = \frac{\partial v}{\partial y}, \qquad \frac{\partial u}{\partial y} = -\frac{\partial v}{\partial x}. \tag{2.46}$$

これが歴史的な **Cauchy-Riemann の方程式**です．（実は彼らより半世紀以上前に Euler が既にこれを書き残していたそうです．）

前節で与えた正則性の定義と今節の定義の関係を述べておきましょう．

補題 2.18 $f(z)$ が各点で全微分可能で，かつ Cauchy-Riemann の方程式を満たすなら，$f(z)$ は定義 2.16 の意味で正則となる．特に，定義 2.14 の意味で正則な関数は定義 2.16 の意味でも正則である．

証明 全微分可能なら

$$f(z+\Delta z) = f(z) + \frac{\partial f}{\partial x}\Delta x + \frac{\partial f}{\partial y}\Delta y + o(\Delta z)$$

と書けるが，これを複素増分を用いて書き直すと

$$\begin{aligned}
&f(z+\Delta z)\\
&= f(z) + \frac{1}{2}\left(\frac{\partial f}{\partial x} - i\frac{\partial f}{\partial y}\right)(\Delta x + i\Delta y) + \frac{1}{2}\left(\frac{\partial f}{\partial x} + i\frac{\partial f}{\partial y}\right)(\Delta x - i\Delta y) + o(\Delta z)\\
&= f(z) + \frac{\partial f}{\partial z}dz + \frac{\partial f}{\partial \overline{z}}d\overline{z} + o(\Delta z) \qquad (2.47)
\end{aligned}$$

となり，Cauchy-Riemann の方程式が成り立っているので $\Delta\overline{z}$ の項が無くなり，(2.43) が得られる．後半は，C^1 級の関数は全微分可能（例えば [2], 第6章章末問題 13 およびそれに対する を参照されたい）なので前半が適用できる．　□

2.4 定義 2.16 は定義 2.14 と実は完全に同値になるのですが，全微分可能と C^1 級とはギャップがあるので，見掛け上はまだ定義 2.14 の方が仮定が強いのです．定義 2.14 の方を C^1 級から全微分可能に変えてしまえば，両者は同値になるので気持ちは良いのですが，次の章の積分公式を用いた議論で C^1 級の仮定が必要になるので，せっかく偏微分方程式に基づいた定義の意義が失われます．実は，Cauchy-Riemann 方程式は楕円型と呼ばれる性質を持ち，特に $\frac{1}{\pi z}$ という基本解を持つという幸運な性質が有るので，これを使うと Cauchy-Riemann の方程式を各点で満たすような連続関数は，何回でも微分可能となることが分かるのです[16)]．これについては第 4 章の最後で，現代的な偏微分方程式論の手法を援用した証明を与えますが，古典的な正則関数の定義からどうしても出発したいという場合は，むしろ第 3 章で紹介する Cauchy の積分定理の古典的な証明を経由して定義 2.14 に辿り着く方が初等的でしょう．それも面倒であれば，定義 2.14 から出発して定義 2.16 も使えるよという形で学ぶのが一番手っ取り早いので，特に気にならない人以外はそれで済ませるのが良いでしょう．なお，具体例については，定義 2.16 の意味で複素微分できたら，結果は（一般論が保証するように当然）連続関数となっているはずなので，その時点で C^1 級，従って定義 2.14 の意味でも正則と分かり，全く問題はありません．

z に関する微分について，実数の微分と同様の計算公式を確認しておきましょう．

補題 2.19 (i) f, g は点 z で定義 2.16 の意味で正則とする[17)]．

(1) $\alpha, \beta \in \boldsymbol{C}$ について $\alpha f + \beta g$ も点 z で正則となり，そこで $(\alpha f + \beta g)'(z) = \alpha f'(z) + \beta g'(z)$ が成り立つ．

(2) fg も点 z で正則となり，そこで $(fg)'(z) = f'(z)g(z) + f(z)g'(z)$ が成り立つ．

(3) 更に，$g(z) \neq 0$ なら，$\frac{f}{g}$ も点 z で正則となり，そこで $\left(\frac{f}{g}\right)'(z) = \frac{f'(z)g(z) - f(z)g'(z)}{g(z)^2}$ が成り立つ．

(ii) f が点 z で正則で，g が点 $f(z)$ で正則なら，$g(f(z))$ は点 z で正則となり，$\{g(f)\}'(z) = g'(f(z))f'(z)$ が成り立つ．

---

16) この性質は少しも自明ではありません．実際，実の 2 変数の連続関数では，ある点で x 軸方向と y 軸方向からの微分が存在して一致していても，他の方向からの微分がそれと一致しないような例，例えば $\frac{xy}{\sqrt{x^2+y^2}}$ などがいくらでも存在するからです．

17) 定義 2.14 の意味で正則な場合には，以下の主張は補題 2.15 で既に証明されていますが，両定義の同値性が示される前なので一応独立に掲げておきます．なお，正則関数に対しては (2.44) により z に関する微分は x に関する微分と同じなので，それを考えると補題 2.1 や問 2.1-2 で公式の確認は既に済んでいるように見えますが，正則性をまず言わなければならないので，最初から x の微分で済ますことはできません．

証明 (i) の方は高校数学の復習のレベルなので，練習問題としておく（問 2.4-1）．

(ii) については，分母を払った微分可能性の定義式に慣れていない読者のために高校数学とは異なる証明法を用いてみる[18]．$g(w)$ が点 $w=f(z)$ で微分可能な条件は，分母を払った形で書くと

$$g(w+\Delta w)=g(w)+g'(w)\Delta w+o(\Delta w). \tag{2.48}$$

$f(z)$ が点 z で微分可能なので

$$f(z+\Delta z)-f(z)=f'(z)\Delta z+o(\Delta z). \tag{2.49}$$

よって $w=f(z)$, また Δw としてこの (2.49) を取れば，$w+\Delta w=f(z+\Delta z)$ なので，これらを (2.48) に代入すれば，

$$g(f(z+\Delta z))=g(f(z))+g'(f(z))\{f'(z)\Delta z+o(\Delta z)\}+o(\Delta w).$$

(2.49) から $o(\Delta w)$ は $o(\Delta z)$ でもあるので，剰余項をまとめれば，

$$g(f(z+\Delta z))=g(f(z))+g'(f(z))f'(z)\Delta z+o(\Delta z)$$

と書き直され，Δz の係数を見れば $\{g(f)\}'(z)=g'(f(z))f'(z)$ が分かる．（実は，この計算は補題 2.13 の別証で行ったものから $\frac{\partial}{\partial \bar{z}}$, $\frac{\partial}{\partial \bar{w}}$ の項をすべて省いたものとなっている．）　□

問 **2.4-1**　補題 2.19 (i) の (1)～(3) を証明せよ．

問 **2.4-2**　$f(z)$ は α, z を結ぶ線分の近傍で正則な関数とする．

(1) $0\le t\le 1$ に対し次を示せ：

$$\frac{d}{dt}f((1-t)\alpha+tz)=f'((1-t)\alpha+tz)(z-\alpha).$$

(2) 取り敢えず $f'(z)$ の連続性を仮定して，等式

$$f(z)=f(\alpha)+(z-\alpha)\int_0^1 f'((1-t)\alpha+tz)dt \tag{2.50}$$

を示し，これを用いて次の評価を導け：

---

[18] 分数のままで議論すると，高校の教科書では目をつぶっていますが，厳密には Δw が 0 になったときの心配をしなければなりません．

$$|f(z) - f(\alpha)| \le |z - \alpha| \max_{0 \le t \le 1} |f'((1-t)\alpha + tz)|. \tag{2.51}$$

問 **2.4-3** (1) ある領域で $f'(z) = 0$ を満たす関数は定数に限ることを証明せよ．

(2) 実 1 変数の場合に同じ主張を示すのに使われる平均値定理は複素変数の関数では同じ形では成り立たないことを例により確認せよ．［前問の不等式 (2.51) はしばしば平均値定理の代用になる．］

問 **2.4-4** $w = f(z)$ に正則な逆関数 $z = g(w)$ が存在するとき，次の**逆関数の微分公式**を示せ：

$$g'(w) = \frac{1}{f'(g(w))}.$$

［なお，逆関数が存在するための条件は第 7 章の定理 7.2 で論じられる．］

【正則関数の例】 さて，実際にどんな関数が正則となるのでしょうか？ 例えば $f(z) = z^n$ が複素微分可能で，$f'(z) = nz^{n-1}$ となることはほとんど明らかですが，すると微分の定義の線形性により，z の多項式も正則関数となります．これは，一般に多項式の場合は，差分商 $\frac{f(z+\Delta)-f(z)}{\Delta z}$ の $\Delta z \to 0$ の極限が，割り算を実行して $\Delta z = 0$ と置くという代数的な操作で得られるため，微分の結果も z が実数値だけを取るのか，複素数も取るのかに関わりなく数 IIB 方式で計算したものと同じになるからです[19)]．そうすると，冪級数 (2.18) の微分は，部分和については普通に項別に計算できることが分かりますが，その結果である冪級数

$$\sum_{n=0}^{\infty} nc_n(z-\alpha)^{n-1}$$

は Cauchy-Hadamard の公式によりもとの冪級数と同じ収束半径 r を持つことが $\sqrt[n]{n} \to 1$ から分かります．従って部分和の微分は $r' < r$ のとき $|z - \alpha| \le r'$ において上の級数に一様収束するので，Weierstrass（ワイヤストラス）の定理により，部分和に対する極限と微分が順序交換でき，もとの冪級数は $|z-\alpha| \le r'$ において，従って結局 $|z - \alpha| \le r$ の任意の点で微分可能，すなわち正則となり，その導関数は項別微分で得られた冪級数となることが分かります．Weierstrass の定理は微積分の範囲ですが，実微分と複素微分の違いが有るじゃないかと思う人がいるかもしれません．しかし z^n に対しては $\frac{d}{dz}$ と $\frac{\partial}{\partial x}$ は同じ結果をもたらすので，微積分との違いは複素数値になっているところだけで，これは実

19) 同じ理由で，$z, \bar{z}$ の多項式 $f(z, \bar{z})$ に対しては，$\frac{\partial f}{\partial \bar{z}}$ が代数的に計算でき，これが零になることと f が実は $\bar{z}$ を含まないことが同値となることが示せます．

部・虚部に分けて適用できるので問題ありません．

実は第4章まで行くと，（広義）一様収束から項別微分の可能性は自動的に従うことが分かります．定理 4.5 と補題 4.6 参照．更に，Weierstrass の定理は以後本書では使わないので復習は省略します．なお（広義）一様収束については定義 2.22 で取り上げます．

冪級数の項別微分の例として，

$$(e^z)' = e^z, \quad (\sin z)' = \cos z, \quad (\cos z)' = -\sin z \tag{2.52}$$

が暗算でも直ちに確かめられますが，この計算は z が実変数のときに微積分の演習でやったのと同じです．

正則関数の他の大切な例として**有理関数**があります．これは要するに分数関数のことで，z の二つの多項式 $P(z), Q(z)$ により $f(z) = \frac{P(z)}{Q(z)}$ の形に表されるものです．これが分母の零点（すなわち $Q(z) = 0$ となるような点 z）を除いて正則となることは，補題 2.19 (i) の (3) から初等的に分かります．特に重要なのが $\frac{1}{z-\alpha}$ で，これさえ有ればすべての正則関数が再構成できることが後に第4章で分かります．

問 **2.4-5** (1) 問 2.2-2 の (2) を導関数を用いて再証明せよ．
(2) 変数を実に制限することにより $\cos z, \sin z$ が周期 2π を持つことを示せ．
(3) e^z が周期 $2\pi i$ を持つこと，すなわち $e^{z+2\pi i} = e^z$ を示せ．

【コンパクト集合と一様収束】 平面の位相の復習として最後にコンパクト集合とそれにまつわる用語を追加しておきます．$\boldsymbol{C}$ の部分集合が**有界**とは，それが原点を中心とするある半径の円板に収まること，すなわち，その集合の上で原点からの距離関数 $|z|$ の値が有界となることでした．

$\boldsymbol{R}^n$ の有界閉集合は**コンパクト集合**とも呼ばれるのでした．その理由は，これが次の性質を持つからです（証明は例えば [2], 定理 7.12, 7.14 参照）：

定理 2.20 $\boldsymbol{C}$ の有界閉集合 K は次の性質を持つ：
(1)（Heine-Borel（ハイネ ボレル）の被覆定理）K が $\boldsymbol{C}$ の開集合の族 $\Omega_\lambda, \lambda \in \Lambda$ により覆われていれば，既にそのうちの適当な有限個 $\Omega_{\lambda_j}, j = 1, 2, \ldots, n$ で覆われる．
(2)（Bolzano-Weierstrass（ボルツァーノ）の定理）K の無限点列は必ず収束部分列を含む．

コンパクト集合はもっと一般な位相空間で，これらの性質を持つ集合の一般化として定義される概念ですが，$\boldsymbol{C}$ の有界閉集合に対しても以後この言葉を使います．（今は微積分でもこの言葉を習う方が普通だと期待しますが，ここで初めて見た人は恐怖を感じるかもしれませんね．しかし，“領域 $\Omega \subset \boldsymbol{C}$ 内の有界閉集合” と言うと，いわゆる相対位相で閉なものとの区別が曖昧になるので，本書では敢えてコンパクトと言うことにします．）

コンパクト集合上の連続関数については次の性質が基本的です（証明は例えば (1) については [2], 定理 7.13, あるいは 1 変数の場合の [1], 定理 2.6（証明中の閉区間を閉長方形に変える）を，(2) については [2], 定理 7.15 を参照）：

定理 2.21 コンパクト集合 $f(z)$ 上の連続関数 $f(z)$ について次が成り立つ：

(1)（**最大値定理**）$f(z)$ は K で値が有界である．すなわち，$\exists M$ s.t. $\forall z \in K$, $|f(z)| \leq M$ となる．更に，f が実数値なら，最大値，最小値を達成する点がそれぞれ K 内に存在する．

(2) f は K 上で一様連続である，すなわち，$\forall \varepsilon > 0$ に対し，$\exists \delta > 0$ s.t. $z_1, z_2 \in K$ がどこに在っても $|z_1 - z_2| < \delta$ を満たす限り $|f(z_1) - f(z_2)| < \varepsilon$ となる．

例題 2.4-1 コンパクト集合 $K \subset \boldsymbol{C}$ の外にある点 α に対して，K と α の距離 $d = \inf_{z \in K} |z - \alpha|$ は正となり，かつ $|z - \alpha| = d$ となる点 $z \in K$ が存在することを示せ．

解答 $f(z) = |z - \alpha|$ は z の連続関数となるので，最大値定理により最小値 d が存在し，それを達成する点 $z \in K$ が有る．もし $d = 0$ だと $|z - \alpha| = 0$ となり，従って $\alpha = z \in K$ となって仮定に反する．よって $d > 0$ である． □

問 2.4-6 $F \subset \boldsymbol{C}$ を閉集合，$K \subset \boldsymbol{C}$ をコンパクト集合とする．F と K が共通点を持たなければ，両者の距離 $d = \inf_{z \in F, \zeta \in K} |z - \zeta|$ は正となり，かつ $|z - \zeta| = d$ を達成する点対 $z \in F, \zeta \in K$ が存在することを示せ．

“領域” と並んで，もう一つ関数論で使われる伝統的な用語として，広義一様収束があります．前座として一様収束の定義も復習しておきましょう：

定義 2.22 (1) 関数の列 $f_n(z)$ が集合 K 上で関数 $f(z)$ に一様収束する

とは，$\forall\varepsilon > 0$ に対し，$\exists n_\varepsilon$ を $n \geq n_\varepsilon$ なら $z \in K$ が K のどこに有っても $|f_n(z) - f(z)| < \varepsilon$ となるように選べることを言う．連続関数列の場合は $n \to \infty$ のとき $\max_{z\in K} |f_n(z) - f(z)| \to 0$ と言い換えられる．
(2) 領域 Ω で定義された関数の列 $f_n(z)$ が $f(z)$ に Ω において**広義一様収束**するとは，この収束が Ω 内の任意のコンパクト集合上で一様なことを言う．

この言葉は日本語にしか無いもので，外国の関数論の書物ではずっとこの定義のような面倒な表現を使っていたのですが，近年になって“局所一様 (locally uniform)”という言葉が使われるようになりました．これは Ω 内のどの点に対しても，この関数列の収束が一様となるような近傍が取れることを言い，一般の位相空間では広義一様収束とは必ずしも同値ではない（局所一様の方が強い）のですが，$\boldsymbol{C}$ の（より一般に局所コンパクト，すなわち各点がコンパクトな基本近傍系を持つ位相空間の）開集合では同値な概念となります．

定理 2.6 は，冪級数の部分和がその極限である冪級数の和に収束円内で広義一様収束していることを述べています．これは次の問の (1) から分かります．

問 **2.4-7** 位相的議論の復習として，次のことを証明してみよ．
(1) 円 $|z - \alpha| < r$ 内の任意のコンパクト集合 K は，$r' < r$ を適当に取れば $|z - \alpha| \leq r'$ に含まれる．
(2) $\boldsymbol{C}$ の開集合 Ω では広義一様収束と局所一様収束が同値となる．

定理 2.23 2 変数連続関数の列 $f_n(x, y)$ がある集合 $K \subset \boldsymbol{C}$ 上で一様収束していれば，極限関数 $f(x, y)$ も K で連続となる．

この定理は 1 変数のときは微積分で習っていると思います（例えば [2], 定理 8.5)．多変数の場合に証明を聞いていないという人も多いかもしれませんが，実は 1 変数のときの証明がそのまま通用するので，ここでは繰り返しません．定理の $f_n(x, y)$ は複素数値としていますが，証明はほぼ修正無しに適用できます．もちろん，実部・虚部それぞれについて論じてもよろしい．

定理 2.24 (1) $K \subset \boldsymbol{R}^2$ を閉長方形または円板（または Jordan（ジョルダン）可測な有界閉領域）とし，関数 $f_n(x, y)$ は K で連続とする．もし $f_n(x, y)$ が K 上一様に $f(x, y)$ に収束していれば，極限と積分が順序交換できる：

$$\lim_{n\to\infty} \iint_K f_n(x, y)dxdy = \iint_K f(x, y)dxdy. \tag{2.53}$$

(2) 更に $\Lambda \subset \boldsymbol{R}$ もコンパクトとし，$f(x,y,\lambda)$ は $(x,y,\lambda) \in K \times \Lambda$[20] について連続とすれば，$\iint_K f(x,y,\lambda)dxdy$ は λ について連続となる．すなわち，

$$\lim_{\lambda \to \lambda_0} \iint_K f(x,y,\lambda)dxdy = \iint f(x,y,\lambda_0)dxdy. \tag{2.54}$$

(3) 更に，$\frac{\partial f}{\partial \lambda}(x,y,\lambda)$ が $(x,y,\lambda) \in K \times \Lambda$ の連続関数となれば，積分とパラメータに関する微分が順序交換できる：

$$\frac{\partial}{\partial \lambda} \iint_K f(x,y,\lambda)dxdy = \iint \frac{\partial}{\partial \lambda} f(x,y,\lambda)dxdy. \tag{2.55}$$

これらは，積分が 1 次元のときに [2], 第 8 章で論じたものですが，2 次元になっても，また関数が複素数値になっても同様です．証明は簡単なので繰り返しておくと，まず (1) は，一様収束から $\forall \varepsilon > 0$ に対し，n_ε を十分大きく選べば $\forall (x,y) \in K$ について $|f_n(x,y) - f(x,y)| < \varepsilon$ となるので，K の面積を $|K|$ で表せば

$$\left| \iint_K f_n(x,y)dxdy - \iint_K f(x,y)dxdy \right| < \varepsilon \iint_K dxdy = \varepsilon |K|.$$

これから (2.53) が得られます．(2) については，$K \times \Lambda$ がコンパクトなので，$f(x,y,\lambda)$ は 3 変数の関数として一様連続，従って特に $\forall \varepsilon > 0$ に対し $\delta > 0$ を十分小さく選べば，$|\lambda - \lambda_0| < \delta$ のとき $\forall (x,y) \in K$ について $|f(x,y,\lambda) - f(x,y,\lambda_0)| < \varepsilon$ となるので，この後の積分の差の評価は (1) と同様です．(3) については，

$$\frac{f(x,y,\lambda) - f(x,y,\lambda_0)}{\lambda - \lambda_0} = \frac{1}{\lambda - \lambda_0} \int_{\lambda_0}^{\lambda} \frac{\partial}{\partial \lambda} f(x,y,\lambda)d\lambda$$

において $\frac{\partial}{\partial \lambda} f(x,y,\lambda)$ が連続という仮定から $K \times \Lambda$ 上一様連続となり，従って $\forall \varepsilon > 0$ に対し $\delta > 0$ を十分小さく選べば $|\lambda - \lambda_0| < \delta$ のとき $|\frac{\partial f}{\partial \lambda}(x,y,\lambda) - \frac{\partial f}{\partial \lambda}(x,y,\lambda_0)| < \varepsilon$, 従って上の式の右辺と $\frac{\partial f}{\partial \lambda}(x,y,\lambda_0)$ との差の絶対値は，簡単のため $\lambda > \lambda_0$ とすれば

---

[20] $K \times \Lambda := \{(x,y,\lambda)\ ;\ (x,y) \in K, \lambda \in \Lambda\}$ は K と Λ の直積集合と呼ばれる $\boldsymbol{R}^3$ の部分集合を表します．K, Λ がコンパクトなら，これもコンパクトとなります．これはこの集合から取った無限点列が収束部分列を含むことを K, Λ 成分について順に示せば容易に証明できます．

$$\begin{aligned}
&\left|\frac{1}{\lambda-\lambda_0}\int_{\lambda_0}^{\lambda}\frac{\partial f}{\partial\lambda}(x,y,\lambda)d\lambda-\frac{\partial f}{\partial\lambda}(x,y,\lambda_0)\right|\\
&=\left|\frac{1}{\lambda-\lambda_0}\int_{\lambda_0}^{\lambda}\frac{\partial f}{\partial\lambda}(x,y,\lambda)d\lambda-\frac{1}{\lambda-\lambda_0}\int_{\lambda_0}^{\lambda}\frac{\partial f}{\partial\lambda}(x,y,\lambda_0)d\lambda\right|\\
&\le\frac{1}{\lambda-\lambda_0}\int_{\lambda_0}^{\lambda}\left|\frac{\partial f}{\partial\lambda}(x,y,\lambda)-\frac{\partial f}{\partial\lambda}(x,y,\lambda_0)\right|d\lambda<\frac{1}{\lambda-\lambda_0}\int_{\lambda_0}^{\lambda}\varepsilon d\lambda=\varepsilon
\end{aligned}$$

となるので，差分商が $\frac{\partial f}{\partial\lambda}(x,y,\lambda_0)$ に $x,y\in K$ について一様収束するから，(1) によりこの極限と積分の順序交換，すなわち積分記号下でのパラメータ λ に関する偏微分が正当化されます．　□

定理 2.24 の主張はもちろん K が 1 次元区間のときも成り立ちます．また λ が多変数でも，偏微分について同様の主張が成り立ちます．ここでは後でよく出てくる次の形の補題として掲げておきます．

補題 2.25　$f(z,\zeta)$ は z が $\boldsymbol{C}$ の領域 Ω 内を，ζ が滑らかな曲線弧 C 上を動くとき z,ζ について連続で，かつ ζ を止めたとき z について複素微分可能で，$\frac{\partial f}{\partial z}(z,\zeta)$ は z,ζ について同じところで連続とする．このとき z について積分記号下での複素微分が許される：

$$\frac{d}{dz}\int_C f(z,\zeta)d\zeta=\int_C\frac{\partial}{\partial z}f(z,\zeta)d\zeta. \tag{2.56}$$

特に，$\int_C f(z,\zeta)d\zeta$ は z の正則関数となる．

実際，線積分はパラメータで書き直せば $\int_0^T f(z,\Phi(t))\Phi'(t)dt$ と，1 次元区間の積分になります．微分可能性は局所的性質なので，z は Ω 内のコンパクト集合を動かすとしても構いません．すると t を積分変数，z をパラメータとみなし，$f(z,\Phi(t))\Phi'(t)$ を改めて $f(z,t)$ と思えば，定理 2.24 (3)（の 1 次元積分版）が使えます．(2.44) より $\frac{\partial f}{\partial x}=\frac{\partial f}{\partial z}$, $\frac{\partial f}{\partial y}=i\frac{\partial f}{\partial z}$ に注意すれば，同定理によりこれらの偏微分が t の積分と可換になるので，結局 $\frac{\partial}{\partial z}=\frac{1}{2}\left(\frac{\partial}{\partial x}-i\frac{\partial}{\partial y}\right)$ も積分と可換になります．微分の結果が連続なので，積分の z に関する正則性が分かり，従って $\frac{\partial}{\partial z}$ は $\frac{d}{dz}$ と書くことができます．

第3章

Green の定理と Cauchy の積分定理

この章では，Green の定理に基づき正則関数の線積分に関する特徴的な性質である Cauchy の積分定理を導きます．

3.1 Green の定理とその複素表現

【Green の定理】 まずは微積分の Green(グリーン) の定理を復習します．これは平面の領域 D とその境界を成す閉曲線 $C = \partial D$ について，D 上の 2 次元積分と C 上の線積分を繋ぐ定理でした．このようにさらっと書きましたが，一般の領域 D についてこれをきちんと述べるには面倒な幾何学的議論が必要となります．ここではなるべく簡単な場合だけでさっさと準備を終えるように努めます．実際，関数論の基礎的諸定理の証明は D として円板か，せいぜいその二つの組合せだけで済ませられるのです．そうは言っても数学をやる以上は必要最小限の定義ぐらいはしておきましょう．

以下，境界を成す曲線は**区分的に滑らか**，すなわち，第 2 章 2.1 節 (2.4) で定義した滑らかな曲線弧を有限個繋いで得られる閉曲線とします．このような曲線に関する線積分は，滑らかな弧での線積分の和として定義されます．話をあまりに大雑把にしないように，一応，曲線を繋ぐとはどういうことかについて数学的定義をしておきましょう．

$$C_1 : z = \Phi_1(t) = \varphi_1(t) + i\psi_1(t),\ 0 \le t \le T_1,$$
$$C_2 : z = \Phi_2(t) = \varphi_2(t) + i\psi_2(t),\ 0 \le t \le T_2$$

を二つの曲線弧とし，C_1 の終点と C_2 の始点が一致していると仮定します：$\Phi_1(T_1) = \Phi_2(0)$（図 3.1）．このとき直感的には C_1 を描いてから C_2 を描けば 2 本の曲線弧が繋がりますが，数学ではこれを

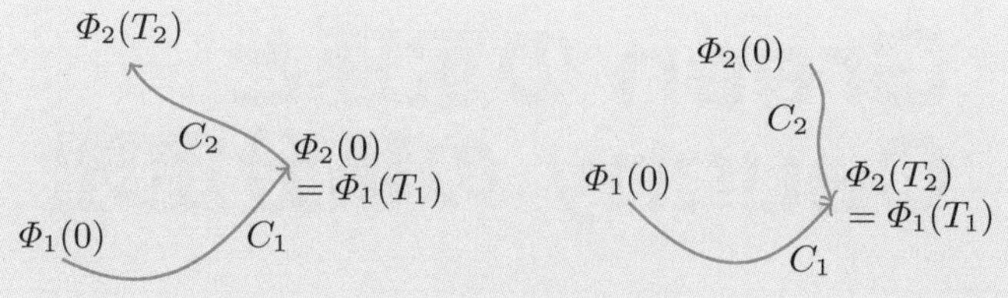

図 3.1　曲線弧の連結

$$C_1C_2 : z = \Phi(t),\ 0 \le t \le T_1 + T_2,$$
$$\text{ここに } \Phi(t) = \begin{cases} \Phi_1(t), & 0 \le t \le T_1, \\ \Phi_2(t - T_1), & T_1 \le t \le T_1 + T_2 \end{cases} \tag{3.1}$$

と定義します．もし C_1 の終点が C_2 の終点と一致していたら，C_2 の向きを逆にして C_2^{-1} とすれば 2 本を繋げることができますが，これは

$$C_1C_2^{-1} : z = \Phi(t),\ 0 \le t \le T_1 + T_2,$$
$$\text{ここに } \Phi(t) = \begin{cases} \Phi_1(t), & 0 \le t \le T_1, \\ \Phi_2(T_1 + T_2 - t), & T_1 \le t \le T_1 + T_2 \end{cases} \tag{3.2}$$

で定義します．ただしこれらは曲線の幾何を理論的に扱うためのもので，ここでは線積分でこれらを用いるのが主ですから，わざわざパラメータを付け替えなくても

$$\int_{C_1C_2}(fdx + gdy) = \int_{C_1}(fdx + gdy) + \int_{C_2}(fdx + gdy),$$

あるいは

$$\int_{C_1C_2^{-1}}(fdx + gdy) = \int_{C_1}(fdx + gdy) - \int_{C_2}(fdx + gdy)$$

とし，右辺の各積分はもとのパラメータで計算すれば良いのです．すると，結合の順序も気にしなくてよくなるので，以後は C_1C_2 の代わりに $C_1 + C_2$，また C_2^{-1} の代わりに $-C_2$ と書くことにします．更に進めて，端点がくっついていない勝手な曲線弧 $C_1, C_2, \ldots, C_n$ の整数係数の和 $C = m_1C_1 + \cdots + m_nC_n$ を考え，その上の線積分を $\int_C fdx + gdy = \sum_{j=1}^n m_j \int_{C_j} fdx + gdy$ と略記します．

この C は幾何学で 1 次の**鎖** (chain) と呼ばれるものですが, 以下では係数が ±1 のものしか出てきません．線積分の定義から $\int_{-C} f dx + g dy = -\int_C f dx + g dy$ なので，その場合の C 上の線積分の意味にとまどうことはないでしょう．

最後に，検索に便利なようにこれからよく使う術語を定義しておきましょう．

定義 3.1　曲線弧 $z = \Phi(t)$, $0 \le t \le T$ が自分自身と交わらない，すなわち，$t_1 \neq t_2$ なら $\Phi(t_1) \neq \Phi(t_2)$ となっているとき，**単純曲線弧**と言う．閉曲線の場合は，（始点と終点が一致する以外）同じ点を 2 度は通らないものを**単純閉曲線**と言う．

線積分を定義するだけなら，積分路の単純性は無くてもよいのですが，この章の最初の主テーマである次の定理では簡単のためこれを仮定します．

定理 3.2　(**Green の定理**)　領域 D の境界 ∂D は区分的に滑らかな有限個の単純閉曲線 C_j, $j = 1, 2, \ldots, n$ から成るとし，$f(x, y)$, $g(x, y)$ は D の内部および境界上で C^1 級の（複素数値）関数とするとき，次の公式が成り立つ：

$$\oint_{\partial D} f dx + g dy := \sum_{j=1}^{n} \oint_{C_j} f dx + g dy = \iint_D \left(\frac{\partial g}{\partial x} - \frac{\partial f}{\partial y}\right) dxdy. \qquad (3.3)$$

ここに，各 C_j は D から自然に誘導される向き，すなわち C_j をそれに従って進むとき D が常に左側となるような向きを持つとする（図 3.2 参照）．

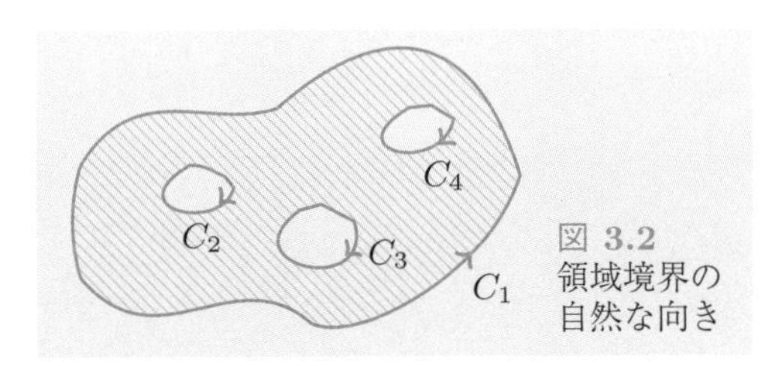

図 3.2　領域境界の自然な向き

f, g が複素数値でも，実部と虚部に分けてそれぞれに微積分で習ったこの公式を当てはめればよいのですが，微積分では領域の形状についてはあまり厳密には議論していないと思いますので，一応仮定の下での証明を与えておきます．読みやすくするため，証明を 3 段に分けます．取り敢えずは第 2 段まで読めば微積分で習ったことの復習になりますので，後は信じてもよいでしょう．

第 1 段　境界がただ一つの閉曲線 C で，それが x 軸，y 軸のどちらから見ても二つの連続関数のグラフとそれらを繋ぐ線分から成る場合の証明．図 3.3 のように下の蓋 $C_1: y=\varphi_1(x)$, 上の蓋 $C_2: y=\varphi_2(x)$ がともに $a\le x\le b$ 上の連続関数のグラフとみなせる場合を考える．(以下，C_1, C_2 等の意味は図の通りとし定理の記述とは変えている．) これらにパラメータ x が増加する向きを与えると，C_2 の方は C と逆向きになるので，繋ぐときは向きを揃えて $-C_2$ とする．これに関数のグラフとしては書けない縦線部分 L_1 を合わせると，$C=C_1+L_1-C_2$ となる．同様に，y 軸から見ても左側の境界 $C_3: x=\psi_1(y)$ と右側の境界 $C_4: x=\psi_2(y)$ が $c\le y\le d$ 上のグラフとみなせるとし，こちらも向きを揃え，横線部分を追加すると $C=-C_3+L_2+C_4$ のようになる．すると，公式の右辺の 2 重積分は，まず後の方を y に関する積分から先に反復積分に直すと，

$$\iint_D\Big(-\frac{\partial f}{\partial y}\Big)dxdy=-\int_a^b dx\int_{\varphi_1(x)}^{\varphi_2(x)}\frac{\partial f}{\partial y}dy$$

$$=-\int_a^b\{f(x,\varphi_2(x))-f(x,\varphi_1(x))\}dx$$

$$=-\int_a^b f(x,\varphi_2(x))dx+\int_a^b f(x,\varphi_1(x))dx=-\int_{C_2}fdx+\int_{C_1}fdx$$

$$=\int_{-C_2+C_1}fdx=\int_{-C_2+C_1+L_1}fdx=\oint_C fdx.$$

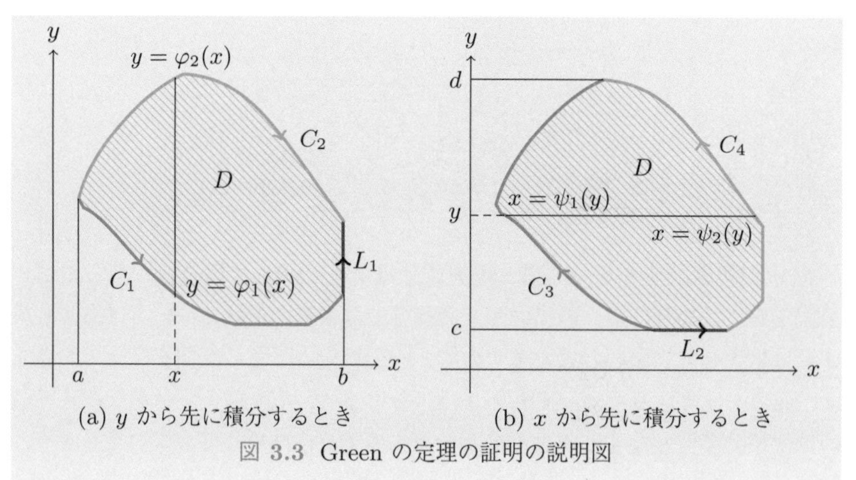

(a) y から先に積分するとき　(b) x から先に積分するとき

図 3.3　Green の定理の証明の説明図

最後の行で L_1 を追加したのは，この上では $dx=0$ なので，その部分の積分は零だからである．また，閉曲線 C に沿う線積分はどこを始点としても値は変わらない．同様に公式の右辺の前の方の積分は，x の積分を先にすると，

$$\begin{aligned}\iint_D \frac{\partial g}{\partial x} dxdy &= \int_c^d dy \int_{\psi_1(y)}^{\psi_2(y)} \frac{\partial g}{\partial x} dx \\ &= \int_c^d g(\psi_2(y), y)dy - \int_c^d g(\psi_1(y), y)dy \\ &= \int_{C_4} gdy - \int_{C_3} gdy = \int_{C_4 - C_3 + L_2} gdy = \oint_C gdy.\end{aligned}$$

こちらも L_2 の上で $dy=0$ であることを用いた．以上二つを合わせれば公式の左辺が得られる．　□

円や長方形や扇形（半円を含む），一般に凸な図形はみな上の証明が当てはまるような形をしていますが，関数論の基礎を論ずるときは，これらの簡単な集合から円板をくり抜いたような領域を取り扱う必要がしばしば生じます．例えば次図 3.4(a) のような二つの円周に挟まれた領域がその例で，第 1 段の証明はそのままでは適用できません．しかし，これは同図 (b) で示されているように適当に有限個に分割すれば，各部分領域は図 3.3 のようになっています．

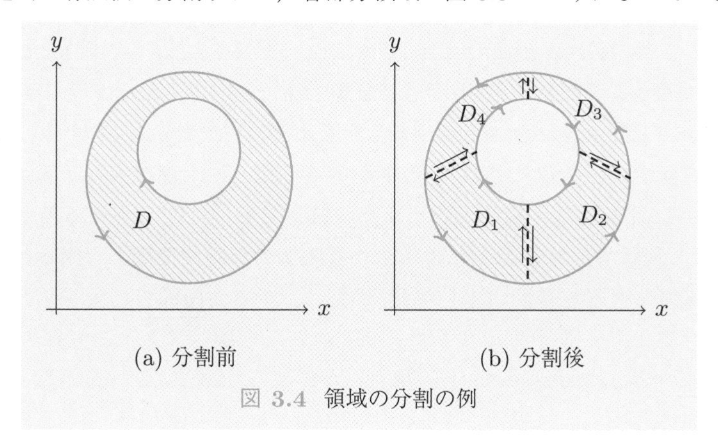

(a) 分割前　(b) 分割後

図 3.4　領域の分割の例

第 2 段　領域を線分で適当に有限個に分割すると，各部分領域では第 1 段の証明が適用できる場合の証明．　このときは各部分領域で (3.3) が得られるので，それらを総和すると領域全体での Green の定理となる．実際，重積分の

方は足したら全体になることは定義から明らかである．線積分の方は，分割によって生じた各線分上の積分が新たに加わるが，これらはそこで接する二つの部分領域から見た向き，従って積分値の符号が反対になるので，足すと打ち消し合って結局もともとの境界上の線積分しか残らない．　□

図 3.4 から，Green の定理は，領域の境界が必ずしも連結でなくても，有限個の区分的に滑らかな閉曲線から成っていれば成り立つことが分かります．このとき，各境界曲線に誘導される向きは常に領域を左手に見て進むように定まり，内側の境界の連結成分については閉曲線本来の正の向きとは逆になることが上の証明からも分かるでしょう．

一般に区分的に滑らかな有限個の閉曲線で囲まれた領域が常に第 2 段で扱ったような状況になっていることが証明できれば，これを最後の段に持ってきて証明がすっきり終わるのですが，これは実は嘘です．実際，境界が $x=t, y=t^4\sin\frac{1}{t}$（ただし $t=0$ では $y=0$ とする）のグラフのような部分を含んでいると，有限分割では y 軸から見て 2 個のグラフで囲まれているようにはできません．ここでは最も短くて済む対処法で定理 3.2 の証明を完成させることにします．

第 3 段　一般の場合の証明　(1) 定理の仮定を満たす領域は，適当に有限個に分割すると，その各々が平面の適当な回転により第 1 段で扱ったような領域となるようにできることを示す．∂D 上の任意の点 z に対して，それを中心とし軸に平行な辺を持つ辺長 2ε の正方形 G を考える．ε が十分小さければ，この正方形内に含まれる ∂D の点は z を通る 1 本の滑らかな曲線弧の一部か，二つの滑らかな曲線弧の一部ずつで z がその継ぎ目の点となっている場合だけとなる．（これは ∂D が区分的に滑らかな有限個の単純閉曲線より成るという仮定から導ける．詳細は問 3.1-1 参照．）更に，滑らかな弧での接ベクトルの一様連続性により ε を十分小さくすれば，前者なら接ベクトルの方向角は z におけるその値 θ_1 から高々 $\frac{\pi}{9}$ しか異ならないようにできるし，後者なら，それぞれの弧の z における接ベクトルの方向角 θ_1, θ_2 のいずれかと高々 $\frac{\pi}{9}$ しか異ならないようにできる．後者の場合であってもこの二つの角領域の開きの合計 $\frac{4\pi}{9}$ は直角 $\frac{\pi}{2}$ より小さいので，角 θ で，それ自身も $\theta+\frac{\pi}{2}$ もそれに含まれないようなものが選べる．∂D はこのような正方形で覆われるので，コンパクト性によりそのうちの有限個で覆われる．これらの頂点を通って座標軸に平行な直線を引き，平面を格子状に分割してそれにより D を分割すれば，その構成要素である閉部分領域は，∂D を含まず D にすっぽり含まれるか，あるいは ∂D の一部を境界に含むかのいずれかである．後者の場合は ∂D の一部を成す境界が接ベクトルの方向変化に関する上述の条件を満たすので，そこで述べたような角度 θ 方向が新しい x 軸となるように回転する．こうして x 軸から見ても y 軸から見ても，座標軸への平行線と境界との交わりが線分か，そうでなければ高々 2 点となるような領域の集合が得られる（回転後の部分閉領域の様子は図 3.6 を参照）．

(2) θ を定数とし，新しい x 軸を ξ 軸とする新座標への変換

$$\begin{pmatrix} x \\ y \end{pmatrix} = \begin{pmatrix} \cos\theta & -\sin\theta \\ \sin\theta & \cos\theta \end{pmatrix} \begin{pmatrix} \xi \\ \eta \end{pmatrix}$$

により，Green の定理の主張が不変であることを見る[1]．まず，

$$\begin{aligned} f dx + g dy &= f(\cos\theta d\xi - \sin\theta d\eta) + g(\sin\theta d\xi + \cos\theta d\eta) \\ &= (f\cos\theta + g\sin\theta)d\xi + (g\cos\theta - f\sin\theta)d\eta =: \widetilde{f}d\xi + \widetilde{g}d\eta. \end{aligned}$$

ここで記号 $=:$ は係数 $\widetilde{f}, \widetilde{g}$ をその一つ前の辺の対応する係数と定めるという意味である．上の逆変換は

$$\begin{pmatrix} \xi \\ \eta \end{pmatrix} = \begin{pmatrix} \cos\theta & \sin\theta \\ -\sin\theta & \cos\theta \end{pmatrix} \begin{pmatrix} x \\ y \end{pmatrix}$$

なので，

$$\begin{aligned} \frac{\partial g}{\partial x} - \frac{\partial f}{\partial y} &= \frac{\partial g}{\partial \xi}\frac{\partial \xi}{\partial x} + \frac{\partial g}{\partial \eta}\frac{\partial \eta}{\partial x} - \frac{\partial f}{\partial \xi}\frac{\partial \xi}{\partial y} - \frac{\partial f}{\partial \eta}\frac{\partial \eta}{\partial y} \\ &= \frac{\partial g}{\partial \xi}\cos\theta - \frac{\partial g}{\partial \eta}\sin\theta - \frac{\partial f}{\partial \xi}\sin\theta - \frac{\partial f}{\partial \eta}\cos\theta. \end{aligned}$$

更に面積要素は回転で保たれるので，$dxdy = d\xi d\eta$．よって

$$\left(\frac{\partial g}{\partial x} - \frac{\partial f}{\partial y}\right)dxdy = \left(\frac{\partial g}{\partial \xi}\cos\theta - \frac{\partial g}{\partial \eta}\sin\theta - \frac{\partial f}{\partial \xi}\sin\theta - \frac{\partial f}{\partial \eta}\cos\theta\right)d\xi d\eta.$$

---

[1] この証明は後出の問 3.1-2 で一般の座標変換に対してなされていますが，そこでは微分形式を用いて論じられているので，ここでは単なる回転の場合に初等的な計算で示します．

この係数が $\frac{\partial \tilde{g}}{\partial \xi} - \frac{\partial \tilde{f}}{\partial \eta}$ と一致していれば，もとの座標での Green の定理が座標回転後の Green の定理に移ることが分かるが，それは暗算でも確認できる．

(3) 以上より (1) で作った各部分領域で Green の定理が成り立ったので，それらを総和すれば，第 2 段の証明と同様全体での Green の定理となる．　□

問 **3.1-1**　∂D 上の点 z が滑らかな曲線弧の継ぎ目でなければ，その点を中心として半径 $\varepsilon > 0$ が十分小さい円を考えれば，それと ∂D との交わりは z を含む滑らかな曲線弧の部分弧 $\widehat{z_1 z_2}$ だけとなることを示せ．また z が二つの滑らかな曲線弧の継ぎ目の場合は，交わりは z を端点とする各弧の一部 $\widehat{zz_1}$, $\widehat{zz_2}$ だけとなることを示せ．

【微分形式による表現】　Green の定理を正則関数に適用するため，重積分の複素表現を導入します．その前に，Green の定理の便利な記憶法として，微分形式の記法を導入しましょう．線積分要素のことは既に 1 次微分形式と呼んで，その複素化も第 2 章で導入済みなので，これを用いて 2 次の微分形式を定義します．

2 次の微分形式とは，1 次の微分形式から，次のような性質を満たす**外積**[2] を作って得られるもののことです：ω, θ をともに 1 次の微分形式とするとき，これらの外積 $\wedge$ は $(\omega, \theta) \mapsto \omega \wedge \theta$ という演算で，

(1) 双線形，すなわち，ω, θ の各々について線形[3]：

$$(a\omega_1 + b\omega_2) \wedge \theta = a\omega_1 \wedge \theta + b\omega_2 \wedge \theta, \quad \omega \wedge (a\theta_1 + b\theta_2) = a\omega \wedge \theta_1 + b\omega \wedge \theta_2. \tag{3.4}$$

(2) 交代的，すなわち，

$$\omega \wedge \theta = -\theta \wedge \omega \tag{3.5}$$

を満たすもののことです．また交代的の定義から，次も分かります：

(2)′ 同じものの外積は零となる：$\omega \wedge \omega = 0$.

実際，外積はひっくり返すと符号が変わるのに実は変わっていないので $\omega \wedge \omega = -\omega \wedge \omega$ 従って $\omega \wedge \omega = 0$ となります．特に，

$$dy \wedge dx = -dx \wedge dy, \qquad dx \wedge dx = dy \wedge dy = 0 \tag{3.6}$$

[2] いわゆる “交代的なテンソル積” で，その構成的な定義がすぐ後で述べられます．

[3] 線形と言いましたが，実は係数 a, b は関数でもよく，厳密には “環の作用” です．係数を C^∞ 級関数に限れば代数的にきれいな定式化が可能ですが，応用上は C^1 級の係数も必要になるので，ここでは厳密な定式化はせず，単なる便利な表記法としておきます．

が成り立ちます．$\omega = a_{11}dx + a_{12}dy, \theta = a_{21}dx + a_{22}dy$ のとき，これらの外積を具体的に計算してみると，双線形性と (3.6) を用いて

$$\begin{aligned}\omega \wedge \theta &= (a_{11}dx + a_{12}dy) \wedge (a_{21}dx + a_{22}dy)\\ &= a_{11}dx \wedge (a_{21}dx + a_{22}dy) + a_{12}dy \wedge (a_{21}dx + a_{22}dy)\\ &= a_{11}a_{21}dx \wedge dx + a_{11}a_{22}dx \wedge dy + a_{12}a_{21}dy \wedge dx + a_{12}a_{22}dy \wedge dy\\ &= (a_{11}a_{22} - a_{12}a_{21})dx \wedge dy.\end{aligned}$$

この計算から，交代性については (3.6) を仮定するだけで一般の 1 次微分形式に対する交代性 (2), (2)′ が出てくることが分かります．最後の係数は行列式に等しいことに注意しましょう．すなわち，

$$(a_{11}dx + a_{12}dy) \wedge (a_{21}dx + a_{22}dy) = \begin{vmatrix} a_{11} & a_{12} \\ a_{21} & a_{22} \end{vmatrix} dx \wedge dy. \tag{3.7}$$

これから 2 次行列式のほとんどの性質が外積の性質から導けます．2 次元の空間では，3 次以上の微分形式は存在せず，2 次は $dx \wedge dy$ が本質的にただ一つの基底です．

次に，**外微分**の概念を定義します．外微分はどの次数の微分形式に対しても定義できますが，取り敢えずは 0 次の微分形式，すなわち関数に対しては（全）微分と同じで

$$df(x,y) = \frac{\partial f}{\partial x}dx + \frac{\partial f}{\partial y}dy \tag{3.8}$$

となります．これから主に使う 1 次の微分形式 ω に対しては，f を関数として

$$d(f\omega) = df \wedge \omega + fd\omega \tag{3.9}$$

という規則で帰納的に計算し，d^2 が現れたら零と置きます．すると，

$$\begin{aligned}d(fdx + gdy) &= df \wedge dx + fd(dx) + dg \wedge dy + gd(dy)\\ &= \Big(\frac{\partial f}{\partial x}dx + \frac{\partial f}{\partial y}dy\Big) \wedge dx + \Big(\frac{\partial g}{\partial x}dx + \frac{\partial g}{\partial y}dy\Big) \wedge dy\\ &= \frac{\partial f}{\partial y}dy \wedge dx + \frac{\partial g}{\partial x}dx \wedge dy = \Big(\frac{\partial g}{\partial x} - \frac{\partial f}{\partial y}\Big)dx \wedge dy\end{aligned}$$

となり（最後は外積の交代性 (2), (2)′ を用いて項を整理しました），結局

$$d(fdx + gdy) = \Big(\frac{\partial g}{\partial x} - \frac{\partial f}{\partial y}\Big)dx \wedge dy \tag{3.10}$$

となります．この係数は公式 (3.3) の右辺に出てきたもの[4]ですね！

3.1 $dx\wedge dy$ と $dxdy$ の違いは符号を伴っているかどうかです．$\iint_D f(x,y)dx\wedge dy$ の方は，微分形式の積分の一般的定義として，D の向きを変えるような変換を施すと，積分領域の符号も変わりますが，このとき $dx\wedge dy$ の方も変数変換で負のヤコビアンが出てきます．（変数変換でヤコビアンという 2 次の行列式が出てくることは (3.7) から想像できるでしょう．）こうして符号が自然に打ち消し合うのですが，微積分の変数変換ではヤコビアンに絶対値をつけてしまうので，積分領域の方も向きを無視して辻褄を合わせています．なお，高校数学では 1 次元の定積分の変数変換は微分形式と同じ扱いで，積分範囲も符号付き，積分要素も符号を考慮に入れるという，考えてみればけっこう高級な議論を教えている訳です．

問 **3.1-2** $x=\varphi(\xi,\eta)$, $y=\psi(\xi,\eta)$ とするとき，$fdx+gdy$, $(\frac{\partial g}{\partial y}-\frac{\partial f}{\partial x})dx\wedge dy$ を ξ, η で表現したものをそれぞれ $\widetilde{f}d\xi+\widetilde{g}d\eta$, $h\xi\wedge d\eta$ とする．

(1) これらの係数を計算せよ．

(2) 外微分が同じ規則で計算できること，すなわち，$h(\xi,\eta)=(\frac{\partial\widetilde{g}}{\partial\eta}-\frac{\partial\widetilde{f}}{\partial\xi})$ であることを確かめよ．

3.2 参考までに，一般の次元の空間 $\boldsymbol{R}^n$ では，k 次の微分形式が $k-1$ 次の微分形式と 1 次の微分形式の外積の有限和として帰納的に定義され，外微分は一般の次数の微分形式に対して

$$d(\omega\wedge\theta)=d\omega\wedge\theta+(-1)^{\deg\omega}\omega\wedge d\theta$$

という公式で帰納的に定義されます．ここで $\deg\omega$ は ω の次数です．0 次の微分形式，すなわち関数に対しては $f\omega$ は $f\wedge\omega$ と解釈されるので，(3.9) もこの特別な場合となっています．実は，Green の定理も一般の k 次の微分形式 ω と，$k+1$ 次の積分領域 D について，

$$\int_{\partial D}\omega=\int_D d\omega$$

という非常に一般的な積分公式（**Stokes**（ストークス）**の定理**）の $k=1$ という特別な場合になっているのです．積分を内積の記号で

$$\langle\omega,\partial D\rangle=\langle d\omega,D\rangle$$

と表してみると，外微分演算 d と境界を取る演算 ∂ が互いにきれいな双対になっていることが分かるでしょう．平面では 3 次以上の微分形式は出てきませんが，このように一般化した方が覚えるのは楽なのです．なお，幾何学では D を $k+1$ 次元の単体 ($(k+1)$-simplex), すなわち三角形の $k+1$ 次元版，あるいはその滑らかな写像による像で構成されるものとし，その境界は各 $(k+1)$-単体の境界を成す k-単体の同じ

[4] Green の定理を覚えるのにこの記憶法はとても便利です．もとのままだと，1 年後まで覚えているのは難しいでしょうが，これなら覚えていられるし，公式も容易に復元できます．

写像による像の向きを考えた和とします．微分形式はこの写像により単体に引き戻され，外微分は写像と可換（問 3.1-2 の高次元化）なので，Stokes の定理は一つの単体について証明しておけばよくなり，上で延々とやった証明も簡単になります．

3.2 Cauchy の積分定理

関数論の基本を成す Cauchy の積分定理を Green の定理から導きます．その前に後者を複素数の表現に書き換えておきます．

【Green の定理の複素化】 $dz = dx + idy$ と $d\overline{z} = dx - idy$ を用いて微分形式を複素表示に書き直すと，(3.9) に対応する式は (2.47) と本質的に同じ計算で

$$df(z) = \frac{\partial f}{\partial z}dz + \frac{\partial f}{\partial \overline{z}}d\overline{z} \tag{3.11}$$

となります．すると，(3.10) を導いたのと同様の計算で

$$d(fdz + gd\overline{z}) = \frac{\partial f}{\partial \overline{z}}d\overline{z} \wedge dz + \frac{\partial g}{\partial z}dz \wedge d\overline{z} = \left(\frac{\partial g}{\partial z} - \frac{\partial f}{\partial \overline{z}}\right)dz \wedge d\overline{z} \tag{3.12}$$

が得られます．ここで，

$$\begin{aligned} dz \wedge d\overline{z} &= (dx + idy) \wedge (dx - idy) \\ &= dx \wedge dx - idx \wedge dy + idy \wedge dx + dy \wedge dy = -2idx \wedge dy. \end{aligned}$$

従ってこれと，複素共役を取ったものとを合わせて，書き換えの公式

$$dz \wedge d\overline{z} = -2idx \wedge dy, \qquad d\overline{z} \wedge dz = 2idx \wedge dy \tag{3.13}$$

が得られます．後者も結構有用です．$z, \overline{z}$ は $\boldsymbol{R}^2$ の座標系ではないので，残念ながら $dz \wedge d\overline{z}$ をそのまま $dzd\overline{z}$ で置き換えて 2 次元の領域上で積分することはできませんので，計算するときは仕方なく $dx \wedge dy$ で書き直してから $dxdy$ に置き換えて積分します．以上を定理としてまとめておきましょう．

定理 3.3（**Green の定理の複素化**） 定理 3.2 と同じ設定の下で，

$$\begin{aligned} &\sum_{j=1}^{n} \oint_{C_j} fdz + gd\overline{z} \\ &= \iint_D \left(\frac{\partial g}{\partial z} - \frac{\partial f}{\partial \overline{z}}\right)dz \wedge d\overline{z} = \iint_D \left(\frac{\partial g}{\partial z} - \frac{\partial f}{\partial \overline{z}}\right)(-2i)dxdy. \end{aligned} \tag{3.14}$$

実ベクトル解析では，Green の定理の次に Green の公式というのを習います．これは普通は Laplace 作用素に対する部分積分公式という位置づけですが，ここでは Cauchy-Riemann 作用素に対する類似の公式を示しておきます．1 階微分なので，単に部分積分と言えなくもないですが，境界が曲がっているのでそう自明ではありません．本書ではこれを第 8 章で使いますが，それ以前でも使えるときがあるかもしれません．

定理 3.4 (**Cauchy-Riemann 作用素に対する Green の公式**) 定理 3.3 と同じ設定の下で，f に加えて g も $D \cup \partial D$ で C^1 級とすれば，次が成り立つ：

$$\iint_D f(z)\frac{\partial}{\partial \overline{z}} g(z) dz \wedge d\overline{z}$$
$$= -\oint_{\partial D} f(z)g(z)dz - \iint_D g(z)\frac{\partial}{\partial \overline{z}} f(z) dz \wedge d\overline{z}. \tag{3.15}$$

これは複素形の Green の定理 3.3 を用いて得られる等式

$$\oint_{\partial D} f(z)g(z)dz = \iint_D d(f(z)g(z)dz) = \iint_D \frac{\partial}{\partial \overline{z}}\{f(z)g(z)\} d\overline{z} \wedge dz$$
$$= -\iint_D \frac{\partial}{\partial \overline{z}}\{f(z)g(z)\} dz \wedge d\overline{z}$$
$$= -\iint_D g(z)\frac{\partial}{\partial \overline{z}} f(z) dz \wedge d\overline{z} - \iint_D f(z)\frac{\partial}{\partial \overline{z}} g(z) dz \wedge d\overline{z}$$

から適当に移項すれば直ちに得られます．

例題 3.2-1 D を正方形 $\{(x,y); 0 \leq x \leq 1, 0 \leq y \leq 1\}$ とし，∂D をその周に正の向きを与えたものとする．

(1) 線積分 $I = \oint_{\partial D} |z|^2 dz$ を適当なパラメータを用いて計算せよ．

(2) 同上を Green の定理を用いて 2 次元定積分に直した後に計算せよ．

解答 (1) 水平線分上は x, 鉛直線分上は y をパラメータとするのが自然である．これらの線分上ではそれぞれ dy, dx が消失することに注意すれば，

$$I = \int_0^1 |z|^2\big|_{y=0} dx + \int_0^1 |z|^2\big|_{x=1} idy + \int_1^0 |z|^2\big|_{y=1} dx + \int_1^0 |z|^2\big|_{x=0} idy$$
$$= \int_0^1 x^2 dx + \int_0^1 (1+y^2) idy + \int_1^0 (x^2+1) dx + \int_1^0 y^2 idy$$

$$= \left[\frac{x^3}{3}\right]_0^1 + i\left[y + \frac{y^3}{3}\right]_0^1 + \left[\frac{x^3}{3} + x\right]_1^0 + i\left[\frac{y^3}{3}\right]_1^0$$
$$= \frac{1}{3} + \frac{4}{3}i - \frac{4}{3} - \frac{1}{3}i = -1 + i.$$

(2) 複素形の Green の定理を用いて，$|z|^2 = z\overline{z}$ に注意すると

$$\oint_{\partial D} |z|^2 dz = \int_D \frac{\partial}{\partial \overline{z}}(z\overline{z}) d\overline{z} \wedge dz = \int_D z d\overline{z} \wedge dz = \int_D z \cdot 2i dx \wedge dy$$
$$= 2i \iint_D (x + iy) dxdy = 2i \int_0^1 xdx + 2i \int_0^1 iydy$$
$$= 2i \cdot \frac{1}{2} + 2i \cdot \frac{i}{2} = i - 1. \qquad \square$$

問 3.2-1　D を正方形 $|x| < 1, |y| < 1$ とし，C をその周に正の向きを与えた閉曲線とする．

(1) 線積分 $\displaystyle\int_C \overline{z}^2 dz$ を定義に従い計算せよ．

(2) 同じものを Green の定理を用いて D 上の重積分に直して計算せよ．

問 3.2-2　(1) 定理 3.4 に倣い，同じ仮定の下で次を示せ：

$$\iint_D f(z) \frac{\partial}{\partial z} g(z) dz \wedge d\overline{z} = \oint_{\partial D} f(z) g(z) d\overline{z} - \iint_D g(z) \frac{\partial}{\partial z} f(z) dz \wedge d\overline{z}. \quad (3.16)$$

(2) f, g が C^2 級のとき，**Laplace 作用素に対する Green の公式**

$$\iint_D f(z) \triangle g(z) dxdy$$
$$= \oint_{\partial D} f\left(\frac{\partial g}{\partial x} dy - \frac{\partial g}{\partial y} dx\right) - \oint_{\partial D} g\left(\frac{\partial f}{\partial x} dy - \frac{\partial f}{\partial y} dx\right) + \iint_D g(z) \triangle f(z) dxdy \quad (3.17)$$

を導け．ここに，$\triangle$ の定義は問 2.3-7 (i) である．ちなみに，右辺第 1 項の $\frac{\partial g}{\partial x}dy - \frac{\partial g}{\partial y}dx = \left(\frac{\partial g}{\partial x}\frac{dy}{ds} - \frac{\partial g}{\partial y}\frac{dx}{ds}\right)ds = \frac{\partial g}{\partial \boldsymbol{n}}ds$ で，$\frac{\partial g}{\partial \boldsymbol{n}}$ は ∂D の外向き単位法線 $\boldsymbol{n} = \left(\frac{dy}{ds}, -\frac{dx}{ds}\right)$ に関する g の方向微分となる．同様に，$\frac{\partial f}{\partial x}dy - \frac{\partial f}{\partial y}dx = \frac{\partial f}{\partial \boldsymbol{n}}ds$ で，この書き換えにより通常の書物に載っている Green の公式と一致する．

【Green の定理から Cauchy の積分定理へ】　いよいよ Green の定理を正則関数に適用してみます．

定理 3.5（**Cauchy の積分定理**）　$f(z)$ は領域 Ω で正則で，$D \subset \Omega$ は Ω 内の区分的に滑らかな有限個の閉曲線で囲まれた部分領域とする．このとき，

次が成り立つ：

$$\oint_{\partial D} f(z)dz = 0. \tag{3.18}$$

証明 Green の定理 3.3 を適用すると,

$$d(fdz) = \left(\frac{\partial f}{\partial z}dz + \frac{\partial f}{\partial \bar{z}}d\bar{z}\right) \wedge dz$$

において，右辺の括弧内の第1項は展開すると $dz \wedge dz$ が現れ零となり，また第2項は Cauchy-Riemann の方程式より最初から零である．よって

$$\oint_{\partial D} f(z)dz = \iint_D d\{f(z)dz\} = \iint_D 0 \cdot (-2i)dxdy = 0. \quad \square$$

この定理が成り立つためには，f が D で正則なことが大切であり[5)]，∂D が連結である必要はありません．そのような例でよく使われるのは，図 3.4 のように，$f(z)$ が二つの円周の間に挟まれた領域で周も込めて正則となる場合です．

問 **3.2-3** 次の線積分を Cauchy の積分定理や Green の定理を利用してなるべく簡単に計算せよ．

(1) $\displaystyle\oint_{|z|=R} \frac{1}{\bar{z}^n}dz$　　(2) $\displaystyle\oint_{|z|=R} x^2 dz$　　(3) $\displaystyle\oint_{|z|=R} xdz.$

【正則関数の原始関数】 Cauchy の積分定理から，正則関数 $f(z)$ の原始関数 $F(z)$ の計算が可能になります．これは定義により複素微分の意味で $F'(z) = f(z)$ を満たす関数のことで，この定義から $F(z)$ も複素微分可能，すなわち正則となります．$f(z)$ が領域 Ω で正則のとき，Ω の一点 α を固定し，$\forall z \in \Omega$ について，α から z に到る区分的に滑らかな曲線 $C[\alpha{:}z]$ を任意に選んで

$$F(z) = \int_{C[\alpha:z]} f(z)dz \tag{3.19}$$

という線積分で $F(z)$ を決めると，α を中心とする半径 R の円板 D が Ω 内に取れるとき，少なくとも積分路を D 内で取る限りは，上の値は積分路の取り方には依りません．実際，$C_1[\alpha : z]$, $C_2[\alpha : z]$ を二つの積分路とすれ

---

5) この証明は f が ∂D では C^1 級というだけで通用します．この条件は後でもっと緩められます（定理 3.15 参照）．

ば，$C_1[\alpha:z]$ で α から z まで行き，$C_2[\alpha:z]$ を逆に辿って α まで戻る道 $C = C_1[\alpha:z] - C_2[\alpha:z]$ に Cauchy の積分定理を適用すると，

$$\oint_{C_1[\alpha:z]-C_2[\alpha:z]} f(z)dz = 0, \quad \text{従って} \quad \int_{C_1[\alpha:z]} f(z)dz = \int_{C_2[\alpha:z]} f(z)dz$$

となるからです（すぐ後の 3.3 参照）．

(3.19) が $F'(z) = f(z)$ を満たすことを確かめるには，複素差分商の極限を見ればよろしい．$C[\alpha:z+\Delta z])$ は $C[\alpha:z]$ に z と $z+\Delta z$ を結ぶ線分 $L[z:z+\Delta z]$ を繋いで得られているとして一般性を失わないので，

$$F(z+\Delta z) - F(z) = \int_{L[z:z+\Delta z]} f(\zeta)d\zeta$$

と書けます．ここでこの微小積分路上では f の正則性の仮定から

$$f(\zeta) = f(z) + f'(z)(\zeta - z) + o(|\zeta - z|) = f(z) + O(\Delta z)$$

となっており，剰余項 $O(\Delta z)$ は ζ に依らない量 $C|\Delta z|$ で抑えられるので，

$$\int_{L[z:z+\Delta z]} f(\zeta)d\zeta = \int_{L[z:z+\Delta z]} \{f(z) + O(\Delta z)\}d\zeta = f(z)\Delta z + O(\Delta z^2).$$

これから $F(z)$ が複素微分可能で，$F'(z) = f(z)$ となることが分かります．

3.3 上の $C_1[\alpha:z] - C_2[\alpha:z]$ は閉曲線ですが，一般にはもとの二つが単純曲線弧でも，これは単純閉曲線になるとは限らず，従って Ω の一つの部分領域を張るとは限りません．それでもこれらが円板 D 内に有る限り Cauchy の積分定理は成り立ちます．このことを厳密に示すにはホモロジー論が必要ですが，位相幾何学の教科書の始めの方に書かれているのはコンパクトな多様体の三角形分割に基づく議論で，ここで言うと折れ線に限定したものです．原始関数が確定することだけなら積分路を折れ線に限っても示せることは上の議論から分かりますが，関数論の応用ではもっと一般の積分路を使う必要があります．ここではこれまでの知識だけを使い，このような閉曲線に対しても Cauchy の積分定理が成り立つことを説明する方法を示しておきます．例として図 3.5 (a) のような場合を考えてみると，このときは

$$\begin{aligned} C = C_1[\alpha:z] - C_2[\alpha:z] &= (C_1[\alpha:z_1] + C_1[z_1:z]) - (C_2[z_1:z] + C_2[\alpha:z_1]) \\ &= (C_1[\alpha:z_1] - C_2[z_1:z]) - (C_2[\alpha:z_1] - C_1[z_1:z]) = \partial D_1 - \partial D_2 \end{aligned}$$

となっているので，

$$\oint_{C_1[\alpha:z]-C_2[\alpha:z]} f(z)dz = \oint_{\partial D_1} f(z)dz - \oint_{\partial D_2} f(z)dz = 0$$

となります．図 (b) のように C_1, C_2 が複雑に，しかも無限に交わっていたら有限の手続きでは終わりませんが，このときは 2 本から離れて通る第 3 の道 C_3 を考え，普通に膜が張れる状況を補助に使って $\int_{C_1[\alpha:z]} f(z)dz = \int_{C_3[\alpha:z]} f(z)dz = \int_{C_2[\alpha:z]} f(z)dz$ と等号を示す方が簡単です．図 (c) のようなものにはこの簡便法は直接使えませんが，積分路が区分的に滑らかという仮定から端点では接ベクトルの方向が定まっているので，無限に渦を巻くことは無く，図 (a) の手法と組み合わせれば適用可能になります．なお，ホモロジーについては第 6 章末で再び取り上げます．そこにはサポートページへの案内も書かれています．

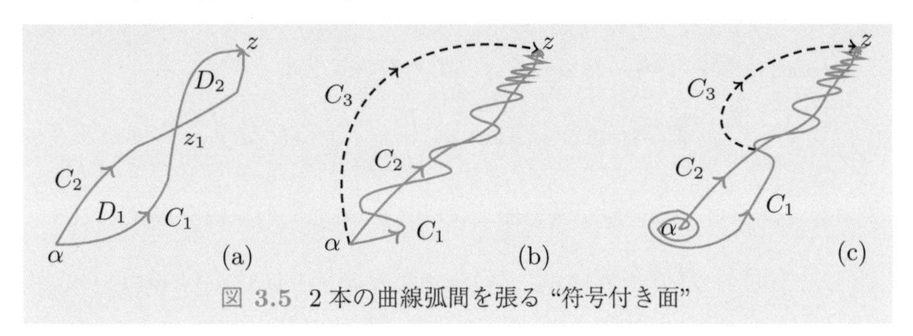

図 3.5　2 本の曲線弧間を張る “符号付き面”

積分基点 α の選び方には任意性がありますが，これを β に取り替えると，計算された原始関数は定数 $\int_\alpha^\beta f(z)dz$ だけ変わります．これは原始関数が積分定数を除いてしか決まらないことに相当します（なお，問 2.4-3 参照）．以上を定理の形にまとめておきましょう．

定理 3.6　正則関数 $f(z)$ に対しては複素微分の意味での原始関数，すなわち，$F'(z) = f(z)$ を満たす $F(z)$ が局所的に存在し，再び正則関数となる．原始関数が 1 価に決まっている領域では 2 点 α, β を結ぶ曲線弧 C に沿う $f(z)$ の線積分は

$$\int_C f(z)dz = F(\beta) - F(\alpha) \tag{3.20}$$

で計算できる．

局所的というのは，もし領域 Ω に穴が開いていて，α から β に到る二つの道 C_1, C_2 の間に 2 次元の膜が張れない場合には，Cauchy の積分定理が適用できないので，二つの経路による線積分は一致するとは限らず，原始関数は多価になってしまい Ω 全体で 1 価な $F(z)$ が定まらなくなることがあるからです．その最も代表的な例が $\frac{1}{z}$ の原始関数です（問 3.2-4 (2) 参照）．ただし，穴が有ったら必ず多価になるという訳ではありません．（問 3.2-4 (1) 参照.）

ここで，これからよく使われる言葉を定義しておきましょう．

定義 3.7 Ω 内の任意の単純閉曲線 C に対し，Ω の部分領域 D で $\partial D = C$ となるものが存在するとき，Ω は**単連結**と呼ばれる．

直感的に言えば，Ω には穴が空いていないということです．この言葉を使うと定理 3.6 は次のように拡張できます：

系 3.8 単連結な領域ではその上の正則関数に対して常に 1 価な原始関数が Ω で大域的に存在する．

問 3.2-4 (1) 第 2 章の例題 2.1-2 を参考に，$\boldsymbol{C} \setminus \{0\}$ で正則な関数 $f(z) = \frac{1}{z^n}$ については自然数 $n \geq 2$ のとき $\boldsymbol{C} \setminus \{0\}$ で 1 価正則な原始関数が存在することを確認し，それを求めよ．
(2) $n = 1$ のときは，$\int_1^z \frac{1}{z} dz$ で定まる関数は $w = e^z$ の逆関数となること，従って対数関数となることを確かめよ．［ヒント：逆関数の微分公式（問 2.4-4）を用いよ．］

問 3.2-5 次の線積分を Cauchy の積分定理，Green の定理，原始関数，など使えるものはすべて使ってなるべく簡単に求めよ．ただし n は正整数とする．
(1) $\displaystyle\oint_{|z|=R} \frac{1}{z^n} dx$ (2) $\displaystyle\oint_{|z|=R} \overline{z}^n dz$ (3) $\displaystyle\oint_{|z|=R} x^n dz$.

3.4 ここで述べた話は，2 変数の微積分で習う，次の定理の例となっています：1 次の**閉微分形式**，すなわち，$\omega = f(x,y)dx + g(x,y)dy$ で，$d\omega = 0$ を満たすようなものに対し，点 (a,b) を含む円板（より一般に単連結な部分領域）内では，その任意の点 (x,y) と (a,b) を結ぶ区分的に滑らかな曲線弧 $C[(a,b):(x,y)]$ を選んで

$$F(x,y) = \int_{C[(a,b):(x,y)]} (f dx + g dy)$$

と置くと，$F(x,y)$ が積分路の取り方に依らずに定まり，$dF(x,y) = f dx + g dy$ を満たす，すなわち ω は**完全微分形式**となる．（定理 3.5 の証明では $f(z)dz$ が閉微分形式，すなわち $d\{f(z)dz\} = 0$ であることを用いました．）もう一つの例として，問 2.3-7 (iii) の脚注で予告した定理を次の問で取り上げておきます．

問 3.2-6 単連結領域 Ω で実調和関数 $u(x,y)$ が与えられたとき，実調和関数 $v(x,y)$ を適当に選んで $f(x,y) = u(x,y) + iv(x,y)$ が正則関数となるようにできること，また v の不定性が定数和のみであることを示せ．（この v を u の**共役調和関数**と呼ぶ．）［ヒント：連立方程式型の Cauchy-Riemann 方程式を用いて v が満たす偏微分方程式系を導き，上の の説明を適用せよ．］

逆に Cauchy の積分定理を成り立たせるような連続関数が正則関数になるこ

とは次の章で Cauchy の積分公式を経由して示されますが，ここで原始関数の応用として逆に当たる主張を少し強めた形の定理を紹介しておきましょう．

補題 3.9 単連結領域 Ω で連続な関数 $f(z)$ が，Ω 内の座標軸に平行な辺を持つ任意の長方形 D に対して $\oint_{\partial D} f(z)dz = 0$ を満たしていれば，$f(z)$ は Ω で正則な原始関数を持つ．（実は下注で示すように $f(z)$ 自身も正則となる．）

証明 基点 $\alpha \in \Omega$ を定めると，任意の点 $z \in \Omega$ に対して，α と $z = x + iy$ を結ぶ軸に平行な線分より成る折れ線 C を適当に選んで

$$F(z) = \int_C f(z)dz$$

により関数 $F(z)$ を定めると，この値はこのような C の選び方に依らずに定まる．実際，系 3.8 を導いたときの議論と同様，そのような二つの道 C_1, C_2 が有ったとすれば，C_1 と $-C_2$ を繋いで得られる閉曲線は表または裏の有限個の長方形の境界の和として書けるので，仮定から $\oint_{C_1 - C_2} f(z)dz = 0$ となるからである．今 C_1 として最後の線分 $z_1 z$ が x 軸に平行（すなわち，$\operatorname{Im} z_1 = \operatorname{Im} z = y$）となるようなものを選び，$C_1$ からこの線分を除いた部分を C_1' と置けば，

$$F(z) = \int_{C_1} f(z)dz = \int_{C_1'} f(z)dz + \int_{\operatorname{Re} z_1}^{x} f(t, y)dt$$

となる．この右辺の第1項は定数なので，両辺を x で微分すれば，“微分積分学の基本定理” により

$$\frac{\partial F}{\partial x} = f(x, y) = f(z)$$

を得る．同様に，最後の線分 $z_2 z$ が y 軸に平行（すなわち，$\operatorname{Re} z_2 = \operatorname{Re} z = x$）となるような積分路 C_2 を選び，その線分を除いた部分を C_2' と置けば，縦線上では $dz = idy$ に注意すると，

$$F(z) = \int_{C_2} f(z)dz = \int_{C_2'} f(z)dz + \int_{\operatorname{Im} z_2}^{y} f(x, t)idt.$$

今度は

$$\frac{\partial F}{\partial y} = if(z)$$

が成り立つ．これより Cauchy-Riemann の方程式 $\frac{1}{2}\left(\frac{\partial F}{\partial x} + i\frac{\partial F}{\partial y}\right) = f(z) +$

$i^2 f(z) = 0$ が成り立つ．$f(z)$ は仮定により連続なので $F(z)$ は Cauchy-Riemann 方程式の C^1 級の解となり，従って正則関数である． □

3.5 実は次章で示されるように，正則関数の複素微分として $f(z) = F'(z)$ も正則となります（Goursat（グールサー）の定理 4.2）．上記の補題の結論をこのように "$f(z)$ は正則" に変えたものが**Morera（モレラ）の定理**で，Cauchy の積分定理の逆となっています．ただし Goursat の定理は次章で述べる Cauchy の積分公式か，あるいは Cauchy-Riemann 作用素の楕円性（補題 4.14）を使わないと証明できません．かと言って Cauchy の積分公式を示した後では，Morera の定理の意義は薄くなってしまうので，ちょっと中途半端な定式化ですがここで紹介しました．これでは気持ちが悪い読者が居るかもしれないので，一貫性のため以下に補題 4.14 を用いる $f(z)$ の正則性の証明を書いて Morera の定理の証明を完結しておきます[6)]：$\varphi(x,y)$ を Ω 内にコンパクトな台を持つ任意の C^2 級関数とし，それを含む任意の円板 D を取ります．（これは Ω に含まれている必要はありません．）$F'(z) = \frac{d}{dz}f(z) = \frac{\partial}{\partial z}F(z)$ に注意し，部分積分（定理 3.4 と問 3.2-2 (1) を適用）すると，境界積分は消えるので，

$$\iint_D \frac{\partial\varphi}{\partial\bar{z}} f(z)dxdy = \iint_D \frac{\partial\varphi}{\partial\bar{z}}\frac{\partial F}{\partial z}dxdy = -\iint_D F(z)\frac{\partial}{\partial z}\frac{\partial\varphi}{\partial\bar{z}}dxdy$$
$$= -\iint_D F(z)\frac{\partial}{\partial\bar{z}}\frac{\partial\varphi}{\partial z}dxdy = \iint_D \frac{\partial F}{\partial\bar{z}}\frac{\partial\varphi}{\partial z}dxdy = \iint_D 0\frac{\partial\varphi}{\partial z}dxdy = 0.$$

よって補題 4.14 により $f(z)$ は正則関数となります．

3.3 複素線積分の理論的扱い*

ここでちょっと関数論での複素線積分の伝統的な議論を取り上げておきましょう．関数論に合わせて，線積分要素 dz について結果を述べますが，$dz = dx + idy$ なので議論は dx, dy に対しても通用し，また証明ではそれを使います．被積分関数は複素数値だが連続だけの仮定にします．

【長さを持つ曲線上の線積分】 微分形式 dz に対する線積分の根源的定義は理論的に必要となることもあり，また数値積分でも使えるので，ここで押さえておきましょう：

定義 3.10 曲線 $C: z = \Phi(t),\ 0 \le t \le T$ に対し

$$0 = t_0 < t_1 < \cdots < t_N = T$$

[6)] この補題は Cauchy の積分公式と違い，内容的にはむしろ第 2 章に含める方が自然なものなので，議論の流れとしては整合的です．以下で使われる用語は 4.3 節のこの補題の前後に書かれている説明を参照してください．

をパラメータの分割として，$z_j = \Phi(t_j)$ と置き，また各微小区間で $t_{j-1} < \tau_j < t_j$ なる τ_j を適当に選んで，$\zeta_j = \Phi(\tau_j)$ として作った近似和

$$\sum_{j=1}^{N} f(\zeta_j)(z_j - z_{j-1}) = \sum_{j=1}^{N} f(\Phi(\tau_j))(\Phi(t_j) - \Phi(t_{j-1})) \tag{3.21}$$

が分割を細かくしたとき，すなわち，$\Delta := \max_j |z_j - z_{j-1}| \to 0$ としたとき分割と ζ_j の選び方に依らない一定の極限値を持つとき，その値を

$$\int_C f(z)dz = \lim_{\Delta \to 0} \sum_{j=1}^{N} f(\zeta_j)(z_j - z_{j-1}) \tag{3.22}$$

で表し，f の C に沿う線積分と定める．

この定義では線積分の値が曲線のパラメータ付けの仕方に依らないことは明らかです．この定義が意味を持つのは，C が**長さを持つ** (rectifiable)，すなわち，上の式で被積分関数を 1 とし，$z_j - z_{j-1}$ を $|z_j - z_{j-1}|$ に変えたもの

$$\sum_{j=1}^{N} |z_j - z_{j-1}|$$

が一定の値，すなわち C の**弧長**

$$|C| := \mathrm{length}\, C = \int_C |dz| \tag{3.23}$$

に近づく場合です[7]．このときには f が連続なら (3.22) の極限が存在し，それが線積分の値となります．実際，$f(z) = u(x, y) + iv(x, y)$ とすれば，

$$\begin{aligned} &\int_C f(z)dz \\ &= \int_C u(x,y)dx + i\int_C u(x,y)dy + i\int_C v(x,y)dx - \int_C v(x,y)dy \end{aligned} \tag{3.24}$$

なので，右辺の各々について近似和が収束することを見ればよろしい．どれ

[7] 第2章で不等式 (2.15) を紹介したときに注意したように，$|dz| = \sqrt{dx^2 + dy^2}$ は曲線の弧長要素だったことを思い出しましょう．また微積分で習ったように，この場合の近似和は細分に関して単調増加となるため，極限の存在は部分和が上に有界なことと同値です．従って長さを持たないことは長さが無限大と言うのと同じ意味になります．なお，以下ではこの条件の十分性について議論していますが，必要性は問 3.3-2 で論じてもらいます．

でも同じなので，先頭のものを取り上げます．この線積分は，パラメータで表すと，

$$\int_C u(x,y)dx = \int_0^T u(\varphi(t), \psi(t))d\varphi(t)$$

という，いわゆる Stieltjes（スチルチェス）積分になります．（今は $\varphi(t)$ の微分可能性を仮定していないので，$d\varphi(t) = \varphi'(t)dt$ と書き直すことはできないのです．）こんな名前を出すと逃げ出す人がいるかもしれないので，ここではこのようにはせず，もとの変数のままで線積分の近似和を見ると，$z_j - z_{j-1} = (x_j - x_{j-1}) + i(y_j - y_{j-1})$ なので，この積分に対応する近似和の部分は

$$\sum_{j=1}^N u(\zeta_j)(x_j - x_{j-1})$$

となっています．この表現で近似和の極限が確定することを，連続関数に対する Riemann 積分の存在証明と同じようにやりましょう．

Riemann 積分の上限近似和と下限近似和に相当するものの差は

$$\sum_{j=1}^N \Big\{ \sup_{\zeta \in \widehat{z_{j-1}z_j}} u(\zeta)(x_j - x_{j-1}) - \inf_{\zeta \in \widehat{z_{j-1}z_j}} u(\zeta)(x_j - x_{j-1}) \Big\} \tag{3.25}$$

となります．ここに $\widehat{z_{j-1}z_j}$ は曲線弧 C の z_{j-1} と z_j の間の部分弧を表しています．$u(x,y)$ はコンパクト集合 C 上一様連続（定理 2.21 (2)）なので，分割を十分細かく取れば関数 $u(x,y)$ の各部分弧における値の変動幅を予め与えられた $\varepsilon > 0$ より小さくできます．すると

$$\begin{aligned}
&\sup_{\zeta \in \widehat{z_{j-1}z_j}} u(\zeta)(x_j - x_{j-1}) - \inf_{\zeta \in \widehat{z_{j-1}z_j}} u(\zeta)(x_j - x_{j-1}) \\
&= \Big| \sup_{\zeta \in \widehat{z_{j-1}z_j}} u(\zeta)(x_j - x_{j-1}) - \inf_{\zeta \in \widehat{z_{j-1}z_j}} u(\zeta)(x_j - x_{j-1}) \Big| \\
&= \Big\{ \sup_{\zeta \in \widehat{z_{j-1}z_j}} u(\zeta) - \inf_{\zeta \in \widehat{z_{j-1}z_j}} u(\zeta) \Big\} |x_j - x_{j-1}| \\
&\le \Big\{ \sup_{\zeta \in \widehat{z_{j-1}z_j}} u(\zeta) - \inf_{\zeta \in \widehat{z_{j-1}z_j}} u(\zeta) \Big\} |z_j - z_{j-1}| < \varepsilon |z_j - z_{j-1}|
\end{aligned}$$

となります．ここで，2 行目と 3 行目の間の等号は，$x_j - x_{j-1} \ge 0$ なら明ら

かですし，$x_j - x_{j-1} < 0$ なら，これを $-|x_j - x_{j-1}|$ と書き直してマイナスを sup, inf の前に出せば，これらが入れ替わって結局同じ結果になります．これを (3.25) に代入すると，それは

$$(3.25) < \varepsilon \sum_{j=1}^{N} |z_j - z_{j-1}| = |C|\varepsilon$$

で抑えられます．よって上限近似和と下限近似和は収束するとすれば極限が一致しますが，下限近似和の方は細分に関して明らかに単調増加で，かつ常に上から $\max_{\zeta\in C}|u(\zeta)||C|$ で抑えられているので収束します．以上で次の定理が証明されました．

定理 3.11 C は長さを持つ曲線弧とするとき，C 上の連続関数 $f(z)$ に対して，線積分の近似和の極限 (3.22) が確定する．特に，この積分は次の評価を満たす：

$$\left|\int_C f(z)dz\right| \le \max_{z\in C}|f(z)||C|. \tag{3.26}$$

評価 (3.26) は近似和の段階で既に成り立っているので，極限に行っても成り立つことは明らかです．このような評価は 1 次元の普通の Riemann 積分では周知のことですが，長さのある曲線での取扱は初めての人も居るでしょうから言及しました．これをもう少し進めて，通常の Riemann 積分では恐らく良く知られている次の主張も長さを持つ曲線の場合に確かめておきましょう：

補題 3.12 $C \subset \boldsymbol{C}$ は長さを持つ曲線弧，$K \subset \boldsymbol{C}$ はコンパクト集合とする．$f(z,\zeta)$ は $(z,\zeta) \in K\times C$ について連続なら，近似和 $\sum_{j=1}^{N} f(z,\zeta_{j-1})(\zeta_j - \zeta_{j-1})$ は分割を細かくしたとき線積分 $\int_C f(z,\zeta)d\zeta$ に $z \in K$ について一様に収束する．

証明 $K\times C$ 上 $|f(z,\zeta)| \le M$ としよう．$f(z,\zeta)$ は $K\times C$ で一様連続なので，$\delta > 0$ を十分小さく選べば，$|\zeta - \zeta_{j-1}| < \delta$ なら $\forall z \in K$ について $|f(z,\zeta) - f(z,\zeta_{j-1})| < \varepsilon$ となる．そこで，C の分割を各 j について $\forall\zeta \in \widehat{\zeta_{j-1}\zeta_j}$ が $|\zeta - \zeta_{j-1}| < \delta$ を満たすように選べば，

$$\int_{\widehat{\zeta_{j-1}\zeta_j}} f(z,\zeta)d\zeta = \int_{\widehat{\zeta_{j-1}\zeta_j}} f(z,\zeta_{j-1})d\zeta + \int_{\widehat{\zeta_{j-1}\zeta_j}} (f(z,\zeta) - f(z,\zeta_{j-1}))d\zeta$$

において，右辺の第 2 項の絶対値は $\varepsilon|\widehat{\zeta_{j-1}\zeta_j}|$ で抑えられる．よって

$$
\begin{aligned}
&\Bigl|\sum_{j=1}^{N} f(z,\zeta_{j-1})(\zeta_j-\zeta_{j-1})-\int_C f(z,\zeta)d\zeta\Bigr|\\
&\le \sum_{j=1}^{N}\Bigl|f(z,\zeta_{j-1})(\zeta_j-\zeta_{j-1})-\int_{\widehat{\zeta_{j-1}\zeta_j}} f(z,\zeta)d\zeta\Bigr|\\
&\le \sum_{j=1}^{N}\Bigl|f(z,\zeta_{j-1})\Bigl\{(\zeta_j-\zeta_{j-1})-\int_{\widehat{\zeta_{j-1}\zeta_j}} d\zeta\Bigr\}\Bigr| + \sum_{j=1}^{N}\int_{\widehat{\zeta_{j-1}\zeta_j}}|f(z,\zeta)-f(z,\zeta_{j-1})||d\zeta|\\
&\le M\sum_{j=1}^{N}\Bigl|\Bigl\{(\zeta_j-\zeta_{j-1})-\int_{\widehat{\zeta_{j-1}\zeta_j}} d\zeta\Bigr\}\Bigr| + \varepsilon|C| = \varepsilon|C|.
\end{aligned}
$$

ここで最後の辺の被和項は線積分の定義 3.10 により零であることに注意せよ．（下の問 3.3-1 参照．）以上で一様収束が示された．　□

問 3.3-1　C を長さを持つ曲線弧とし，その始点を z_1, 終点を z_2 とするとき，次を線積分の定義 3.10 に従って確かめよ：

(1) $\int_C 1dz = z_2 - z_1$　　　　(2) $\int_C zdz = z_2^2 - z_1^2$.

従って C が閉曲線の場合には $\oint_C 1dz = \oint_C zdz = 0$ となる．

以前に扱った滑らかな曲線弧のときは，$\Phi = \varphi + i\psi$ をパラメータとすると，以前に論じた線積分 (2.11) は

$$\int_C u(x,y)dx = \int_0^T u(\varphi(t),\psi(t))\varphi'(t)dt$$

で計算するものでしたが，これは普通の 1 次元 Riemann 積分として，近似和

$$\sum_{j=1}^{N} u(\varphi(\tau_j),\psi(\tau_j))\varphi'(\tau_j)(t_j-t_{j-1})$$

の極限として定義されます．この極限の確定は既知なので（実は定理 3.11 の証明でほぼ完全に復習してしまいましたが)，今特に代表点 τ_j を平均値定理

$$\varphi'(\tau_j)(t_j-t_{j-1}) = \varphi(t_j)-\varphi(t_{j-1})$$

が成り立つところに選べば，上の近似和は

$$\sum_{j=1}^{N} u(\varphi(\tau_j),\psi(\tau_j))(\varphi(t_j)-\varphi(t_{j-1})) = \sum_{j=1}^{N} u(\zeta_j)(x_j-x_{j-1})$$

と書き直され，これから，この極限値が定義 3.10 の意味の線積分 $\int_C u(z)dx$ と等しいことが分かります．これは (3.24) の他の項についても同様で，従って次が確かめられました：

補題 3.13 滑らかな（従って区分的に滑らかな）曲線弧に対しては二つの線積分の定義 (2.11) と (3.22) は一致する．

【長さを持つ曲線に対する Cauchy の積分定理】 C を長さを持つ曲線弧とし，$f(z)$ はその近傍で正則，あるいはより一般に，連続とします．このとき C に対する f の線積分は，C を近似する折れ線 Z 上の f の線積分で近似されます．実際，折れ線の構成要素である線分 $z_{j-1}z_j$ 上での線積分[8]は，例題 1.2-2 (1) のパラメータ表示を用いて (2.11) 流に計算すると

$$\int_{z_{j-1}z_j} f(z)dz = \int_0^1 f(z_{j-1} + t(z_j - z_{j-1}))(z_j - z_{j-1})dt$$

となりますが，$\varepsilon > 0$ が与えられたとき，近似折れ線 Z を十分細かく，かつ C に十分近く取れば，f の一様連続性により

$$|f(z_{j-1} + t(z_j - z_{j-1})) - f(z_j)| < \varepsilon, \quad 0 \le t \le 1, \ \ j = 1, 2, \ldots, N \tag{3.27}$$

となるので，

$$\left| \int_Z f(z)dz - \sum_{j=1}^{N} f(z_j)(z_j - z_{j-1}) \right| < \sum_{j=1}^{N} \varepsilon |z_j - z_{j-1}| \le |C|\varepsilon$$

です．これと定義 3.10 の積分の存在から，分点が

$$\left| \int_C f(z)dz - \sum_{j=1}^{N} f(z_j)(z_j - z_{j-1}) \right| < \varepsilon$$

を満たすように取ってあったとすれば，三角不等式で

$$\left| \int_C f(z)dz - \int_Z f(z)dz \right| < (|C| + 1)\varepsilon$$

が示せます．ここで C が長さを持つとき，近似折れ線がその上で $f(z)$ の一

8) 前段落までと異なり，ここで $f(z)$ が折れ線上でも定義されていることが使われます．

様連続性 (3.27) を保証するぐらい C に近くとれるかが気になるかもしれませんが，f が C の δ 近傍で連続とし，折れ線の最大線分長を δ より小さく取れば，これは自明に満たされます．（なお問 3.3-3 参照．）以上の結論を補題の形でまとめておきましょう．

補題 3.14　C は長さを持つ曲線とし，$f(z)$ は C の近傍で連続とする．このとき，C の折れ線近似の列 Z_n を適当に選べば，$n \to \infty$ のとき $\int_{Z_n} f(z)dz \to \int_C f(z)dz$ が成り立つ．特に，C が領域 D の境界で，$f(z)$ が $D \cup C$ の近傍で正則なら，$\int_C f(z)dz = 0$ が成り立つ．

後半は折れ線，従って（凸とは限らない）多角形の周が区分的に滑らかな曲線の最も単純な例であることから，Z_n に対しては既に証明した Cauchy の積分定理 3.5 が成り立つので，0 の極限として 0 と結論されます．折れ線で済むということは，線積分を区分的に滑らかな曲線に限って行うことを正当化しているとも言えるでしょう．

問 3.3-2　曲線 C 上の連続関数に対して線積分が常に定義できるためには，C が長さを持つことが必要なことを示せ．［ヒント：C の長さが無限大と仮定して，その上の連続関数 f を近似和 (3.21) が無限大に発散するようにうまく定義する．］

問 3.3-3　領域 Ω 内の長さを持つ任意の曲線弧 C に対し，$\forall\delta > 0$ について C の近似折れ線 Z_δ で，角（繋ぎ目）を C 上に持ち，C との長さの差が δ より小さく，かつ互いに他の δ-近傍内に収まるようなものが取れることを示せ．

補題 3.14 の後半の主張は，$f(z)$ が曲線 C 上では連続なだけで意味を持つので，次のような Cauchy の積分定理の拡張が期待されます．

定理 3.15　**（Cauchy の積分定理の拡張）**　領域 D の境界は長さを持つ有限個の単純閉曲線より成るとする．$f(z)$ が D の内部で正則で，かつ境界も込めて連続ならば，定義 3.10 の意味の線積分に対して

$$\int_{\partial D} f(z)dz = 0.$$

しかし領域 D が凸でないと，残念ながら C 上の 2 点を結ぶ線分が領域の外にはみ出してしまい，そこでは f が定義されていないので，補題 3.14 の議論はそのままでは使えません．ここでは境界が区分的に滑らかな場合に Green の

定理の証明の第3段で用いた領域の分割によりこれを証明します．一般の場合は第8章定理 8.4（Mergelyan（メルゲリアン）の定理）の後で証明を与えます．

定理 3.15 の証明（境界が区分的に滑らかな場合）　定理 3.2 の証明の第3段で用いた領域分割を再び利用する．∂D 上の $f(z)$ の線積分はこれらの部分領域 Δ たちの境界上の線積分の和になるので，その各々が零となることを言えば良い．そこで得られた部分領域は，下図のように

(a) 適当な回転で上縁だけに x の関数のグラフとみなせるような ∂D の境界の一部を含み，他は端を除き D の内部にある線分となるか，

(b) 適当な回転で左端に尖点を持ち，上下の縁がそれぞれ x の関数のグラフとみなせるような ∂D の一部より成り，右縁は端を除き D の内部にある線分となるか，

(c) 境界がすべて D に含まれる分割線より成る長方形か，

のいずれかである．座標の回転は絶対値1の複素数倍という特殊な正則関数との合成として実現されるので，正則関数を正則関数に移すから，回転後の座標で境界積分が0となることを示せばよい．

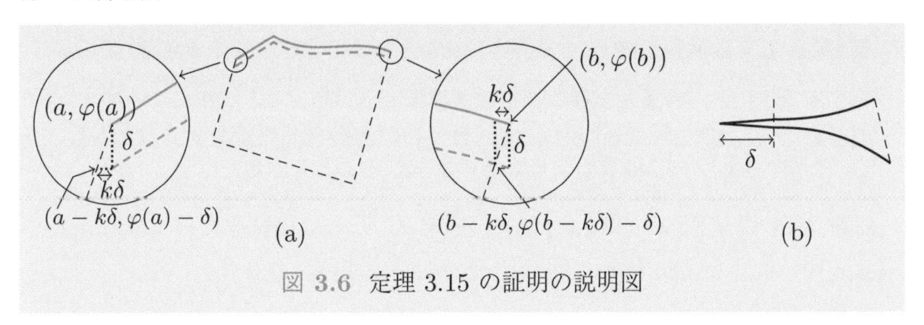

図 3.6　定理 3.15 の証明の説明図

(a) の場合は図のように上縁を δ だけ下げたものの Δ から飛び出した部分は切り捨て，逆に足りなくなった方は水平線を補って新たな境界として縮小部分領域 Δ_δ を作れば，この境界は完全に D の内部に含まれるので，Cauchy の積分定理により $\oint_{\partial\Delta_\delta} f(z)dz = 0$ が成り立つ．これともとの線積分との差は，上縁を $y = \varphi(x)$ のグラフとし，側線の傾きを $1/k$ とすれば，$k > 0$ のときは

$$\int_a^{b-k\delta} \{f(x, \varphi(x)) - f(x, \varphi(x) - \delta)\}dz$$

の形の主要部の差と，両端に残った微小部分の線積分たち

$$\int_{b-k\delta}^{b} f(x,\varphi(x))dz, \quad \int_{b-k\delta}^{b} f\bigl(x,\varphi(b)-\delta+\tfrac{1}{k}(b-x)\bigr)dz,$$
$$\int_{a}^{a+k\delta} f\bigl(x,\varphi(a)-\delta+\tfrac{1}{k}(x-a)\bigr)dz, \quad \int_{a}^{a+k\delta} f(x,\varphi(a)-\delta)dz$$

から成る．$f(z)$ は $D\cup\partial D$ で連続なので，全体で値が有界：$\exists M>0$, s.t. $|f(z)|\le M$ であり，また f は一様連続なので，$\delta>0$ を十分小さく取れば，第1の差分は被積分関数の絶対値 $<\varepsilon$ となり従って積分全体は $\varepsilon(b-a)$ で抑えられる．また残りの積分はどれも $M\delta$ で抑えられる．よって

$$\left|\oint_{\partial\Delta} f(z)dz - \oint_{\partial\Delta_\delta} f(z)dz\right| < \varepsilon(b-a)+4M\delta$$

となるから $\varepsilon\to 0$ とすれば $\oint_{\partial\Delta} f(z)dz = 0$ が得られる．

(b) の場合は，先の証明では別扱いの必要は無かったが，今回は内部に近似積分弧を厳密に定義するのは面倒なので，左端を尖点から十分小さい $\delta>0$ だけ離れた縦線で切り落せば，それにより生じる線積分の差は $4M\delta$ で抑えられる．残りの部分は更に分割すれば (a) の型のいくつかの部分領域に帰着されるので，それらでの線積分は 0 となるから，最後に $\delta\to 0$ とすればよい．(c) の場合はもちろん何もする必要は無い． □

上記の証明は次のことを意味しています：

補題 3.16 $f(z)$ を $D\cup\partial D$ 上の連続関数とする．$\forall\varepsilon>0$ に対し，D 内に含まれる ∂D の近似折れ線 Z_δ を，∂D の ε-近傍に含まれ，かつその上の f の線積分の値と ∂D 上のそれとの差が $<\varepsilon$ となるように取ることができる．

実際，定理 3.15 の証明で選んだ Δ_δ たちを集めれば，D 内で共有される分割線を消すと，∂D の δ 近傍内にあるこれらの弧を繋いだ近似曲線 C_δ が残ります．C_δ と ∂D で線積分の差は，同定理の証明で示した Δ_δ 一個分の評価のこれらの個数倍で抑えられます．この個数は定数なので，$\delta<\varepsilon$ に選べば，高々 ε の定数倍となります．最後に $C_\delta\subset D$ には補題 3.14 が適用できます．[9]

3.6 以上では，線積分の曲線を領域から出発してその境界としてきましたが，閉曲線の方から出発した方が書きやすいこともあります．そこでよく使われるのが定義 3.1 で導入した単純閉曲線です．これについては次の有名な定理が有ります：

[9] 折れ線の繋ぎ目をなるべくもとの境界上に置こうとすると構成は面倒になります．

Jordan の曲線定理　単純閉曲線 C は平面 $\boldsymbol{C}$ を 2 個の領域に分割する．そのうち一つは有界で C の内部と呼ばれる．他方は非有界で，C の外部と呼ばれる．

この定理の故に単純閉曲線のことを **Jordan 曲線**とも言います．また，単純閉曲線が囲む有界領域は **Jordan 領域**と呼ばれます．この定理の主張は当たり前のように見えますが，証明は長いので，大概の関数論の教科書と同様，本書でも省略します．気になる人は [13], 定理 7.16 などを見てください．なお，1 本の単純閉曲線で囲まれた領域が存在することを仮定すれば，それが単連結なことは自明です．実際，穴が有ったらその境界が境界の別の連結成分となってしまい，仮定に反するからです．

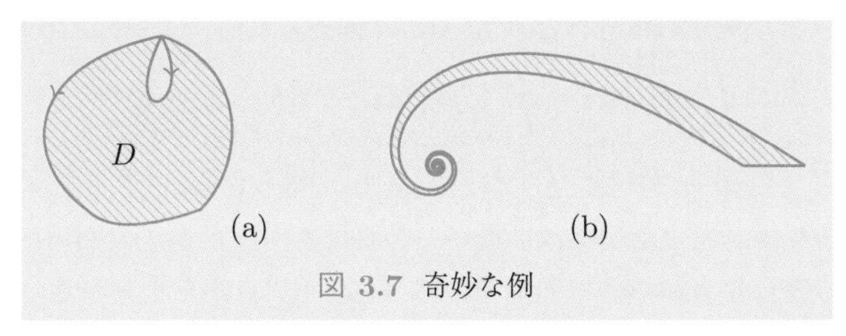

図 **3.7**　奇妙な例

さて，我々は Green の定理で領域 Ω の境界が区分的に滑らかな単純閉曲線のいくつかから成ることを仮定してきました．単純でなくなると，例えば図 3.7 (a) のようなものが含まれるようになります．実はこんな領域でも境界の辿り方を間違えなければ Green の定理は成り立ちますし，更には図 3.5 のような例だって有るので，Green の定理が成り立つためには，単純閉曲線で囲まれていることは必ずしも必要条件ではありません．しかし，予期せぬ面倒を避けるためこういう奇妙な例は必要になったとき例外扱いで処理することにして，最初から境界は単純閉曲線と仮定しました．なお問 3.3-4 で境界にどのような条件を課せば単純閉曲線になるか調べてもらいます．

ちなみに，“区分的に滑らか” の定義から接線の長さが 0 にならないという仮定を除くと，更に図 3.7 (b) のような例が生じます[10]．一般の単純閉曲線はこれよりもっと複雑な訳です[11]．平面で位相の一般論をやると泥沼にはまる（雑なことを言うとすぐに反例が挙がる）ので，一般的扱いはある程度限られたきれいなものにし，それに収まらない例を応用で扱う必要が生じたら，個別に対処するのが安全です．

問 **3.3-4**　領域 Ω の境界が連結で，かつ次のいずれかの条件を満たすならば，$\partial\Omega$ は単純閉曲線となっていることを示せ．

(1) 境界上の任意の点 $\alpha \in \partial\Omega$ に対して $\varepsilon > 0$ を十分小さく選べば，$\partial\Omega \cap B_\varepsilon(\alpha)$

---

[10] 潰れて見えなくなるので最後までは描いていませんが，渦は原点に収束しています．この例は一回転ごとに半径を $O(r^{3/2})$ のオーダーで縮小させているので，原点で C^1 級ではありませんが，長さを持つ曲線になっています．半径の縮小速度を $O(e^{-1/r})$ に速めれば，C^∞ 級にすることすら可能ですが，原点では接ベクトルの長さはもちろん 0 になります．

[11] お茶の水女子大学の同僚，吉田裕亮教授が著者の定年後に関数論の講義で黒板に描いた単純閉曲線の例の見事な図を，受講していたふみなしさんが撮影したものが，お二人の許可を頂いてサポートページ 💻 に載せてありますのでご鑑賞ください．

が滑らかな曲線弧か，あるいは繋ぎ目以外で交わらない二つの滑らかな曲線弧を繋げたものとなっている．

(2) 境界上の任意の点 $\alpha \in \partial\Omega$ に対して $\varepsilon > 0$ を十分小さく選べば，$\partial\Omega \cap B_\varepsilon(\alpha)$ が座標を適当に回転すれば連続関数のグラフとなっている．

3.4 Cauchy の積分定理の古典的な証明法*

ここで参考のために，Cauchy の定理を正則関数の古典的な定義 2.16 だけから導く方法を紹介しておきます．

参考定理 3.17 $f(z)$ は領域 Ω の各点で定義 2.16 の意味で正則とする．また D は Ω の部分領域で ∂D は Ω 内の有限個の長さを持つ単純閉曲線より成るとする．このとき Cauchy の積分定理 $\int_{\partial D} f(z)dz = 0$ が成り立つ．

証明 前節の冒頭で注意したように，一般の長さを持つ閉曲線は折れ線でいくらでも近似でき，線積分の値も近似折れ線上のそれで近似できるので，最初から D は Ω 内の折れ線を境界に持つ多角形として一般性を失わない．更に，多角形は三角形に分割でき，かつ Green の定理の証明の第 2 段で述べたように，それらの三角形の周上の線積分の和がもとの多角形の周上での線積分を与えるので，$f(z)$ が正則な領域内に含まれる任意の三角形 Δ に対して Cauchy の積分定理を示せば十分である．以下の記述を簡単にするため，三角形の記号はその周も込めたものを表すことにする．今，Δ の各辺の中点を結んで 4 個の相似な三角形 Δ_{j_1}, $j_1 = 0, 1, 2, 3$ を作る[12]．

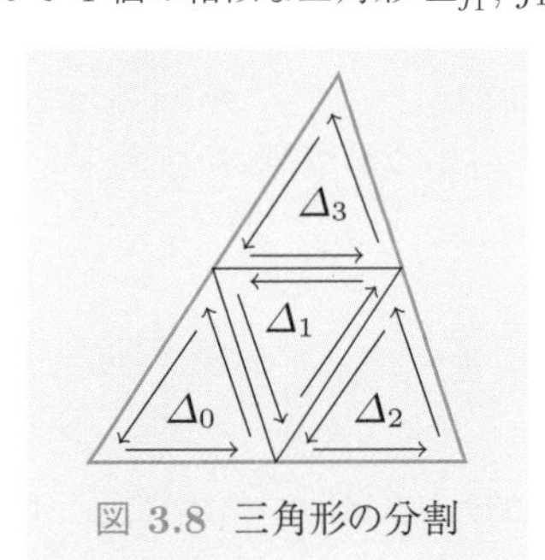

図 3.8 三角形の分割

次にこの各々を同様に 4 個の三角形 $\Delta_{j_1 j_2}$, $j_2 = 0, 1, 2, 3$ に分け，以下同様にこの操作を続ける．一回の操作で得られる新しい三角形の辺長は，その前のものの 1/2 になり，三角形の個数は 4 倍になるので，この操作を n 回続けたとき辺長は $1/2^n$ になり，三角形の総数は 4^n 個になる．今，$n = 1$ から始めて，Δ_{j_1} の中で $\left|\oint_{\partial\Delta_{j_1}} f(z)dz\right|$ が最大のものの番号を $\bar{j}_1$ と置き，これを分割して得られる三角形

[12] 分割と言っても良いでしょうが，境界線はそれに接する三角形のどちらにも属すると考えるので，真の集合の分割ではありません．

$\Delta_{\partial\overline{j}_1 j_2}$, $j_2 = 0, 1, 2, 3$ の中で $\left|\oint_{\partial\Delta_{\overline{j}_1 j_2}} f(z)dz\right|$ が最大のものの番号を $\overline{j}_2$ と置く．以下同様にして $\overline{j}_n$, $n = 3, 4, \ldots$ を定める．このとき

$$\begin{aligned}\left|\oint_{\partial\Delta} f(z)dz\right| &= \left|\sum_{j_1=0}^{3}\oint_{\partial\Delta_{j_1}} f(z)dz\right| \leq \sum_{j_1=0}^{3}\left|\oint_{\partial\Delta_{j_1}} f(z)dz\right| \\ &\leq 4\left|\oint_{\partial\Delta_{\overline{j}_1}} f(z)dz\right| = 4\left|\sum_{j_2=0}^{3}\oint_{\partial\Delta_{\overline{j}_1 j_2}} f(z)dz\right| \leq 4\sum_{j_2=0}^{3}\left|\oint_{\partial\Delta_{\overline{j}_1 j_2}} f(z)dz\right| \\ &\leq 4^2\left|\oint_{\partial\Delta_{\overline{j}_1\overline{j}_2}} f(z)dz\right| \leq \cdots \leq 4^n\left|\oint_{\partial\Delta_{\overline{j}_1\overline{j}_2\cdots\overline{j}_n}} f(z)dz\right| \leq \cdots\end{aligned}$$

となる．三角形の列 $\Delta_{\overline{j}_1\overline{j}_2\cdots\overline{j}_n}$ は包含関係について縮小列を成し，かつ直径が 0 に収束するので，実 1 次元の区間縮小法と同様，n をすべて動かすと全体に共通なただ 1 点が定まる．（これは各三角形の左下の頂点 $z_{\overline{j}_1\overline{j}_2\cdots\overline{j}_n}$ の座標が上に有界な単調増加列を成し，その極限として求まる．）この点を z_0 とすると，そこで $f(z)$ が定義 2.16 の意味で複素微分可能なことから $\forall\varepsilon > 0$ に対し $\exists\delta > 0$ s.t. $|\Delta z| < \delta$ なら

$$f(z_0 + \Delta z) = f(z_0) + f'(z_0)\Delta z + \rho(\Delta z), \quad |\rho(\Delta z)| < \varepsilon|\Delta z| \tag{3.28}$$

が成り立つ．今，もとの三角形の最大辺長を L とし，ε を任意に選んで，それに対応する δ に対して $\frac{L}{2^n} < \delta$ となるように n を十分大きく取り，このとき得られる $\Delta_{\overline{j}_1\overline{j}_2\cdots\overline{j}_n}$ を $\Delta_{(n)}$ と略記しよう．上の評価から

$$\left|\oint_{\partial\Delta} f(z)dz\right| \leq 4^n\left|\oint_{\partial\Delta_{(n)}} f(z)dz\right|$$

となっているが，ここで三角形 $\Delta_{(n)}$ は z_0 を中心とする半径 $L/2^n$ の円内に収まっているから，その辺上の点では (3.28) が使え，従って

$$\oint_{\partial\Delta_{(n)}} f(z)dz - \oint_{\partial\Delta_{(n)}} f(z_0)dz + \oint_{\partial\Delta_{(n)}} f'(z_0)(z - z_0)dz + \oint_{\partial\Delta_{(n)}} \rho(z - z_0)dz$$

となる．この右辺の最後の項は

$$\leq \oint_{\partial\Delta_{(n)}} |\rho(z - z_0)||dz| \leq \frac{L}{2^n}\varepsilon \cdot \frac{3L}{2^n} = \frac{3L^2}{4^n}\varepsilon$$

で抑えられる．残りの 2 項は，線積分の定義に戻って計算すれば，$\oint_{\partial\Delta_{(n)}} dz = \oint_{\partial\Delta_{(n)}} zdz = 0$ となることから消失する（問 3.3-1 参照）．よって以上をまとめると

$$\left|\oint_{\partial\Delta} f(z)dz\right| < 4^n\frac{3L^2}{4^n}\varepsilon = 3L^2\varepsilon$$

という評価式が得られたが，$\varepsilon > 0$ は任意に選べ，それ以外は定数なので，これは $\oint_{\partial\Delta} f(z)dz = 0$ を意味する． □

この巧妙な証明法は Goursat によるものですが，彼以前の証明は $f'(z)$ の連続性を仮定していたので，実は定義 2.16 だけでは 19 世紀の古典的関数論は展開できなかったのです！

第4章

Cauchy の積分公式と正則関数の特徴付け

Cauchy の積分定理から導かれる結果の中で，最も重要なのが Cauchy の積分公式です．この公式の導出とその応用として正則関数の Taylor 展開等を導き，最後に正則関数を特徴づけるさまざまな性質を総まとめします．

4.1 Cauchy の積分公式

【円に関する Cauchy の積分公式】 $f(z)$ は円 $D=\{|z-\alpha|<R\}$ とその境界 $C=\{|z-\alpha|=R\}$ の近傍で正則とします．このとき，D 内に点 z を任意に選び，それを中心とする半径 ε の微小閉円板 Δ_ε を D からくり抜いた領域 $D\setminus\Delta_\varepsilon$（下図の斜線部）で，$\zeta$ の関数 $\frac{f(\zeta)}{\zeta-z}$ は正則となるので，Cauchy の積分定理 3.5 により

$$0=\int_{\partial(D\setminus\Delta_\varepsilon)}\frac{f(\zeta)}{\zeta-z}d\zeta=\oint_C\frac{f(\zeta)}{\zeta-z}d\zeta-\oint_{|\zeta-z|=\varepsilon}\frac{f(\zeta)}{\zeta-z}d\zeta.$$

最後の線積分は円周 $|\zeta-z|=\varepsilon$ に通常の正の向きが与えられているものとして全体の符号をマイナスにしています．ここで，

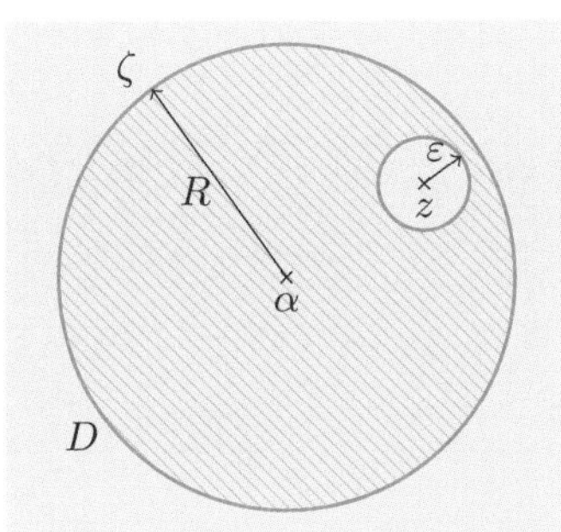

図 4.1　定理 4.1 導出の説明図

$$\oint_{|\zeta-z|=\varepsilon}\frac{f(\zeta)}{\zeta-z}d\zeta=\oint_{|\zeta-z|=\varepsilon}\frac{f(\zeta)-f(z)}{\zeta-z}d\zeta+\oint_{|\zeta-z|=\varepsilon}\frac{f(z)}{\zeta-z}d\zeta$$

において，右辺の第 1 項は (2.42) から分かるように被積分関数が有界なので $\varepsilon\to 0$ のとき，円周の長さ $O(\varepsilon)$ の速さで 0 に近づきます．また第 2 項は例題 2.1-2 の計算から $=2\pi i f(z)$ となるので，最初の式で $\varepsilon\to 0$ とすれば

$$0=\oint_C\frac{f(\zeta)}{\zeta-z}d\zeta-2\pi i f(z)$$

が得られます．こうして次の定理が導かれました：

定理 4.1 **(円に対する Cauchy の積分公式)** $f(z)$ は円板 D とその境界 C の近傍で正則とするとき，$\forall z\in D$ に対して，

$$f(z)=\frac{1}{2\pi i}\oint_C\frac{f(\zeta)}{\zeta-z}d\zeta. \tag{4.1}$$

(4.1) 式は，z の勝手な正則関数が $\frac{1}{\zeta-z}$ という極めて簡単な有理関数のパラメータ ζ に関する積分による重ね合わせで得られることを意味しています．つまり，この有理関数を調べれば一般の正則関数についてかなりのことが分かるだろうと期待されます．以下では実際に (4.1) から関数論の基本的結果のほとんどが導かれることが示されます．まずは次の重要な結果から見ていきましょう：

定理 4.2 **(Goursat(グールサー) の定理)** 正則関数の導関数は再び正則関数となる．従って正則関数は何回でも微分可能である．(4.1) の導関数は次式で与えられる：

$$f'(z)=\frac{\partial}{\partial z}\left(\frac{1}{2\pi i}\oint_C\frac{f(\zeta)}{\zeta-z}d\zeta\right)=\frac{1}{2\pi i}\oint_C\frac{f(\zeta)}{(\zeta-z)^2}d\zeta. \tag{4.2}$$

実際，ζ を止めたとき $\frac{f(\zeta)}{\zeta-z}$ が z の正則関数となることは第 2 章で既に見ました．その導関数も差分商の $\Delta z\to 0$ のときの極限

$$\frac{1}{\Delta z}\left\{\frac{f(\zeta)}{\zeta-(z+\Delta z)}-\frac{f(\zeta)}{\zeta-z}\right\}\to\frac{f(\zeta)}{(\zeta-z)^2} \tag{4.3}$$

で計算できることを知っています．ここではこれを ζ について C 上で積分したものの収束が求められているのですが，一般的原理として，収束が ζ について C 上一様であれば，極限と積分の順序が交換できることを微積分で習いま

した．複素微分になっても大丈夫なことは第 2 章の補題 2.25 で検討済みです．しかし，せっかく最初は易しくしようと円周に限定して議論を始めたので，この証明は具体的計算で示すことにしましょう．

証明 $\frac{1}{\zeta - z}$ の差分商とその極限 $\frac{1}{(\zeta - z)^2}$ との差を取ると，

$$\begin{aligned}
&\frac{1}{\Delta z}\left\{\frac{1}{\zeta - (z + \Delta z)} - \frac{1}{\zeta - z}\right\} - \frac{1}{(\zeta - z)^2} \\
&= \frac{1}{\Delta z}\frac{\zeta - z - (\zeta - z - \Delta z)}{(\zeta - z - \Delta z)(\zeta - z)} - \frac{1}{(\zeta - z)^2} \\
&= \frac{1}{(\zeta - z - \Delta z)(\zeta - z)} - \frac{1}{(\zeta - z)^2} \\
&= \frac{\zeta - z - (\zeta - z - \Delta z)}{(\zeta - z - \Delta z)(\zeta - z)^2} = \frac{\Delta z}{(\zeta - z - \Delta z)(\zeta - z)^2}.
\end{aligned}$$

今，$|z - \alpha| \leq r < R$ とし，$0 < \varepsilon < R - r$ に選んで微小増分を $|\Delta z| < \varepsilon$ に取れば，$|\zeta - z| = |(\zeta - \alpha) - (z - \alpha)| \geq R - r$ に注意すると，最後の量は

$$\left|\frac{\Delta z}{(\zeta - z - \Delta z)(\zeta - z)^2}\right| \leq \frac{|\Delta z|}{(R - r - \varepsilon)(R - r)^2}$$

と評価される．今，定理 2.21 (1) により C 上で $|f(\zeta)| \leq M$ とすれば，

$$\begin{aligned}
&\left|\oint_C \frac{1}{\Delta z}\left\{\frac{f(\zeta)}{\zeta - (z + \Delta z)} - \frac{f(\zeta)}{\zeta - z}\right\}d\zeta - \oint_C \frac{f(\zeta)}{(\zeta - z)^2}d\zeta\right| \\
&\leq \oint_C \left|\frac{1}{\Delta z}\left\{\frac{f(\zeta)}{\zeta - (z + \Delta z)} - \frac{f(\zeta)}{\zeta - z}\right\} - \frac{f(\zeta)}{(\zeta - z)^2}\right||d\zeta| \\
&\leq \oint_C \frac{M|\Delta z|}{(R - r - \varepsilon)(R - r)^2}|d\zeta| = \frac{2\pi RM}{(R - r - \varepsilon)(R - r)^2}|\Delta z|
\end{aligned}$$

となる．ここで $\Delta z \to 0$ とすれば (4.2) が得られる．

$f'(z)$ が正則関数であることを示すには，同じような計算を (4.2) の右辺の積分について行えばよい．これは練習問題としておく． □

4.1 上の証明は $f(z)$ は C 上で単に連続なだけで (4.1) の右辺の積分で表されるような z の関数が正則になり，その複素微分が (4.2) の右辺の形となることを示しています．実際，$f(z)$ が正則なことを使う必要があるのは (4.1), (4.2) がそれぞれ $f(z)$ および $f'(z)$ に等しいというところだけです．このことは後で一般に論じますが，取り敢えず定理 4.5 の証明でこの事実を使うので，覚えておいてください．

問 4.1-1 (4.2) の右辺が z について複素微分可能で，その結果が次で与えられるこ

とを示せ：

$$\frac{\partial}{\partial z}\left(\frac{1}{2\pi i}\oint_C \frac{f(\zeta)}{(\zeta-z)^2}d\zeta\right)=\frac{2}{2\pi i}\oint_C \frac{f(\zeta)}{(\zeta-z)^3}.$$

(4.2) を積分記号下で更に微分すると，同様の計算と正当化で高階微分に対する次のような表現が得られます．しかしこんな計算をこれ以上続けるのはいやでしょうから，以後は一般論で片付けることにしましょう．

系 4.3 定理 4.1 と同じ仮定の下で

$$f^{(n)}(z)=\frac{n!}{2\pi i}\oint_C \frac{f(\zeta)}{(\zeta-z)^{n+1}}d\zeta. \tag{4.4}$$

証明 (4.1) の被積分関数の逐次複素微分が $\frac{\partial^n}{\partial z^n}\frac{f(\zeta)}{\zeta-z}=\frac{n!f(\zeta)}{(\zeta-z)^{n+1}}$, $n=1,2,\ldots$ となることは補題 2.19 を用いて数学的帰納法で示せる．この計算は微積分と同様なので省略する．結果は明らかに z の正則関数で，かつ $|z-\alpha|\le r<R$ とするとき，z と $\zeta\in C$ について連続なので，補題 2.25 により積分記号下での複素微分が正当化される．　□

(4.4) で $z=\alpha$ とすれば，ある決まった点での逐次微分係数が

$$f^{(n)}(\alpha)=\frac{n!}{2\pi i}\oint_C \frac{f(\zeta)}{(\zeta-\alpha)^{n+1}}d\zeta \tag{4.5}$$

という積分で与えられることが分かります．これから導関数に対する次のような評価が得られます：

系 4.4 閉円板 $|z-\alpha|\le R$ が $f(z)$ の正則な領域に含まれるとき，

$$|f^{(n)}(\alpha)|\le\frac{n!}{R^n}\max_{|\zeta-\alpha|=R}|f(\zeta)|. \tag{4.6}$$

実際，上の高次導関数の表現から

$$|f^{(n)}(\alpha)|\le\frac{n!}{2\pi}\max_{|\zeta-\alpha|=R}|f(\zeta)|\frac{1}{R^{n+1}}2\pi R=\frac{n!}{R^n}\max_{|\zeta-\alpha|=R}|f(\zeta)|.$$

4.2 このように，導関数の大きさがもとの関数の大きさで評価できるという現象は普通の可微分関数では有り得ないことで，これも正則関数が満たす Cauchy-Riemann

の偏微分方程式が楕円型であることの一つの現れです．同じ主旨の主張として後にもう一つ，正則関数の関数の値をその積分の値で評価する結果を系 5.9 で紹介します．一般の関数に対しては，積分値を最大値で抑えることはできても，逆は一般にはできないので，これも正則関数の特殊性と言えるでしょう．

Cauchy の積分公式はすこぶる強力で，これから関数論のいろんな定理が導かれますが，大きなものは節や章を改めて論ずるとして，取り敢えず単発的にいくつか紹介しましょう．

定理 4.5 領域 Ω の正則関数列 $f_n(z)$ が Ω で広義一様収束すれば，極限 $f(z)$ も Ω で正則となる．

証明 f_n は正則なので，Ω 内の任意の点 α を中心として Ω 内に含まれる半径 R の円板 $C : |\zeta - \alpha| = R$ を選ぶと，Cauchy の積分公式により

$$f_n(z) = \frac{1}{2\pi i}\oint_C \frac{f_n(\zeta)}{\zeta - z}d\zeta \tag{4.7}$$

と書ける．仮定により C 上一様に $f_n(\zeta) \to f(\zeta)$ なので，定理 2.23 により $f(\zeta)$ はそこで連続となるのみならず，定理 2.24 (1) の 1 次元積分版により (4.7) の右辺の積分は（固定した z について）極限と順序交換できる．よって

$$f(z) = \frac{1}{2\pi i}\oint_C \frac{f(\zeta)}{\zeta - z}d\zeta \tag{4.8}$$

が得られる．これを直接示すなら，$|z| \leq r < R$ とするとき，広義一様収束の仮定からコンパクト集合 C 上で $\forall\varepsilon > 0$ に対し $\exists n_\varepsilon$ s.t. $\forall\zeta \in C$ に対し $n \geq n_\varepsilon$ $\Longrightarrow |f_n(\zeta) - f(\zeta)| < \varepsilon$ となることから

$$\begin{aligned}
&\left|\frac{1}{2\pi i}\oint_C \frac{f_n(\zeta)}{\zeta - z}d\zeta - \frac{1}{2\pi i}\oint_C \frac{f(\zeta)}{\zeta - z}d\zeta\right| \\
&\leq \frac{1}{2\pi}\oint_C \frac{|f_n(\zeta) - f(\zeta)|}{|\zeta - z|}|d\zeta| \leq \frac{1}{2\pi}\frac{\varepsilon}{R - r}2\pi R = \frac{R}{R - r}\varepsilon.
\end{aligned}$$

これから (4.7) の右辺の (4.8) の右辺への収束が分かる．後者の表現は 4.1 で注意したように $|z - \alpha| < r$ で正則となるから，それに等しい $f(z)$ も同じところで正則となる．$\alpha \in \Omega$ は任意なので，定理が示された． □

定理 4.5 と同様に Cauchy の積分公式から導かれる極限定理をもう一つ紹

介しておきましょう．実の関数に対する対応した主張である Weierstrass の定理と比較すると，その簡単さに感動しますね．

補題 4.6 $f_n(z)$ は領域 Ω で正則で，Ω で $f(z)$ に広義一様収束しているとする．このとき $f_n'(z)$ も Ω で $f'(z)$ に広義一様収束する．

証明 極限関数 $f(z)$ が正則になることは既に定理 4.5 で示されているので，これらが満たす Cauchy の積分公式を微分した表現である定理 4.2 の公式 (4.2) が使える．$\{|z-\alpha| \le R\} \subset \Omega$ とし，$|z-\alpha| \le r < R$ として

$$f_n'(z) = \frac{1}{2\pi i}\oint_{|\zeta-\alpha|=R} \frac{f_n(\zeta)}{(\zeta-z)^2}d\zeta, \quad f'(z) = \frac{1}{2\pi i}\oint_{|\zeta-\alpha|=R} \frac{f(\zeta)}{(\zeta-z)^2}d\zeta.$$

これから定理 2.24 (1) により結論が従う．直接示すなら，両者の差を取ると，

$$\begin{aligned} |f_n'(z) - f'(z)| &\le \frac{1}{2\pi}\oint_{|\zeta-\alpha|=R} \frac{|f_n(\zeta)-f(\zeta)|}{|\zeta-z|^2}|d\zeta| \\ &\le \frac{1}{2\pi}\frac{2\pi R}{(R-r)^2}\max_{|\zeta-\alpha|=R}|f_n(\zeta)-f(\zeta)|. \end{aligned}$$

仮定から $f_n(\zeta)$ は $f(\zeta)$ に $|\zeta-\alpha| = R$ 上一様収束するので，最後の量は 0 に収束する．よって $f_n'(z)$ は $f'(z)$ に $|z-\alpha| \le r$ で一様収束することが分かった．$\alpha \in \Omega$ は任意なので，これで補題が示された． □

定理 4.7 （**Liouville**（リュービル） **の定理**） $f(z)$ は全複素平面で正則で，かつ有界とする．このとき $f(z)$ は定数である．

証明 $\alpha \in \boldsymbol{C}$ を一つ固定し，$z \in \boldsymbol{C}$ を任意に選ぶ．これら 2 点を含む円 $|\zeta| = R$ を取って Cauchy の積分定理を適用し，それらの差を取ると

$$f(z) - f(\alpha) = \frac{1}{2\pi i}\oint_{|\zeta|=R}\left(\frac{f(\zeta)}{\zeta-z} - \frac{f(\zeta)}{\zeta-\alpha}\right)d\zeta.$$

従って $|f(\zeta)| \le M$ とすれば，三角不等式 $|\zeta-z| \ge |\zeta|-|z| = R-|z|$ 等より

$$\begin{aligned} |f(z) - f(\alpha)| &\le \frac{1}{2\pi}\oint_{|\zeta|=R}\left|\frac{z-\alpha}{(\zeta-z)(\zeta-\alpha)}\right|M|d\zeta| \\ &\le \frac{1}{2\pi}\frac{|z-\alpha|}{(R-|z|)(R-|\alpha|)}M \times 2\pi R. \end{aligned}$$

この最右辺は $R \to \infty$ のとき $O\left(\frac{1}{R}\right)$ で 0 に近づくから，$|f(z) - f(\alpha)| = 0$.

よって $f(z)$ は定数 $f(\alpha)$ に等しい. □

全複素平面で正則な関数は**整関数** (entire function) と呼ばれます. この言葉を使うと, Liouville の定理は "有界な整関数は定数である" と述べられます.

【一般の曲線に対する Cauchy の積分公式】 Cauchy の積分公式 (4.1) の導出法の核心は, D の境界と内部でくり抜いた微小円の周で挟まれた領域で Cauchy の積分定理が成り立っているという点なので, 前章の定理 3.15 を見れば実は次の形で成り立つことも分かります.

系 4.8 (**Cauchy の積分公式の拡張**) $f(z)$ は領域 D の内部で正則, かつ D の境界 C も込めて連続とする. C が区分的に滑らかな (あるいはより一般に長さを持つ)[1]有限個の単純閉曲線より成るならば, 次が成り立つ:

$$f(z) = \frac{1}{2\pi i}\oint_{\partial D}\frac{f(\zeta)}{\zeta - z}d\zeta. \tag{4.9}$$

パラメータを含む正則関数のパラメータに関する線積分が正則関数となることはしばしば使われるので, ここで補題としてまとめておきましょう.

補題 4.9 D は領域で, C は長さを持つ曲線とする. $f(z,\zeta)$ が $z \in D, \zeta \in C$ について $D \times C$ 上連続, かつ ζ を固定したとき z については正則で, 複素微分 $\frac{\partial f}{\partial z}(z,\zeta)$ も $D \times C$ で連続なら,

$$\int_C f(z,\zeta)d\zeta \tag{4.10}$$

は $z \in D$ の正則関数となり, その導関数は積分記号下で z につき複素微分した次のもので与えられる:

$$\int_C \frac{\partial f}{\partial z}(z,\zeta)d\zeta.$$

この主張は, C が区分的に滑らかな曲線弧から成るときは, その要素である滑らかな曲線弧の各々に補題 2.25 を適用すれば得られます. C が長さを持つだけの場合は, 曲線弧のパラメータで書き直すと Stieltjes 積分になってしまい, 補題 2.25 ではカバーできませんが, 円の場合に行った初等的な計算法はこの

---

[1] 長さを持つ曲線に対する Cauchy の積分定理の拡張は証明が第 8 章まで保留中なので, 論理の繋がりが気になる読者のためそれまではこのような回りくどい表現を用います.

場合にも通用するので，定理 3.11 の評価 (3.26) を使えば同様に証明できます (問 4.1-2 参照)．ここでは，長さを持つ曲線弧に対する新しい直接証明法を紹介しましょう．

証明　近似和

$$\sum_{j=1}^{N} f(z,\zeta_{j-1})(\zeta_j-\zeta_{j-1})$$

は z の正則関数の有限和なので正則である．z がコンパクト集合 $K \subset D$ に制限されたとき，これは $f(z,\zeta)$ の連続性の仮定と補題 3.12 により分割を細かくすれば線積分 (4.10) に $z \in K$ について一様に収束する．よって定理 4.5 により線積分は正則で，かつ補題 4.6 により導関数の収束も従う．　□

4.3　上の補題から，特に，$C=\partial D$ で $f(\zeta)$ が $\zeta \in C$ の連続関数なら，

$$g(z) := \frac{1}{2\pi i}\oint_C \frac{f(\zeta)}{\zeta - z}d\zeta \tag{4.11}$$

は D で正則となり，その導関数は次で与えられることが分かります：

$$g'(z) = \frac{1}{2\pi i}\oint_C \frac{f(\zeta)}{(\zeta - z)^2}d\zeta. \tag{4.12}$$

ここで (4.11) の左辺に f を使わず別の記号 g を使ったのは次のような理由からです：f として D の内部で正則な関数の境界値にはなっていない，C 上の勝手な連続関数を取ってこの積分を作ると，内部で得られる正則関数 $g(z)$ は一般には周上で f と一致しません．実は z を D の外部で動かしたときにも (4.11) の右辺はそこで正則な関数を与え，それを g から引けばある種の極限として C 上に $f(z)$ が復活します．$f(z)$ が D の内部で正則な関数の境界値となっているときは，z が D の外部にあるとき積分 (4.11) は Cauchy の積分定理（の拡張）により 0 となるので，外からの分を引かなくても D の内部からの境界値だけで f が復活するという特別な状況になっているのです．これに関連した話題としては問 6.1-8 などを参照してください．

問 4.1-2　$\frac{f(z+\Delta z,\zeta)-f(z,\zeta)}{\Delta z}$ が $\Delta z \to 0$ のとき $\zeta \in C$ について一様に $\frac{\partial f}{\partial z}(z,\zeta)$ に収束することを示して補題 4.9 を証明せよ．［ヒント：問 2.4-2 (2) を用いよ．］

問 4.1-3　$f'(z)$ を表す二つの表現 $\frac{1}{2\pi i}\oint_C \frac{f(\zeta)}{(\zeta-z)^2}d\zeta$ と $\frac{1}{2\pi i}\oint_C \frac{f'(\zeta)}{\zeta-z}d\zeta$ の関係を述べよ．

4.2　Taylor 展開

正則関数はしばしば解析関数とも称されます．そして（実変数の場合も含め）

解析関数の定義は，それが“収束する Taylor 展開で表される”ことでした.

【Taylor 展開】 $f(z)$ が正則な領域内に含まれる閉円板 $|z-\alpha| \le R$ を取り，この境界である円周 $C: |z-\alpha| = R$ に対して Cauchy の積分公式を用いると，$|z-\alpha| \le r < R$ のとき，

$$f(z) = \frac{1}{2\pi i}\oint_{|\zeta-\alpha|=R} \frac{f(\zeta)}{\zeta - z} d\zeta = \frac{1}{2\pi i}\oint_{|\zeta-\alpha|=R} \frac{f(\zeta)}{\zeta-\alpha}\frac{1}{1-\frac{z-\alpha}{\zeta-\alpha}} d\zeta \tag{4.13}$$

$$= \frac{1}{2\pi i}\oint_{|\zeta-\alpha|=R} \frac{f(\zeta)}{\zeta-\alpha}\sum_{n=0}^{\infty}\left(\frac{z-\alpha}{\zeta-\alpha}\right)^n d\zeta$$

$$= \frac{1}{2\pi i}\sum_{n=0}^{\infty}(z-\alpha)^n \oint_{|\zeta-\alpha|=R} \frac{f(\zeta)}{(\zeta-\alpha)^{n+1}} d\zeta$$

$$= \sum_{n=0}^{\infty}\frac{f^{(n)}(\alpha)}{n!}(z-\alpha)^n. \qquad \text{((4.5) による.)} \tag{4.14}$$

ここで，無限和と積分の順序交換は，$|z-\alpha| \le r$ のとき $\left|\frac{z-\alpha}{\zeta-\alpha}\right| \le \frac{r}{R} < 1$ より，この級数が $\zeta \in C$ について一様収束することから正当化されます.

得られた級数は微積分で習った Taylor 展開と全く同じ係数を持っていますね．なのでこれを α を中心とする **Taylor 級数**と呼び，またもとの関数の α における **Taylor 展開**と呼ぶことにします．上の公式はまた，微積分で導いた初等関数のいろいろな Taylor 展開の公式が，それらの関数を正則関数とみなしたときそのまま通用することを示しています.（α が実のとき，式 (4.14) 中の逐次微分係数は実軸上で計算したものと等しいことに注意しましょう.）

以上を定理の形にしておきます.

定理 4.10 正則関数 $f(z)$ はその定義域内の任意の点を中心として Taylor 展開できる．α を中心とする Taylor 級数の収束半径は，α を中心とする円板でその内部で $f(z)$ が正則であるような最大のものの半径に等しい.

収束半径は，上の導出過程から，少なくともそこで使われた R より小さくはないことが分かっています．そこでは周も込めて $f(z)$ が正則を仮定していましたが，収束円の定義から，ちょっとでも縮めたところで収束していればよいので，最終的な大きさは円板が f の正則な領域の境界に接してもよいのです．$f(z)$ が正則でない点は一般に f の**特異点**と呼ばれますが，Taylor 展開の

収束円の周上にはそのような点が必ず存在します．そうでなければ f が正則な領域がもう少し広いことになり，収束半径が大きくなるからです[2)]．従って上の定理は，点 α を中心とする f の Taylor 展開の収束半径は α に最も近い f の特異点[3)]までの距離に等しいと言い換えることができます．

後の章では $(z-\alpha)$ の負冪や分数冪の項を持った級数が現れますが，それらと区別してこの非負整数冪だけの級数を $(z-\alpha)$ の**整級数**と呼ぶことがあります．整関数は収束半径が無限大の z の整級数に展開されます．第 1 章で早々と紹介した e^z や $\cos z$, $\sin z$ などの Taylor 展開がその例です[4)]．

例題 4.2-1 α を非負整数ではない複素数とするとき，$f(z)=(1+z)^\alpha$ に対する一般 2 項展開

$$(1+z)^\alpha = 1+\alpha z+\frac{\alpha(\alpha-1)}{2!}z^2+\cdots+\frac{\alpha(\alpha-1)\cdots(\alpha-n+1)}{n!}z^n+\cdots \tag{4.15}$$

を示し，その収束半径とこの等式が有効な範囲を述べよ．ただし，z, α が複素数のときは $(1+z)^\alpha = e^{\alpha\log(1+z)}$ と解釈し，上の展開では $\log(1+z)$ は $z=0$ で $\log 1 = 0$ となる分枝を採用しているものとする．

解答 指数関数と対数関数による示された表現から，合成関数の微分で

$$\frac{d}{dz}(1+z)^\alpha = \frac{d}{dz}e^{\alpha\log(1+z)} = e^{\alpha\log(1+z)}\frac{\alpha}{1+z} = \alpha(1+z)^{\alpha-1}$$

を得るから，帰納法により

$$\frac{d^n}{dz^n}(1+z)^\alpha = \alpha(\alpha-1)\cdots(\alpha-n+1)z^{\alpha-n}$$

が示せる．よって Taylor 展開の係数は公式 (4.14) から

$$\frac{f^{(n)}(0)}{n!} = \frac{\alpha(\alpha-1)\cdots(\alpha-n+1)}{n!}$$

となり，上の展開が得られる．$z=-1$ は特異点だが，それ以外では多価だが

---

2) この言い方はやや不正確ですが，固定した点 α を中心とする円板の半径を大きくしていく場合には曖昧性はありません．

3) 分岐点を含みます．

4) ただし整級数という言葉は収束半径が有限でも使うことに注意しましょう．つまり整の意味が両者で異なります．“整級数” に当たる英語は探しても power series しか出てきません（ドイツ語でも Potenzreihe です）が，フランス語では文字通り série entière と言います．

正則なので，収束半径は 1，展開は $|z| < 1$ で有効である． □

問 4.2-1 次の関数の指定した点を中心とする Taylor 展開を求めよ．
(1) $\sin z$ （$z = i$ を中心として） (2) $\log z$ （$z = i$ を中心に適当な分枝で）．

Taylor 級数は収束円内で広義一様収束してもとの関数を与えます．Taylor 級数の部分和は z の多項式なので，これは任意の正則関数が局所的に多項式の一様収束極限となることを意味します．逆に，z の多項式は最も基本的な正則関数の例として第 2 章で出てきたものなので，それで広義一様に近似される関数は定理 4.5 により正則となります．従って次のような正則関数の特徴付けが得られました：

系 4.11 $f(z)$ が領域 Ω で正則であるためには，Ω の各点において，そのある近傍で $f(z)$ が z のある多項式の列 f_n により一様に近似できること，すなわち多項式の列で $f_n(z) \to f(z)$ が一様収束するようなものが取れることが必要かつ十分である．

4.4 領域 Ω で正則な関数が Ω 全体で多項式により広義一様近似できるかどうかは，より難しい問題です．上で示されたのは，Ω に含まれるある円板の中ではそのような近似列が存在するというだけで，Taylor 展開の部分和で選んだ近似列は別の円板では通用しません．より大域的な多項式近似については第 8 章 8.1 節で再論します．

Taylor 展開の剰余項の評価をしておきましょう．一つの評価は Taylor 展開の導出中の式 (4.13) において，積分核を無限等比級数に展開したところを有限で止めておけば得られます．以下 $C : \{|\zeta - \alpha| = R\}$ として，

$$
\begin{aligned}
f(z) &= \frac{1}{2\pi i}\oint_C \frac{f(\zeta)}{\zeta-\alpha}\frac{1}{1-\frac{z-\alpha}{\zeta-\alpha}}d\zeta \\
&= \frac{1}{2\pi i}\oint_C \frac{f(\zeta)}{\zeta-\alpha}\frac{1-\left(\frac{z-\alpha}{\zeta-\alpha}\right)^{n+1}}{1-\frac{z-\alpha}{\zeta-\alpha}}d\zeta + \frac{1}{2\pi i}\oint_C \frac{f(\zeta)}{\zeta-\alpha}\frac{\left(\frac{z-\alpha}{\zeta-\alpha}\right)^{n+1}}{1-\frac{z-\alpha}{\zeta-\alpha}}d\zeta \\
&= \frac{1}{2\pi i}\oint_C \frac{f(\zeta)}{\zeta-\alpha}\sum_{k=0}^{n}\left(\frac{z-\alpha}{\zeta-\alpha}\right)^k d\zeta + \frac{1}{2\pi i}\oint_C \frac{f(\zeta)}{\zeta-z}\left(\frac{z-\alpha}{\zeta-\alpha}\right)^{n+1}d\zeta \\
&= \sum_{k=0}^{n}\frac{f^{(k)}(\alpha)}{k!}(z-\alpha)^k + \frac{1}{2\pi i}\oint_C \frac{f(\zeta)}{(\zeta-z)(\zeta-\alpha)^{n+1}}d\zeta(z-\alpha)^{n+1}.
\end{aligned}
$$

これより次が得られます．ついでに，微積分における Taylor 展開の積分形剰

余項を適用したものとその評価も並べて挙げておきましょう．

補題 4.12 (1) $f(z)$ の $z=\alpha$ を中心とする Taylor 展開を n 次まで取ったときの**剰余項**は

$$R_{n+1} := \frac{1}{2\pi i}\oint_{|\zeta-\alpha|=R}\frac{f(\zeta)}{(\zeta-z)(\zeta-\alpha)^{n+1}}d\zeta(z-\alpha)^{n+1} \tag{4.16}$$

で与えられる．これは次のように評価される：$|z-\alpha|\le r<R$ において

$$|R_{n+1}| \le \frac{|z-\alpha|^{n+1}}{(R-r)R^n}\max_{|\zeta-\alpha|=R}|f(z)|. \tag{4.17}$$

(2) 剰余項は次のようにも表現される（cf. 問 2.4-2)：

$$R_{n+1} = \frac{(z-\alpha)^{n+1}}{n!}\int_0^1 f^{(n+1)}(\alpha+t(z-\alpha))(1-t)^n dt. \tag{4.18}$$

これは次のような評価を持つ：

$$|R_{n+1}| \le \frac{|z-\alpha|^{(n+1)}}{(n+1)!}\max_{0\le t\le 1}|f^{(n+1)}(\alpha+t(z-\alpha))|. \tag{4.19}$$

問 4.2-2 (1) 上の (4.18), (4.19) を証明せよ．［ヒント：微積分の場合と同様に (2.50) を部分積分し

$$f(z) = f(\alpha)-(z-\alpha)\big[f'(\alpha+t(z-\alpha))(1-t)\big]_0^1+(z-\alpha)^2\int_0^1 f''(\alpha+t(z-\alpha))(1-t)dt$$

と変形する操作を繰り返せ.］

(2) 剰余項の表現 (4.16) から (4.18) を導いてみよ．

(3) 二つの評価 (4.17), (4.19) の優劣を論ぜよ．

4.3 正則関数の定義と特徴付けのまとめ

これまで見てきた正則関数の性質には正則関数を特徴づける，すなわち定義の代わりになり得るものがたくさんあります．そこでここではそのような観点から正則関数の性質の相互の関係をまとめておきます．関数が正則かどうかは局所的な性質です．すなわち，$f(z)$ がある領域 Ω で正則なことは，その各点のある近傍で正則なことと同値です．よって以下では記述を簡単にするため領域を円板に限ってもよいのですが，正則関数の諸性質を探すのにこの表を参照する人がいるかもしれないので，記述は一般の領域にしておきます．

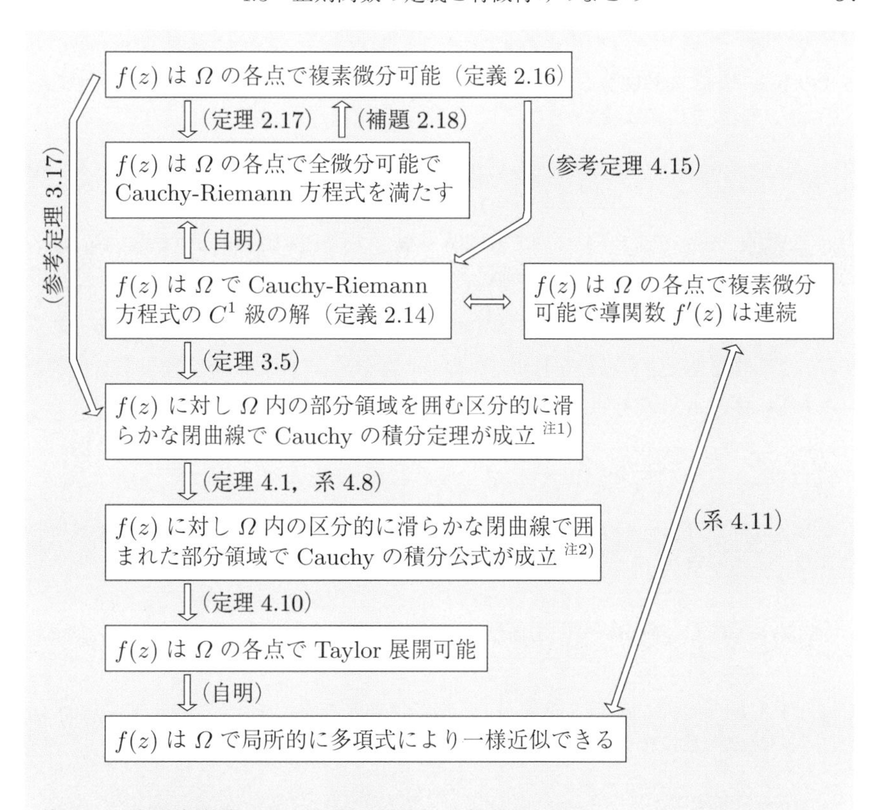

図 4.2　正則性を特徴づける性質の相互関係

【正則関数の二つの定義の同値性】*　さて，保留にしておいた定義 2.14 と定義 2.16 の同値性の証明を与えておきましょう．これは参考定理 3.17 を経由すればもう示されているのですが，せっかく現代的な定義から出発すると宣言したので，この古典的定理に頼らずに，定義 2.16 から定義 2.14 を導いてみましょう．

まずは，領域 Ω 内のコンパクトな台を持つ C^2 級関数の集合 $C_0^2(D)$ を導入します．一般に Ω 上の連続関数 φ の**台**，記号で $\mathrm{supp}\,\varphi$ とは，$\varphi(x,y) \neq 0$ となる点の集合の Ω における**閉包**（すなわち通常の閉包と Ω との共通部分）のことを言います．これは，Ω の開部分集合のうち，そこでは $\varphi(x,y) \equiv 0$ となるようなものの最大のもの（すなわち，そのような開部分集合すべての合併）の Ω における補集合としても定義できます．回りくどいですが，この方が連続でない関数にも通用する定義です．

定義 4.13 領域 $D \subset \boldsymbol{C}$ 上で定義された連続関数 $f(x,y)$ が Cauchy-Riemann 方程式の Schwartz(シュワルツ) の超関数の意味での解であるとは，$\forall\varphi(x,y) \in C_0^2(D)$ について[5)]，次の等式が成り立つことをいう：

$$\iint_D f(x,y)\frac{\partial}{\partial\bar{z}}\varphi(x,y)dxdy = 0. \tag{4.20}$$

補題 4.14 $\forall\varphi \in C_0^2(D)$ について (4.20) を満たす連続関数 $f(x,y)$ は実は Cauchy-Riemann 方程式の C^1 級の解となる．

証明 第 2 章でちょっと紹介した Cauchy-Riemann 作用素 $\dfrac{\partial}{\partial\bar{z}}$ の**基本解** $\dfrac{1}{\pi z}$ を用いる．このままだと部分積分がしづらいので，台を C^2 級に切り落とす関数を用意する．まず，次のような 1 変数関数 $\phi(x)$ は C^1 級であることを確認されたい：

$$\phi(x) = \begin{cases} x^2(1-x)^2, & 0 < x < 1 \text{ のとき}, \\ 0, & \text{その他のとき}. \end{cases}$$

初等的な計算で $\int_{-\infty}^{\infty}\phi(x)dx = \frac{1}{30}$ が確かめられるので，これで割り算して正規化したものの原始関数

$$\chi(x) = 30\int_0^x \phi(t)dt = \begin{cases} 0, & x \leq 0 \text{ のとき}, \\ 10x^3 - 15x^4 + 6x^5, & 0 < x < 1 \text{ のとき}, \\ 1, & x > 1 \text{ のとき} \end{cases} \tag{4.21}$$

を導入すると，これは 0 と 1 を繋ぐ C^2 級の関数となる．また $\psi(x) = 1 - \chi(x)$ は 0 と 1 の位置を逆にする．

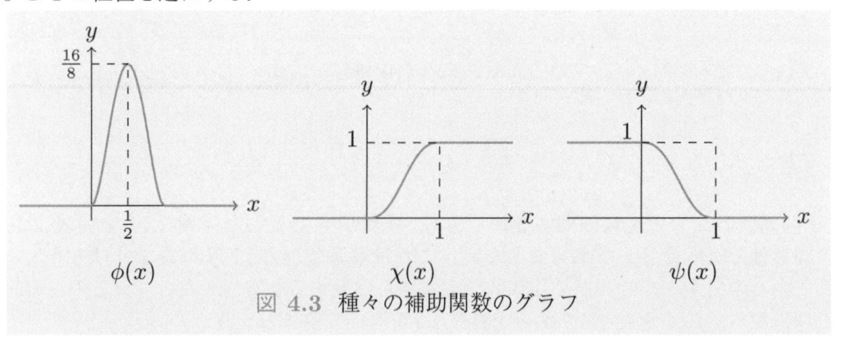

図 4.3 種々の補助関数のグラフ

以下ではこれらの関数を適当に縮尺を変更して用いる．$R > \delta > 0$ に対して，

---

5) 超関数の元来の定義では $C_0^2(D)$ でなく $C_0^\infty(D)$, すなわち，無限回微分可能なコンパクト台の関数を試験関数 φ として用いるのですが，構成がやや面倒なので，ここでは本書の記述に必要最小限の滑らかさに合わせてやさしく作れる $C_0^2(D)$ 級を用いました．$\forall\varphi \in C_0^2(D)$ に対し列 $\varphi_n \in C_0^\infty(D)$ で 2 階以下の導関数が φ のそれに一様収束するものが取れるので，元来の定義での超関数解はこの定義の意味での解となります．なお，この節の議論だけなら C^1 級で記述した方が自然ですが，他の箇所で必要となるので C^2 級にしました．

$$\chi_{R,\delta}(z) := \chi\Big(\frac{|z|-R}{\delta}\Big) \tag{4.22}$$

という関数を作ると，これは $|z| \le R$ で 0, $|z| \ge R+\delta$ で 1, その中間では $0 < \chi_{R,\delta}(z) < 1$ なる値を取る C^2 級の関数となる．（$|z|$ は $z \ne 0$ では C^∞ 級であることに注意.）同様に，

$$\psi_{R,\delta}(z) := \psi\Big(\frac{|z|-R}{\delta}\Big) = 1 - \chi_{R,\delta}(z) \tag{4.23}$$

は $|z| \le R$ で 1, $|z| \ge R+\delta$ で 0, その間で $0 < \psi_{R,\delta}(z) < 1$ なる値を取る．今 $\alpha \in D$ を固定し α を中心とする半径 $R+\delta$ の閉円板は領域 Ω に含まれるとし，上の関数の原点を平行移動して，$|\zeta-\alpha| < R-\delta$ 内を動くパラメータ ζ を含む z の関数

$$\varphi(z;\zeta) = \psi_{R,\delta}(z-\alpha)\chi_{\varepsilon,\varepsilon}(z-\zeta)\frac{1}{\pi(z-\zeta)}$$

を考える（$2\varepsilon < \delta$ とする）．これは Ω 内にコンパクトな台 $\subset \{|z-\alpha| \le R+\delta\}$ を持ち，かつ点 ζ の ε-近傍をカットしたので C_0^2 級となる．故に補題の仮定により

$$0 = \iint_{\boldsymbol{R}^2} f(x,y)\frac{\partial}{\partial\bar{z}}\Big\{\frac{\varphi(z;\zeta)}{\pi(z-\zeta)}\Big\}dxdy \tag{4.24}$$

となる[6)]．ここで，$\varphi(z;\zeta)$ は $|z-\alpha| < R$ かつ $|z-\zeta| > 2\varepsilon$ では恒等的に 1 なので，この部分領域では被積分関数の $\{\ \}$ 内から φ を取り去っても同じで，結局

$$\frac{\partial}{\partial\bar{z}}\frac{\varphi(z;\zeta)}{\pi(z-\zeta)} = \frac{\partial}{\partial\bar{z}}\frac{1}{\pi(z-\zeta)} = 0$$

となる．残りの部分では，それぞれ 1 になる因子を除外すると，結局 (4.24) の右辺は

$$\iint_{|z-\alpha|\ge R} f(x,y)\frac{\frac{\partial}{\partial\bar{z}}\{1-\chi_{R,\delta}(z-\alpha)\}}{\pi(z-\zeta)}dxdy + \iint_{|z-\zeta|\le 2\varepsilon} f(x,y)\frac{\frac{\partial}{\partial\bar{z}}\chi_{\varepsilon,\varepsilon}(z-\zeta)}{\pi(z-\zeta)}dxdy$$
$$= -\iint_{\boldsymbol{R}^2} f(x,y)\frac{\frac{\partial}{\partial\bar{z}}\chi_{R,\delta}(z-\alpha)}{\pi(z-\zeta)}dxdy + \iint_{\boldsymbol{R}^2} f(x,y)\frac{\frac{\partial}{\partial\bar{z}}\chi_{\varepsilon,\varepsilon}(z-\zeta)}{\pi(z-\zeta)}dxdy$$

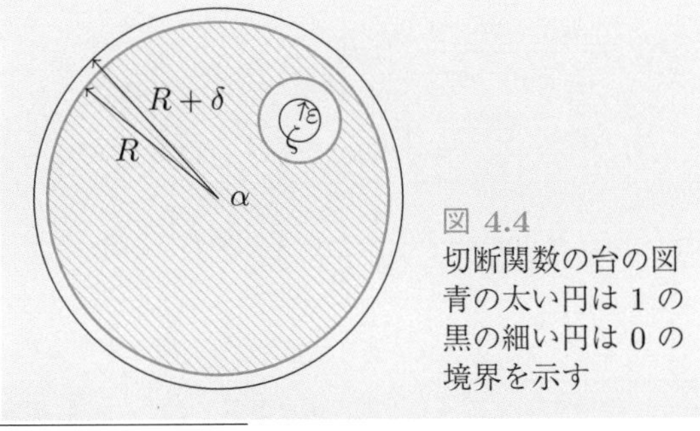

図 4.4
切断関数の台の図
青の太い円は 1 の
黒の細い円は 0 の
境界を示す

6) 重積分の積分領域は $\boldsymbol{R}^2$ でも，被積分関数はコンパクト台なので，実際には有限です．

となり，従って (4.24) と合わせて

$$\iint_{\boldsymbol{R}^2} f(x,y)\frac{\frac{\partial}{\partial \bar{z}}\chi_{\varepsilon,\varepsilon}(z-\zeta)}{\pi(z-\zeta)}dxdy = \iint_{\boldsymbol{R}^2} f(x,y)\frac{\frac{\partial}{\partial \bar{z}}\chi_{R,\delta}(z-\alpha)}{\pi(z-\zeta)}dxdy \tag{4.25}$$

が得られる．この右辺は，$z = x+iy$ に関する連続関数のコンパクトな円環集合 $R \leq |z-\alpha| \leq R+\delta$ 上の積分となり，それは $\zeta = \xi + i\eta$ としたとき，ξ, η に関する偏微分が x, y, ξ, η の連続関数となっているので，第 2 章 2.4 節の定理 2.24 (3) が適用できる．従って右辺は ξ, η で積分記号下で偏微分でき，従って $\frac{\partial}{\partial \bar{\zeta}} = \frac{1}{2}\left(\frac{\partial}{\partial \xi} + i\frac{\partial}{\partial \eta}\right)$ を施すことができるが，その結果は明らかに 0 となる．従ってそれは ζ の正則関数となる．他方，左辺は，

$$= \iint_{\boldsymbol{R}^2} f(\zeta)\frac{\frac{\partial}{\partial \bar{z}}\chi_{\varepsilon,\varepsilon}(z-\zeta)}{\pi(z-\zeta)}dxdy + \iint_{\boldsymbol{R}^2} \{f(z)-f(\zeta)\}\frac{\frac{\partial}{\partial \bar{z}}\chi_{\varepsilon,\varepsilon}(z-\zeta)}{\pi(z-\zeta)}dxdy$$

となる．この第 1 項は，$z = x+iy$ に点 ζ を中心とする極座標を用いると，$z = \zeta + re^{i\theta}$ として，$\chi_{\varepsilon,\varepsilon}(z-\zeta) = \chi(\frac{r-\varepsilon}{\varepsilon})$ となる．問 2.3-5 によれば，Cauchy-Riemann 作用素の極座標表示は

$$\frac{\partial}{\partial \bar{z}} = \frac{e^{i\theta}}{2}\left(\frac{\partial}{\partial r} + \frac{i}{r}\frac{\partial}{\partial \theta}\right)$$

となるので[7)]，

$$\frac{\partial}{\partial \bar{z}}\chi_{\varepsilon,\varepsilon}(z-\zeta) = \frac{e^{i\theta}}{2}\frac{d}{dr}\chi\left(\frac{r-\varepsilon}{\varepsilon}\right) = \frac{e^{i\theta}}{2\varepsilon}\chi'\left(\frac{r-\varepsilon}{\varepsilon}\right)$$

となるから，第 1 項は

$$\begin{aligned}
&= f(\zeta)\int_0^{2\pi}\int_\varepsilon^{2\varepsilon} \frac{\frac{e^{i\theta}}{2}\frac{d}{dr}\chi(\frac{r-\varepsilon}{\varepsilon})}{\pi r e^{i\theta}} r dr d\theta = f(\zeta)\int_0^{2\pi}\int_\varepsilon^{2\varepsilon} \frac{1}{2\pi}\frac{d}{dr}\chi\left(\frac{r-\varepsilon}{\varepsilon}\right)drd\theta \\
&= f(\zeta)\int_0^{2\pi}\frac{1}{2\pi}d\theta\int_\varepsilon^{2\varepsilon}\frac{d}{dr}\chi\left(\frac{r-\varepsilon}{\varepsilon}\right)dr = f(\zeta)\left[\chi\left(\frac{r-\varepsilon}{\varepsilon}\right)\right]_\varepsilon^{2\varepsilon} = f(\zeta)(1-0) \\
&= f(\zeta).
\end{aligned}$$

また第 2 項は，

$$\begin{aligned}
&\left|\iint_{\boldsymbol{R}^2}\{f(z)-f(\zeta)\}\frac{\frac{\partial}{\partial \bar{z}}\chi_{\varepsilon,\varepsilon}(z-\zeta)}{\pi(z-\zeta)}dxdy\right| \\
&\leq \iint_{\boldsymbol{R}^2}|f(z)-f(\zeta)|\frac{\left|\frac{e^{i\theta}}{2\varepsilon}\chi'(\frac{r-\varepsilon}{\varepsilon})\right|}{\pi|z-\zeta|}dxdy = \iint |f(z)-f(\zeta)|\frac{\left|\chi'(\frac{r-\varepsilon}{\varepsilon})\right|}{2\pi r\varepsilon} r dr d\theta \\
&\leq \max_{|z-\zeta|\leq 2\varepsilon}|f(z)-f(\zeta)|\max_{0\leq x\leq 1}|\chi'(x)|\int_0^{2\pi}\frac{1}{2\pi}d\theta\int_\varepsilon^{2\varepsilon}\frac{1}{\varepsilon}dr \\
&= M\max_{|z-\zeta|\leq 2\varepsilon}|f(z)-f(\zeta)|.
\end{aligned}$$

---

7) Cauchy-Riemann 作用素は平行移動不変，すなわち，$\frac{\partial}{\partial \bar{z}} = \frac{\partial}{\partial \overline{(z-\zeta)}}$ なので，極座標の原点が ζ になっても同問の結果は使えます．

ここに $M := \max_{0\le x\le 1}|\chi'(x)|$ は ε に依らない定数である．よって，$f(z)$ の連続性により $\varepsilon \to 0$ のときこれは 0 に近づく．以上で $f(\zeta)$ が $|\zeta-\alpha| < R-\delta$ では Cauchy-Riemann 方程式を満たす C^1 級（実は C^∞ 級）関数である (4.25) の右辺に等しいことが示された．$\alpha \in D$ は任意なので，これで主張が示された．　□

問 **4.3-1** (4.22) は C^2 級であることを確かめよ．

さて，いよいよ定義 2.16 の意味の古典的な正則関数が Cauchy-Riemann 方程式の C^1 級の解となることを示すのですが，まずは定理 3.4（Cauchy-Riemann 作用素に対する Green の公式）から，f を C^1 級，g を C_0^1 級とするとき，

$$\iint_{\boldsymbol{R}^2} f\frac{\partial g}{\partial \bar{z}}dxdy = -\iint_{\boldsymbol{R}^2}\frac{\partial f}{\partial \bar{z}}gdxdy \tag{4.26}$$

という部分積分公式が成り立つことに注意しましょう．これは g の（従って被積分関数の）台を内部に含むような円板などを D に取って同定理を適用すれば，境界積分項が消えることから従います．f が古典的な定義 2.16 の意味での正則関数のとき，この部分積分が使えれば，$\dfrac{\partial f}{\partial \bar{z}} = 0$ より補題 4.14 が適用できるのですが，各点で微分可能という仮定は積分とすこぶる相性が悪く，これは期待できません．一見古典的定義を弱めたように見える補題 4.14 は本当に弱めているかそう明らかではないのです．そこで以下では，Cauchy の積分定理の古典的証明で使われたすばらしいアイデアを拝借した証明を与えます．

参考定理 4.15　$f(z)$ が Ω の各点で定義 2.16 の意味で複素微分可能なら，f は補題 4.14 の仮定を満たし，従って Ω で定義 2.14 の意味でも正則となる．

以下これを証明します．まず，1 の分割 (partition of unity) という現代数学の重要な道具を準備します．ただしここでは目的に合わせて簡易化します．$\boldsymbol{C}$ の格子点 $m+in$, $m,n\in\boldsymbol{Z}$ を中心として半径 1 の円を描くと，全平面はこれらの円の内部で覆われ，かつどの点でも高々 4 個しか円が重なりません．よって，各格子点 $m+in$ にこのような円板を台に持つ関数 $\psi(|z-m-in|)$ を割り当てると，級数

$$\tilde{\psi}(z) := \sum_{m,n\in\boldsymbol{Z}}\psi(|z-m-in|)$$

は，どの点でも高々 4 項の和だから値は有限で，かつどの点でも少なくとも一つの項は正なので，値は正となります．そこで今，

$$\psi_{m,n}(z) := \frac{\psi(|z-m-in|)}{\tilde{\psi}(z)}$$

と置けば，これは $m+in$ を中心とする半径 1 の円板に台を持ち，かつ $\forall z\in\boldsymbol{C}$ で

$$\sum_{m,n\in\boldsymbol{Z}}\psi_{m,n}(z) = 1$$

を満たします．このような関数族は $\boldsymbol{C}$ における **1 の分割** (partition of unity) と呼

ばれます[8)]．これを原点中心に ε 倍に相似縮小したもの $\psi_{m,n}(\frac{z}{\varepsilon})$ は台が $\varepsilon(m+in)$ を中心とする半径 ε の円板となりますが，総和が 1 という性質は保たれます．

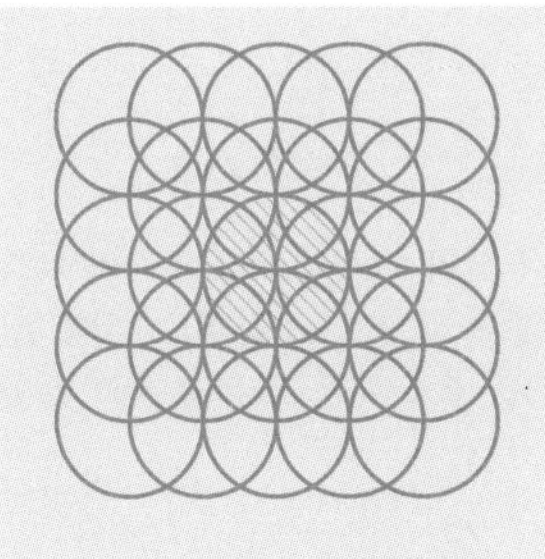

図 4.5　1 の分割関数の台

さて，$f(z)$ を定義 2.16 の意味で各点で複素微分可能な関数とし，これが任意の $\varphi(x,y)\in C_0^2(D)$ について補題 4.14 の仮定，すなわち，等式 (4.20) を満たすことを示しましょう．必要なら (4.21) の $\chi(x)$ およびそれを y 変数にした $\chi(y)$, あるいはこれらを適当に相似縮小や平行移動したもので φ の台を

$$\varphi(x,y)=\chi(\frac{x-a}{\delta})\varphi(x,y)+\{1-\chi(\frac{x-a}{\delta})\}\varphi(x,y)$$

のように次々分割することにより，最初から φ は台がある正方形 $Q=\{(x,y);|x-a|<r,|y-b|<r\}$ に含まれていると仮定しても一般性を失いません．今，1 の分割 $\psi_{m,n}(\frac{z}{\varepsilon})$ を用いて $\varphi=\sum_{m,n\in\boldsymbol{Z}}\psi_{m,n}(\frac{z}{\varepsilon})\varphi(z)$ と分割すると，右辺の和に現れる非自明な項の数は，ε に依らないある定数 M により $\frac{M}{\varepsilon^2}$ で抑えられるでしょう．（正方形 Q と台が交わるような $\psi_{m,n}(\frac{z}{\varepsilon})$ の個数は $\varepsilon\ll r$ のとき[9)] $\left(\frac{2r}{\varepsilon}+1\right)^2$ で評価できるので，$M>4r^2$ に取っておけば十分小さな ε に対しては大丈夫です．）すると，

$$\begin{aligned}
&\left|\iint_{\boldsymbol{R}^2}f(z)\frac{\partial}{\partial\bar{z}}\varphi(z)dxdy\right|=\left|\iint_{\boldsymbol{R}^2}f(z)\frac{\partial}{\partial\bar{z}}\sum_{m,n\in\boldsymbol{Z}}\psi_{m,n}\left(\frac{z}{\varepsilon}\right)\varphi(z)dxdy\right|\\
&\le\sum_{m,n\in\boldsymbol{Z}}\left|\iint_{\boldsymbol{R}^2}f(z)\frac{\partial}{\partial\bar{z}}\left\{\psi_{m,n}\left(\frac{z}{\varepsilon}\right)\varphi(z)\right\}dxdy\right|\\
&\le\frac{M}{\varepsilon^2}\left|\iint_{\boldsymbol{R}^2}f(z)\frac{\partial}{\partial\bar{z}}\left\{\psi_{m_\varepsilon,n_\varepsilon}\left(\frac{z}{\varepsilon}\right)\varphi(z)\right\}dxdy\right|.
\end{aligned}\tag{4.27}$$

ここで，$m_\varepsilon,n_\varepsilon$ は和の中で最大のものの番号です．今回は幾何学的状況が三角形の場合のように単純ではないので，ε を小さくしていったとき，最大のものを包含関係について単調減少となるように選ぶのは複雑すぎますが，列 $\varepsilon_k\searrow 0$ を勝手に選び，各々で

8) 普通に使われる 1 の分割はこれを C_0^∞ 級関数で実現したものですが，ここで使うには C_0^2 級で十分です．

9) 記号 $a\ll b$ は a が b に比べて十分小さいことを表します．どのくらい小さければよいか具体的に示すことは可能ですが面倒だしそうする意味があまり無いときに使います．

最大項を与える番号 $m_{\varepsilon_k}, n_{\varepsilon_k}$ に対応する中心位置 $\varepsilon_k(m_{\varepsilon_k}+in_{\varepsilon_k})$ を考えると，これはコンパクト集合である φ の台から取られた点列となるので，Bolzano-Weierstrass の定理（定理 2.20 (2)）により収束する部分列が取れます．そこで簡単のため最初から ε_k をその収束部分列に対応するものとし，極限点を z_0 とすれば，$f(z)$ がこの点で複素微分可能という仮定から，

$$f(z)=f(z_0)+f'(z_0)(z-z_0)+\rho(z),\qquad \rho(z)=o(z-z_0) \tag{4.28}$$

となります．故に $\varepsilon>0$ が任意に与えられたとき，$|z-z_0|<\delta$ なら $|\rho(z)|<\varepsilon|z-z_0|$ が成り立つように $\delta>0$ を選べますが，ここで k_δ を十分大きく選べば，$k\ge k_\delta$ のとき z_0 を中心とする半径 $\frac{\delta}{2}$ の円内に縮小格子点 $\varepsilon_k(m_{\varepsilon_k}+in_{\varepsilon_k})$ が含まれ，従って更に $\varepsilon_k<\frac{\delta}{2}$ となるように ε_k を選べば，これに関する (4.27) の最大項を与える積分の領域は $|z-z_0|<\delta$ に収まるので，(4.28) が適用できます．すると，

$$\begin{aligned}
&\iint_{\boldsymbol{R}^2} f(z)\frac{\partial}{\partial\bar z}\Big\{\psi_{m_{\varepsilon_k},n_{\varepsilon_k}}\Big(\frac{z}{\varepsilon_k}\Big)\varphi(z)\Big\}dxdy\\
&=\iint_{\boldsymbol{R}^2}\{f(z_0)+f'(z_0)(z-z_0)\}\frac{\partial}{\partial\bar z}\Big\{\psi_{m_{\varepsilon_k},n_{\varepsilon_k}}\Big(\frac{z}{\varepsilon_k}\Big)\varphi(z)\Big\}dxdy\\
&\quad+\iint_{\boldsymbol{R}^2}\rho(z)\frac{\partial}{\partial\bar z}\Big\{\psi_{m_{\varepsilon_k},n_{\varepsilon_k}}\Big(\frac{z}{\varepsilon_k}\Big)\varphi(z)\Big\}dxdy
\end{aligned}$$

において，第 1 項は $f(z_0)+f'(z_0)(z-z_0)$ が Cauchy-Riemann 方程式の C^1 級の解なので，(4.26) により部分積分すれば零となります．第 2 項は

$$\frac{\partial}{\partial\bar z}\Big\{\psi_{m_{\varepsilon_k},n_{\varepsilon_k}}\Big(\frac{z}{\varepsilon_k}\Big)\varphi(z)\Big\}=\varphi(z)\frac{\partial}{\partial\bar z}\psi_{m_{\varepsilon_k},n_{\varepsilon_k}}\Big(\frac{z}{\varepsilon_k}\Big)+\psi_{m_{\varepsilon_k},n_{\varepsilon_k}}\Big(\frac{z}{\varepsilon_k}\Big)\frac{\partial}{\partial\bar z}\varphi(z)$$

において右辺の第 1 項から微分により因子 $\frac{1}{\varepsilon_k}$ が現れる他は定数で抑えられるので，全体はある定数 K により $\frac{K}{\varepsilon_k}$ で抑えられます．よって三角不等式

$$|\rho(z)|\le\varepsilon|z-z_0|\le\varepsilon\{|z-\varepsilon_k(m_{\varepsilon_k}+in_{\varepsilon_k})|+|\varepsilon_k(m_{\varepsilon_k}+in_{\varepsilon_k})-z_0|\}\le 2\varepsilon\varepsilon_k$$

に注意すると，

$$\begin{aligned}
&\Big|\iint_{\boldsymbol{R}^2}\rho(z)\frac{\partial}{\partial\bar z}\Big\{\psi_{m_{\varepsilon_k},n_{\varepsilon_k}}\Big(\frac{z}{\varepsilon}\Big)\varphi(z)\Big\}dxdy\Big|\\
&\le 2\varepsilon\varepsilon_k\frac{K}{\varepsilon_k}\iint_{|z-\varepsilon_k(m_{\varepsilon_k}+in_{\varepsilon_k})|\le\varepsilon_k}dxdy=2\varepsilon\varepsilon_k\frac{K}{\varepsilon_k}\pi\varepsilon_k^2=2\pi K\varepsilon_k^2\,\varepsilon
\end{aligned}$$

と評価されます．よって (4.27) に戻ると，そこでの ε が今は ε_k になっているので，

$$\Big|\iint_{\boldsymbol{R}^2}f(z)\frac{\partial}{\partial\bar z}\varphi(z)dxdy\Big|\le\frac{M}{\varepsilon_k^2}2\pi K\varepsilon_k^2\,\varepsilon=2\pi MK\varepsilon.$$

$\varepsilon>0$ は任意で左辺はこれに依らない定数なので，$\iint f(z)\frac{\partial}{\partial\bar z}\varphi(z)dxdy=0$ が結論できました． □

第5章
一致の定理・最大値原理・留数

前章までに正則関数を特徴付ける性質の解説が一通り終えられたので，この章では続いて正則関数の性質で応用でもよく使われる代表的な結果の紹介をします．この章までがほぼ関数論の入門編（学部 2 年向け講義）の内容です．

5.1 一致の定理とその帰結

Taylor 展開から得られる正則関数の重要な性質として**一致の定理** (identity theorem) があります．これは，二つの正則関数がある小さな集合の上で一致していたら，それらがどこまでも一致するという類の主張です．これは，引き算すると片方を 0 としても一般性を失わないので，結局鍵となるのは正則関数の**零点**，すなわち $f(z)=0$ となる点の集合の特殊性です．

【正則関数の零点の孤立性】

補題 5.1 正則関数の零点は孤立する．すなわち，もし $f(\alpha)=0$ で，かつ α の近傍で $f(z)\neq 0$ なら，$\exists\varepsilon>0$ s.t. $0<|z-\alpha|<\varepsilon$ で $f(z)\neq 0$ となる．

証明 $z=\alpha$ における $f(z)$ の Taylor 展開を考えると，もしそのすべての係数が 0 ならこの近傍で $f(z)\equiv 0$ となってしまうので，$c_m\neq 0$ となる最初の係数が存在する．$f(\alpha)=0$ なので $m\geq 1$ であるから，次のように書ける：

$$\begin{aligned}f(z)&=c_m(z-\alpha)^m+c_{m+1}(z-\alpha)^{m+1}+\cdots\\&=c_m(z-\alpha)^m\Big\{1+\frac{c_{m+1}}{c_m}(z-\alpha)+\cdots\Big\}.\end{aligned}$$

ε が小さければ $\{\ \}$ の中は $|z-\alpha|<\varepsilon$ で 0 にならず，$(z-\alpha)^m$ は α 以外では 0 にならない．よってこの近傍内には α の他に零点は存在しない． □

上の証明で出てきた m は一般に零点の重複度と呼ばれ，$f(\alpha)=f'(\alpha)=\cdots=f^{(m-1)}(\alpha)=0$, $f^{(m)}(\alpha)\neq 0$ なる m として特徴付けられます．関数論

では m を零点の**位数**と呼ぶ習慣で，重複度 m の零点は m 位(い)の零点と呼ばれます．

補題 5.1 から次の定理が得られます：

定理 5.2（**一致の定理**）　正則関数 f がその定義領域 Ω 内の点に収束するような Ω の無限点列の上で 0 になれば，f は Ω 全体で 0 となる．

証明　この点列の収束先を α とすれば，f の連続性から $f(\alpha) = 0$ である．もしこれが f の有限位数の零点だとすると，ここに上の補題を適用すれば，f は α の周りで 0 にならないはずであるが，仮定により零となる点が α に収束しているのでこれは不合理である．よって f の α を中心とする Taylor 展開の係数はすべて 0 となり，従って f は α のある近傍で恒等的に 0 となる．

今もしこの領域のある点 β で $f(\beta) \neq 0$ とすると，連結性の仮定により α と β を結ぶ Ω 内の連続曲線弧 $C: z = \Phi(t), 0 \leq t \leq T$ が存在するが，t が小さいときは $f(\Phi(t)) = 0$ である．このような t の上限を t_0 とする．$t_0 = T$ なら連続性により $f(\beta) = f(\Phi(T)) = 0$ となって矛盾．よって $t_0 < T$ であり，再び連続性により $f(\Phi(t_0)) = 0$．しかしこの点は $f(z)$ の零点 $\Phi(t), t < t_0$ の集積点なので，補題 5.1 により f はこの点のある近傍で恒等的に 0 となり，t_0 の定め方に矛盾する．よって Ω には $f(z) \neq 0$ となる点は存在しない．　□

$f(z)$ を恒等的に零と決めてしまえるような部分集合としては，Ω の一点の近傍ならもちろんですが，例えば，線分とかでも大丈夫です．特に，正則関数が実軸上の線分で 0 なら恒等的に 0 です．この応用が**関数関係不変の原理** (permanence of functional relations) です．これは，いくつかの正則関数が一致の定理が適用できるような部分集合上で正則関数で表されるような関係式を満たしていれば，実はそれは恒等式になる，という主張です．見方を変えると，正則関数についてある関係式を示したいとき，証明が簡単にできるような一致の定理が成り立つ部分集合に制限しておいて実行してもよいということになります．関係式で最も簡単なものは，Ω 上の二つの正則関数に対する関係 $f(z) = g(z)$ で，これが "一致の定理" の名前の由来です．更に，四則演算はもちろん，微分が含まれてもよろしい．正則関数の導関数は正則関数になるので，正則関数を係数に持つ微分方程式を一致の定理が成り立つような部分集合においてある正則関数が満たしていれば，それは定義領域全体でも方程式を満たします．以上を厳密に定式化するには多変数の正則関数の定義が必要になり記述もややこしいので，ここではいくつかの具体例で原理を説明します．微分を含んだ例については問 5.1-2 を見て下さい．

例題 5.1-1 指数関数が指数法則を満たすことが実数について証明されているとき，指数関数を $e^z = e^x(\cos y + i\sin y)$ で複素数に拡張しても指数法則はそのまま成り立つことを説明せよ．

解答 x, y が実数のとき $e^{x+y} = e^x e^y$ が成り立つとする．ここで $f(x,y) = e^{x+y} - e^x e^y$ という関数を考えると，指数関数が複素変数に拡張されたらこの関数も意味を持つが，そのときこれが恒等的に 0 であることを示す．まず y を実の値で固定すると，これは x の正則関数なので一致の定理が適用でき，x が実のときそれが 0 ということから x を複素数にしても 0 であることが分かる．次に x を任意の複素数に固定して y を動かすと，y が実ならこれは零であることが既に示されているので，y を複素数にしても 0 となる． □

一般に実変数 x の関数で，x についての Taylor 展開が正の収束半径を持ち，かつ関数値が Taylor 級数の和と一致するようなものを**実解析関数**と呼びます．関数関係不変の原理は，そのような関数が持つ性質を複素領域まで持って行けることを意味しています．

問 5.1-1 $\log z = \log|z| + i\arg z$ で複素対数関数を定義したとき，z, w がいずれも右半平面 $\mathrm{Re}\, z > 0$ に属するならば，これらの偏角を $-\frac{\pi}{2} < \arg z, \arg w < \frac{\pi}{2}$ に選ぶとき，zw の偏角を $-\pi < \arg(zw) < \pi$ に選ぶ限り加法定理 $\log zw = \log z + \log w$ が成り立つことを示せ．

問 5.1-2 $\log z = \log|z| + i\arg z$ が $\frac{d}{dz}\log z = \frac{1}{z}$ を満たすことを z が実数の場合は既知として計算をせずに説明せよ．

5.1 正則関数の零点が孤立することの直感的な説明は，複素次元 1 の集合 $\boldsymbol{C}$ で制約 $f(z) = 0$ を課せば，複素次元が 1 下がって 0 次元，すなわち孤立点となる，ということです．これは実次元で考えれば，$\boldsymbol{R}^2$ で連立方程式 $\mathrm{Re}\, f(z) = 0$, $\mathrm{Im}\, f(z) = 0$ を課せば，実次元が方程式の個数 2 だけ下がって 0 次元になるという意味です．“孤立” という言葉の印象が強すぎて多変数になったときに誤解する人が居ますが，一般的には “複素次元が 1 下がる” というのが正しい理解です．第1章の根軸の説明のところで二つの円の交わりを虚点も込めて探す話をしましたが，その例では $\boldsymbol{C}^2$ で円の方程式を考えると，方程式が 1 個なら複素次元が $2-1=1$ となり，2 個連立させると $2-2=0$ となって交点が出てくるのでした．

5.2 最大値原理と平均値定理

【正則関数の最大値原理】　正則関数はその値の動きに著しい制約があります．そのような結果の代表的なものが最大値原理です：

定理 5.3（**最大値原理**）　領域 Ω で正則な関数 $f(z)$ について，もし $|f(z)|$ が Ω 内のある点 α で最大値に到達すれば，$f(z)$ は定数となる．

証明　α を中心とする Ω 内の 円板 $|z-\alpha|\le R$ を取り，その周上で Cauchy の積分公式を書くと，

$$f(\alpha)=\frac{1}{2\pi i}\oint_{|\zeta-\alpha|=R}\frac{f(\zeta)}{\zeta-\alpha}d\zeta.$$

よって

$$\begin{aligned}|f(\alpha)| &\le \frac{1}{2\pi}\oint_{|\zeta-\alpha|=R}\frac{|f(\zeta)|}{|\zeta-\alpha|}|d\zeta| \\ &\le \frac{1}{2\pi}\oint_{|\zeta-\alpha|=R}\frac{|f(\alpha)|}{R}|d\zeta| = \frac{1}{2\pi}\frac{|f(\alpha)|}{R}2\pi R=|f(\alpha)|.\end{aligned}$$

ここで 1 行目から 2 行目への移行は最大値の仮定を用いて $|f(\zeta)|\le|f(\alpha)|$ としたのだが，最左辺と最右辺が一致してしまったので，この不等号は円周上の $\forall\zeta$ について等号でなければならない．R をそれより小さい値で取り替えても同じ結論を得るから，結局 $|z-\alpha|\le R$ 内のすべての ζ に対して $|f(\zeta)|$ は一定値 $|f(\alpha)|$ に等しくなる．以上からある円板内で $|f(z)|^2=f(z)\overline{f(z)}=C$ が一定値となることが分かったが，これの z に関する複素微分を計算すると，第 2 因子の微分は Cauchy-Riemann 方程式と補題 2.12 より零となるので，

$$f'(z)\overline{f(z)}\equiv 0$$

が得られる．ここでこの円内で $\overline{f(z)}\equiv 0$ なら $f(z)$ もそこで定数 0 に等しい．もし $\overline{f(\beta)}\neq 0$ となる点 β が存在すれば，連続性により $\exists\varepsilon>0$ が存在して，$|z-\beta|<\varepsilon$ で $\overline{f(z)}\neq 0$, 従ってそこで $f'(z)=0$ となる．故に $f(z)$ はこの

小円内で定数となる（問 2.4-3 (1)）．いずれの場合も一致の定理により f は領域全体で定数となる． □

証明を見れば分かる通り，実はこれは "極大値原理" です．すなわち，α が大域的な最大値でなく，単に極大値でも同じ結論が得られます．また，もし Ω が有界で $f(z)$ が $\Omega \cup \partial\Omega$ まで連続関数として拡張できれば，$|f(z)|$ はその最大値を $\partial\Omega$ 上で取り，Ω 内では $|f(z)|$ は常にそれより真に小さくなることも分かります．

系 5.4 $f(z)$ を領域 Ω で正則とするとき，$\mathrm{Re}\, f(z)$, $\mathrm{Im}\, f(z)$ について最大値原理と最小値原理が成り立つ．すなわち，これらが Ω のある点で最大値または最小値に到達すれば，f は Ω で定数となる．

これは指数関数の応用で容易に前定理に帰着できます．すなわち，$e^{f(z)}$ も Ω で正則な関数ですが，

$$|e^{f(z)}| = e^{\mathrm{Re}\, f(z)}$$

なので，$\mathrm{Re}\, f(z)$ が最大値に到達するところでこれも最大値に到達します．すると前定理により $e^{f(z)}$ は定数となります．これから得られる $f(z)$ の値は指数関数の周期だけの不定性が有りますが，$f(z)$ は連続関数なので複数の離散値を渡り歩くことはできず，そのうちのどれかに決まります．

$\mathrm{Im}\, f(z)$ の場合は $e^{-if(z)}$ を使います．また符号を変えれば最小値は最大値となるので，それも指数部の符号を変えるだけで対処できます．

これらの結果を見ると，$\mathrm{Re}\, f(z)$ や $\mathrm{Im}\, f(z)$ のグラフは極大や極小を持たず，従って楕円放物面のようではなく，双曲放物面のような鞍型をしていることが想像されます．実際，2 次多項式 z^2 については，$\mathrm{Re}\, z^2 = x^2 - y^2$, $\mathrm{Im}\, z^2 = 2xy$ とどちらもまさにそのものずばりです．

蛇足ながら，もとの $|f(z)|$ については最小値原理は一般には成り立ちません．$f(z)$ が Ω で零点を持つときは $|f(z)|$ はそこで最小値 0 を達成するからです．（なお次の問参照．）

問 5.2-1 $f(z)$ が Ω で正則で，そこで零にならなければ，$|f(z)|$ に対し最小値原理が成り立つことを示せ．またこれを用いて代数方程式は必ず複素数の根を持つこと（**代数学の基本定理**）を示せ．

定理 5.3 とその後で述べた注意から次の重要な結論が得られます：

補題 5.5 $f_n(z)$ は $D \cup \partial D$ で連続，D で正則で，∂D 上一様収束しているとする．このとき $f_n(z)$ は $D \cup \partial D$ で一様収束し，極限関数も D で正則となる．

実際，$\forall z \in D$ に対して

$$|f_n(z) - f_m(z)| \leq \max_{\zeta \in \partial D} |f_n(\zeta) - f_m(\zeta)|$$

が成り立つので，$f_n(z)$ は $D \cup \partial D$ で一様 Cauchy 列となり，従ってそこで一様収束します．なお，$f_n(z)$ が ∂D も込めて正則だったとしても，極限は一般にはそこでは単に連続にしかなりません．（第 8 章の Mergelyan の定理参照．）

次の結果は最大値原理から容易に導かれるものですが，これも正則関数のグラフの曲がり方に強い制限があることを示唆するものです：

系 5.6 （**Schwarz**（シュワルツ）[1] **の補題**）　$f(z)$ は $|z| < R$ で正則で $f(0) = 0$，かつ $|f(z)| \leq M$ を満たすとする．このとき $f(z)$ はここで

$$|f(z)| \leq \frac{M}{R}|z| \tag{5.1}$$

という不等式を満たす．更に，もしある z で (5.1) が等号となるなら，$\exists \theta \in \boldsymbol{R}$ について f は次の形に決まる：

$$f(z) = e^{i\theta}\frac{M}{R}z.$$

証明　仮定 $f(0) = 0$ により f の原点を中心とする Taylor 展開は z の 1 次の項から始まり

$$f(z) = c_1 z + c_2 z^2 + c_3 z^3 + \cdots$$

となる．この右辺から因子 z を省略した

$$g(z) = c_1 + c_2 z + c_3 z^2 + \cdots$$

は f の Taylor 展開と同じところ $|z| < R$ で収束し，従って $g(z)$ もそこで正

[1] Schwarz は 19 世紀から活躍したドイツの数学者で，第 4 章で出てきた 20 世紀生まれのフランスの Schwartz とは綴りが異なります．Schwartz が現れた頃は間違えて Schwarz と書く人がけっこう居たそうですが，その後は逆に間違える人の方が多くなったようです．

則となり，最大値原理が適用できる．仮定により

$$|g(z)| = \frac{|f(z)|}{|z|} \leq \frac{M}{|z|}$$

が成り立つが，$\forall r < R$ について，$|z| \leq r$ における $|g(z)|$ の最大値はこの閉領域の境界 $|z| = r$ の上で取られるから，

$$|g(z)| \leq \max_{|z|=r} |g(z)| \leq \frac{M}{r}$$

となる．この不等式は $|z| \leq r$ なる関係を持つ任意のペア z, r について成り立つので，z を固定して $r \to R$ とすれば，結局 $|z| < R$ なる $\forall z$ について

$$|g(z)| \leq \frac{M}{R}$$

が成り立ち，(5.1) が示された．もし (5.1) で等号が成り立てば，$|g(z)|$ が $|z| < R$ の内点で最大値に到達したことになるから，最大値原理により $g(z)$ は定数となる．その絶対値は $\frac{M}{R}$ なので，不定性は絶対値 1 の複素数因子 $e^{i\theta}$ が残るだけである． □

最大値原理の系統に属する結果をもう一つ紹介しておきます．

定理 5.7 (**Hadamard の 3 円定理**) $f(z)$ は円環領域 $r < |Z| < R$ で正則で，境界まで込めて連続とする．もし $|z| = r$ で $|f(z)| \leq m$, $|z| = R$ で $|f(z)| \leq M$ ならば，$r < \forall\rho < R$ について $|z| = \rho$ 上次の不等式が成り立つ：

$$|f(z)|^{\log\frac{R}{r}} \leq m^{\log\frac{R}{\rho}} M^{\log\frac{\rho}{r}}.$$

証明は難しくはありませんが，ちょっとした発想の飛躍が必要です．

証明 $c > 0, q$ を実定数とし，これらを $\frac{f(z)}{cz^q}$ が $|z| = r$, $|z| = R$ のいずれでも絶対値 ≤ 1 となるように選ぶ．それには

$$\frac{m}{cr^q} = 1, \quad \frac{M}{cR^q} = 1, \quad \text{従って} \quad q\log r + \log c = \log m, \quad q\log R + \log c = \log M$$

が成り立つようにすればよいから，

$$q = \frac{\log\frac{M}{m}}{\log\frac{R}{r}}, \quad \log c = \frac{\log\frac{m^{\log R}}{M^{\log r}}}{\log\frac{R}{r}}$$

でよい．すると $\frac{f(z)}{cz^q}$ は $r<|z|<R$ 上多価関数になるが，最大値原理はそのままで成り立つ．実際，有る点 z でこの関数のある分枝の絶対値が 1 に到達したら，通常の最大値原理によりその分枝はその点のある近傍で定数となる．これは解析接続ですべての分枝に伝わるから，実は最初から定数だったことになる．よってこの円環で $|\frac{f(z)}{cz^q}|\leq 1$, すなわち $|f(z)|\leq c|z|^q$ が成り立つ．これを $|z|=\rho$ として書き換えれば

$$|f(z)|\leq\left(\frac{m^{\log R}}{M^{\log r}}\right)^{\frac{1}{\log\frac{R}{r}}}\rho^{\frac{\log\frac{M}{m}}{\log\frac{R}{r}}},$$

すなわち

$$|f(z)|^{\log\frac{R}{r}}\leq\frac{m^{\log R}}{M^{\log r}}\rho^{\log\frac{M}{m}}=\frac{m^{\log R}}{M^{\log r}}\left(\frac{M}{m}\right)^{\log\rho}=m^{\log\frac{R}{\rho}}M^{\log\frac{\rho}{r}}$$

となる．（ここで受験数学の懐かしの等式 $a^{\log b}=b^{\log a}$ を用いた．）　□

なお，$f(z)$ は 1 価関数なので円環内で等号が成り立つことはありません．定理の主張を多価関数にまで拡張して，内部で等号を成り立たせる関数が $e^{i\theta}cz^q$ の形のもので尽くされるという主張にできればきれいですが，それには $f(z)$ に更なる有界性の仮定が必要となり，何も無いと上の不等式も導けません．これについては第 8 章の 3 線定理への 🐭8.3 を見て下さい．

【平均値定理】　最大値原理の証明の根拠となった Cauchy の積分公式は正則関数のある点での値が，それを中心とする任意の円の周上の値の平均に等しいことを述べています．実際，α を中心とする極座標でこの積分を書き直すと，

$$f(\alpha)=\frac{1}{2\pi i}\oint_{|z-\alpha|=R}\frac{f(z)}{z-\alpha}dz=\frac{1}{2\pi i}\int_0^{2\pi}\frac{f(\alpha+Re^{i\theta})}{Re^{i\theta}}iRe^{i\theta}d\theta$$
$$=\frac{1}{2\pi}\int_0^{2\pi}f(\alpha+Re^{i\theta})d\theta. \tag{5.2}$$

更にこの式で半径を r に変え，両辺に rdr を掛けて 0 から R まで積分すれば

$$\frac{R^2}{2}f(\alpha)=\frac{1}{2\pi}\int_0^R\int_0^{2\pi}f(\alpha+re^{i\theta})rdrd\theta=\frac{1}{2\pi}\iint_{|z-\alpha|\leq R}f(z)dxdy.$$

従って

$$f(\alpha) = \frac{1}{\pi R^2} \iint_{|z-\alpha| \le R} f(z)dxdy \tag{5.3}$$

も得られます．以上をまとめると，

定理 5.8 正則関数 $f(z)$, およびその実部・虚部は**平均値定理** (5.2) および (5.3) を満たす．更に，一般の調和関数もこれらを満たす．

一般の調和関数については，円板上では必ずある正則関数の実部とみなせること（問 3.2-6）から，この主張が得られます．

系 5.9 $f(z)$ が $|z-\alpha| \le R$ の近傍で正則なら，

$$|f(\alpha)| \le \frac{1}{\pi R^2} \iint_{|z-\alpha| \le R} |f(z)|dxdy. \tag{5.4}$$

更に，$f(z)$ が Jordan 可測なコンパクト集合 K の ε-近傍の閉包で正則なら

$$\max_{z \in K} |f(z)| \le \frac{1}{\pi\varepsilon^2} \iint_{K_\varepsilon} |f(z)|dxdy. \tag{5.5}$$

同様の不等式は実調和関数についても成り立ち，従って**最大値原理**が成り立つ．

実際，最初の不等式は最大値原理を導いたときと同様，(5.3) の両辺に絶対値を付け，それを積分の中に入れれば出てきます．後の不等式は $R=\varepsilon$ とし，右辺の積分を K_ε 上のもので上から抑えておいて左辺の $\alpha \in K$ に関する最大値を取れば出てきます．実調和関数の最大値原理は，得られた同様の不等式で $|f(\alpha)|$ が最大値に等しいとすると，円板内のすべての点で $|f(z)| = |f(\alpha)|$ となることが最大値原理の証明と同様の論法で得られますが，実数値なのでこれから $f(z)$ の値は $\pm f(\alpha)$ に限定され，連続性により $f(z) \equiv f(\alpha)$ が従います．

問 5.2-2 実数値調和関数について，関数に絶対値を付けない形の最大値原理と最小値原理を定式化し，それらを証明せよ．［ヒント：(5.3) を直接使え．］

5.3 孤立特異点と Laurent 展開

一致の定理により，正則関数は定義域が増やせるとき，延長の仕方が一意に定まります．（ただし多価になることはあります．）この延長操作を**解析接続**と呼びます．この議論は次章で本格的に行いますが，ここではまず解析接続でき

ないような点，すなわち**特異点**を考察し，特に孤立特異点について調べます．

【孤立特異点】 特異点が領域の境界を成しているときはもうそれ以上どうしようもないのですが，一点だけが例外でその周りには解析接続できる場合がたくさん有ります．その中で特に周りで関数が 1 価に定まるときこの点は孤立特異点と呼ばれるものになります．ちゃんとした定義は次の通りです：

定義 5.10 $f(z)$ が $\exists\varepsilon > 0$ について $0 < |z-\alpha| < \varepsilon$ では 1 価正則だが，$|z-\alpha| < \varepsilon$ には解析接続できないとき，α を $f(z)$ の**孤立特異点**と呼ぶ．更に，$\exists n \in \boldsymbol{N}$ s.t. $(z-\alpha)^n f(z)$ が $|z-\alpha| < \varepsilon$ に解析接続できるときは α は $f(z)$ の**極**であると言い，このような n の最小値をこの極の**位数**と呼び，α は $f(z)$ の $\boldsymbol{n}$ **位の極**と言う．それ以外の孤立特異点は，**真性特異点**と呼ばれる．

この分類が実質的に意味を持つためには，“$f(z)$ は α で連続ではあるがそこで正則にはならない” と言うようなことが起こってはいけません．これを排除するのが次の定理です．これは解析接続の例としてはつつましく見えますが，よく使われる重要なものです．

定理 5.11 (**Riemann の除去可能特異点定理**) $f(z)$ が $0 < |z-\alpha| < \varepsilon$ で 1 価正則で，かつ値が有界なら，$f(z)$ は実は $|z-\alpha| < \varepsilon$ でも正則となる．

実際，$g(z) = (z-\alpha)^2 f(z)$ は $z = \alpha$ も込めて C^1 級の 2 変数関数となるので，Cauchy-Riemann 作用素が意味を持ち，作用の結果は α 以外では 0 の連続関数となり，従って $z = \alpha$ でも 0 となります．$f(z) = g(z)/(z-\alpha)^2$ は仮定により値が有界なので，$g(z)$ の Taylor 展開は 2 次の項から始まることになります．従って $f(z)$ は割り算の結果である冪級数で表され，$|z-\alpha| < \varepsilon$ で正則となります．

系 5.12 $f(z)$ が $0 < |z-\alpha| < \varepsilon$ で正則で，$(z-\alpha)^n f(z)$ がそこで有界なら，$f(z)$ は α に高々 n 位の極を持ち，

$$f(z) = \frac{c_{-n}}{z^n} + \frac{c_{-n+1}}{z^{n-1}} + \cdots + \frac{c_{-1}}{z} + c_0 + c_1 z + \cdots + c_k z^k + \cdots \tag{5.6}$$

の形の展開を持つ．冪級数部分は $|z-\alpha| < \varepsilon$ で収束する．

実際，Riemann の定理により $(z-\alpha)^n f(z)$ は $|z-\alpha| < \varepsilon$ で正則となるの

で，その Taylor 展開を $(z-\alpha)^n$ で割れば上の形の展開が得られます．逆に，上のような展開を持つ関数は $z=\alpha$ を高々 n 位の極に持つことも明らかです．

問 5.3-1　$f(z)$ は $0<|z-\alpha|\le r$ で正則で，ある正数 $q<1$ についてそこで $|f(z)|\le \frac{M}{|z|^q}$ という評価を満たすとする．このとき $f(z)$ は $z=\alpha$ に正則に延長されることを示せ．

問 5.3-2　$f(z)$ は $0<|z-\alpha|\le R$ で正則で，2 次元広義積分 $\iint_{|z-\alpha|\le R} f(z)dxdy = \lim_{\varepsilon\searrow 0}\iint_{\varepsilon\le|z-\alpha|\le R} f(z)dxdy$ は絶対収束しているとする．このとき $z=\alpha$ は $f(z)$ の高々 1 位の極であることを示せ．［ヒント：系 5.9 を用いよ．］

5.2　極というのは，無限大も許せば $z\to\alpha$ のときの極限値が確定しています．後に Riemann 球面を導入すれば，これはそこへの正則な写像とも考えられるので，そう怖い特異点ではありません．これに対し α が真性特異点のときは，$z\to\alpha$ のとき $f(z)$ は高々一つの値を除きすべての値を無限回取ることが知られています．これが **Picard**（ピカール） **の定理**で，除外される値は **Picard の除外値**と呼ばれます．本書ではこの証明を収録する余裕はありません（サポートページには書く予定です）が，この定理は $f(z)$ が真性特異点の周りを全平面に複雑に写像していることを示唆しており，真性特異点はまるでブラックホールのような不気味さを持っていることが想像されます．

【Laurent（ローラン）**展開】**[2]　(5.6) のような展開が真性特異点の場合にどうなるかを調べます．ここでは特異点を少し膨らませて次のような一般的状況で論じます：

定理 5.13　$f(z)$ が円環 $r<|z-\alpha|<R$ で正則なら，$f(z)$ はここで $z-\alpha$ の正負の冪に関する級数，いわゆる **Laurent 級数**

$$f(z)=\sum_{n=-\infty}^{\infty} c_n(z-\alpha)^n \tag{5.7}$$

に展開される．展開係数は $r<\rho<R$ を任意に選ぶとき，次で与えられる：

$$c_n=\frac{1}{2\pi i}\oint_{|z-\alpha|=\rho}\frac{f(z)}{(z-\alpha)^{n+1}}dz. \tag{5.8}$$

証明　$r<r'<R'<R$ に r', R' を選ぶと，$r'<|z-\alpha|<R'$ では Cauchy の積分公式が成り立ち，

$$f(z)=\frac{1}{2\pi i}\oint_{|\zeta-\alpha|=R'}\frac{f(\zeta)}{\zeta-z}d\zeta-\frac{1}{2\pi i}\oint_{|\zeta-\alpha|=r'}\frac{f(\zeta)}{\zeta-z}d\zeta$$

[2] 講義ではこの綴をラウレントなどと読まれないようにイヴ・サン・ローランに必ず言及していたのですが，今は彼女も引退してしまい，今後はどのくらいこの説明が有効か心もとなくなりました．

が成り立つ．この第 1 項は前章で Taylor 展開を導いたときの (4.13) の出発点の積分と本質的に同じなので，そこでの計算と同様にして収束半径 R' を持つ $z-\alpha$ の整級数

$$c_0 + c_1(z-\alpha) + c_2(z-\alpha)^2 + \cdots$$

に展開できる．展開係数

$$c_n = \frac{1}{2\pi i}\oint_{|z-\alpha|=R'} \frac{f(\zeta)}{(\zeta-\alpha)^{n+1}} d\zeta$$

は Cauchy の積分定理より R' には依らず，これはいくらでも R に近く取れるので，結局級数は $|z-\alpha| < R$ で広義一様収束する．

第 2 項は

$$\begin{aligned}
&\frac{1}{2\pi i}\oint_{|\zeta-\alpha|=r'} \frac{f(\zeta)}{\zeta - z} d\zeta = \frac{1}{2\pi i}\oint_{|\zeta-\alpha|=r'} \frac{f(\zeta)}{\zeta-\alpha-(z-\alpha)} d\zeta \\
&= -\frac{1}{2\pi i}\oint_{|\zeta-\alpha|=r'} \frac{f(\zeta)}{z-\alpha}\frac{1}{1-\frac{\zeta-\alpha}{z-\alpha}} d\zeta = -\frac{1}{2\pi i}\oint_{|\zeta-\alpha|=r'} \frac{f(\zeta)}{z-\alpha}\sum_{n=0}^{\infty}\left(\frac{\zeta-\alpha}{z-\alpha}\right)^n d\zeta \\
&= -\frac{1}{2\pi i}\sum_{n=0}^{\infty}\frac{1}{(z-\alpha)^{n+1}}\oint_{|\zeta-\alpha|=r'} f(\zeta)(\zeta-\alpha)^n d\zeta. \qquad (5.9)
\end{aligned}$$

ここで等比級数への展開は $\left|\frac{\zeta-\alpha}{z-\alpha}\right| = \frac{r'}{|z-\alpha|} < 1$, すなわち，$|z-\alpha| > r'$ のとき許される．のみならず，z をこの範囲で固定したとき級数が ζ について積分路上で一様収束していることから，和と積分の順序交換も許される．

この積分も結果が r' に依らず，r' はいくらでも r に近く取れるので，結局こちらの級数は $\forall r' > r$ について $|z-\alpha| \geq r'$ で一様収束し[3]，従って $|z-\alpha| > r$ で正則となる．この展開係数はもとの積分の前に付いていたマイナスを加味すれば形式的に (5.8) において n を $-n-1$ に置き換えたものとなっている． □

例 5.3-1 (1) $f(z) = e^{1/z}$ は $z=0$ に真性特異点を持ちます．Laurent 展開の一意性により，それは指数関数 e^z の Taylor 展開において $z \mapsto \frac{1}{z}$ という置

[3] ここを $|z-\alpha| > r$ で広義一様収束と言ってしまうと，無限遠まで一様という意味が無くなってしまいます．後に無限遠点を加えた Riemann 球面を導入すれば，"$r < |z-\alpha| \leq \infty$ で広義一様" と言う言い方もできますが，ここでは回りくどくこのように表現しておきます．

き換えを行ったものに等しい：

$$e^{1/z} = \sum_{n=-\infty}^{0} \frac{1}{n!z^n}.$$

(2) 同様に $\cos\frac{1}{\sqrt{z}}$ は $z=0$ に真性特異点を持ち，それ以外では 1 価正則な関数となります．$z=0$ での Laurent 展開は

$$\cos\frac{1}{\sqrt{z}} = \sum_{n=-\infty}^{0} \frac{(-1)^n}{(2n)!z^n}.$$

例題 5.3-1 関数 $\dfrac{1}{z(1-z)(2+z)}$ の次のような領域における Laurent 展開を求めよ．

(1) $0<|z|<1$　　(2) $1<|z|<2$　　(3) $|z|>2$.

解答 (1) $|z|<1$ では分母の後二つの因子を等比級数に展開すると

$$\frac{1}{z(1-z)(2+z)} = \frac{1}{z}\frac{1}{1-z}\frac{1}{2}\frac{1}{1+\frac{z}{2}} = \frac{1}{z}\sum_{j=0}^{\infty} z^j \sum_{k=0}^{\infty} \frac{(-1)^k}{2^{k+1}} z^k$$

$$= \sum_{n=-1}^{\infty}\left(\sum_{k=0}^{n+1}\frac{(-1)^k}{2^{k+1}}\right)z^n = \sum_{n=-1}^{\infty}\frac{1}{2}\frac{1-(-\frac{1}{2})^{n+2}}{1-(-\frac{1}{2})}z^n = \sum_{n=-1}^{\infty}\frac{1}{3}\left\{1-\left(-\frac{1}{2}\right)^{n+2}\right\}z^n.$$

(2) $1<|z|<2$ では，分母の第 2 因子を今度は $\frac{1}{z}$ の等比級数に展開して

$$\frac{1}{z(1-z)(2+z)} = \frac{1}{z}\left(-\frac{1}{z}\frac{1}{1-\frac{1}{z}}\right)\frac{1}{2}\frac{1}{1+\frac{z}{2}} = \frac{1}{z}\left(-\sum_{j=1}^{\infty}\frac{1}{z^j}\right)\sum_{k=0}^{\infty}\frac{(-1)^k z^k}{2^{k+1}}$$

$$= \frac{1}{z}\sum_{j=1}^{\infty}\frac{1}{z^j}\sum_{k=0}^{\infty}\left(-\frac{1}{2}\right)^{k+1}z^k$$

$$= \sum_{n=-\infty}^{-2}\left\{\sum_{k=0}^{\infty}\left(-\frac{1}{2}\right)^{k+1}\right\}z^n + \sum_{n=-1}^{\infty}\left\{\sum_{k=n+2}^{\infty}\left(-\frac{1}{2}\right)^{k+1}\right\}z^n$$

$$= \sum_{n=-\infty}^{-2}\left\{-\frac{1}{2}\frac{1}{1-(-\frac{1}{2})}\right\}z^n + \sum_{n=-1}^{\infty}\left\{\left(-\frac{1}{2}\right)^{n+3}\sum_{l=0}^{\infty}\left(-\frac{1}{2}\right)^l\right\}z^n$$

$$= -\sum_{n=-\infty}^{-2}\frac{1}{3}z^n + \sum_{n=-1}^{\infty}\frac{2}{3}\left(-\frac{1}{2}\right)^{n+3}z^n.$$

(3) $|z|>2$ ではすべての因子を z の負冪で展開して，

$$\frac{1}{z(1-z)(2+z)} = \frac{1}{z}\Big(-\frac{1}{z}\frac{1}{1-\frac{1}{z}}\Big)\frac{1}{z}\frac{1}{1+\frac{2}{z}} = -\frac{1}{z^3}\sum_{j=0}^{\infty}\frac{1}{z^j}\sum_{k=0}^{\infty}\frac{(-2)^k}{z^k}$$

$$= -\sum_{n=3}^{\infty}\Big(\sum_{k=0}^{n-3}(-2)^k\Big)\frac{1}{z^n} = \sum_{n=3}^{\infty}\frac{(-2)^{n-2}-1}{3}\frac{1}{z^n}.$$

別解 部分分数分解を利用すると計算がやや簡単になる[4]：

$$\frac{1}{z(1-z)(2+z)} = \frac{1}{2z} + \frac{1}{3(1-z)} - \frac{1}{6(2+z)}.$$

右辺の第 1 項は $|z| > 0$ でこのまま Laurent 展開となっている．第 2 項は $|z| < 1$ では非負冪の Taylor 展開 $\frac{1}{3}\sum_{n=0}^{\infty} z^n$，また $|z| > 1$ では負冪の $-\frac{1}{3}\sum_{n=1}^{\infty}\frac{1}{z^n}$ となる．最後に第 3 項は $|z| < 2$ では Taylor 展開 $-\frac{1}{12}\sum_{n=0}^{\infty}\left(-\frac{z}{2}\right)^n$，また $|z| > 2$ では負冪の展開 $\frac{1}{12}\sum_{n=1}^{\infty}\left(-\frac{2}{z}\right)^n$ となる．故に各指定領域で，これらから適当なものを選んで加えれば，

(1) $0 < |z| < 1$ では

$$\frac{1}{2z} + \frac{1}{3}\sum_{n=0}^{\infty} z^n - \frac{1}{12}\sum_{n=0}^{\infty}\Big(-\frac{z}{2}\Big)^n = \frac{1}{2z} + \sum_{n=0}^{\infty}\frac{1}{3}\Big(1-\frac{(-1)^n}{2^{n+2}}\Big)z^n$$

$$= \sum_{n=-1}^{\infty}\frac{1}{3}\Big(1-\frac{(-1)^n}{2^{n+2}}\Big)z^n.$$

(2) $1 < |z| < 2$ では

$$\frac{1}{2z} - \frac{1}{3}\sum_{n=1}^{\infty}\frac{1}{z^n} - \frac{1}{12}\sum_{n=0}^{\infty}\Big(-\frac{z}{2}\Big)^n = -\frac{1}{3}\sum_{n=-\infty}^{-2} z^n + \frac{1}{6z} - \frac{1}{12}\sum_{n=0}^{\infty}\Big(-\frac{1}{2}\Big)^n z^n.$$

(3) $|z| > 2$ では

$$\frac{1}{2z} - \frac{1}{3}\sum_{n=1}^{\infty}\frac{1}{z^n} + \frac{1}{12}\sum_{n=1}^{\infty}\Big(-\frac{2}{z}\Big)^n = \Big(\frac{1}{2}-\frac{1}{3}-\frac{1}{6}\Big)\frac{1}{z} + \sum_{n=2}^{\infty}\Big(-\frac{1}{3}+\frac{(-2)^n}{12}\Big)\frac{1}{z^n}$$

$$= \frac{1}{3}\sum_{n=3}^{\infty}\{(-2)^{n-2}-1\}\frac{1}{z^n}. \qquad \square$$

---

[4] この分解は微積分で習った未定係数法でやっても良いですが，次の項目で紹介する漸近解析の手法がより簡単です．更に次節で導入する留数の計算法を使えば，この場合は暗算でも求まります．実を言えば，$z=0$ における展開は分母から因子 z を省いたものに対して同様の方法で計算した後，その結果を z で割る方が更に簡単です☺．

問 **5.3-3** 次の関数の指定した領域における Laurent 展開を求めよ．
(1) $\sin\frac{1}{z}$ （$|z|>0$ で） (2) $\frac{e^{1/z}}{1-z}$ （$0<|z|<1$ で） (3) $\frac{e^{1/z}}{1-z}$ （$|z|>1$ で）．

【有理関数の不定積分への応用】 有理関数の原始関数を求めるときは部分分数への分解が用いられ，微積分では普通その計算に未定係数法が使われますが，ここでは Laurent 展開を用いた計算法を紹介します．分子の次数が分母の次数よりも小さいような有理関数の部分分数分解は分母が 0 となる点での Laurent 展開の負冪の部分を集めたものと一致します．（$z\to\infty$ のとき 0 なので多項式部分は無い．）このやり方の方が計算が簡単な場合もあります．

例 **5.3-2** $f(z)=\dfrac{1}{z^3(z+1)(z^2+1)^2}$ の部分分数分解をこの方法で求めます．分母の零点は $z=0,-1,\pm i$ であり，これらの点での Laurent 展開は漸近解析の手法（[1], 第3章3.3節）で以下のように求まります：まず $z=0$ では

$$
\begin{aligned}
f(z)&=\frac{1}{z^3(z+1)(z^2+1)^2}=\frac{1}{z^3}(1-z+z^2+\cdots)(1-z^2+\cdots)^2\\
&=\frac{1}{z^3}(1-z+z^2+\cdots)(1-2z^2+\cdots)\\
&=\frac{1}{z^3}(1-z-z^2+\cdots)=\frac{1}{z^3}-\frac{1}{z^2}-\frac{1}{z}+\cdots.
\end{aligned}
$$

次に $z=-1$ では，因子 $z+1$ 以外はこの点で零にならないので，$\frac{1}{z+1}$ の係数はこれを取り去った残りに $z=-1$ を代入すれば得られ，

$$
f(z)=\frac{1}{(-1)^3(z+1)\{(-1)^2+1\}^2}+\cdots=-\frac{1}{4}\frac{1}{z+1}+\cdots.
$$

最後に $z=i$ では，$\frac{1}{1+i}=\frac{1-i}{2}$ に注意して

$$
\begin{aligned}
f(z)&=\frac{1}{(z-i)^2}\frac{1}{z^3}\frac{1}{z+1}\frac{1}{(z+i)^2}\\
&=\frac{1}{(z-i)^2}\frac{1}{(z-i+i)^3}\frac{1}{z-i+1+i}\frac{1}{(z-i+2i)^2}\\
&=\frac{1}{(z-i)^2}\frac{1}{i^3}\frac{1}{\{1-i(z-i)\}^3}\frac{1}{1+i}\frac{1}{1+\frac{z-i}{1+i}}\frac{1}{(2i)^2}\frac{1}{\{1-\frac{i}{2}(z-i)\}^2}\\
&=-\frac{i(1-i)}{8}\frac{1}{(z-i)^2}\\
&\qquad\times\{1+3i(z-i)+\cdots\}\{1-\tfrac{1-i}{2}(z-i)+\cdots\}\{1+i(z-i)+\cdots\}\\
&=-\frac{1+i}{8}\frac{1}{(z-i)^2}\left\{1-\frac{1-9i}{2}(z-i)+\cdots\right\}
\end{aligned}
$$

$$= -\frac{1+i}{8}\frac{1}{(z-i)^2} + \frac{5-4i}{8}\frac{1}{z-i} + \cdots .$$

$z=-i$ における展開は，上で i を一斉に $-i$ で置き換えたものとなります．以上すべての分数部分を集めると，

$$\begin{aligned}
f(z) &= \frac{1}{z^3} - \frac{1}{z^2} - \frac{1}{z} - \frac{1}{4}\frac{1}{z+1} + \left\{-\frac{1+i}{8}\frac{1}{(z-i)^2} + \frac{5-4i}{8}\frac{1}{z-i}\right\} \\
&\qquad\qquad\qquad\qquad + \left\{-\frac{1-i}{8}\frac{1}{(z+i)^2} + \frac{5+4i}{8}\frac{1}{z+i}\right\} \\
&= \frac{1}{z^3} - \frac{1}{z^2} - \frac{1}{z} - \frac{1}{4}\frac{1}{z+1} - \frac{z^2-1-2z}{4(z^2+1)^2} + \frac{5z+4}{4(z^2+1)} \\
&= \frac{1}{z^3} - \frac{1}{z^2} - \frac{1}{z} - \frac{1}{4}\frac{1}{z+1} + \frac{z+1}{2(z^2+1)^2} + \frac{5z+3}{4(z^2+1)}.
\end{aligned}$$

$f(z)$ の部分分数分解は次数を見れば多項式部分が無いことが分かるので，最後の結果には $+\cdots$ は不要です．ちなみに不定積分の計算は，z を実数として微積分で使う場合も次のように実数形に直す前の形で行う方が簡単です：

$$\begin{aligned}
&\int \frac{1}{z^3(z+1)(z^2+1)^2}dz \\
&= \int\left(\frac{1}{z^3} - \frac{1}{z^2} - \frac{1}{z}\right)dz - \frac{1}{4}\int\frac{1}{z+1}dz \\
&\quad + \int\left\{-\frac{1+i}{8}\frac{1}{(z-i)^2} + \frac{5-4i}{8}\frac{1}{z-i}\right\}dz + \int\left\{-\frac{1-i}{8}\frac{1}{(z+i)^2} + \frac{5+4i}{8}\frac{1}{z+i}\right\}dz \\
&= -\frac{1}{2z^2} + \frac{1}{z} - \log z - \frac{1}{4}\log(z+1) \\
&\quad + \frac{1+i}{8}\frac{1}{z-i} + \frac{5-4i}{8}\log(z-i) + \frac{1-i}{8}\frac{1}{z+i} + \frac{5+4i}{8}\log(z+i).
\end{aligned}$$

z を実数として，この最後の行を実数化すれば，

$$\begin{aligned}
&\left(\frac{1+i}{8}\frac{1}{z-i} + \frac{1-i}{8}\frac{1}{z+i}\right) + \left\{\frac{5-4i}{8}\log(z-i) + \frac{5+4i}{8}\log(z+i)\right\} \\
&= \frac{1}{4}\frac{z-1}{z^2+1} + \frac{5}{8}\log(z^2+1) + \frac{i}{2}\log\frac{z+i}{z-i} \\
&= \frac{1}{4}\frac{z-1}{z^2+1} + \frac{5}{8}\log(z^2+1) + \mathrm{Arctan}\, z + C.
\end{aligned}$$

最後の Arctan への書き換えは問 1.3-2 参照． □

問 **5.3-4** 次の有理関数の部分分数分解と原始関数を計算せよ．

(1) $\dfrac{1}{z^4(z-1)^3}$ (2) $\dfrac{1}{z(z^2+1)}$ (3) $\dfrac{1}{z^3(z^2+1)^2}$ (4) $\dfrac{z^3}{(z+1)(z^2+z+1)}$.

5.4 留数の定義と計算法

留数 (residue) とはひどい名前を付けられたものですが，残り滓どころか，すこぶる有用なものです．

【留数計算】 まずは留数の定義から始めましょう．

定義 5.14 $f(z)$ が $z=\alpha$ に孤立特異点を持つとき，f の $z=\alpha$ における Laurent 展開 $\sum_{n=-\infty}^{\infty} c_n z^n$ の $1/z$ の係数 c_{-1} を f の点 α における**留数**と呼び，$\mathrm{Res}_{\,\alpha} f(z)$ で表す．

補題 5.15 $f(z)$ は区分的に滑らかな曲線 C で囲まれた領域内にただ一つの孤立特異点 α を持ち，それ以外では C も含めて正則とするとき，

$$\oint_C f(z)dz = 2\pi i\,\mathrm{Res}_{\,\alpha} f(z). \tag{5.10}$$

実際，これは既に実質的に何度か使っていますが，α を中心とする半径 r が十分小さな円 $|z-\alpha|=r$ を C の内部に描けば，C とこの円で囲まれた領域で $f(z)$ は正則なので，Cauchy の積分定理により

$$\oint_C f(z)dz - \oint_{|z-\alpha|=r} f(z)dz = 0.$$

従って $f(z)$ の $z=\alpha$ における Laurent 展開を用いて

$$\oint_C f(z)dz = \oint_{|z-\alpha|=r} f(z)dz = \oint_{|z-\alpha|=r} \sum_{n=-\infty}^{\infty} c_n(z-\alpha)^n dz$$
$$= \sum_{n=-\infty}^{\infty} \oint_{|z-\alpha|=r} c_n(z-\alpha)^n dz = 2\pi i c_{-1} \tag{5.11}$$

が得られます．ここで Laurent 展開が $|z-\alpha|=r$ の上で一様収束していることから積分と無限和の順序を交換し，各項の積分は Cauchy の積分定理と例題 2.1-2 の計算より $\frac{1}{z-\alpha}$ の項の分だけ残ることを用いました．

これを一般化したのが次の定理です．

定理 5.16 （**留数定理**） $f(z)$ が区分的に滑らかな（あるいは長さを持つ）有

限個の閉曲線を境界とする領域 D においてその点 $\alpha_j,\ j=1,\ldots,n$ を孤立特異点として持ち，それ以外では正則，かつ境界まで連続とすれば，

$$\oint_C f(z)dz = 2\pi i \sum_{j=1}^{n} \mathrm{Res}_{\,\alpha_j} f(z). \tag{5.12}$$

こちらは，各 α_j を中心とする半径 r_j が十分小さな円板を D からくり抜けば，$f(z)$ はそこで正則となることから，Cauchy の積分定理の拡張により

$$0 = \oint_{\partial D} f(z)dz - \sum_{j=1}^{n} \oint_{|z-\alpha_j|} f(z)dz.$$

従って与えられた線積分はこの円周上の線積分の和と一致するので，補題 5.15 の証明中の計算 (5.11) から結論が言えます．

次の補題は 1 位の極以外は実用計算にはあまり効率的ではありませんが，理論的には重要です．証明は Laurent 展開を思い浮かべれば明らかですね．

補題 5.17 $f(z)$ の孤立特異点 α が 1 位の極であるとき，留数は

$$\mathrm{Res}_{\,\alpha} f(z) = \lim_{z\to\alpha}(z-\alpha)f(z) \tag{5.13}$$

で計算できる．より一般に，n 位の極の場合は，

$$\mathrm{Res}_{\,\alpha} f(z) = \frac{1}{(n-1)!}\lim_{z\to\alpha}\frac{d^{n-1}}{dz^{n-1}}\{(z-\alpha)^n f(z)\}. \tag{5.14}$$

実際に留数を計算するには，何らかの方法，例えば漸近解析で Laurent 展開を求めてその $\frac{1}{z-\alpha}$ の係数を取り出す方が大抵の場合簡単です．漸近解析による Laurent 展開の計算例は 5.3 節でやりましたが，留数を求めるには $\frac{1}{z-\alpha}$ の項だけ計算すればよいのです．

例題 5.4-1 (i) r を (1) $0<r<1$, (2) $1<r<2$, (3) $r>2$, のそれぞれの場合について，次の積分を留数を用いて計算せよ．ただし $|\alpha|<1$ とする．

(a) $\displaystyle \frac{1}{2\pi i}\oint_{|z|=r}\frac{1}{(z-\alpha)(1-z)(2+z)}dz$ (b) $\displaystyle \frac{1}{2\pi i}\oint_{|z|=r}\frac{z-\alpha}{(1-z)(2+z)}dz.$

(ii) 上の結果を α について微分，あるいは積分することで，例 5.3-2 の関数

の (1), (2), (3) それぞれの領域における Laurent 展開を求めよ．

解答　(i) (1) (a) の積分路内に含まれる極は α だけなので，留数の定義と補題 5.15 により

$$(\mathrm{a}) = \frac{1}{(1-\alpha)(2+\alpha)} = \frac{1}{3}\frac{1}{1-\alpha} + \frac{1}{3}\frac{1}{2+\alpha}.$$

(b) の方は極が無いので 0 となる．

(2) (a) 今度は 1 も極として含まれるので，留数定理により

$$(\mathrm{a}) = \frac{1}{(1-\alpha)(2+\alpha)} + \left(-\frac{1}{3(1-\alpha)}\right) = \frac{1}{3}\frac{1}{2+\alpha}.$$

同様に，(b) の方は 1 が唯一の極なので，

$$(\mathrm{b}) = -\frac{1-\alpha}{3} = \frac{\alpha-1}{3}.$$

(3) (a) は更に -2 が極として加わるので，留数定理により

$$(\mathrm{a}) = \frac{1}{(1-\alpha)(2+\alpha)} - \frac{1}{3(1-\alpha)} + \frac{1}{3(-2-\alpha)} = 0.$$

（これは留数を計算しなくても，積分路を $r \to \infty$ とすれば直ちに分かる．）(b) の方は 1, -2 が極なので，留数定理により

$$(\mathrm{b}) = \frac{\alpha-1}{3} + \frac{-2-\alpha}{3} = \frac{\alpha-1}{3} - \frac{2+\alpha}{3}.$$

(ii) Laurent 展開の z^n の係数 c_n $(n \in \boldsymbol{Z})$ は

$$c_n = \frac{1}{2\pi i}\oint \frac{1}{z^{n+1}}\frac{1}{z^3(1-z)(2+z)}dz = \frac{1}{2\pi i}\oint \frac{1}{z^{n+4}(1-z)(2+z)}dz$$

である．よって，$n \geq -3$ なら，積分記号下の微分で

$$c_n = \frac{1}{(n+3)!}\left(\frac{d}{d\alpha}\right)^{n+3}(\mathrm{a})\Big|_{\alpha=0}$$

と計算できる．また，$n = -4$ のときは，

$$c_{-4} = -\left(\frac{d}{d\alpha}\right)(\mathrm{b})\Big|_{\alpha=0}$$

で計算できる．最後に $n \leq -5$ なら，α について 0 を始点として不定積分し

た後符号を変える作用素を $\left(-\int_0^\alpha \cdot\, d\alpha\right)$ と書けば,

$$\left(-\int_0^\alpha \cdot\, d\alpha\right)^{-n-5}(z-\alpha) = \frac{(z-\alpha)^{-n-4}}{(-n-4)!}$$

となるから，積分順序の交換で,

$$c_n = (-n-4)!\left(-\int_0^\alpha \cdot\, d\alpha\right)^{-n-5}(\mathrm{b})\Big|_{\alpha=0}$$

となる．以上をそれぞれの場合について既に計算済みの (a), (b) に適用すればよい.

(1) $n \geq -3$ については,

$$c_n = \frac{1}{(n+3)!}\left(\frac{d}{d\alpha}\right)^{n+3}(\mathrm{a})\Big|_{\alpha=0} = \frac{1}{(n+3)!}\left(\frac{d}{d\alpha}\right)^{n+3}\frac{1}{3}\left(\frac{1}{1-\alpha}+\frac{1}{2+\alpha}\right)\Big|_{\alpha=0}$$
$$= \frac{1}{3}\left(\frac{1}{(1-\alpha)^{n+4}}+\frac{(-1)^{n+3}}{(2+\alpha)^{n+4}}\right)\Big|_{\alpha=0} = \frac{1}{3}\left(1+\frac{(-1)^{n+3}}{2^{n+4}}\right).$$

$n \leq -4$ では (b)$=0$ より $c_n = 0$ となる.

(2) $n \geq -3$ については，同様に,

$$c_n = \frac{1}{(n+3)!}\left(\frac{d}{d\alpha}\right)^{n+3}\frac{1}{3}\frac{1}{2+\alpha}\Big|_{\alpha=0} = \frac{1}{3}\frac{(-1)^{n+3}}{2^{n+4}}.$$

$n = -4$ のときは

$$c_{-4} = -\frac{d}{d\alpha}(\mathrm{b})\Big|_{\alpha=0} = -\frac{d}{d\alpha}\frac{\alpha-1}{3}\Big|_{\alpha=0} = -\frac{1}{3}.$$

$n \leq -5$ では

$$c_n = (-n-4)!\left(-\int_0^\alpha \cdot\, d\alpha\right)^{-n-5}(\mathrm{b})\Big|_{\alpha=0}$$
$$= (-n-4)!\left(-\int_0^\alpha \cdot\, d\alpha\right)^{-n-5}\frac{\alpha-1}{3}\Big|_{\alpha=0} = \frac{1}{3}(\alpha-1)^{-n-5}\Big|_{\alpha=0} = \frac{(-1)^{-n-5}}{3}.$$

(3) $n \geq -3$ では (a)$=0$ なので $c_n = 0$. $n = -4$ のときは

$$c_{-4} = -\frac{d}{d\alpha}\frac{1}{3}(\alpha-1)\Big|_{\alpha=0} = -\frac{1}{3}.$$

$n \leq -5$ では,

$$c_n = (-n-4)!\left(-\int_0^\alpha \cdot\, d\alpha\right)^{-n-5}\left(\frac{\alpha-1}{3}-\frac{2+\alpha}{3}\right)\Big|_{\alpha=0} = \frac{(-1)^{-n-5}}{3}+\frac{(-2)^{-n-4}}{3}.$$

以上の係数で Laurent 展開を書けば，例題 5.3-1 の結果を z^2 で割ったものと

なっているはずである. □

留数の計算練習は次の節でたくさんやるので，ここでは問題は省略します.

5.5 留数を利用した定積分の計算法

微積分では，被積分関数の原始関数が初等関数で表せないような定積分の値だけを計算するのに巧妙な技法が使われていますが，留数計算はそのような定積分の値をある程度統一的に求める有力な手段を与えます．ここではそのような技法を三つほど紹介します.

【1．直接適用】 積分路は閉曲線のままでよく，留数定理がそのまま適用できる場合です．ただし，実の定積分の計算に応用するときは，公式の形に持ち込むためにちょっとした変形が必要になるのが普通です.

例 5.5-1 次の定積分を計算します：

$$\int_0^{2\pi} \frac{1}{a - b\cos\theta} d\theta \quad (a > b > 0) \tag{5.15}$$

微積分では置換積分で計算しますが，結構面倒です．ここでは留数計算に持ち込むため，これを単位円周に関する複素線積分に変形します．$|z| = 1$ 上では，

$$z = \cos\theta + i\sin\theta, \quad \overline{z} = \cos\theta - i\sin\theta = \frac{1}{z}, \tag{5.16}$$

従って

$$\cos\theta = \frac{z + \overline{z}}{2} = \frac{z^2 + 1}{2z}, \quad \sin\theta = \frac{z - \overline{z}}{2i} = \frac{z^2 - 1}{2iz}, \tag{5.17}$$

$$dz = d(e^{i\theta}) = ie^{i\theta}d\theta = izd\theta \qquad \text{すなわち} \qquad d\theta = \frac{1}{iz}dz \tag{5.18}$$

であることを用いると，(5.15) は

$$\int_{|z|=1} \frac{1}{a - b\frac{z^2+1}{2z}} \frac{1}{iz} dz = 2i \int_{|z|=1} \frac{1}{bz^2 - 2az + b} dz$$

となります．分母の零点は $z^2 - 2\frac{a}{b}z + 1 = 0$ の根で，これは a, b に対する仮定により二根とも実で，根と係数の関係によりそれらの積は 1, 和は > 2 なので，ともに正，かつ一つは単位円内に，もう一つは単位円外にあります．単位

円内にある方を α とすれば，被積分関数のそこでの留数は

$$\mathrm{Res}_{z=\alpha}\frac{1}{bz^2-2az+b}=\mathrm{Res}_{z=\alpha}\frac{1}{b(z-\alpha)(z-\beta)}=\frac{1}{b(\alpha-\beta)}.$$

根と係数の関係より

$$\alpha-\beta=-\sqrt{(\alpha-\beta)^2}=-\sqrt{(\alpha+\beta)^2-4\alpha\beta}=-\sqrt{4\frac{a^2}{b^2}-4}=-\frac{2\sqrt{a^2-b^2}}{b}$$

なので，積分値は

$$2i\times 2\pi i\,\mathrm{Res}_{z=\alpha}\frac{1}{bz^2+2az+b}=-\frac{4\pi}{b(\alpha-\beta)}=\frac{2\pi}{\sqrt{a^2-b^2}}.\qquad\square$$

問 5.5-1 次の定積分を求めよ．ただし a,b は実の定数である．

(1) $\displaystyle\int_0^{2\pi}\frac{1}{2+a\cos\theta+b\sin\theta}d\theta\quad(|a|,|b|<1)$ (2) $\displaystyle\int_0^{\pi}\frac{1}{a+b\cos^2\theta}d\theta\quad(a,b>0)$

(3) $\displaystyle\int_0^{\pi/2}\frac{1}{a+b\cos^4\theta}d\theta\quad(a,b>0)$ (4) $\displaystyle\int_0^{2\pi}\cos^n\theta d\theta.$

【2. 積分路を無限遠に遠ざけた極限を見る方法】 具体例で説明しましょう．

例 5.5-2 定積分 $I=\displaystyle\int_{-\infty}^{\infty}\frac{1}{(x^2+1)^2}dx$ の計算．これは普通に漸化式を用いても求まりますが，計算は面倒です．これを複素積分と見て，積分路を上の方にずらしてゆくと，$z=i$ を通過するときに留数が残り，その後の積分は 0 に収束します[5]：$R>1$ とし，i を中心とする半径 $\varepsilon<1$ の円周 C_ε を取れば，

$$I=\oint_C\frac{1}{(z^2+1)^2}dz+\int_{-\infty+Ri}^{\infty+Ri}\frac{1}{(z^2+1)^2}dz\xrightarrow{R\to\infty}\oint_C\frac{1}{(z^2+1)^2}dz.$$

残った積分は留数定理で計算します．$z=i$ における Laurent 展開を見ると

$$\frac{1}{(z^2+1)^2}=\frac{1}{(z-i)^2}\frac{1}{(z+i)^2}=\frac{1}{(z-i)^2}\left\{\frac{1}{2i+(z-i)}\right\}^2$$
$$=\frac{1}{(z-i)^2}\frac{1}{(2i)^2}\left(1-\frac{z-i}{2i}+\cdots\right)^2=\frac{1}{(z-i)^2}\frac{1}{(2i)^2}\left(1-2\frac{z-i}{2i}+\cdots\right).$$

これから留数が $\frac{1}{z-i}$ の係数として $\frac{1}{4i}=-\frac{i}{4}$ と求まります．よって

$$\oint_C\frac{1}{(z^2+1)^2}dz=2\pi i\times\left(-\frac{i}{4}\right)=\frac{\pi}{2}.$$

[5] 実は I も右辺の一つ目の積分も R に依存しないので，二つ目の積分は $R>1$ が何であっても 0 に等しいことがこれから分かります．

しかし，実軸と，それを上方にずらした直線は合わせて閉曲線を成していないので，Cauchy の積分定理を直接適用することはできません．これの正当化は，図 5.1 のように縦線 $C_{\pm M}$ を補って長方形を作り，それに Cauchy の積分定理を適用した後，その縦線の位置を $M \to \infty$ とするとその上の積分が 0 に収束することを示すことにより行います．この例では R を固定したとき，例えば

$$\Big|\int_{C_{M,R}} \frac{1}{(z^2+1)^2}dz\Big| \le \int_0^R \frac{1}{(|z|^2-1)^2}dy \le \frac{R}{(M^2-1)} \xrightarrow{M\to\infty} 0$$

から分かります．また，$R \to \infty$ のときシフトされた積分が 0 に近づくことは，この積分路上で $|z^2+1| \ge |z^2| - 1 = x^2 + R^2 - 1$ であることから

$$\begin{aligned}\Big|\int_{-\infty+iR}^{\infty+iR} \frac{dz}{(z^2+1)^2}\Big| &\le \int_{-\infty}^{\infty} \frac{dx}{(x^2+R^2-1)^2}\\ &\le \frac{1}{R^2-1}\int_{-\infty}^{\infty} \frac{dx}{x^2+R^2-1} \xrightarrow{R\to\infty} 0\end{aligned}$$

より示せます．以上の手続きを図 5.1 の後に図式化して示しておきます．

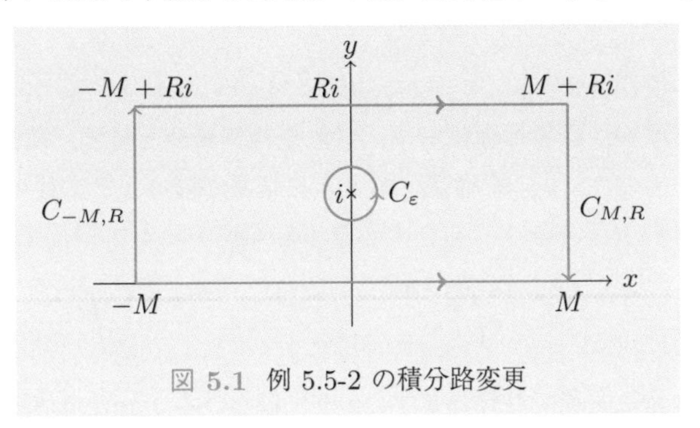

図 5.1 例 5.5-2 の積分路変更

$$\begin{array}{ccccccccc}
\displaystyle\int_{-M}^{M} f(z)dz & = & \displaystyle\int_{C_{-M,R}} f(z)dz & + & \displaystyle\int_{-M+iR}^{M+iR} f(z)dz & + & \displaystyle\int_{C_{M,R}} f(z)dz & + & \displaystyle\oint_{C_\varepsilon} f(z)dz \\
\downarrow (M\to\infty) & & \downarrow & & \downarrow & & \downarrow & & \| \\
\displaystyle\int_{-\infty}^{\infty} f(z)dz & = & 0 & + & \displaystyle\int_{-\infty+iR}^{\infty+iR} f(z)dz & + & 0 & + & \displaystyle\oint_{C_\varepsilon} f(z)dz \\
\| & & & & \downarrow (R\to\infty) & & & & \| \\
\displaystyle\int_{-\infty}^{\infty} f(z)dz & = & & & 0 & & & + & 2\pi i \,\mathrm{Res}_{\,i} f(z)
\end{array}$$

問 **5.5-2**　次の定積分を留数計算を利用して求めよ．

(1) $\int_{-\infty}^{\infty}\frac{1}{x^4+1}dx$　　(2) $\int_{-\infty}^{\infty}\frac{1}{(x^2+1)(x^2+4)}dx$　　(3) $\int_{-\infty}^{\infty}\frac{x^2}{(x^2+1)^3}dx$.

これまでの問題は積分路を下にずらしても計算できますが，次の例では上にずらすのが必須です：

例 **5.5-3**　定積分 $\displaystyle\int_{-\infty}^{\infty}\frac{\cos x}{x^2+1}dx$ の計算．$\cos x = \mathrm{Re}\, e^{ix}$ に注意すると[6)]，

$$= \mathrm{Re}\int_{-\infty}^{\infty}\frac{e^{ix}}{x^2+1}dx = \mathrm{Re}\left\{2\pi i\,\mathrm{Res}_{\,i}\frac{e^{iz}}{z^2+1} + \int_{-\infty}^{\infty}\frac{e^{ix-R}}{(x+iR)^2+1}dx\right\}$$

$$\to \mathrm{Re}\left\{2\pi i\,\mathrm{Res}_{\,i}\frac{e^{iz}}{z^2+1}\right\} = \mathrm{Re}\left\{2\pi i\frac{e^{-1}}{2i}\right\} = \frac{\pi}{e}. \qquad \square$$

問 **5.5-3**　(1) $\int_0^{\infty}\frac{\cos x}{x^2+1}dx$ を求めよ．［ヒント：対称性を用いて全実数軸上の積分に帰着させよ．］

(2) $\int_0^{\infty}\frac{x\sin x}{(x^2+1)^2}dx$ を求めよ．［ヒント：同上．］

5.3　積分 $\displaystyle\int_0^{\infty}\frac{\sin x}{x^2+1}dx$ は同じように見えて簡単には求まりません．この値については実はまだあまり知られていないようです．

【3．多価性を利用して積分路変形後の値との差を見る方法】　これもやさしい具体例で説明しましょう．

例 **5.5-4**　$I = \displaystyle\int_0^{\infty}\frac{\sqrt{x}}{x^2+1}dx$ の計算．$|z| = R$ のとき $\left|\frac{\sqrt{z}}{z^2+1}\right| = O(R^{-3/2})$ なので，半径 R の円周の長さ $O(R)$ を掛けても円上の線積分は $R\to\infty$ のとき $O(R^{-1/2})$ の速さで 0 に収束し，積分路を回転させる操作が正当化されます（図 5.2 とその後の説明図式参照）．一周させると $\sqrt{x}\mapsto -\sqrt{x}$ となるので，途中に生じた留数と合わせて，

$$I = -\int_0^{\infty}\frac{\sqrt{x}}{x^2+1}dx + 2\pi i\,\mathrm{Res}_{\,i}\frac{\sqrt{z}}{z^2+1} + 2\pi i\,\mathrm{Res}_{\,-i}\frac{\sqrt{z}}{z^2+1}$$

$$= -I + 2\pi i\Big(\frac{\sqrt{i}}{2i} + \frac{\sqrt{-i}}{-2i}\Big) = -I + \pi(\sqrt{i} - \sqrt{-i}).$$

$$\therefore\quad I = \frac{\pi}{2}(\sqrt{i} - \sqrt{-i}).$$

6) $\cos x = \frac{e^{ix}+e^{-ix}}{2}$ を代入してしまうと失敗します！ なお，$\mathrm{Im}\, e^{ix} = \sin x$ で，$\int_{-\infty}^{\infty}\frac{\sin x}{x^2+1}dx$ は対称性により零になるので，実は Re を付けなくても結果は同じです．

ここで $\sqrt{i} = \sqrt{e^{\pi i/2}} = e^{\pi i/4} = \frac{1+i}{\sqrt{2}}$，また $\sqrt{-i}$ の方は下からではなく上から回ってきた分枝なので，$\sqrt{-i} = e^{3\pi i/4} = \frac{-1+i}{\sqrt{2}}$ となります．故に

$$I = \frac{\pi}{2}\left(\frac{1+i}{\sqrt{2}} - \frac{-1+i}{\sqrt{2}}\right) = \frac{\pi}{\sqrt{2}}. \quad \square$$

一般に積分路の角 θ の回転は，それに対応する扇形の中で図の円弧 $C_{R,\theta}$ 上の積分が $R \to \infty$ のとき 0 に近付けば Cauchy の積分定理からの極限移行により正当化されます．

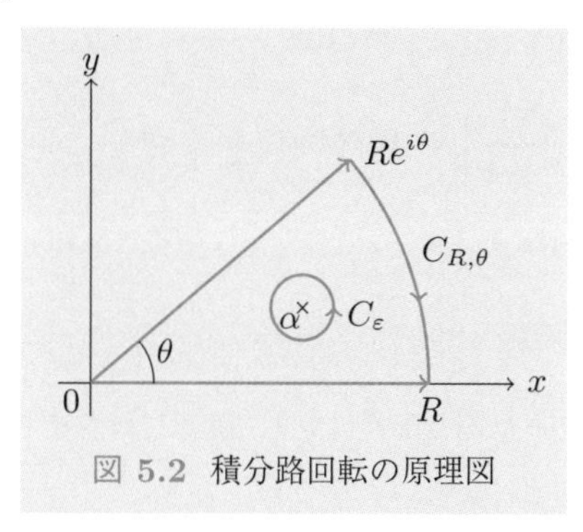

図 5.2 積分路回転の原理図

$$\begin{array}{ccccccc}
\displaystyle\int_0^R f(x)dx & = & \displaystyle\int_0^{Re^{i\theta}} f(z)dz & + & \displaystyle\int_{C_{R,\theta}} f(z)dz & + & \displaystyle\oint_{C_\varepsilon} f(z)dz \\
(R\to\infty)\downarrow & & \downarrow & & \downarrow & & \| \\
\displaystyle\int_0^\infty f(x)dx & = & \displaystyle\int_0^{\infty e^{i\theta}} f(z)dz & + & 0 & + & 2\pi i\,\mathrm{Res}_{\alpha} f(z)
\end{array}$$

例題 5.5-1 $0 < q < 1$ とするとき，次を示せ：

$$\int_0^\infty \frac{x^{-q}}{x+1}dx = \frac{\pi}{\sin \pi q}. \tag{5.19}$$

解答 この積分は原点と無限遠点で広義積分になっているが，積分路の回転は図 5.2 において原点も半径 $\varepsilon > 0$ の円をくり抜いておけば，$\varepsilon \to 0$ のときこの微小円弧 $C_{\varepsilon,\theta}$ 上の線積分が

$$\left|\int_{C_{\varepsilon,\theta}} \frac{z^{-q}}{z+1}dz\right| \leq \int_0^\theta \frac{|(\varepsilon e^{i\theta})^{-q}|}{|\varepsilon e^{i\theta}+1|}\varepsilon d\theta \leq \int_0^\theta \frac{\varepsilon^{1-q}}{1-\varepsilon}d\theta = \frac{\varepsilon^{1-q}}{1-\varepsilon}\theta \to 0$$

となることから許される．積分路の回転途上で生じる留数は $z=-1$ におけるもののみであるが，これは上方から到達するので $e^{\pi i}$ と考えられ，

$$\int_0^\infty \frac{x^{-q}}{x+1}dx = 2\pi i \operatorname{Res}_{z=e^{\pi i}} \frac{z^{-q}}{z-e^{\pi i}} + \int_0^\infty \frac{(xe^{2\pi i})^{-q}}{x+1}dx$$
$$= 2\pi i e^{-\pi i q} + e^{-2\pi i q}\int_0^\infty \frac{x^{-q}}{x+1}dx.$$
$$\therefore \quad \int_0^\infty \frac{x^{-q}}{x+1}dx = \frac{2\pi i e^{-\pi i q}}{1-e^{-2\pi i q}} = \pi\frac{2i}{e^{\pi i q}-e^{-\pi i q}} = \frac{\pi}{\sin \pi q}. \qquad \square$$

一周回ったら完全にもとに戻ってしまうような積分に対しても，工夫すればこの方法は使えます：

例 5.5-5　$I=\int_0^\infty \frac{dx}{x^2+x+1}$ の計算．補助として次の積分を考えます：

$$J=\int_0^\infty \frac{\log x}{x^2+x+1}dx.$$

積分路の半直線を原点の周りに正の向きに一回転させると，log の多価性により

$$\int_0^\infty \frac{\log x + 2\pi i}{x^2+x+1}dx = J + 2\pi i I$$

になりますが，その間に $z=\omega, \omega^2$ で特異点に引っかかって留数を残すので

$$J = J + 2\pi i I + 2\pi i \operatorname{Res}_{\omega}\frac{\log z}{z^2+z+1} + 2\pi i \operatorname{Res}_{\omega^2}\frac{\log z}{z^2+z+1}.$$

これから邪魔なものが打ち消されて

$$I = -\operatorname{Res}_{\omega}\frac{\log z}{z^2+z+1} - \operatorname{Res}_{\omega^2}\frac{\log z}{z^2+z+1} = -\frac{\log e^{2\pi i/3}}{\omega-\omega^2} - \frac{\log e^{4\pi i/3}}{\omega^2-\omega}$$
$$= -\frac{2\pi i}{3}\frac{1}{\sqrt{3}i} + \frac{4\pi i}{3}\frac{1}{\sqrt{3}i} = \frac{2\pi}{3\sqrt{3}}.$$

ここで $\omega-\omega^2 = \frac{-1+\sqrt{3}i}{2} - \frac{-1-\sqrt{3}i}{2} = \sqrt{3}i$ を用いました．　$\square$

問 5.5-4　次の定積分を計算せよ．

(1) $\int_0^\infty \frac{dx}{x^2-x+1}$.

(2) $\int_0^\infty \frac{\log x}{x^2+1}dx$.　［ヒント：$\int_0^\infty \frac{(\log x)^2}{x^2+1}dx$ の積分路を一回転させよ.］

(3) $\int_0^\infty \frac{(\log x)^2}{x^2+1}dx$.　［ヒント：$\int_0^\infty \frac{(\log x)^3}{x^2+1}dx$ の積分路を一回転させよ.］

最後に半周回して計算する例を示します．一般には一周回して計算できる例は，留数をまたいだ適当な角度だけ回しても計算でき，しかも楽なことが多いのですが，次のように三角関数がからむと半周で止めるのが必須になります．

例 5.5-6　$I=\displaystyle\int_0^\infty \frac{\sqrt{x}\sin(x+\frac{\pi}{4})}{x^2+1}dx$ の計算．

これを $J=\int_0^\infty \frac{e^{i(x+\frac{\pi}{4})}\sqrt{x}}{x^2+1}dx$ の虚部と考え，後者の積分路を原点の周りに半回転させると，$z=i$ での留数が残り，

$$J=\int_0^{-\infty}\frac{e^{i(x+\frac{\pi}{4})}\sqrt{x}}{x^2+1}dx+2\pi i\,\mathrm{Res}_i\frac{e^{i(z+\frac{\pi}{4})}\sqrt{z}}{z^2+1}$$

となります．積分は $x\mapsto -x$ と変数変換し，留数は $\sqrt{i}=e^{\frac{\pi}{4}i}$ に注意して計算すると，

$$\begin{aligned}J&=-\int_0^\infty\frac{e^{-i(x-\frac{\pi}{4})}\sqrt{-x}}{x^2+1}dx+2\pi i\frac{e^{-1+\frac{\pi i}{4}}\sqrt{i}}{2i}\\&=-\int_0^\infty\frac{e^{-i(x+\frac{\pi}{4})}e^{\frac{\pi}{2}i}i\sqrt{x}}{x^2+1}dx+\frac{\pi}{e}i=\int_0^\infty\frac{e^{-i(x+\frac{\pi}{4})}\sqrt{x}}{x^2+1}dx+\frac{\pi}{e}i.\end{aligned}$$

よって両辺の虚部を取れば $I=-I+\frac{\pi}{e}$, すなわち，$I=\frac{\pi}{2e}$.　□

5.4　上の計算から $\int_0^\infty\frac{(\cos x+\sin x)\sqrt{x}}{x^2+1}dx=\frac{\pi}{\sqrt{2e}}$ が分かりますが，$\int_0^\infty\frac{\sqrt{x}\cos x}{x^2+1}dx$, $\int_0^\infty\frac{\sqrt{x}\sin x}{x^2+1}dx$ 個々には既知の値にはならないようです．

問 5.5-5　(1) 積分 $\int_0^\infty\frac{\sqrt{x}}{x^2+1}dx$ を積分路を半周させるだけで計算せよ．

(2) $\int_0^\infty\frac{x}{x^3+1}dx$.　［ヒント：積分路を正の向きに $\frac{2\pi}{3}$ だけ回転させせよ.］

(3) $\int_0^\infty\frac{1}{x^n+1}dx$ $(n\geq 2)$.　［ヒント：積分路を適当な角度だけ回転させせよ.］

(4) $\displaystyle\int_0^\infty\frac{\sqrt[3]{x}\cos(x-\frac{\pi}{6})}{x^2+1}dx$ を求めよ．

(5) $0<q<1$ とするとき $\int_0^\infty\frac{x^q}{x^2+1}dx$ を求めよ．

5.5　$C=\{|z|=1\}$, $|\alpha|<1$ とするとき，積分 $\oint_C\frac{3z^2}{z^3-\alpha}dz$ を $w=z^3$ と置いて $=3\oint_C\frac{1}{w-\alpha}dw=6\pi i$ として計算するのは正しいでしょうか？　α の 3 乗根の一つを $\sqrt[3]{\alpha}$ で表し，$z^3-\alpha=(z-\sqrt[3]{\alpha})(z-\omega\sqrt[3]{\alpha})(z-\omega^2\sqrt[3]{\alpha})$ を用いて部分分数に分解して計算すると確かにこの値になります．最初に示した計算は線積分の変数変換の例で，実数値の場合と同様に証明できます．このような計算で大事なのは，dz と積分路も忘れずに変換することです．ここでは単位円の 1 周が変換で 3 周になっています．

第6章
解析接続の理論と実際

前章で一致の定理に関連して正則関数の定義域を拡張する解析接続の概念を導入しました．この章では解析接続の具体的な方法をいくつか紹介し，その後で理論的正当化を試みます．ここから先は中級の話題で 3, 4 年生向けです．

6.1 解析接続の方法

正則関数の定義域を拡張し，関数を延長する**解析接続**の代表的な技法をまとめて紹介します．

【1．冪級数による方法】 これは Weierstrass が提唱したもので，解析接続の最初の厳密な定義でもあります．一言で言えば，“Taylor 展開が収束するところまでは解析接続できる．展開の中心を収束円の境界付近に取り直したら新しい収束円がもとの円よりはみ出して少し延ばせるかもしれない” と期待するものです．理論の詳しい紹介は後にして，ここでは実例によってこの期待を探りましょう．

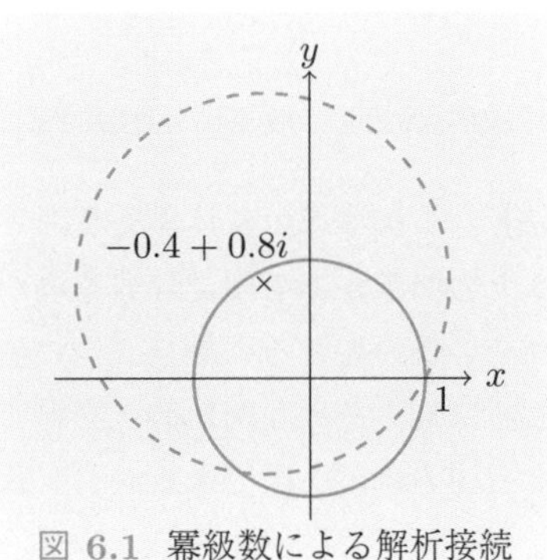

図 6.1 冪級数による解析接続

例 6.1-1 無限等比級数 $f(z)=1+z+z^2+\cdots+z^n+\cdots$ は，和 $\frac{1}{1-z}$ を求めてしまえば $z=1$ を除いたところまで正則に延ばせることは自明ですが，和が知られていないとして，例えばこれを $\alpha=-0.4+0.8i$ を中心に展開し直してみましょう．式を見やすくするため，α のままで書くと，

$$
\begin{aligned}
f(z) &= 1+(z-\alpha+\alpha)+(z-\alpha+\alpha)^2+\cdots+(z-\alpha+\alpha)^n+\cdots \\
&= 1+(z-\alpha)+\alpha+(z-\alpha)^2+2\alpha(z-\alpha)+\alpha^2+\cdots \\
&\quad +(z-\alpha)^n+\sum_{k=0}^{n-1}{}_n\mathrm{C}_k\alpha^{n-k}(z-\alpha)^k+\cdots \\
&= (1+\alpha+\alpha^2+\cdots+\alpha^n+\cdots)+(1+2\alpha+\cdots+n\alpha^{n-1}+\cdots)(z-\alpha) \\
&\quad +\cdots+\sum_{n=k}^{\infty}{}_n\mathrm{C}_k\cdot\alpha^{n-k}(z-\alpha)^k+\cdots \\
&= \frac{1}{1-\alpha}+\frac{z-\alpha}{(1-\alpha)^2}+\cdots+\frac{(z-\alpha)^k}{(1-\alpha)^{k+1}}+\cdots.
\end{aligned}
$$

（ここで用いた和の公式 $\frac{1}{(1-\alpha)^{k+1}}=\sum_{n=k}^{\infty}{}_n\mathrm{C}_k\alpha^{n-k}$ は問 2.2-2 の解答中に示されている公式 (A.1) のパラメータを変えたものです．）これは収束半径 $|1-\alpha|=1.66\cdots$ の冪級数となるので，確かに大分定義域が拡がりました．なお，和の $\frac{1}{1-z}$ を用いてもよければ，この級数は次のように簡単に求まります：

$$
\begin{aligned}
\frac{1}{1-z} &= \frac{1}{1-\alpha-(z-\alpha)} = \frac{1}{1-\alpha}\frac{1}{1-\frac{z-\alpha}{1-\alpha}} \\
&= \frac{1}{1-\alpha}\left\{1+\frac{z-\alpha}{1-\alpha}+\cdots+\frac{(z-\alpha)^k}{(1-\alpha)^k}+\cdots\right\} \\
&= \frac{1}{1-\alpha}+\frac{z-\alpha}{(1-\alpha)^2}+\cdots+\frac{(z-\alpha)^k}{(1-\alpha)^{k+1}}+\cdots.
\end{aligned}
$$

問 **6.1-1** $\log z$ の $z=1$ を中心とする Taylor 展開を示し，次いでこれを $|\alpha-1|<1$ なる点 α で展開し直したものを計算し，収束円を確認せよ．

【2. 関数等式による方法】 これは昔から具体的な関数の解析接続を作るのに用いられてきました．もとの関数がある関数等式を満たしているとき，それを逆に見て，まだ定義されていないところの値を既知の値で表すことで定義を拡張します．この方法の核心は使えそうな関数等式を導くところで，それは問題依存ですが，典型例を知っておけば応用できるかもしれません．

例 **6.1-2** **ガンマ関数**は $s>0$ に対し

$$
\Gamma(s)=\int_0^{\infty}e^{-x}x^{s-1}dx \tag{6.1}
$$

で定義されます．この広義積分は $\mathrm{Re}\, s > 0$ という複素数 s について広義一様に絶対収束し，従ってそこでは直接正則関数を定めます．$s > 0$ に対して

$$\Gamma(s+1) = s\Gamma(s) \tag{6.2}$$

という有名な関数等式が成り立つことが部分積分で容易に確かめられますが，これは微積分の演習でやった人も多いでしょう（例えば [2], 補題 8.15）．これと $\Gamma(1) = 1$ から，ガンマ関数が $\Gamma(n) = (n-1)!$ を補間する関数であることが分かります．この関数等式を

$$\Gamma(s) = \frac{\Gamma(s+1)}{s} \tag{6.3}$$

と書き直すと，右辺で左辺を定義することにより，$\mathrm{Re}\, s > -1$, ただし $s \neq 0$, まで定義が拡張できます．これを繰り返すとガンマ関数は $s = 0, -1, -2, \ldots$ を除き全複素平面に解析接続されます．除かれた点はガンマ関数の 1 位の極となります．

問 **6.1-2**　$s = 0, -1, -2, \ldots$ が $\Gamma(s)$ の 1 位の極となることを確かめ，これらの点における Laurent 展開の $\frac{1}{s+n}$ の係数（留数）を求めよ．

ガンマ関数についてはもう一つ，有名な関数等式があります．

定理 6.1　$s \notin \boldsymbol{Z}$ のとき

$$\Gamma(s)\Gamma(1-s) = \frac{\pi}{\sin \pi s}. \tag{6.4}$$

証明　解析接続の原理により $0 < s < 1$ に対して等号を示せば十分である．この範囲では $\Gamma(s)$ も $\Gamma(1-s)$ も積分 (6.1) で定義できるので，

$$\begin{aligned}\Gamma(s)\Gamma(1-s) &= \int_0^\infty e^{-x}x^{s-1}dx \int_0^\infty e^{-y}y^{-s}dy \\ &= \iint_{x\geq 0, y\geq 0} e^{-x-y}x^{s-1}y^{-s}dxdy.\end{aligned}$$

ここで，$y = xt$ により $(x, y) \mapsto (x, t)$ と変数変換すると，$dxdy = xdxdt$ で，

$$\begin{aligned}&= \iint_{x\geq 0, t\geq 0} e^{-x-xt}x^{s-1}(xt)^{-s}xdxdt = \int_0^\infty t^{-s}dt \int_0^\infty e^{-x(1+t)}dx \\ &= \int_0^\infty \frac{t^{-s}}{1+t}dt\end{aligned}$$

となる．最後の積分は例題 5.5-1 によれば $\frac{\pi}{\sin \pi s}$ に等しいのであった． □

問 6.1-3 $\frac{1}{\Gamma(s)}$ は $s = 0, -1, -2, \ldots$ も込めて全複素平面で正則となり，$s = 0, -1, -2, \ldots$ は 1 位の零点となることを示せ．［ヒント：$\Gamma(s)$ が零点を持たないことは関数等式 (6.4) から分かる．］

例 6.1-3 Riemann の**ゼータ関数**．これは

$$\zeta(s) = \sum_{n=1}^{\infty} \frac{1}{n^s} \tag{6.5}$$

で定義される関数で，$\mathrm{Re}\, z > 1$ では普通に広義一様に絶対収束することが $\left|\frac{1}{n^s}\right| = |e^{-s\log n}| = e^{-\mathrm{Re}\, s \log n} = \frac{1}{n^{\mathrm{Re}\, s}}$ から微積分の知識で分かります．従って定理 4.5 によりこの範囲で s の正則関数となります．これは

$$\xi(s) = \pi^{-s/2}\Gamma(s/2)\zeta(s) \text{ と置くとき } \quad \xi(s) = \xi(1-s),$$

$$\text{すなわち } \zeta(s) = \pi^{s/2+(s-1)/2}\frac{\Gamma(\frac{1-s}{2})}{\Gamma(\frac{s}{2})}\zeta(1-s) \tag{6.6}$$

という関数等式を満たします．ただしこれだけでは $\zeta(s)$ が $0 \leq \mathrm{Re}\, s \leq 1$ に解析接続できるかどうか不明ですが，Riemann は上の関数等式を導くための補助として次のような $\zeta(s)$ の表現を与えました：

補題 6.2 $\mathrm{Re}\, s > 1$ に対して

$$\zeta(s) = \frac{1}{\Gamma(s)}\int_0^{\infty} \frac{x^{s-1}}{e^x - 1}dx. \tag{6.7}$$

証明 ガンマ関数の定義式 (6.1) において $x \mapsto nx$ と置換すると

$$\Gamma(s) = \int_0^{\infty} e^{-nx}x^{s-1}dx \cdot n^s$$

が得られる．n^s で両辺を割り，$n = 1, 2, \ldots$ について和を取れば

$$\Gamma(s)\zeta(s) = \sum_{n=1}^{\infty}\int_0^{\infty} e^{-nx}x^{s-1}dx$$

となる．ここで無限和を積分の中に入れれば形式的に証明が完了するが，級数 $\sum_{n=1}^{\infty} e^{-nx}$ は $x = 0$ では発散しているので，この順序変更は一様収束の基準では正当化できない．そこで積分を二つに分けると，$\forall \varepsilon > 0$ について，まず

$x \geq \varepsilon$ に対しては

$$\int_\varepsilon^\infty e^{-nx}x^{s-1}dx = \int_\varepsilon^\infty e^{-(n-1)x}\{e^{-x}x^{s-1}\}dx \leq e^{-(n-1)\varepsilon}\int_\varepsilon^\infty e^{-x}x^{s-1}dx$$

より，$n \to \infty$ のとき被積分関数が一様に小さくなるので，順序交換が許され[1)]

$$\sum_{n=1}^\infty \int_\varepsilon^\infty e^{-nx}x^{s-1}dx = \int_\varepsilon^\infty \sum_{n=1}^\infty e^{-nx}x^{s-1}dx = \int_\varepsilon^\infty \frac{e^{-x}}{1-e^{-x}}x^{s-1}dx$$
$$= \int_\varepsilon^\infty \frac{x^{s-1}}{e^x - 1}dx$$

とできる．他方，$0 < x \leq \varepsilon$ においては，$n \leq \frac{1}{\varepsilon}$ のときは

$$\int_0^\varepsilon e^{-nx}x^{s-1}dx \leq \int_0^\varepsilon x^{s-1}dx = \frac{\varepsilon^s}{s}$$

なので，この分の和は $\leq \frac{\varepsilon^s}{s} \times \frac{1}{\varepsilon} = \frac{\varepsilon^{s-1}}{s}$ となり，$s > 1$ より $\varepsilon \to 0$ のとき 0 に近づく．また，$n > \frac{1}{\varepsilon}$ のときは，$nx \mapsto t$ と積分変数を戻すと

$$\int_0^\varepsilon e^{-nx}x^{s-1}dx = \frac{1}{n^s}\int_0^{n\varepsilon} e^{-t}t^{s-1}dt \leq \frac{1}{n^s}\Gamma(s)$$

となるので，この分の和はゼータ関数の収束級数の尻尾と同じ速さ $O(\varepsilon^{s-1})$ で $\varepsilon \to 0$ のとき 0 に近づく．最後に (6.7) の右辺の積分の $0 < x \leq \varepsilon$ の部分は $e^x - 1 \geq x$ を用いると

$$\int_0^\varepsilon \frac{x^{s-1}}{e^x - 1}dx \leq \int_0^\varepsilon \frac{x^{s-1}}{x} = \int_0^\varepsilon x^{s-2}dx = \frac{\varepsilon^{s-1}}{s-1}$$

より $\varepsilon \to 0$ で 0 に近づく．以上により等式が証明された．　□

さて (6.7) の右辺の表現は

$$\frac{1}{\Gamma(s)}\int_0^\infty \frac{x^{s-1}}{e^x - 1}dx = \frac{1}{\Gamma(s)}\int_0^\infty \left(\frac{x}{e^x - 1}\right)x^{s-2}dx$$
$$= \frac{1}{\Gamma(s)}\left[\left(\frac{x}{e^x - 1}\right)\frac{x^{s-1}}{s-1}\right]_0^\infty - \frac{1}{\Gamma(s)}\int_0^\infty \left(\frac{x}{e^x - 1}\right)'\frac{x^{s-1}}{s-1}dx$$
$$= -\frac{1}{(s-1)\Gamma(s)}\int_0^\infty \left(\frac{x}{e^x - 1}\right)' x^{s-1}dx \tag{6.8}$$

[1)] 無限区間なので一様収束だけで済ますことはできませんが，Riemann 式広義積分におけるこのような順序交換の正当化は初等的にできます．例えば [2], 定理 8.3 参照．

と変形してみれば，$s=1$ を除き $\mathrm{Re}\,s>0$ まで意味を持つので，そこまで解析接続できます．これを繰り返せば $\zeta(s)$ は全平面に解析接続でき，その極は $s=1$ だけであることも分かります（問 6.1-4）．ガンマ関数の因子により $\zeta(s)$ は非負整数に零点を持ちます．これをゼータ関数の自明な零点と呼びます．これ以外の零点は $\mathrm{Re}\,s=\frac{1}{2}$ という線上にしか無いだろうというのが有名な **Riemann 予想** (Riemann hypothesis) です．

6.1 Fermat（フェルマー）予想が証明された今，数学で最も有名な未解決予想は間違いなく **Riemann 予想**でしょう．この予想はもともとは素数の分布に関連して生じたものなので，ここで詳しく紹介するのは分野違いなのですが，予想を述べるのに関数論が必要で，かつ解決の試みとして関数論の多くの論文が書かれてきたので，ここで内容だけ紹介しました．上述の関数等式 (6.6) の証明はサポートページで Riemann の原論文[2)]の和訳として紹介することにします．

問 **6.1-4** (1) $\mathrm{Re}\,s>1$ で Euler の等式 $\zeta(s)=\prod_{p:素数}\left(1-\frac{1}{p^s}\right)^{-1}$ を示せ．［ヒント：正整数の素因数分解の一意性を用いよ．無限積は 8.2 節 (p.206) の復習参照.］

(2) ゼータ関数の表現 (6.8) から部分積分を繰り返すことにより，ゼータ関数の解析接続を示せ．

(3) $s=1$ における $\zeta(s)$ の留数を示せ．

【3. 対称性による解析接続法】 まずは次の定理を示しましょう．

定理 6.3 (**Painlevé（パンルヴェ） の定理**) 領域 Ω は実軸を挟んで上 Ω_+ と下 Ω_- に分かれているとする．それぞれにおいて正則な関数 $f_+(z)$, $f_-(z)$ が実軸上で連続に繋がっているならば，これらは実軸で正則に繋がる．すなわち，Ω 上の正則関数 $f(z)$ で $f(z)|_{\Omega_+}=f_+(z)$, $f(z)|_{\Omega_-}=f_-(z)$ を満たすものが存在する．

証明 Ω 内にある実軸上の点 z_0 を任意に取り，そこを中心として Ω 内に含まれるような半径 $R>0$ の閉円板 D を取り，線積分

$$f(z)=\oint_{\partial D}\frac{g(\zeta)}{\zeta-z}d\zeta,\quad ここに\quad g(z)=\begin{cases} f_+(z), & \mathrm{Im}\,z\geq 0 \text{ のとき}, \\ f_-(z), & \mathrm{Im}\,z\leq 0 \text{ のとき} \end{cases}$$

を考える．$g(z)$ は積分路上で連続なので，$f(z)$ はこの円内で正則となる．今

[2)] Über die Anzahl der Primzahlen unter einer gegebenen Größe, Monatsberichte der Königlichen Preußischen Akademie der Wissenschaften zu Berlin, **5** (1859), 671–680. インターネットでコピーが取得できます．

$\mathrm{Im}\, z > 0$ とし，$\varepsilon > 0$ を最初は R に等しくし，そこから次第に小さくして積分路の $\mathrm{Im}\,\zeta \le -\varepsilon$ にある円弧を弦 $\mathrm{Im}\,\zeta = -\varepsilon$ で置き換えたものに変形してゆく．Cauchy の積分定理により $\varepsilon > 0$ なる間は積分の値は変わらないが，$\varepsilon \searrow 0$ の極限では積分

$$\int_{\partial D\cap\{\mathrm{Im}\,\zeta\ge 0\}} \frac{g(\zeta)}{\zeta - z} d\zeta + \int_{-R}^{R} \frac{g(\zeta)}{\zeta - z} d\zeta$$

に収束する．これは弓形 $D \cap \{\mathrm{Im}\,\zeta \ge \varepsilon\}$（ただし $\varepsilon < \mathrm{Im}\, z$ とする）の境界に沿う線積分の $\varepsilon \searrow 0$ の極限でもあるが，こちらは極限を取る前は Cauchy の積分公式により常に $f_+(z)$ を与える．よって $f(z)|_{\mathrm{Im}\, z>0} = f_+(z)$ が分かった．同様に $f(z)|_{\mathrm{Im}\, z<0} = f_-(z)$ も分かるので，$f(z)$ はこの円内で $f_+(z)$ と $f_-(z)$ を正則に繋げたものになっている．以上は Ω 内にある実軸上の任意の点で言えるので，定理が証明された．　□

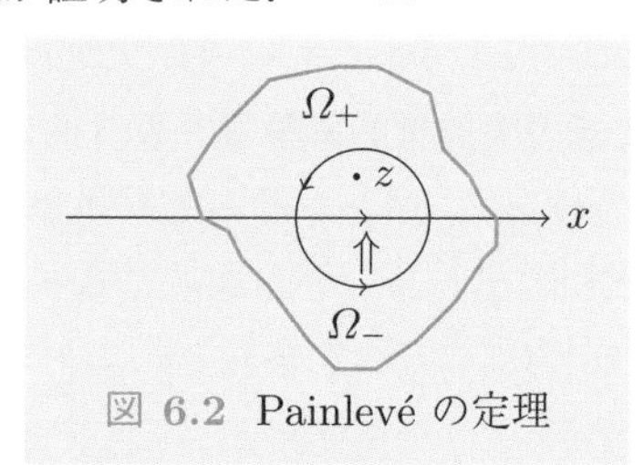

図 6.2　Painlevé の定理

問 6.1-5　(1) $f(z)$ は Ω で正則，$\partial\Omega$ まで連続とする．$\partial\Omega$ が区分的に滑らかな（あるいはより一般に長さを持つ）単純閉曲線で，その正の長さを持つ部分弧 C 上で $f(z)$ の値が 0 なら，$f \equiv 0$ となること（**一致の定理の拡張**）を示せ．

(2) Painlevé の定理を $\Omega \cap \boldsymbol{R}$ が区分的に滑らかな（あるいはより一般に長さを持つ）単純曲線弧 C の場合に拡張し，証明を与えよ．［ヒント：第 4 章の系 4.8 を用いて定理 6.3 の論法を修正せよ．］

系 6.4（**鏡像の原理** (reflection principle)）　Ω_+ は上半平面の領域で，実軸上の開線分 L を境界の一部として含んでいるとする．Ω_+ 上の正則関数 $f(z)$ が L まで連続に拡張でき，しかもそこでの値が実ならば，f は Ω_+ を実軸に関して対称に折り返した領域 Ω_- まで L を通して正則に延長される．

証明　実軸に関する対称移動は複素共役演算で実現されることを思い起こそう．特に

$$\Omega_- = \overline{\Omega_+} := \{\bar{z}; z \in \Omega_+\}$$

である．この対称変換は関数にも適用でき，$\overline{f(\overline{z})}$ は Ω_- で正則となる：

$$\frac{\partial}{\partial \overline{z}}\overline{f(\overline{z})} = \overline{\frac{\partial}{\partial z}f(\overline{z})} = \overline{\frac{\partial}{\partial \overline{\overline{z}}}f(\overline{z})} = 0.$$

ここで，最後の $\dfrac{\partial}{\partial \overline{\overline{z}}}f(\overline{z}) = 0$ は $\overline{z}$ を上半平面の独立複素変数とみなして Cauchy-Riemann 方程式を適用したのである．$f(z)$ は実軸の L では実数値を取るので，そこでは $\overline{f(\overline{z})} = f(x)$ となり，もとの $f(z)$ と連続に繋がっている．よって Painlevé の定理により両者は L を通して正則に繋がる．　□

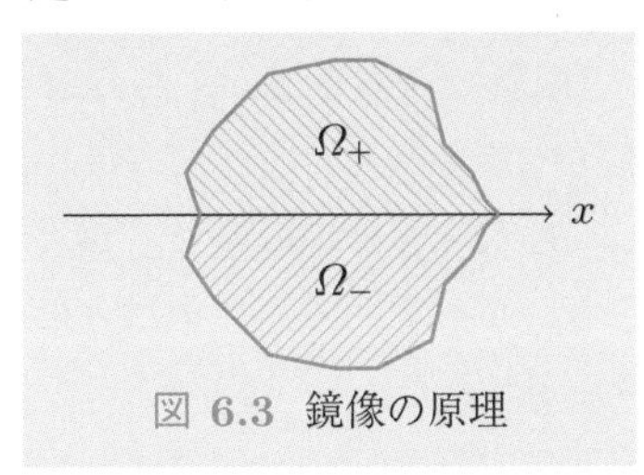

図 **6.3** 鏡像の原理

この結果は，実軸を任意の実解析的曲線弧で置き換えても成り立ちます（第7章定理 7.12）．その場合は更に，関数がその曲線弧上で取る値はある（一般には別の）実解析的曲線弧に含まれるという条件に拡張できます．取り敢えず，よく使う一方または両方が円弧の場合を例題としておきます．

例題 6.1-1 正則関数 $f(z)$ の定義域 Ω は円板 $D := \{|z| < R\}$ の部分領域で，その境界 $\partial\Omega$ の一部 C を円 $|z| = R$ と共有しているとする．もし $f(z)$ による Ω の像が，(1) 上半平面，あるいは (2) 他の円板 $|w| < r$, に含まれ，かつ $f(z)$ は C まで連続に延長され，そこで取る値がそれぞれ (1) 実軸，あるいは (2) 円 $|z| = r$, に含まれるならば，$f(z)$ は C の近傍で円外 $|z| \geq R$ に解析接続できることを示せ．また，それぞれの場合に接続可能な範囲を見積もれ．

解答 実軸に対する複素共役の変換 $z \mapsto \overline{z}$ に相当するものは，円 $|z| = R$ では $z \mapsto \zeta = \frac{R^2}{\overline{z}}$ である．$|z| < R$ のとき $|\zeta| > R$, また $|z| = R$ のときは $\zeta = z$ となる．（実際，$|z| = R$ なら $z\overline{z} = R^2 = \zeta\overline{z}$ より $z = \zeta$.）よって

$$(1)\ のとき\ \widetilde{f}(z) = \overline{f\left(\tfrac{R^2}{\overline{z}}\right)}, \qquad (2)\ のとき\ \widetilde{f}(z) = \frac{r^2}{\overline{f\left(\frac{R^2}{\overline{z}}\right)}} \tag{6.9}$$

と置けば，$\widetilde{f}$ はいずれの場合も上の共役写像による Ω の像

$$\widetilde{\Omega} := \left\{ \frac{R^2}{z} \,;\, z \in \Omega \right\} \tag{6.10}$$

の上で定義された正則関数となる．($\widetilde{\Omega}$ は Ω の円 ∂D に関する**鏡像**と呼ばれる．) $\widetilde{f}(z)$ は C の上では $f(z)$ と一致することが定義から容易に分かる．よって問 6.1-5 (2) の Painlevé の定理の拡張により $\widetilde{f}(z)$ は $f(z)$ と C を通して $\Omega \cup C \cup \widetilde{\Omega}$ 上の正則関数に繋がる．像領域は $f(\Omega)$ の (1), (2) それぞれの場合に対応する鏡像まで広がる．　□

問 **6.1-6**　Ω は円板 $D = \{|z| < R\}$ 内の領域で，境界の一部 C を円 $|z| = R$ と共有しているとする．$f(z)$ は Ω で正則で C まで連続に拡張されるとする．$f(z)$ が取る値が次の各条件を満たす場合について，$f(z)$ の C を越える解析接続の作り方と，期待できる延長範囲を示せ．

(1) Ω で $|f(z)| > r$，C で $|f(z)| = r$ を満たす．

(2) Ω で $\mathrm{Re}\, f(z) > 0$，C で $\mathrm{Re}\, f(z) = 0$ を満たす．

(3) Ω で $(\mathrm{Re}\, f(z))^2 - (\mathrm{Im}\, f(z))^2 > 1$，$C$ で $(\mathrm{Re}\, f(z))^2 - (\mathrm{Im}\, f(z))^2 = 1$ を満たす．

【4. Cousin（クザン） 積分による方法】*　$f(z)$ を実軸上の線分 $[a,b]$ の近傍で定義された正則関数とするとき，積分

$$\frac{1}{2\pi i} \int_a^b \frac{f(t)}{t - z} dt \tag{6.11}$$

で定義された関数は補題 2.25 により線分 $[a,b]$ の外で正則で，かつ Cauchy の積分定理による積分路変形で，開線分 (a,b) を越えて上から下へ，あるいは下から上へ解析接続されます．どこまで延ばせるかは $f(z)$ が正則な範囲に依存するので，f 自身の定義域を延ばす役には立ちませんが，f からそれに関連した新しい正則関数を作るときによく使われる道具です．(6.11) の形の積分は一般に **Cousin 積分**と呼ばれます．

例 **6.1-4**　Ω を境界が区分的に滑らかな（あるいは長さを持つ）単連結領域で，実軸と開線分 (a,b) で交わっているとし，$f(z)$ は Ω で正則で，その境界 $\partial\Omega$ まで込めて連続とします．このとき，Ω の上半平面 $\boldsymbol{H}_+ := \{\mathrm{Im}\, z > 0\}$，下半平面 $\boldsymbol{H}_- := \{\mathrm{Im}\, z < 0\}$ 内の部分をそれぞれ Ω_+, Ω_- で表せば，積分 (6.11) で z を上及び下半平面にとったもの $f_+(z)$, $f_-(z)$ はそれぞれ $\boldsymbol{H}_+ \cup [a,b] \cup \Omega_-$, $\boldsymbol{H}_- \cup [a,b] \cup \Omega_+$ に 1 価に解析接続されます（図 6.4 参照）．それには，積分路を Ω_- の下の境界，あるいは Ω_+ の上の境界まで変形する必要があります．ここで，$z \in \Omega$ のときは

$$\begin{aligned} f_+(z) - f_-(z) &= \frac{1}{2\pi i} \int_{\partial\Omega \cap \boldsymbol{H}_- \cup \{a,b\}} \frac{f(t)}{t - z} dt - \frac{1}{2\pi i} \int_{-\partial\Omega \cap \boldsymbol{H}_+ \cup \{a,b\}} \frac{f(t)}{t - z} dt \\ &= \frac{1}{2\pi i} \oint_{\partial\Omega} \frac{f(t)}{t - z} dt = f(z) \end{aligned} \tag{6.12}$$

となります．（最後の等式は Cauchy の積分公式の拡張（系 4.8）です．）すなわち，

$f_+(z)$, $f_-(z)$ は $f(z)$ に含まれていた上半成分，下半成分をそれぞれ $\boldsymbol{H}_+$, $\boldsymbol{H}_-$ に解析接続したものと解釈されます．

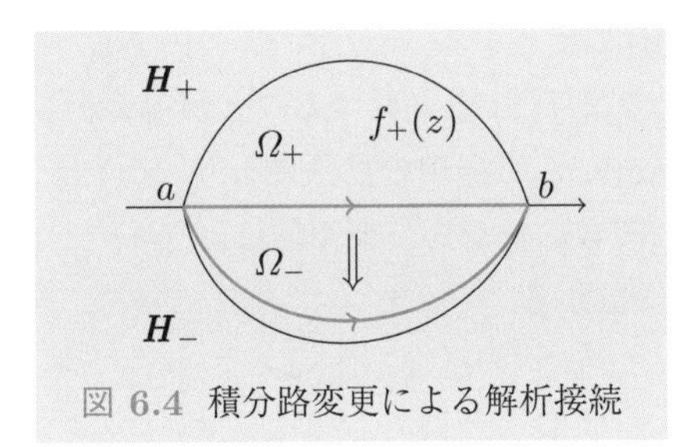

図 6.4 積分路変更による解析接続

6.2 最後の考察は $f(z)$ が正則でなく，単に実軸上の区間 $[a,b]$ で定義された連続関数でも通用します．下の問 6.1-7 参照．

問 6.1-7 $f(z)$ を区間 $[a,b]$ 上の連続関数とする．このとき，

$$f_\pm(z) := \frac{1}{2\pi i}\int_a^b \frac{f(t)}{t-z}dt \quad (\pm\operatorname{Im} z > 0 \text{ 上で})$$

で定義された $f_\pm(z)$ はそれぞれ $\pm\operatorname{Im} z > 0$ で正則となり，

$$\lim_{\varepsilon\searrow 0}\{f_+(x+i\varepsilon) - f_-(x-i\varepsilon)\}$$

は $a < x < b$ で $f(x)$ に広義一様収束することを示せ．またこの開区間外の x ではどうか？［ヒント：$\frac{1}{2\pi i}\Bigl(\frac{1}{t-(x+i\varepsilon)} - \frac{1}{t-(x-i\varepsilon)}\Bigr) = \frac{\varepsilon}{\pi}\frac{1}{(x-t)^2+\varepsilon^2}$ に注意し[3]，積分を x の近傍とそれ以外に分け，前者では $f(t)$ を $f(x)$ に置き換えて各極限を見よ.］

問 6.1-8 (1) 単位円周 $C = \{|z| = 1\}$ 上で定義された連続関数 $f(z)$ に対し，

$$f_\pm(z) = \frac{1}{2\pi i}\oint_C \frac{f(\zeta)}{\zeta - z}d\zeta \quad (|z| \lesseqgtr 1 \text{ で}) \tag{6.13}$$

と置いたものは，次の式を満たすことを示せ[4]：

$$f_+(re^{i\theta}) - f_-(\tfrac{1}{r}e^{i\theta}) = \frac{1}{2\pi}\int_0^{2\pi} \frac{1-r^2}{1-2r\cos(\theta-\varphi)+r^2} f(e^{i\varphi})d\varphi. \tag{6.14}$$

またこれを用いて，$r \nearrow 1$ のとき C 上一様に $f_+(re^{i\theta}) - f_-(\frac{1}{r}e^{i\theta}) \to f(e^{i\theta})$ となることを示せ．

(2) $u(z) = f_+(z) - f_-(\frac{1}{\bar{z}})$ は $\triangle u = 0$ の境界条件 $u(re^{i\theta})|_{r\nearrow 1} = f(e^{i\theta})$ を満たす解となることを示せ．

(3) Fourier 級数を学んだ読者はこれらとの関係を調べよ．［ヒント：$f_\pm(z)$ の Laurent 展開を考えよ.］

---

3) この積分核は**上半平面に対する Poisson 核**（ポワソン）と呼ばれます．

4) 右辺の関数は**単位円に対する Poisson 核**と呼ばれます．

【5. 微分方程式を用いる方法】* 実変数 x の関数に対して微分方程式を考えるのと同様，複素変数 z を独立変数とする常微分方程式というものが考えられます．特に，正則関数を係数に持つ線形常微分方程式，例えば 2 階線形の

$$c_0(z)\frac{d^2f}{dz^2}+c_1(z)\frac{df}{dz}+c_2(z)f=g \tag{6.15}$$

がすべての係数 c_j と右辺の f が Ω で正則とするとき，ある点 $\alpha\in\Omega$ の近くでこれを満たす解 $f(z)$ が局所的に見つかれば，この解は Ω 内で最高次の係数 $c_0(z)$ の零点を除いたところまで正則に延長できることが示せます．$c_0(z)$ の零点では解は一般には特異となり，それを越えて延長すると多価関数になります．いずれにしても関数等式と同様，微分方程式を見つけるのは解析接続の重要な道具の一つになります．

補題 6.5 関数 $c_j(z), j=0,1,\dots,m,$ および $f(z)$ は円 $|z-\alpha|<R$ で正則で，かつここで $c_0(z)$ は零点を持たないとする．このとき **$\boldsymbol{m}$ 階線形微分方程式**

$$c_0(z)w^{(m)}+c_1(z)w^{(m-1)}+\cdots+c_{m-1}(z)w'+c_m(z)w=f(z) \tag{6.16}$$

の**初期条件**

$$w(\alpha)=\beta_0,\ w'(\alpha)=\beta_1,\ \dots,\ w^{(m-1)}(\alpha)=\beta_{m-1} \tag{6.17}$$

を満たす正則関数解が $|z-\alpha|<R$ でただ一つ存在する．ここに $\beta_j,\ j=0,1,\dots,m-1$ は任意に指定できる複素定数で，**初期値**と呼ばれる．

この補題の証明の粗筋は次の通りです：仮定により方程式 (6.16) の両辺を $c_0(z)$ で割り算して $c_0=1$ とできます．更に，方程式を $w^{(m)}$ について解いた形に変形し，記号を流用して

$$w^{(m)}=c_1(z)w^{(m-1)}+c_2(z)w^{(m-2)}+\cdots+c_m(z)w+f(z) \tag{6.18}$$

を解くことにします．この形を**正規形**の微分方程式と呼びます．(6.16) の解は

$$w=\sum_{n=0}^{\infty}w_n(z-\alpha)^n \tag{6.19}$$

の形の級数で求めます．係数 $w_0,w_1,\dots,w_{m-1}$ までは初期条件 (6.17) から $w_j=\frac{\beta_j}{j!}$ と一意に定まります．これ以後は (6.18) から順次求めるのですが，そのため係数 $c_j(z)$ や右辺の $f(z)$ も $z-\alpha$ の級数に展開しておきます．煩わしいので以後複素平面の平行移動で $\alpha=0$ とし，

$$c_j(z)=\sum_{k=0}^{\infty}c_{jk}z^k,\quad j=1,2,\dots,m,\quad f(z)=\sum_{n=0}^{\infty}f_nz^n$$

とします．これらと (6.19) で $\alpha=0$ としたものを方程式 (6.18) に代入すれば，

$$\sum_{n=0}^{\infty}\frac{(m+n)!}{n!}w_{m+n}z^n=\sum_{j=1}^{m}\Big(\sum_{k=0}^{\infty}c_{jk}z^k\Big)\Big(\sum_{l=0}^{\infty}\frac{(m-j+l)!}{l!}w_{m-j+l}z^l\Big)+\sum_{n=0}^{\infty}f_nz^n$$

が得られます．両辺の z^n の係数を比較すると，$l = n - k \leq n$ として

$$\frac{(m+n)!}{n!} w_{m+n} = \sum_{j=1}^{m} \sum_{k=0}^{n} c_{jk} \frac{(m-j+n-k)!}{(n-k)!} w_{m-j+n-k} + f_n$$

となります．式は複雑ですが，各 n について w_{m+n} が w_{m+n-1} 以下の既知の量を係数に持つ 1 次式の形をしていることは見て取れます．よって求める解の展開係数は初期値 (6.17) から帰納的に一意に定まります．これから解の一意性が従います．後はこれが $|z| < R$ で収束することを言えばよいのですが，この証明はかなり面倒だし，関数論の一般論から逸脱するので，サポートページに置くことにします．要点は，一階連立系に変換し，Cauchy が発明した**優級数の方法**を用いることです．

この補題と，解析接続の一般論から，次が直ちに得られます．

定理 6.6（**Cauchy の存在定理**）　線形微分方程式 (6.16) の解は，最高階の係数の零点を除き，係数と右辺が正則な限りどこまでも解析接続できる．最高階の係数の零点の周りでは解は一般に分岐するが，単連結領域 Ω で係数と左辺が正則で，最高階の係数が零点を持たなければ，Ω の任意に選んだ点で初期値を指定したとき，Ω で大域的に 1 価正則な解が一意に定まる．解の全体は $\boldsymbol{C}$ 上の m 次元線形空間を成し，初期値から解への対応は線形写像となる．

例 **6.1-5** (1) 指数関数 e^z は微分方程式 $\frac{dw}{dz} - w = 0$ の初期条件 $w(0) = 1$ を満たす解です．
(2) 三角関数 $\cos z$, $\sin z$ は微分方程式 $\frac{d^2w}{dz^2} + w = 0$ の，それぞれ初期条件 $w(0) = 1$, $w'(0) = 0$, および $w(0) = 0$, $w'(0) = 1$ を満たす解です．この例と一つ前の例はいずれも特異点を持たないので，解は整関数となります．
(3) 対数関数 $\log z$ は微分方程式 $z\frac{dw}{dz} - 1 = 0$ の初期条件 $w(1) = 0$ を満たす解であり，特異点 $z = 0$ で無限分岐します．

もっと実用的な例としては [7], 第 5 章で取り上げた Gauss の超幾何微分方程式や Bessel の微分方程式などがあります．同書をお持ちの読者は，そこで求めた特異点を中心とする冪関数 × 対数冪関数の級数による解の表現を複素平面における大域的な観点から眺め直してみると良いでしょう．n 階線形微分方程式の解空間は上の定理の証明から分かるように $\boldsymbol{C}$ 上 n 次元の線形空間を成しますが，特異点を回ると，その基底が線形変換を受けます．これがモノドロミー (monodromy) 行列と呼ばれるものです．この概念を出発点とする豊かな数学については，複素領域における微分方程式の理論の専門書（サポートページの追加文献など）を見て下さい．

非線形の微分方程式でも (6.18) の右辺が z の正則関数を係数とする w, w', ..., w^{m-1} の多項式，あるいはより一般に収束冪級数となっている場合は，正の収束半径を持った解が，初期点の周りで一意に求まりますが，解の収束半径は一般には初期値の大きさに依存するので，線形の方程式と異なり，どこまで解析接続できるか一概には言えません．ただし解の一意性を用いてある種の等式を証明するのに使えることがあります．そのような例として第 9 章で楕円関数が満たす微分方程式を扱います．

問 6.1-9　微分方程式 $\frac{d^2w}{dz^2}+w=0$ は

$$(\tfrac{d}{dz}+i)(\tfrac{d}{dz}-i)w=0,\qquad \text{あるいは}\qquad (\tfrac{d}{dz}-i)(\tfrac{d}{dz}+i)w=0$$

と因数分解され，その結果その解は $(\frac{d}{dz}-i)w=0$ の解と $(\frac{d}{dz}+i)w=0$ の解の 1 次結合に分解されることを示せ．これから公式 (1.2) あるいは (2.24) を導け．

【6. 積分変換を用いる方法】* 正則関数と深く関わる積分変換の代表例として，**Fourier**（フーリエ）**変換**を取り上げます．この他に Laplace 変換，Mellin 変換，Borel 変換なども正則関数と深く関わっており，正則関数を作る手段としてだけでなく，変換の性質を調べるのに関数論が重要な役割を果たします．

実変数関数 $f(x)$ に対する Fourier 変換は

$$f(x)\mapsto \widetilde{f}(\zeta)=\mathcal{F}[f](\zeta):=\int_{-\infty}^{\infty}e^{-ix\zeta}f(x)dx \tag{6.20}$$

で定義されます．積分核[5] $e^{-ix\zeta}$ が遠方で減少しないので，なかなか収束しないのですが，$f(x)$ が連続でその台が有界，例えば $\operatorname{supp}f\subset\{|x|\le A\}$ なら，$\zeta\in\boldsymbol{C}$ が何であっても積分は意味を持ち，かつ結果は

$$|\widetilde{f}(\zeta)|\le Me^{A|\mathrm{Im}\,\zeta|}\qquad \left(\text{ここに } M=\int_{-A}^{A}|f(x)|dx\right) \tag{6.21}$$

という評価を満たす ζ の整関数となります．実際，複素微分可能性は補題 2.25 で保証され，評価は $\zeta=\xi+i\eta$ とすれば $|e^{-ix\zeta}|=e^{x\eta}\le e^{A|\eta|}$ から示せます．

逆に，整関数 $\widetilde{g}(\zeta)$ がある $q>1$ について

$$|\widetilde{g}(\zeta)|\le\frac{M}{|\mathrm{Re}\,\zeta|^q+1}e^{A|\,\mathrm{Im}\,\zeta|} \tag{6.22}$$

を満たせば，**逆 Fourier 変換**

$$g(x)=\mathcal{F}^{-1}[\widetilde{g}(\xi)]:=\frac{1}{2\pi}\int_{-\infty}^{\infty}e^{ix\xi}\widetilde{g}(\xi)d\xi \tag{6.23}$$

が絶対収束し，台が $|x|\le A$ に含まれる連続関数を定めます．実際，連続性は (6.22) により積分がパラメータ x について一様に絶対積分可能となることから分かります（例えば [2], 定理 8.4 の 1)）．台については，例えば $x\ge A+\varepsilon$ のときは，積分路を実軸から上半平面 $\xi+i\eta$ にずらすと，

$$|\widetilde{g}(\xi+i\eta)e^{ix(\xi+i\eta)}|\le\frac{M}{|\xi|^q+1}e^{A\eta-x\eta}\le\frac{M}{|\xi|^q+1}e^{-\varepsilon\eta}$$

となるので，$\eta\to\infty$ とすれば積分は 0 となります．$x<-A-\varepsilon$ のときは下半平面にずらせばよろしい．(6.21) や (6.22) は **Paley-Wiener**（ペイリー・ウィーナー）**型の定理**として知られています．以上をまとめると，

---

5) 指数にはいくつかの選び方があり，それに応じて逆変換も微妙に変わりますが，取扱い方は同様なので，ここではこれに限定して考察します．

命題 6.7　台が $|x| \leq A$ に含まれる連続関数の Fourier 変換 $\widetilde{f}(\zeta)$ は (6.21) を満たす整関数となる．逆に (6.22) を満たす整関数 $\widetilde{g}(\zeta)$ の Fourier 逆変換は台が $|x| \leq A$ に含まれる連続関数となる．更に，$\widetilde{g}$ が f の Fourier 変換なら，その Fourier 逆変換は f に戻る．

証明の残り　逆変換でもとに戻ることを示す．$y = \mathrm{Im}\, z > 0$ とすれば，

$$
\begin{aligned}
f_+(z) :&= \frac{1}{2\pi}\int_0^\infty e^{iz\xi}\widetilde{f}(\xi)d\xi = \frac{1}{2\pi}\int_0^\infty e^{ix\xi - y\xi}\int_{-A}^{A} e^{-it\xi}f(t)dt \\
&= \frac{1}{2\pi}\int_{-A}^{A} f(t)dt\int_0^\infty e^{i(x-t)\xi - y\xi}d\xi = \frac{1}{2\pi i}\int_{-A}^{A}\frac{f(t)}{t-(x+iy)}dt.
\end{aligned}
$$

ここで，積分順序の変更は指数減少因子 $e^{-y\xi}$ のお陰で可能となった．同様に，$y < 0$ のときは

$$
\begin{aligned}
f_-(z) :&= -\frac{1}{2\pi}\int_{-\infty}^{0} e^{iz\xi}\widetilde{f}(\xi)d\xi = -\frac{1}{2\pi}\int_{-\infty}^{0} e^{ix\xi - y\xi}\int_{-A}^{A} e^{-it\xi}f(t)dt \\
&= -\frac{1}{2\pi}\int_{-A}^{A} f(t)dt\int_{-\infty}^{0} e^{i(x-t)\xi - y\xi}d\xi = \frac{1}{2\pi i}\int_{-A}^{A}\frac{f(t)}{t-(x+iy)}dt.
\end{aligned}
$$

すると，問 6.1-7 により

$$
\begin{aligned}
\mathcal{F}^{-1}[\widetilde{f}] &= f_+(x) - f_-(x) \\
&= \frac{1}{2\pi i}\lim_{\varepsilon \searrow 0}\left\{\int_{-A}^{A}\frac{f(t)}{t-(x+i\varepsilon)}dt - \int_{-A}^{A}\frac{f(t)}{t-(x-i\varepsilon)}dt\right\} = f(x). \qquad \square
\end{aligned}
$$

この命題の定式化は f と $\widetilde{g}$ に対する仮定が微妙に対応が崩れていて気持ちが悪いのですが，連続関数の場合にきれいな必要十分条件を書くのはとても難しいのです．Paley Wiener の定理がもっときれいに書ける関数のクラスについては関数解析や超関数の書物を参照してください．

6.2　偏角の原理とその応用

【有理型関数の極と零点】　領域 Ω の内部で $f(z)$ が極を除いて正則なとき，$f(z)$ は Ω で有理型であると言います．名前からも分かるようにこれは有理関数の一般化で，正則関数が多項式の一般化であることに対応しています．極の定義により極は領域内部では集積点を持ちません．なぜなら集積点があるとそれは定義により極ではない，もっと難しい特異点になるからです．このとき Ω 内に区分的に滑らかな単純閉曲線 C を，その上には極も零点も持たないように引くと，次のような公式が成り立ちます：

定理 6.8（**偏角の原理** (argument principle)）　$f(z)$ および C は上述の条件を満たすとするとき，f の C 内にある零点および極の重複度も込めた個数（すなわち，位数の合計）をそれぞれ N, P とするとき，

$$\oint_C \frac{f'(z)}{f(z)} dz = 2\pi i(N - P). \tag{6.24}$$

証明　f の零点を α_j，その位数を μ_j, $j = 1, \ldots, m$，また極を β_k，その位数を ν_k, $k = 1, \ldots, n$ とすれば，被積分関数 $\dfrac{f'(z)}{f(z)}$ はこれら以外では正則なので，$\varepsilon > 0$ を十分小さく選んで，これらの ε-近傍 $B_\varepsilon(\alpha_j)$, $B_\varepsilon(\beta_k)$ が互いに重ならず，かつ C の内部に収まるようにする．Cauchy の積分定理により，

$$\oint_C \frac{f'(z)}{f(z)} = \sum_{j=1}^{m} \oint_{\partial B_\varepsilon(\alpha_j)} \frac{f'(z)}{f(z)} dz + \sum_{k=1}^{n} \oint_{\partial B_\varepsilon(\beta_k)} \frac{f'(z)}{f(z)} dz$$

となるが，ここで $B_\varepsilon(\alpha_j)$ 内では

$$f(z) = (z - \alpha_j)^{\mu_j} g_j(z), \quad g_j(z) \neq 0$$

として良い．すると

$$f'(z) = m_j (z - \alpha_j)^{m_j - 1} g_j(z) + (z - \alpha_j)^{\mu_j} g_j'(z)$$

から得られる

$$\frac{f'(z)}{f(z)} = \frac{m_j}{z - \alpha_j} + \frac{g_j'(z)}{g_j(z)}$$

において，第 2 項は $B_\varepsilon(\alpha_j) \cup \partial B_\varepsilon(\alpha_j)$ 上で正則となり，その周回積分は消える．故に，

$$\oint_{\partial B_\varepsilon(\alpha_j)} \frac{f'(z)}{f(z)} dz = \oint_{\partial B_\varepsilon(\alpha_j)} \frac{m_j}{z - \alpha_j} dz = 2\pi i m_j$$

となる．同様に，$B_\varepsilon(\beta_k) \cup \partial B_\varepsilon(\beta_k)$ においても

$$f(z) = \frac{h_k(z)}{(z - \beta_k)^{n_k}}, \quad h_k(z) \neq 0$$

と仮定でき，同様の計算で

$$\oint_{\partial B_\varepsilon(\beta_k)} \frac{f'(z)}{f(z)}dz = \oint_{\partial B_\varepsilon(\beta_k)} \frac{-n_k}{z-\beta_k}dz = -2\pi i n_k$$

となる．これらを総和すれば (6.24) が得られる． □

(6.24) の左辺の積分は，多価な原始関数 $\log f(z) = \log|f(z)| + i\arg f(z)$ が積分路を一周したときに生じる値の変化分ですが，実部の方はもとに戻るので，得られる差分は結局 $f(z)$ の偏角の符号付き増加量の i 倍です．これが "偏角の原理" の名前の由来です．

【代数方程式の根の個数の見積もり】 偏角の原理から次が得られます：

系 6.9 $f(z)$ が領域 D の内部およびその境界 $C = \partial D$ の近傍で正則で，C 上では 0 にならないとき，$f(z)$ が D 内に持つ零点の個数を重複度も込めて数えたものは次の式で計算できる：

$$N = \frac{1}{2\pi i}\oint_C \frac{f'(z)}{f(z)}dz. \tag{6.25}$$

実際，今は $P = 0$ なので，偏角の原理から直ちにこれが従います．結果が整数になることが分かっているので，かなり粗い線積分の近似計算でも零点の個数が正確に分かるのが利点です．

系 6.10 (**代数学の基本定理**) $f(z)$ を n 次の多項式とするとき，R が十分大きければ

$$\frac{1}{2\pi i}\oint_{|z|=R} \frac{f'(z)}{f(z)}dz = n. \tag{6.26}$$

特に，$f(z)$ は $|z| < R$ に（重複度も込めて）ちょうど n 個の零点を持つ．

証明 z^n の係数は 1 としても一般性を失わない．

$$f(z) := z^n + c_1 z^{n-1} + c_2 z^2 + \cdots + c_n = z^n\left(1 + \frac{c_1}{z} + \frac{c_2}{z^2} + \cdots + \frac{c_n}{z^n}\right)$$

なので，$\max_{1\le k\le n}|c_k| = M$ とすれば，$R > 1$ のとき $|z| \ge R$ において

$$\begin{aligned}\left|1 + \frac{c_1}{z} + \frac{c_2}{z^2} + \cdots + \frac{c_n}{z^n}\right| &\ge 1 - M\left(\frac{1}{R} + \frac{1}{R^2} + \cdots + \frac{1}{R^n}\right)\\ &= 1 - \frac{M}{R}\frac{1-\frac{1}{R^n}}{1-\frac{1}{R}} > 1 - \frac{M}{R}\frac{1}{1-\frac{1}{R}} = 1 - \frac{M}{R-1}.\end{aligned}$$

よって，$R > M+1$ では $f(z)$ は零にならない．同様の計算で $|z|=R$ 上

$$\frac{f'(z)}{f(z)} = \frac{nz^{n-1}+(n-1)c_1z^{n-2}+\cdots+c_{n-1}}{z^n+c_1z^{n-1}+\cdots+c_n} = \frac{n}{z}\left\{1+O\left(\frac{1}{z}\right)\right\}$$

となるので，

$$\frac{f'(z)}{f(z)} - \frac{n}{z} = O\left(\frac{1}{R^2}\right) \qquad \therefore \oint_{|z|=R}\frac{f'(z)}{f(z)}dz - \oint_{|z|=R}\frac{n}{z}dz = O\left(\frac{1}{R}\right) \to 0.$$

$R > M+1$ ではこれらの線積分は R に依らず一定なので，これから

$$\oint_{|z|=R}\frac{f'(z)}{f(z)}dz = \oint_{|z|=R}\frac{n}{z}dz = 2\pi in$$

となる．よって (6.26) が示され，系 6.9 により $f(z)$ が重複度も込めて n 個の零点を持つことが分かる．　□

問 **6.2-1**　次の各多項式は第一象限内に何個の複素根を持つか？　(6.25) 式を適当な閉曲線 C に対して数値計算することにより明らかにせよ．[ヒント：数値計算は電卓があれば実行できる．計算機でやりたい人は付録の課題 3 を参照せよ.]
(1) z^3-z+5　(2) z^5-2z^2-2z+5　(3) z^5-z+2　(4) $z^4-4z^3+8z^2-8z+7$.

零点の個数に関する有名な定理をあと二つほど紹介しておきます．

定理 6.11 (**Rouché** の定理)　$f(z)$, $g(z)$ は領域 D とその境界 C で正則，かつ $f(z)$ は C 上で $|f(z)| > |g(z)|$ を満たすとする．このとき $f(z)$ と $f(z)+g(z)$ は D 内に重複度も込めて同じ個数の零点を持つ．

証明　まず仮定から C 上で $|f(z)| > 0$ かつ $|f(z)+g(z)| > |f(z)|-|g(z)| > 0$ となるので，どちらも C 上には零点を持たないことに注意せよ．よって偏角の原理の積分が両者で同じ値になることを見れば良いが，直接それを示すのは難しいので，その証明の後に与えた偏角の増分という注釈を用いて示す．今 $[g(z)]_C$ という記号で多価関数 $g(z)$ が C を一周して戻ってきたときの値ともとの値との差分を表すことにすれば

$$\frac{1}{2\pi i}\oint\frac{f'(z)+g'(z)}{f(z)+g(z)}dz - \frac{1}{2\pi i}\oint\frac{f'(z)}{f(z)}dz = \frac{1}{2\pi i}\oint\left(\frac{f'(z)+g'(z)}{f(z)+g(z)} - \frac{f'(z)}{f(z)}\right)dz$$

$$= \frac{1}{2\pi i}[\log\{f(z)+g(z)\} - \log f(z)]_C$$

$$= \frac{1}{2\pi i}\left[\log\left\{1+\frac{g(z)}{f(z)}\right\}\right]_C = \frac{1}{2\pi}\left[\arg\left\{1+\frac{g(z)}{f(z)}\right\}\right]_C.$$

ここで，仮定により $\left|\frac{g(z)}{f(z)}\right| < 1$ なので，C 上常に $-\pi < \arg\left\{1 + \frac{g(z)}{f(z)}\right\} < \pi$ である．よって上の最後の量は絶対値が 1 より小となるが，それは整数なので 0 しか有り得ない．よって偏角の原理により零点の個数は一致する． □

問 6.2-2 Rouché の定理の仮定を $|f(z)| \geq |g(z)|$ と等号付きにしたときは定理は成り立たなくなるが，そのとき何が起こるかを実例を用いて説明せよ．

次の定理は正則関数の零点が f の連続的な変化に対して連続に動くことを意味していますが，実関数の場合と異なり，更に，零点が急に発生することは無いという強いことも言っており，これも複素正則関数の特徴を表している結果です．

定理 6.12 （**Hurwitz**（フルウィッツ） **の定理**） 領域 Ω において正則関数の列 $f_n(z)$ が $f(z)$ に広義一様収束しており，$f(z)$ が $\alpha \in \Omega$ において m 位の零点を持ち，かつ $|z - \alpha| \leq r$ において α 以外には零点を持たないとする．このとき十分大きなすべての n について $f_n(z)$ は $|z - \alpha| = r$ 上には零点を持たず，かつ $|z - \alpha| < r$ に重複度も込めてちょうど m 個の零点を持つ．

証明 仮定により $|z-\alpha| = r$ 上 $\exists\delta > 0$, s.t. $|f(z)| \geq \delta$ となるので，一様収束の仮定から番号 n_δ を $n \geq n_\delta$ なら $|f_n(z) - f(z)| < \delta$ が $|z-\alpha| = r$ 上で成り立つようにしておけば，$|f(z)| \geq \delta > |f_n(z) - f(z)|$ となるので，Rouché の定理が適用でき，$|z-\alpha| < r$ 内で $f(z)$ の零点と $f(z)+(f_n(z)-f(z)) = f_n(z)$ の零点は重複度も込めて同じ個数となる．この論法は r をいくら小さくしても，それに応じて δ を小さくし，かつ n_δ を大きくすれば成り立つので，結局 $f_n(z)$ の m 個の零点は $n \to \infty$ のとき集団として α に近づく．つまり集団での根の連続性が言える． □

6.3 この証明は離散列でなく，連続パラメータ λ に依存する正則関数の族 $f_\lambda(z)$ と $\lambda \to 0$ のときのその極限 $f(z)$ に対しても成り立ちます．証明も全く同じです．特に，代数方程式の根の係数に対する集団的連続性が系として得られます．実はもっと精密に，滑らかなパラメータ λ に対する零点 $z_j(\lambda)$ の **Hölder**（ヘルダー） **連続性**：$0 < \exists q < 1$ について，零点を適当に番号付ければ $|z_j(\lambda) - z_j(\mu)| \leq C|\lambda - \mu|^q$ が示せます[6]．

[6] 代数方程式に対しては根の係数に関する Hölder 連続性が純代数的に示せます．拙著『定数係数線形偏微分方程式』（岩波講座基礎数学），定理 A.1 参照．

問 6.2-3 $f_n(z)$ は領域 Ω で正則で，ここで零にならないとする．もし $f_n(z)$ が Ω で $f(z)$ に広義一様収束すれば，$f(z)$ が恒等的に零でなければ Ω に零点を持たないことを示せ．またこれを重複度も込めた零点の個数 $\leq m$ の場合に拡張せよ．

6.3 Riemann 球面と 1 次変換

今まで何となく使ってきた**無限遠点**にここでちゃんとした居場所を与えてあげましょう．

【Riemann 球面】 複素平面 $\boldsymbol{C}$ に仮想的に無限遠点を付け加えると，全体が球面の形になります．これを直感的に説明する図としてよく用いられるのが図 6.5 の立体射影です．

球面は最も簡単な多様体の例です．実 2 次元の球面は皆お馴染みでしょう．小学校の運動会の準備で新聞紙を貼り合わせて大玉送りの球を作った人も多いでしょう．大玉上の新聞紙は**座標近傍**と呼ばれ，もとの新聞紙は $\boldsymbol{R}^2$ の領域と同一視されてそこの座標が**局所座標**となります．これらを貼り合わせて抽象的な**多様体**が定義されます．貼り合わせるところでは重なりの上で一方の座標近傍から他方の座標近傍へこれら二つを同一視する座標変換写像が定義されます．関数論では $\boldsymbol{R}^2$ の代わりに $\boldsymbol{C}$ を使いますが，球を作るための座標近傍は実際に物を作る必要がないので至って簡単で，たった 2 枚で済みます．すなわち，

$$z \in \boldsymbol{C} \quad と \quad \zeta \in \boldsymbol{C}$$

で，これらを共通部分 $\boldsymbol{C} \setminus \{0\}$ で $\zeta = \frac{1}{z}$ により貼り合わせます．すると今まで普通の座標で $z \to \infty$ と思っていたのは，もう一つの座標では $\zeta \to 0$ となり，こちらでは $\zeta = 0$ の周りで今までやってきた議論がそのまま使えます．こうして得られたものは **Riemann 球面**と呼ばれます．記号は本書では $\boldsymbol{S}$ で表しておきましょう．一般に，$\boldsymbol{C}^n$ の領域を正則写像で貼り合わせて得られる連結集合は n 次元の**複素多様体**と呼ばれるので，この言葉を用いると $\boldsymbol{S}$ は 1 次元の複素多様体ということになります．

問 6.3-1 図 6.5 は関数論の入門書でおなじみの**立体射影**の説明である．これは Riemann 球面に見立てた球面 $x^2 + y^2 + (z - \frac{1}{2})^2 = \frac{1}{4}$ から，原点でこれに接する xy 平面への写像で，“北極” $\mathrm{N}(0,0,1)$ を通る直線が球面と再び交わる点 $\mathrm{P}(\xi, \eta, \zeta)$ を，それが平面 $z = 0$ と交わる点 $\mathrm{Q}(x, y)$ に対応させる．この写像とその逆写像を式で表し，球面上の円が平面上の円または直線に対応することを確かめよ．像が直線と

なるのはどのような場合か？

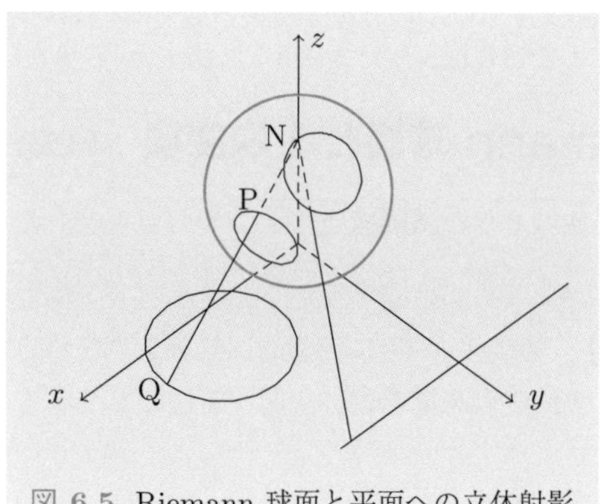

図 6.5 Riemann 球面と平面への立体射影

$\boldsymbol{S}$ はコンパクトです．それは集合としては二つのコンパクト集合 $|z| \leq 1$ と $|\zeta| \leq 1$ を単位円 $|z| = 1$ に沿って貼り合わせたものだからです．これが想像できない人は立体射影の図が Riemann 球面と普通の 2 次元球面の位相同型（すなわち立体射影の写像が全単射両連続）なことの説明になっていることを用いてもよいでしょう．（$\boldsymbol{C}$ と $\boldsymbol{R}^2$ の関係同様，複素 1 次元は実 2 次元です．）

複素多様体上の関数がある点で正則とは，その点を含む座標近傍でその局所座標について正則関数となっていることを言います．といっても本書では正則関数を 1 変数しか扱っていないので，1 次元限定として読んで下さい．困ったことに，コンパクトな複素多様体上には，全体で（すなわちどの点でも）正則な関数は定数しかありません．なぜなら，正則関数は連続関数なので，どこかで最大値に到達しますが，そこの座標で最大値原理（定理 5.3）を適用すると定数になり，ここから次々に座標近傍を伝わって一致の定理（定理 5.2）が適用され，全体で定数となるからです．

この考察から，Liouville の定理が計算無しで導かれ，かつ次のような拡張も得られます：

定理 6.13 （**Liouville の定理の拡張**） 全複素平面で正則で，かつ高々多項式増大度を持つ関数は多項式に限られる．より精密には，$\exists R > 0, \exists C > 0, \exists n \in \boldsymbol{N}$ により $|z| \geq R$ において $|f(z)| \leq C|z|^n$ を満たすような整関数は，n 次以下の多項式となる．特に有界なら定数となる．

証明 $f(z)$ をこのような関数とすると，$g(\zeta) = f(\frac{1}{\zeta})$ は $|\zeta| > 0$ で正則で，かつ $\zeta = 0$ の近くで $|g(\zeta)| \le \frac{C}{|\zeta|^n}$ という評価を満たす．すると $g(\zeta)\zeta^n$ は $|\zeta| \le \frac{1}{R}$ で有界となるから，Riemann の除去可能特異点定理によりこれは $\zeta = 0$ で正則となる．故に $g(\zeta)$ は $|\zeta| < \frac{1}{R}$ で

$$g(\zeta) = \frac{c_{-n}}{\zeta^n} + \cdots + \frac{c_{-1}}{\zeta} + c_0 + c_1\zeta + \cdots$$

の形の Laurent 展開を持つ．これをもとの座標に戻せば，$|z| > R$ で

$$f(z) = c_{-n}z^n + \cdots + c_{-1}z + c_0 + \frac{c_1}{z} + \cdots$$

となるが，$f(z)$ は $|z| \le R$ で正則なので，展開の一意性により負冪の項は存在しない．よって $f(z) = c_{-n}z^n + \cdots + c_{-1}z + c_0$ は n 次多項式となる． □

問 6.3-2 定理 6.13 の仮定を次のように弱めた主張を示せ：$\exists C > 0, \exists n \in \boldsymbol{N}$ により $\max_{|z|=r_k} |f(z)| \le Cr_k^n$ となる正数列 $r_k \nearrow \infty$ が存在すれば，$f(z)$ は n 次以下の多項式となる．

【1 次変換】

$$w = f(z) = \frac{\alpha z + \beta}{\gamma z + \delta} \qquad (\alpha\delta - \beta\gamma \ne 0) \tag{6.27}$$

の形の関数は **1 次変換**[7]，別名 **Möbius**（メビウス）**変換**と呼ばれ，関数論の道具として頻繁に用いられます．((6.27) の括弧内に課されているのは，この分数が割り切れて定数になってしまわないための条件です.）これは $\boldsymbol{C}$ 上で考えると，$\gamma \ne 0$ のときは分母が 0 となる $z = -\frac{\delta}{\gamma}$ に 1 位の極を持っていますが，Riemann 球面から Riemann 球面への写像だと思うと，到るところで正則です．実際 $w = \dfrac{\alpha z + \beta}{\gamma z + \delta}$ の行き先を w 平面の無限遠点における座標 $\upsilon = \frac{1}{w}$ で書き直せば[8]，分母分子がひっくり返って

$$\upsilon = \frac{\gamma z + \delta}{\alpha z + \beta}$$

---

[7] こちらの方が元祖なのですが，線形代数が普及して 1 次変換と言えば線形写像を思い浮かべる人の方が多くなったので，今は 1 次分数変換 (fractional linear transform) ということも多くなっています．ただし両者の間には ☞6.5 で述べるように密接な関係があります．

[8] w 平面の無限遠点の局所座標を表す適当な文字が見つからなかったので，数学者に見捨てられている υ（ウプシロン）を使ってみましたが，v（ヴィ）と全く区別がつかなかったので少し太らせてみました．TeX の標準フォントは ω も w と見分けがつき難いのが難点です．

となり，$z=-\frac{\delta}{\gamma}$ は 1 位の零点となります．逆に，$z=\infty$ の行き先は，定義式 (6.27) で $z\to\infty$ の極限を取った $w=\frac{\alpha}{\gamma}$ という有限の点になります．

特別な場合として，$\gamma=0$ のときは，付加条件から $\delta\neq 0$ なので，これで分子の係数を割ったものを改めて同じ記号で書けば

$$w=\alpha z+\beta$$

という 1 次多項式になりますが，これは $z=\infty$ に 1 位の極を持ちます．すなわち，$\boldsymbol{S}$ からそれ自身への写像としては，無限遠点を固定し，$\boldsymbol{C}$ を $\boldsymbol{C}$ に写像します．

1 次変換は $\boldsymbol{S}$ からそれ自身への全単射な写像となります．実際 (6.27) を逆に解くと，

$$z=-\frac{\delta w-\beta}{\gamma w-\alpha} \tag{6.28}$$

と，再び 1 次変換になります．更に，二つの 1 次変換の合成も再び 1 次変換となり，これを積演算として 1 次変換の全体は**群**になります．すなわち，

(1) 単位元の存在； これは恒等変換 $w=z$ でよい，

(2) 逆元の存在； これは逆変換でよい，

(3) 結合律の存在

という**群の公理**を満たします．結合法則は延々と計算で確かめなくても，(6.27) が行列とベクトルの演算の意味で

$$\begin{pmatrix} w_0 \\ w_1 \end{pmatrix}=\begin{pmatrix} \alpha & \beta \\ \gamma & \delta \end{pmatrix}\begin{pmatrix} z_0 \\ z_1 \end{pmatrix} \text{としたとき } w=\frac{w_0}{w_1}=f\left(\frac{z_0}{z_1}\right)$$

と対応しているので，正則行列の積が結合法則を満たすという知識から分かります．

6.4 (z_0,z_1) は Riemann 球面 $\boldsymbol{S}$ を複素 1 次元射影空間 $\boldsymbol{CP}^1$（この記号を使う方がより数学的です）と見たときの同次座標です．2 次正則行列の全体を零でない複素数で割っても (6.27) は同じ写像となるので，1 次変換の群は 2 次の一般線形群 $GL(2,\boldsymbol{C})$ の非零スカラー作用に関する剰余類 $GL(2,\boldsymbol{C})/\boldsymbol{C}^\times$，いわゆる**射影一般線形群** $PGL(2,\boldsymbol{C})$ と同型になります．

例題 6.3-1 (1) 上半平面をそれ自身に写すような 1 次変換の形を決定せよ．

(2) 円板 $|z|<R$ をそれ自身に写すような 1 次変換の形を決定せよ．

(3) 円板 $|z|<R$ を上半平面に写すような 1 次変換，およびその逆向きの

1 次変換の形を決定せよ．

解答　(1) まず境界の実軸が実軸に写る，すなわち，$z = x$ が実数のとき $w = \dfrac{\alpha x + \beta}{\gamma x + \delta}$ もまた実数となるためには，係数 $\alpha \sim \delta$ が（共通の虚数因子が有ればそれを取り去った後に）すべて実数となることが必要十分である．これは直感的には明らかだが，計算で確かめたければ，例えば次のようにする：

① $w = \alpha x + \beta$ のときは，$x = 0$ として β が実数．従って $x = 1$ のときとの差を取って α も実数である．

② $\gamma = 0$ のときは $w = \frac{\alpha}{\delta}x + \frac{\beta}{\delta}$ となり，① の場合に帰着する．

③ $\gamma \neq 0$ とすれば，これで分母分子を割って $w = \frac{\alpha' x + \beta'}{x + \delta'}$ としたときの係数 α', β', δ' が実なことを言えばよい．$x \to \infty$ として α' が実なことが分かる．すると，$w = \alpha' + \frac{\beta' - \alpha'\delta'}{x + \delta'}$ における右辺第 2 項も x が実のとき実数値となる．よってその逆数 $\frac{x + \delta'}{\beta' - \alpha'\delta'}$ も同じ性質を持つが，これは ① により実係数である．故にもとの表現も実にできる．

以上で主張が証明された．

最後に，上半平面が上半平面に写るための条件を求める．既に境界の対応が示されているので，これには上半平面の任意の点，例えば i の行き先が上半平面になることさえ見ればよい．$\alpha \sim \delta$ をすべて実として，

$$w = \frac{\alpha i + \beta}{\gamma i + \delta} = \frac{(\alpha i + \beta)(-\gamma i + \delta)}{(\gamma i + \delta)(-\gamma i + \delta)} = \frac{\alpha\gamma + \beta\delta + (\alpha\delta - \beta\gamma)i}{\gamma^2 + \delta^2}.$$

よって条件は $\alpha\delta - \beta\gamma > 0$ である．この計算は，α, γ のどちらかが 0 の場合にも通用する．

(2) 簡単のためまず $R = 1$ としてやり，後で相似写像で調節する．また，まず単位円内の点 α を原点に写すような例を一つ探す．周上では $|z| = 1$, 従って $z\overline{z} = 1$ なので，α を 0 に写し，かつ $|z| = 1$ のとき行き先の絶対値が再び 1 になるようなものは，絶対値 1 の因子を除き周上で

$$\frac{z - \alpha}{\overline{z} - \overline{\alpha}} = \frac{z - \alpha}{\frac{1}{z} - \overline{\alpha}}$$

となればよいから，分母に $-z$ を掛けて $\frac{z - \alpha}{1 - \overline{\alpha}z}$ と一つ求まる．するとこの後に残る自由度は $|z| = 1$ を保ち，原点を固定するような 1 次変換 $g(z)$ となる．これは Schwarz の補題（系 5.6）により $|g(z)| \leq |z|$ を満たし，もし $|z| < 1$

なるある z で等号が成り立てば $g(z)=e^{i\theta}z$ となる．よって $g(z)$ が 1 次変換 $\frac{z}{\gamma z+\delta}$ のときは $|z|<1$ で常に $|g(z)|<|z|$ となることは無いというのを示せばよい．もしそうなったら，$h(z):=\frac{g(z)}{z}=\frac{1}{\gamma z+\delta}$ は単位円内で正則で，$|h(z)|<1$ を満たす．よってまず $z=0$ として $|\delta|>1$ である．次に $|z|=1$ では $|h(z)|=1$ とならねばならないので，

$$\begin{aligned}1&=|\gamma z+\delta|^2=(\gamma z+\delta)(\overline{\gamma z+\delta})=|\gamma|^2|z|^2+|\delta|^2+\gamma\overline{\delta}z+\overline{\gamma}\delta\overline{z}\\&=|\gamma|^2|z|^2+|\delta|^2+2\,\mathrm{Re}(\gamma\overline{\delta}z)\end{aligned}$$

よって $\theta=\arg(\gamma\overline{\delta})$ として $z=ie^{-i\theta}$ を取れば，Re( ) の項は消え，残った部分は $|\delta|^2$ のせいで 1 より大きい実数となり，不合理である．以上で $g(z)=e^{i\theta}z$ と定まった．これを最初に用いた 1 次変換と合成すれば，結局 $|z|<1$ をそれ自身に写す 1 次変換の一般形は

$$e^{i\theta}\frac{z-\alpha}{1-\overline{\alpha}z},\qquad 0\le\theta<2\pi,\quad |\alpha|<1 \tag{6.29}$$

であることが分かった．

最後に R が一般の場合はここで求めた 1 次変換に $\frac{1}{R}$ の縮小写像と R 倍の拡大写像を合成すれば得られる．よって答は

$$Re^{i\theta}\frac{\frac{z}{R}-\alpha}{1-\overline{\alpha}\frac{z}{R}}=Re^{i\theta}\frac{z-R\alpha}{R-\overline{\alpha}z}=R^2e^{i\theta}\frac{z-\beta}{R^2-\overline{\beta}z} \tag{6.30}$$

と書け，$0\le\theta<2\pi$, $|\beta|<R$ を満たす θ,β が自由に選べるパラメータである．

(3) まず $R=1$ のときを考える．求める 1 次変換を $w=\dfrac{\alpha z+\beta}{\gamma z+\delta}$ と置く．円の内部の点 $z=0$ 及び円の外部にある無限遠点は，それぞれ上半平面及び下半平面の有限な点に行くはずなので，$\mathrm{Im}\,\frac{\beta}{\delta}>0$, $\mathrm{Im}\,\frac{\alpha}{\gamma}<0$ である．これから $\alpha\sim\delta$ はいずれも零でないことが分かる．そこで α,γ を括り出し，

$$w=\kappa\frac{z-\beta}{z-\delta} \tag{6.31}$$

と置き直す．この新しい記号で $z=\beta$, $z=\delta$ はそれぞれ実軸上の 0, ∞ に行くので，もとの点 β,δ も境界である単位円上になければならない．このとき更に z が単位円上に有れば，$\angle\delta z\beta$ は弧 $\widehat{\delta\beta}$ あるいは $\widehat{\beta\delta}$ に対する円周角とな

るので，z に依らず一定な値 θ, またはその補角 $\pi-\theta$ となり，それは中心角 $\angle\delta\mathrm{O}\beta$ あるいは $\angle\beta\mathrm{O}\delta$ の半分である（例題 1.2-7 参照）．後者は $\frac{\beta}{\delta}=e^{2i\theta}$ あるいは $\frac{\delta}{\beta}=e^{2i(\pi-\theta)}$ すなわち $\frac{\beta}{\delta}=e^{2i(\theta-\pi)}=e^{2i\theta}$ を満たす．よってこのとき k_z を z に依存する実数として $\frac{z-\beta}{z-\delta}=k_ze^{i\theta}$ または $k_ze^{i(\theta-\pi)}=-k_ze^{i\theta}$ の形となる．結局 (6.31) が $|z|=1$ のとき常に実数となるためには，$\kappa=ke^{-i\theta}$, $k\in\boldsymbol{R}$ の形にしてこの偏角分を打ち消すことが条件となる．従って求める変換は，$\delta=e^{i\varphi}$ と置けば，

$$w=ke^{-i\theta}\frac{z-e^{2i\theta+i\varphi}}{z-e^{i\varphi}}=\frac{ke^{-i\theta}z-ke^{i(\theta+\varphi)}}{z-e^{i\varphi}}=\frac{\overline{\alpha}z-\alpha e^{i\varphi}}{z-e^{i\varphi}}$$

となる．ここに $\alpha=ke^{i\theta}$ と改めて置いた．従って，$0\le\varphi<2\pi$, α が自由パラメータとなるが，$z=0$ の行き先として α は上半平面になければならず，$\mathrm{Im}\,\alpha>0$ という制約が付く．

円の半径が R のときは，まず z を $\frac{z}{R}$ にしてからこの変換を適用すればよいので，一般形は次のようになる：

$$w=\frac{\overline{\alpha}\frac{z}{R}-\alpha e^{i\varphi}}{\frac{z}{R}-e^{i\varphi}}=\frac{\overline{\alpha}z-R\alpha e^{i\varphi}}{z-Re^{i\varphi}}.$$

逆に[9]，$w=\frac{\alpha z+\beta}{\gamma z+\delta}$ が上半平面を単位円に写すならば，$z=0$ の像 $\frac{\beta}{\delta}$, $z=\infty$ の像 $\frac{\alpha}{\gamma}$ はいずれも単位円上に無ければならないので，これらの絶対値は 1 で，$\alpha\sim\delta$ は零でない．α,γ を括り出し，$\frac{\alpha}{\gamma}=e^{i\theta}$ と置くと，

$$w=\frac{\alpha}{\gamma}\frac{z-\frac{\beta}{\alpha}}{z-\frac{\delta}{\gamma}}=e^{i\theta}\frac{z-\beta'}{z-\delta'}\quad（ここに，\beta'=\frac{\beta}{\alpha},\ \delta'=\frac{\delta}{\gamma}）$$

と書ける．ここで $z=x$ が実数のとき常に $\dfrac{x-\beta'}{x-\delta'}$ の絶対値が 1, すなわち $|x-\beta'|=|x-\delta'|$ となるのは，$\delta'=\beta'$ か $\delta'=\overline{\beta'}$ かのいずれかの場合である（問 1.2-5 参照）．前者だと割り切れて定数になってしまい不合理なので，後者と定まる．つまり記号を変えて

$$w=e^{i\theta}\frac{z-\alpha}{z-\overline{\alpha}},\qquad 半径が\ R\ のときは\quad w=Re^{i\theta}\frac{z-\alpha}{z-\overline{\alpha}}$$

[9] もちろんこれらはどちらか一方を解けば，他方は逆変換を計算するだけで得られますが，試験に出たときの準備のために両方解きました．

が一般形である．ただし，上半平面が円の内部に対応するためには，円の中心の逆像 α が上半平面にあり，従って $\mathrm{Im}\,\alpha > 0$ でなければならない． □

6.5 上の例題の (3) の特別な場合である

$$w = \frac{z-i}{z+i}, \qquad z = i\frac{1-w}{1+w}$$

は **Cayley**(ケイリー) **変換**と呼ばれ，上半平面と単位円の間の標準的な写像としてよく使われます．もちろん上の例題の (1), (2) はどちらか一方だけやれば，これらの変換で他方もそれに帰着できます．なお Cayley 変換は更に高次元化して Hermite(エルミート) 行列とユニタリ行列の相互変換として用いられます（例えば [3], 第6章章末問題3参照）.

問 6.3-3 (1) 円板 $|z-\alpha| < R$ を円板 $|z-\beta| < r$ に写し，中心 α を中心 β に写すような1次変換の一般形を示せ．

(2) 円板 $|z| < R$ をそれ自身に写し，この円板内の点 α を円板内の他の点 β に写すような1次変換を求めよ．またそのような写像に残る自由度を明らかにせよ．

(3) 左半平面 $\mathrm{Re}\,z < 0$ を単位円 $|z| < 1$ に全単射に写すような1次変換の一般形は，$\mathrm{Re}\,\alpha < 0, 0 \leq \theta < 2\pi$ をパラメータとして

$$w = e^{i\theta}\frac{z-\alpha}{z+\overline{\alpha}} \tag{6.32}$$

となることを示せ．

次の定理は，1次変換が複素多様体の幾何学の意味で，Riemann 球面の自己同型群となっていることを意味しています：

定理 6.14 Riemann 球面からそれ自身への全単射正則写像は1次変換である．特に，無限遠点を動かさないものは1次多項式である．

証明 $f(z) : \boldsymbol{S} \to \boldsymbol{S}$ が正則全単射なら，1次変換となることを示せばよい．$f(z)$ の行き先が無限遠点となるような有限の点 α がもし有れば，無限遠点を α に写すような1次変換，例えば $z = g(\zeta) := \dfrac{\alpha\zeta}{\zeta+1}$ を $f(z)$ と合成すれば，$f(g(\zeta))$ は無限遠点を固定する．よって最初から $f(z)$ は無限遠点を固定すると仮定してよい．すると $f(z)$ は $\boldsymbol{C}$ で有限な値を取るから整関数となるが，これは無限遠点でも正則だから，そこでの局所座標 $\zeta = \frac{1}{z}$, $\upsilon = \frac{1}{w}$ で書き直せば，υ は ζ の関数として $\zeta = 0$ で Taylor 展開できる．そこでの零点の位数を n とすれば $\upsilon = c_n\zeta^n + c_{n+1}\zeta^{n+1} + \cdots$ となり，z, w に戻せば

$$w = \frac{1}{\frac{c_n}{z^n} + \frac{c_{n+1}}{z^{n+1}} + \cdots} = \frac{z^n}{c_n + \frac{c_{n+1}}{z} + \cdots}$$

となる．従って $f(z)$ は高々 n 次多項式の増大度を持つから，Liouville の定理の拡張（定理 6.13）により n 次多項式となる．もし $n \geq 2$ だと，代数学の基本定理（系 6.10）により $f(z)=0$ が 2 個以上の根を持ち，一対一写像の仮定に反するから $n=1$. 従って $f(z)$ は 1 次多項式で，もちろん 1 次変換である． □

問 6.3-4 無限遠点を動かさない 1 次変換の中で，上半平面を上半平面に写すものを特徴付けよ．

【円々対応】 1 次変換の最も特徴的な性質の一つに，円を円に写すというのがあります．これは必要な正則写像を作るとき補助として良く利用されます．

定理 6.15（**円々対応**） 1 次変換による円の像は再び円となる．ただし円には直線，すなわち，無限遠点を通る円を含めるものとする．

証明 円の方程式を $|z-c|^2 = z\overline{z} - \overline{\alpha}z - \alpha\overline{z} + c\overline{c} = r^2$ とし，これに (6.28) を代入すると，

$$r^2 = \left|-\frac{\delta w-\beta}{\gamma w-\alpha} - c\right|^2 = \left|\frac{\delta w-\beta}{\gamma w-\alpha} + c\right|^2 = \frac{|(\delta+c\gamma)w - c\alpha - \beta|^2}{|\gamma w-\alpha|^2}.$$

よって，

$$\begin{aligned}
&|(\delta+c\gamma)w - c\alpha-\beta|^2 \\
&= |\delta+c\gamma|^2 w\overline{w} - (\delta+c\gamma)\overline{(c\alpha+\beta)}w - \overline{(\delta+c\gamma)}(c\alpha+\beta)\overline{w} + |c\alpha+\beta|^2 \\
&= r^2|\gamma w-\alpha|^2 = r^2|\gamma|^2 w\overline{w} - r^2\gamma\overline{\alpha}w - r^2\overline{\gamma}\alpha\overline{w} + r^2|\alpha|^2.
\end{aligned}$$

これより $r^2|\gamma|^2 \neq |\delta+c\gamma|^2$ なら，

$$\begin{aligned}
(r^2|\gamma|^2 - |\delta+c\gamma|^2)w\overline{w} - \{r^2\gamma\overline{\alpha} - (\delta+c\gamma)\overline{(c\alpha+\beta)}\}w \\
- \{r^2\overline{\gamma}\alpha - \overline{(\delta+c\gamma)}(c\alpha+\beta)\}\overline{w} + r^2|\alpha|^2 - |c\alpha+\beta|^2 = 0
\end{aligned}$$

となる．これは円の方程式の形をしており，中心は

$$\frac{r^2\overline{\gamma}\alpha - \overline{(\delta+c\gamma)}(c\alpha+\beta)}{r^2|\gamma|^2 - |\delta+c\gamma|^2},$$

従って半径の 2 乗が

$$\begin{aligned}
&\frac{|r^2\overline{\gamma}\alpha-\overline{(\delta+c\gamma)}(c\alpha+\beta)|^2}{(r^2|\gamma|^2-|\delta+c\gamma|^2)^2}-\frac{r^2|\alpha|^2-|c\alpha+\beta|^2}{r^2|\gamma|^2-|\delta+c\gamma|^2}\\
&=\frac{|\alpha|^2|\delta+c\gamma|^2+|\gamma|^2|c\alpha+\beta|^2-2\operatorname{Re}\{\overline{\gamma}\alpha(\delta+c\gamma)\overline{(c\alpha+\beta)}\}}{(r^2|\gamma|^2-|\delta+c\gamma|^2)^2}r^2\\
&=\frac{|\alpha(\delta+c\gamma)-\gamma(c\alpha+\beta)|^2}{(r^2|\gamma|^2-|\delta+c\gamma|^2)^2}r^2=\left(\frac{|\alpha\delta-\beta\gamma|}{|r^2|\gamma|^2-|\delta+c\gamma|^2|}r\right)^2
\end{aligned}$$

となるので，半径はこの最後の大括弧内の $R=\frac{|\alpha\delta-\beta\gamma|}{|r^2|\gamma|^2-|\delta+c\gamma|^2|}r$ で与えられる．$r^2|\gamma|^2=|\delta+c\gamma|^2$ のときは例外で，次のような直線となる：

$$\begin{aligned}
&\{r^2\gamma\overline{\alpha}-(\delta+c\gamma)\overline{(c\alpha+\beta)}\}w+\{r^2\overline{\gamma}\alpha-\overline{(\delta+c\gamma)}(c\alpha+\beta)\}\overline{w}\\
&=r^2|\alpha|^2-|c\alpha+\beta|^2.
\end{aligned}$$

別証 強引に計算するのでなく，1 次変換を簡単な基本的変換の合成に分解し，その各々で円が円に写ることを見る．$\gamma\neq 0$ のとき，一般形の 1 次変換 (6.27) は

$$w=\frac{\alpha z+\beta}{\gamma z+\delta}=\frac{\alpha}{\gamma}+\frac{\beta\gamma-\alpha\delta}{\gamma^2}\frac{1}{z+\delta/\gamma}$$

と書き直せるが，これは

$$z\ \mapsto\ z_1=z+\frac{\delta}{\gamma}\ \mapsto\ z_2=\frac{1}{z_1}\ \mapsto\ z_3=\frac{\beta\gamma-\alpha\delta}{\gamma^2}z_2\ \mapsto\ w=z_3+\frac{\alpha}{\gamma}$$

と，順に平行移動，逆数，定数倍，平行移動，になっている．よって，平行移動と定数倍と逆数演算について円々対応を調べれば済み，計算が必要なのは逆数だけである．このやり方で中心と半径の式も再導出できる． □

問 **6.3-5** 上記別証の方針に従い定理 6.15 を再証明してみよ．

問 **6.3-6** 1 次変換は**複比**（別名非調和比）$\frac{z_3-z_1}{z_3-z_2}\Big/\frac{z_4-z_1}{z_4-z_2}$ を保つことを示せ．またこれを用いて 実軸上の 3 点 a, b, c（ただし $a<b<c$）をそれぞれ $0, 1, \infty$ に写すような上半平面の 1 次変換を求めよ．

1 次変換は円を保ちますが，実験すればすぐ分かるように，一般の 2 次曲線は 4 次曲線に変わってしまいます．先に 1 次変換が群を成すことの説明に射影変換行列を引き合いに出しましたが，あれは複素 1 次元の話で，実 2 次元射影変換の平面への作用は，これとは全く異なることに注意しましょう．

全単射の条件をはずすと，すべての有理関数は Riemann 球面からそれ自身

への正則写像とみなせます．これを一般化したのが次の概念です：

定義 6.16 ある領域 Ω で特異点として孤立した極しか持たず，それ以外では正則な関数を Ω の**有理型関数** (meromorphic function) と呼ぶ．

有理型関数は Riemann 球面への正則写像とみなせます．つまり，極はちっとも恐くはありません！ 逆に，Riemann 球面への正則写像は極が必ず孤立しており，定義域の内点に集積することはありません．なぜなら，行き先で無限遠点を中心とする局所座標でこの関数を表示すると，極は零点となるので，もし零点が集積したら，その点で一致の定理が使え，この関数は恒等的に零，元の座標で言うと恒等的に ∞ を取る定値写像となってしまうからです．さすがにこういうのは関数とは言いません．（ただし，定義域の境界に極が集積することはあります．）Riemann 球面には境界が無いので，このことから Riemann 球面上の有理型関数は実は有理関数に他ならないことも分かります．これらをまとめて定理にしておきましょう：

定理 6.17 領域 Ω 上の有理型関数は，Ω から Riemann 球面への正則写像に他ならない．特に，Riemann 球面から Riemann 球面への正則写像は有理関数に限る．

実際，上の議論から Riemann 球面上の有理型関数は孤立した極しか持たないので，コンパクトな球面では極は有限個に限られます．有限な点でのこれらの分母をすべて払ったものは Liouville の定理の拡張により多項式となるので，もとの写像はそれを再び分母で割った有理関数ということになります．

Riemann 球面全体では偏角の原理はどうなるでしょうか？ $f(z)$ を有理関数とするとき，その有限な（すなわち無限遠点とは異なる）極と零点をすべて内部に取り込むような巨大な円 $C : |z| = R$ を選ぶと

$$\oint_C \frac{f'(z)}{f(z)} dz = 2\pi i(N - P)$$

となります．ここに N, P は有限なところにある零点，極の（重複度も込めた）個数です．有理関数の場合は

$$f(z) = c\frac{z^m + \alpha_1 z^{m-1} + \cdots + \alpha_m}{z^n + \beta_1 z^{n-1} + \cdots + \beta_n}$$

と具体的に既約分数で書け，代数学の基本定理により実は $N = m$, $P = n$, つまり $N - P = m - n$ となります．しかしまだ無限遠点に極あるいは零点があるかもしれません．この場合はわざわざそちらの局所座標に変換しなくても，

① $m > n$ なら $m - n$ 位の極，

② $m < n$ なら $n - m$ 位の零点，

③ $m = n$ なら零点でも極でもない

ということが容易に推測できます．すると，これを勘案すれば全 Riemann 球面における零点と極の位数の代数和は，それぞれ，① の場合は $m-n-(m-n)$, ② の場合は $m - n + (n - m)$, ③ の場合は $m - n$ と，いずれも 0 になります．

この最後の結論を偏角の原理から直接出すには，積分路 C の半分ほどを遠方に変形して無限遠点をはずしてしまうと，一方では極と零点を全部取り込んだように見えますが，反対側では逆向きに回ると，内部に極も零点も無いという状況になるので，Cauchy の積分定理により積分値は零となります．通り過ぎるときに値を変えないようにするためには，無限遠点を回る周回積分を残さねばなりませんが，これは C から見ると負の向きになることに注意しましょう．しかし，無限遠点を中心として見ると，それは正の向きに回っていることになります．これは自分が Riemann 球面の無限遠点に立ってみたところを想像すれば直感的には明らかですが，実際に座標変換 $\zeta = \frac{1}{z}$ で写してみると，ζ 平面では原点を正の向きに回ることが計算でも確かめられます（問 6.3-7）．従って無限遠点の $N - P$ （一点なのでどちらか一つしかありませんが）を有限点での総和に加えたものが 0 という結果が計算しないで確かめられました．

問 6.3-7　円周 $|z| = R$ に負の向きを与えたものを無限遠点の局所座標 $\zeta = \frac{1}{z}$ に写せば，原点 $\zeta = 0$ を正の向きに回っていることを計算で確認せよ．

最後に，単位円を単位円に写す一般の正則写像の形を決めましょう．

命題 6.18　$f(z)$ は $|z| < 1$ を $|z| < 1$ の中に写す正則関数で，かつ境界 $|z| = 1$ を $|z| = 1$ の中に写すとする．このとき，$f(z)$ は次の形の有理関数となる：

$$f(z) = e^{i\theta} z^{n_0} \prod_{j=1}^{m} \left(\frac{z - \alpha_j}{1 - \overline{\alpha_j} z} \right)^{n_j}. \tag{6.33}$$

ここに，$f(z)$ の単位円内における零点を 0（n_0 位），および 0 以外の α_j（n_j

位)，$j=1,\ldots,m$ とし，0 が零点でなければ $z^{n_0}=1$ と解釈するものとする．

証明 円に関する鏡像の原理 (例題 6.1-1) を用いる．$\widetilde{f}(z) := \frac{1}{f(\frac{1}{\bar{z}})}$ は $|z|=1$ で $f(z)$ と一致し，その $|z|>1$ への解析接続となる．これを $f(z)$ と繋げたものを改めて $\widetilde{f}(z)$ と書こう．定義式から，$\widetilde{f}(z)$ は $f(z)$ の零点 α の鏡像 $\frac{1}{\bar{\alpha}}$ で極を持ち，それ以外では正則である．0 が f の零点なら，$\widetilde{f}$ は無限遠点に極を持つが，そうでなければそこで正則である．これ以外には零点も極も無く，ともに孤立しているから，総位数は有限で，従って $\widetilde{f}$ は有理関数となる．もし円内に f が一つも零点を持たなければ，$\widetilde{f}$ は全 Riemann 球面で正則，従って定数となる．これは円の内部を円の内部に，境界を境界に写すという条件をともに満たすようには選べないので除外される．

そこで今，円内にある $f(z)$ の 0 以外の各零点について，z^{n_j} と原点を α_j に写すような単位円を単位円に写す 1 次変換とを合成した $\left(\frac{z-\alpha_j}{1-\overline{\alpha_j}z}\right)^{n_j}$ という関数を用意すれば，これらの積 $z^{n_0}\prod_{j=1}^{m}\left(\frac{z-\alpha_j}{1-\overline{\alpha_j}z}\right)^{n_j}$ は単位円とその周を単位円とその周に写し，これで $f(z)$ を割ったもの $g(z)$ は全平面で正則となり，かつ零点も極も持たない．故に Liouville の定理により $g(z)$ は定数となるが，それは単位円上で絶対値が 1 のはずなので $e^{i\theta}$ と書ける．こうして $\widetilde{f}(z)$, 従って $f(z)$ が (6.33) の形であることが示された．　□

6.4　解析接続の一般論

【解析接続の理論】　Weierstrass は冪級数 $f_\alpha = \sum_{n=0}^{\infty} c_n(z-\alpha)^n$ とその収束円である円板 $D_{f_\alpha} = \{|z-\alpha| < R_\alpha\}$ の対 $F_\alpha = (f_\alpha, D_\alpha)$ を**関数要素** (function element) と名付け，二つの関数要素 F_α, F_β がそれぞれの収束円の共通部分で関数値が一致するとき，これらは**直接接続**の関係にあると呼びました．また α_1, α_n を端点とする曲線 C に沿って C 上の点 $\alpha_2,\ldots,\alpha_{n-1}$ を選び，互いに直接接続になっている関数要素の連鎖 F_{α_k}, $k=1,2,\ldots,n$ が作れれば，F_{α_n} は C に沿う F_{α_1} の**間接接続**と呼び，これを用いて正則関数の解析接続を定義しました．ただし，これを行うと，始点と終点が同じでも別の曲線に沿って解析接続すると，最後の結果が異なることが起こり得ます．すなわち，解析接続は多価関数になり得ます．しかし値の個数は無限になるとしても高々可算個です．これは当然な気がしますが，仰々しい名前が付いているの

で，定理として紹介しておきましょう．

定理 6.19 (**Poincaré-Volterra の定理**)　解析接続で得られる多価関数の分枝は高々可算無限である．

これは関数要素を実質可算無限個に制限できることから示せます．複素平面で実部も虚部も有理数であるようなものを**有理点**と名付ければ，これは可算無限個で，番号を振ることができますね（例えば [1], p.150）．そこで解析接続に登場するある関数要素 $F_\alpha = (f_\alpha, D_\alpha)$ において展開の中心 α がもし有理点でなければ，その十分近くの有理点 α' を取り，そこを中心として Taylor 展開を取り直したものを $f_{\alpha'}$，その収束円を $D_{\alpha'}$ とすると，関数要素を (f_α, D_α) から $(f_{\alpha'}, D_{\alpha'})$ に取り替えても，全体の解析接続の結果は変わりません．これを全部の関数要素についてやれば良いのですが，きちんと証明するには，次のようにします：もし有理点を中心とする関数要素では覆えないような関数要素 (f, D) が残ったとすると，D のある点 z で有理点を中心とするいかなる関数要素もその定義域が z を含まないか，含んだとしても割り付けられた関数が f とは z の近傍で一致しないことになります．しかし z の十分近くに有理点を取り，その近傍 D' で z を含み D に含まれるようなものが取れ，このとき $(D', f|_{D'})$ を追加できてしまい，不合理です．

さて，これが分かれば値の種類が高々可算無限個なことは明らかです．

複数の分枝の扱い方の議論は第 9 章の Riemann 面のところで続けることにし，ここでは，多価にならないための条件を挙げておきます．

定理 6.20　Ω が単連結領域で，ある関数要素から作られた解析接続の全体が Ω を覆うなら，それらは Ω 上に 1 価な正則関数を定める．

この証明のために位相幾何学の基本的な概念を一つ導入します．本書では今まで端点を共有する二つの曲線弧 C_0, C_1 の間の関係を**ホモロジー**，すなわち間に 2 次元の膜を張れるかどうかだけで議論してきましたが，この定理のような主張の証明には，**ホモトピー**の概念を使うのがより適切です．これは直感的には，曲線弧 C_0 が C_1 へ端点を動かさずに考えている領域の中で連続的に変形できるかどうかを表すものです．関数論の他の書物を読むときにも必要となるかもしれないので，以下にきちんとした定義を与えておきます．

定義 6.21 領域 Ω 内の 2 点 α, β を結ぶ二つの連続曲線弧 C_0, C_1 が互いに**ホモトピック**，またはホモトープであるとは，両端を固定したまま一方から他方に Ω 内で連続変形が可能なことをいう．数式で表せば，二つの曲線弧を

$$C_0 : z = \Phi_0(t),\ \ 0 \leq t \leq T, \quad C_1 : z = \Phi_1(t),\ \ 0 \leq t \leq T,$$
$$\Phi_0(0) = \Phi_1(0) = \alpha,\ \ \Phi_0(1) = \Phi_1(1) = \beta$$

とするとき，両者の間の**ホモトピー写像** $\Phi(t,s) : [0,T] \times [0,1] \to \Omega$ で

$$\begin{aligned} &\Phi(t,0) = \Phi_0(t), \quad \Phi(t,1) = \Phi_1(t), \ \ (0 \leq t \leq 1); \\ &\Phi(0,s) = \alpha,\ \ \Phi(1,s) = \beta,\ \ (0 \leq s \leq 1) \end{aligned} \tag{6.34}$$

となるものが存在することを言う．これを記号 $C_0 \simeq C_1$ で表す．

$\simeq$ は α, β を結ぶ連続曲線弧の集合上の**同値関係**となります．すなわち

① $C_0 \simeq C_0$（反射律），
② $C_0 \simeq C_1 \Longrightarrow C_1 \simeq C_0$（対称律），
③ $C_0 \simeq C_1, C_1 \simeq C_2 \Longrightarrow C_0 \simeq C_2$（推移律）

が成り立ちます．同値関係は等号の規則を抽象化した概念で，このとき $\simeq$ で結ばれるものを同一視して一つの**同値類**とし $\simeq$ を $=$ で置き換える**同値類別**が可能となります（[6], 定義 7.3 など参照）．この場合の同値類は**ホモトピー類**と呼ばれます．同値関係になることの確認は簡単な練習問題です．

上の定義と対比して，第 3 章で導入した“二つの曲線弧 C_0, C_1 の間に領域内で膜が張れる”という関係は，これらが互いに**ホモロガス**，またはホモローグであると言われます．特に，ある平面領域内の閉曲線 C にその領域内で膜が張れる場合は，C は 0 とホモロガスであると言います．これに対応するホモトピーの概念は，曲線 C が領域内で 1 点に連続変形可能なことで，これは C がその 1 点（を値とする定値写像で定まる“曲線”）とホモトピックなことと同じです．一般にはホモトピックの方が強い（ホモトピー写像 Φ から膜が作れる）のですが，逆の方は次のような有名な反例があります：$\boldsymbol{C}$ から 2 点 α, β を除いた領域 Ω において図 6.6 のような閉曲線 C を考えると，これは Ω 内で 1 点に連続変形できません．（厳密な証明はけっこう面倒ですが直感的には明らかでしょう．）しかしこれは 0 にホモロガスです．実際，図中の記号で $C = \partial D_1 - \partial D_2$ となっており，Ω で正則な $f(z)$ が $\oint_C f(z)dz = 0$ を満

たすこともこれから分かります．つまり，Cauchy の積分定理は，実はホモトピーよりもホモロジーとの親和性の方が高いのです．

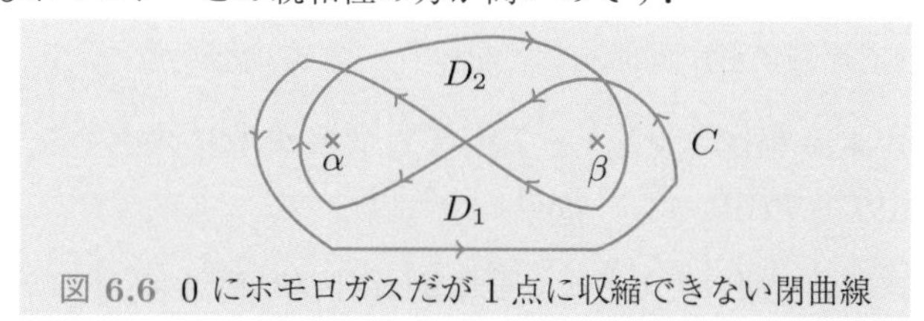

図 6.6 0 にホモロガスだが 1 点に収縮できない閉曲線

ただし平面領域の単連結性の判定はどちらでやっても同値です．参考までに，よく使われる単連結性の判定条件をまとめておきましょう：

補題 6.22 $\boldsymbol{C}$ の領域 Ω が単連結なことは，次の各々と同値である：

(1) Ω 内の任意の閉曲線は 0 にホモロガスである（定義 3.7 の条件の一般化）．

(2) $\forall\alpha, \beta \in \Omega$ についてこれらを結ぶ曲線弧は皆互いにホモトピックである．

(2)′ Ω 内の任意の閉曲線は 1 点にホモトピックである．

(3) Ω は**可縮** (contractible) である．すなわち，Ω を連続的に Ω の 1 点 α に縮めるような連続写像の族 $F(z, s) : \Omega \times [0, 1] \to \Omega$, $F(z, 0) \equiv z$, $F(z, 1) \equiv \alpha$ が存在する．

(4) Ω の Riemann 球面での補集合は連結である．

定理 6.20 の証明には (1) $\Longrightarrow$ (2) が必要なのですが，本書ではホモロジーの定義をこのような証明で使えるような厳密な形ではしていないので，詳細は省きます．しかし (2) $\Longrightarrow$ (1) は上で述べたように定義 6.21 から直ちに分かるので，気になる人は単連結の定義が (2) または (2)′ だと思ってもよいでしょう．以上を認めれば，定理 6.20 は次の補題から直ちに出てきます：

補題 6.23 曲線弧に沿う解析接続は，曲線のホモトピー類だけで決まる．

証明 Ω 内で α と β を繋ぐ曲線弧 C_0, C_1 がホモトピックとし，これらの間のホモトピー写像を $\Phi(t, s)$ とする．今各 s に対し，$C_s : \Phi(t, s), 0 \leq t \leq T$ に沿って $F_\alpha = (f_\alpha, D_\alpha)$ の解析接続の関数要素の鎖 $F_{\alpha_{k,s}} = (f_{\alpha_{k,s}}, D_{\alpha_{k,s}})$, $k = 1, 2, \ldots, m_s$ を作る．曲線弧の動きが連続なので，s が十分小さければ C_s は C_0 に沿う関数要素の定義域で覆われ，従って各 $F_{\alpha_{k,s}}$ はそれと定義域が交わる C_0 の関数要素の直接接続となっていることが $k = 0, 1, 2, \ldots$ と順に言え

る．特に終点での関数要素も C_0 のそれの直接接続となり，両者は一致する．

そこで終点における関数要素が C_0 のそれと一致しているような s の集合の上限を s_0 とすると，s_0 に対応する曲線弧 C_{s_0} に沿う解析接続について同様の議論を繰り返せば，その終点での関数要素がある $s < s_0$ について C_s に沿う解析接続の終点での関数要素と，従って C_0 の終点での関数要素と一致することが言える．もし $s_0 < 1$ なら，同じ議論は s_0 に十分近い $s > s_0$ に対しても通用し，s_0 が上限であったことに反する．故に $s_0 = 1$ でなければならず，C_1 と C_0 に沿う解析接続の結果は一致する． □

定理 6.20 は次のようにも言い換えられます：

系 6.24 多価関数は単連結領域 Ω においてはその一点での値を指定すれば Ω 上で 1 価な分枝が定まる．

【ホモロジー群とホモトピー群】* 始点 = 終点 α を基点として定めた閉曲線のホモトピー類から位相空間を特徴づける重要な量の一つである 1 次の**ホモトピー群**，別名**基本群**が定義されます．群構造は第 3 章で説明したような曲線を基点で繋げる演算から誘導され，単位元は基点から動かない $\Phi(t) = \alpha, 0 \leq t \leq T$ の類，逆元はパラメータの向きを逆にしたものの類で定義され，これらが群の公理を満たすことが容易に確かめられます．例えば，C を C^{-1} と結合したものは，折り返し点を C に沿って始点に戻すような連続変形により．基点から動かない単位元にホモトピックとなります．結合律は同値類を取る前から成り立っているようなものです．同様に，閉曲線をホモロガスなものを同一視したものに同じ演算を与えて 1 次の**ホモロジー群**が定義されます．こちらは定義から **Abel 群**（可換群），すなわち演算が可換になるので，これを + で著します．1 次のホモトピー群は一般には非可換で，1 次のホモロジー群はその Abel 化，すなわち交換子群で割って得られる**剰余類群**（[4], 定義 4.1）と同型になります．例えば，図 6.6 の領域 Ω では，適当な基点 z_0 から α, β を正の向きに一周する閉路をそれぞれ C_α, C_β とすれば，Ω のホモロジー群，ホモトピー群はともにこれらで生成され，図に示した閉曲線は，出発点を適当に選べば $C_\alpha C_\beta C_\alpha^{-1} C_\beta^{-1}$ とホモトピックになっています．これは群論で C_α, C_β の**交換子**と呼ばれるおなじみの量で，ホモトピー群は可換でないので単位元に帰着しませんが，この Abel 化であるホモロジー群では，これは $C_\alpha + C_\beta - C_\alpha - C_\beta = 0$ となる訳です．

一般に，領域が単連結ならどちらも単位元のみから成る自明な群となり，穴が n 個空いていればホモロジー群は n 個の生成元を持つ自由アーベル群 $\boldsymbol{Z}^n$ と同型になり，ホモトピー群の方は n 個の生成元を持つ非可換自由群となります．このような領域は $\boldsymbol{n}$ **重連結**，n を明示しないときは**多重連結**と呼ばれます．穴の数は無限になり得るので，有限なことを強調したいときは**有限連結**と言います．

第7章
等角写像

この章では等角写像の実例に続いてその理論的基礎を学び，最後に具体的な作り方を練習します．

7.1 正則関数が定める写像

正則関数は複素平面 $\boldsymbol{C}$ 内の領域から $\boldsymbol{C}$ への写像とみなせます．つまり平面の写像の一種で，実で書けば $f(z) = u(x, y) + iv(x, y)$ として，

$$(x, y) \ \mapsto \ (u(x, y), v(x, y))$$

という写像です．しかし一般の写像と比べると正則性に起因するさまざまな良い性質を持っています．複素微分可能の定義式を見直してみると，

$$f(z + \Delta z) = f(z) + f'(z)\Delta z + o(\Delta z)$$

となっています．これがある固定した z の十分近くの点 $z + \Delta z$ にどのように働くかを見ると，剰余項は無視して最初の項が $z \mapsto f(z)$ の平行移動，2 番目の項が複素数 $f'(z) = |f'(z)|e^{i \arg f'(z)}$ による微小変位 Δz への積となっています．後者は $|f'(z)|$ が相似拡大，$e^{i \arg f'(z)}$ が角度 $\arg f'(z)$ の回転として働きます．従って次が得られます：

定理 7.1 正則関数が定める平面の写像は $f'(z) \neq 0$ なる点では無限小レベルで平行移動と複素数の積（すなわち回転と相似拡大）の合成である．従って平面の向きと角度を保ち，特に直交する二つの曲線を直交する曲線に写す．

もとと行き先とで角度が変わらないという性質を**等角** (conformal)[1] と呼びます．すなわち正則関数は導関数が消えないところでは局所的に**等角写像**を定

---

1) この英語は他分野では“共形”とも訳されます．こちらは相似変換のように（大きさは変えても）形を変えないという意味なので，むしろその方が適訳であり，“等角”は意訳です．

めます．直交格子を導入し，正則関数によるその行き先を見ると，導関数が消えないところでは直交曲線座標系になるので，両者を並べて描くと写像の挙動を想像する良い助けになります．ちなみに導関数が消えていると，そこでの Taylor 展開が $(z-\alpha)^n$ の項から始まれば，角度は無限小レベルで n 倍に広がります．（この辺の事情は後ほど詳しく調べます．）まずはクイズをどうぞ：

例題 7.1-1 下図は次のような正則関数による指示された領域の像を表したもので，図の曲線族には，もとの領域が長方形の場合は直角座標による格子，円板の場合は動径と角度による格子の像の曲線族が描かれている．それぞれの関数・領域に対応する図として適切なものを選べ．

(1) $w=\dfrac{z-1}{z+2}$; 円板 $|z|<1$.

(2) $w=\dfrac{z-1}{z+2}$; 円板 $|z+1|<1$.

(3) $w=\dfrac{z-1}{z+2}$; 円板 $|z+1|<2$.

(4) $w=z^2$; 長方形 $0\leq x\leq 1$, $0\leq y\leq 1$.

(5) $w=z^3-3$; 長方形 $|x|\leq 2$, $0\leq y\leq 1$.

(6) $w=z^3-3z$; 長方形 $|x|\leq 2$, $0\leq y\leq 1$.

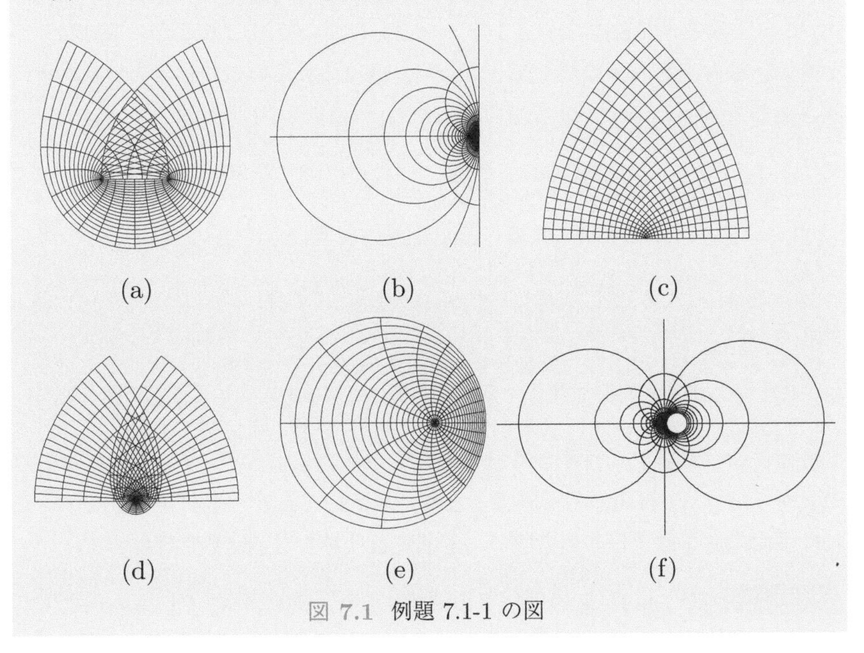

図 7.1　例題 7.1-1 の図

解答 (1) これは1次変換なので，円々対応するが，指定領域の閉包で分母は零にならないので，元の円板はある円板内に一対一に写像される．この条件に合うものは (e) しか無い．
(2) これも1次変換であるが，今度は指定領域の境界 $z=-2$ で分母が 0 となるので，もとの領域はある直線の片側に一対一に写像される．1次変換なので到る所等角であり，直線上でも等角性が保たれる．この条件に合うものは (b) しか無い．
(3) これも1次変換であるが，今度は指定領域の内点 $z=-2$ で分母が 0 となるので，写像はこの点の像を無限遠点に写し，像はある円の外側となる．一対一，等角なのでこれに合うのは (f) しか無い．
(4) 指定領域の頂点 $z=0$ で等角性が崩れており，それ以外では等角である．$z=0$ では 90 度の直角が 180 度の平角に写るので，像は三つの角を持つ．写像は明らかにこの範囲では一対一なので，(c) と決定される．
(5) この関数の導関数は $3z^2$ で $z=0$ において 0 となるが，これは境界を成す下の辺の中点である．z^3 はここで 3 回転し，もとの長方形の像は下半平面を通り上半平面に戻ってきて重なる．この状況に当てはまるのは (d) しか無い．
(6) この関数の導関数は $3z^2-3$ で $z=\pm 1$ において 0 となるが，これは二つとも元領域の境界の下の辺上に有るので，像はこれらの点の行き先で反対側に巻き込む．よって (a) が最も適切である． □

問 7.1-1 (i) 次の正則関数による，指定された領域の像の概略を記述せよ．境界まで込めて等角性が崩れているのはどの点か明らかにせよ．
(1) $w=(z-1)/(z+1)$ による，円板 $|z|<1$ の像．
(2) $w=z^2-1$ による，円 $|z-1|<1$ の像．
(3) $w=e^z$ による，帯 $-\infty \le x \le \infty, 0 \le y \le \pi i$ の像．
(4) $w=z^3-3z$ による，長方形 $-1 \le x \le 1, 0 \le y \le 1$ の像．
(5) $w=z^3-3z$ による，長方形 $0 \le x \le 2, 0 \le y \le 1$ の像．
(ii)（レポート問題）付録課題 5 の説明を参考に計算機を用いて各像を描画せよ．

最初に述べた直感的説明からほとんど明らかでしょうが，$f'(z) \neq 0$ なる点の近傍では $f(z)$ は全単射な写像となり，局所的に逆が一意に定まります．これは平面の逆写像定理の複素版で，正則関数に対する**逆関数定理**です：

定理 7.2 $f(z)$ は点 α の近傍で正則で，$f(\alpha)=\beta$, かつ $f'(\alpha) \neq 0$ とすれ

ば，f は α のある近傍を β の近傍に全単射に写し，逆関数 f^{-1} も正則となる．

証明　**(1) $\boldsymbol{R}^2$ の逆写像定理を用いた証明**　$f(z)$ が定める平面の写像を実 2 変数の写像 $(x,y)\mapsto(u(x,y),v(x,y))$ と見たときのヤコビアンは，Cauchy-Riemann の関係式 (2.46) を使うと，

$$\begin{vmatrix} \frac{\partial u}{\partial x} & \frac{\partial u}{\partial y} \\ \frac{\partial v}{\partial x} & \frac{\partial v}{\partial y} \end{vmatrix} = \frac{\partial u}{\partial x}\frac{\partial v}{\partial y} - \frac{\partial u}{\partial y}\frac{\partial v}{\partial x} = \frac{\partial u}{\partial x}^2 + \frac{\partial v}{\partial x}^2 = \left|\frac{\partial f}{\partial x}\right|^2 = |f'(z)|^2 \tag{7.1}$$

となる．（最後の等式は正則関数について $\frac{\partial f}{\partial x} = \frac{df}{dz}$ となることを用いた．）よって $f'(\alpha) \neq 0$ なら，この点で Jacobi（ヤコビ）行列は正則となり，実 2 変数の逆関数定理により $f(z)$ は α のある近傍 U から β のある近傍 V への C^1 級可逆な写像となる．逆写像 g を複素変数の関数 $g(w)$ とみなしたとき，$g(f(z)) = z$ となるが，この両辺を $\bar{z}$ で偏微分すると，左辺は補題 2.13 の (2.37) により

$$\frac{\partial}{\partial \bar{z}} g(f(z)) = \frac{\partial g}{\partial w}\frac{\partial f}{\partial \bar{z}} + \frac{\partial g}{\partial \bar{w}}\frac{\partial \bar{f}}{\partial \bar{z}} = \frac{\partial g}{\partial \bar{w}}\overline{\left(\frac{\partial f}{\partial z}\right)} = \frac{\partial g}{\partial \bar{w}}\overline{f'(z)},$$

また右辺は $\frac{\partial z}{\partial \bar{z}} = 0$ である．よって $f'(z) \neq 0$ から，$\frac{\partial g}{\partial \bar{w}} = 0$ となり，g は正則である．

(2) 関数論的証明　β に近い点 w が与えられたとき，α に近い点 z で $f(z) = w$ を満たすものがただ一つ定まることをまず示す．正則関数の零点の孤立性から，$\delta > 0$ を十分小さく選べば，$|z-\alpha| \leq \delta$ では $f(z) = \beta$ を満たす z は $z = \alpha$ 以外には無い．よって $\varepsilon > 0$ を $|f(z)-\beta| \geq \varepsilon$ が $|z-\alpha| = \delta$ 上で成り立つようにすれば，$|w-\beta| < \varepsilon$ のとき Rouché の定理により $f(z)-\beta$ と $f(z)-w = (f(z)-\beta)+(\beta-w)$ の $|z-\alpha| \leq \delta$ における零点の個数は一致する．すなわち，ただ一つである．これで $|w-\beta| < \varepsilon$ の上で集合論的な逆関数 $z = f^{-1}(w)$ が存在することは分かった．

以下これが正則関数となることを示す．これはまだ抽象的な存在しか言えていないので，ついでにその具体的な求め方も与えるため，数値計算にも便利な複素 Newton（ニュートン）法を使おう．初期近似としてここでは $z_1 = \alpha$ をとる．続いて，

$$w = f(z) = f(z_1) + f'(z_1)(z-z_1) + o(z-z_1)$$

から，剰余項を無視して z について解いたものを次の近似値 z_2 とすれば

$$z_2 = z_1 - \frac{f(z_1) - w}{f'(z_1)}$$

は解のより良い近似となるであろう．以下この考えを続けると，

$$z_{n+1} = z_n - \frac{f(z_n) - w}{f'(z_n)} \tag{7.2}$$

により，期待された解の近似列 z_n が得られるであろう．これが次々に定義できて，かつ存在の証明された $z = f^{-1}(w)$ に収束することを言おう．$f'(\alpha) \neq 0$ なので，必要なら $\delta > 0$ をより小さくして，$|z-\alpha| \leq 2\delta$ では $|f'(z)| \geq K > 0$ となっているとしてよい．すると $w = f(z)$ なので，

$$z_{n+1} - z = z_n - z - \frac{f(z_n) - f(z)}{f'(z_n)} = \frac{f(z) - f(z_n) - f'(z_n)(z - z_n)}{f'(z_n)}.$$

ここで最後の辺の分子は z_n を中心とする Taylor 展開の 2 次の剰余項 R_2 と見ることができるので，$|\zeta - \alpha| \leq 2\delta$ で $|f''(\zeta)| \leq M$ とすると，z とともに z_n も $|z_n - \alpha| \leq 2\delta$ を満たすならば，補題 4.12 の剰余項評価 (4.19) より

$$|f(z) - f(z_n) - f'(z_n)(z - z_n)| = |R_2| \leq \frac{M}{2}|z - z_n|^2$$

となる．よって，

$$|z_{n+1} - z| \leq \frac{M}{2K}|z_n - z|^2 \tag{7.3}$$

となるから，順次，$|z_1 - z| = |z - \alpha| < \delta$ から出発して，$|z_2 - z| < \frac{M}{2K}\delta^2$, $|z_3 - z| \leq \left(\frac{M}{2K}\right)^3\delta^4, \ldots$ が得られ，以下数学的帰納法により，もし $|z_n - z| < \left(\frac{M}{2K}\right)^{2^{n-1}-1}\delta^{2^{n-1}}$ なら，これから

$$|z_{n+1} - z| \leq \left(\frac{M}{2K}\right)^{2^n - 1}\delta^{2^n}$$

が示せる．よってもし必要なら δ を更に小さくして $\frac{M\delta}{2K} \leq \frac{1}{2}$ が成り立つとすれば，これから

$$|z_{n+1} - z| \leq \frac{\delta}{2^{2^n - 1}} \tag{7.4}$$

が得られる．以上により，$\delta > 0$ を十分小さく選べば，まず近似列 z_n が常に

$$|z_n - \alpha| \leq |z_n - z| + |z - \alpha| < 2\delta$$

を満たし，従って z_n が漸化式 (7.2) で次々と定まって，上の逐次評価も正当なことが分かり，かつ近似列は z に高速に収束することも分かった[2)]．

最後に対応 $w \mapsto z$ が正則であることを見よう．z_1, z_2 が w について正則なことは自明であるが，その後は反復が正則関数の合成になっているので，補題 2.15 (4) により帰納的にすべての z_n が w の正則関数となる．z_n は $|w-\beta|<\varepsilon$ において z に一様に収束しているので，極限関数 $w \mapsto z = f^{-1}(w)$ も定理 4.5 により正則となる．　□

$f'(\alpha)=0$ となる点 α の周りでは $f(z)$ がどんな写像になるかを調べておきましょう．やはり Taylor 展開を見ます：

$$\begin{aligned} w = f(z) &= c_0 + c_n(z-\alpha)^n + c_{n+1}(z-\alpha)^{n+1} + c_{n+2}(z-\alpha)^{n+2} + \cdots \\ &= c_0 + c_n(z-\alpha)^n\{1 + c'_1(z-\alpha) + c'_2(z-\alpha)^2 + \cdots\} \end{aligned} \tag{7.5}$$

とします．すると定数による平行移動と相似拡大，回転を除けば，写像の特徴は $(z-\alpha)^n$ でほぼ決まります．この関数は α の近傍を原点の近傍に $|z-\alpha|^n$ 倍に縮小し，偏角を n 倍に拡大して写像し，その結果，像は原点の近傍を原点以外では n 重に覆います．これは

$$(z-\alpha)^n = \frac{w-c_0}{c_n}$$

を解いてみれば等間隔に n 個の逆像

$$\beta_k := \alpha + \left|\frac{w-c_0}{c_n}\right|^{1/n} e^{\frac{1}{n}\left(2\pi k i + i\arg\frac{w-c_0}{c_n}\right)}, \quad k = 0, 1, \ldots, n-1$$

が α の周りに得られることから分かります．後ろに 1 に近い因子がついても，像が少し歪むだけで n 重の事実は変わりません．すなわち，この点の近くでは f は n 対 1 の写像になります．このことはやはり Rouché の定理から厳密に示せます．すなわち，上の冪根の一つ β_k をとれば，他の冪根はこれから

$$\delta := \left|\frac{w-c_0}{c_n}\right|^{1/n} \left|e^{2\pi i/n} - 1\right|$$

だけ離れているので，β_k を中心とする半径 $r<\delta$ の円 C に Rouché の定理を

[2)] 評価 (7.3), あるいは (7.4) は数値解析で 2 次収束と呼ばれ，反復ごとに正しい桁数が倍のオーダーで増えてゆくような収束を意味します．

適用すれば，$(z-\alpha)^n = \frac{w-c_0}{c_n}$ はこの円内でただ一つの零点 β_k を持ち C 上では零にならないので，(7.5) の { } 内の 1 に続く部分が

$$|c_1'(z-\alpha) + c_2'(z-\alpha)^2 + \cdots| < 1$$

を満たしていれば，

$$(z-\alpha)^n\{1 + c_1'(z-\alpha) + c_2'(z-\alpha)^2 + \cdots\} = \frac{w-c_0}{c_n}$$

はこの円内にただ一つの零点を持ちます．これ以外には解が無いことも上の摂動部分に $|z-\alpha| < \delta$ で Rouché の定理を用いれば示せます．なお，具体的にこれらを求めるには，β_k を初期値とする Newton 法を用いればよろしい．

以上の考察と定理 7.2 を合わせると次の結果が得られます．

定理 7.3 定数以外の正則関数が定める写像は開写像である，すなわち，開集合を開集合に写す．導関数が $n-1$ 位の零点を持つところでは，正則関数は局所的に n 対 1 の写像となる．対偶を取れば，正則関数の値域が疎な集合，特に長さを持つ Jordan 曲線に含まれていたら，それは定数となる．

この定理からまた，正則関数の**最大値原理**が直ちに出てきます．実際，もし $|f(z)|$ が領域 D の内点 α で最大値を取ったら，$f(z)$ による D の像は円板 $|w| \le |f(\alpha)|$ に含まれ，$f(\alpha)$ はその境界点ということになりますが，上の定理によりこの点のある近傍が像 $f(D)$ に含まれ，不合理です．この証明は計算による証明よりも最大値原理が成り立つ所以（ゆえん）をより明瞭にしていますね．

7.2 等角写像の存在定理

ある領域から他の領域への全単射な正則写像が有るとき，これらの領域は**等角同値**と言われ，このような写像は**等角写像**と呼ばれます．これは，二つの領域が関数論的に同じとみなせるための判断基準を与えます．一般に正則関数は導関数の値が消えないことが局所的に一対一の必要十分条件です（定理 7.2, 7.3)．しかしこれは大域的に一対一となるためには必要ではあっても十分ではありません．このことは周期関数の e^z を考えれば明らかです．関数論ではある領域で大域的に一対一の正則写像を**単葉**という言葉で表します．これは一対一でないとき，関数値が $\boldsymbol{C}$ の別のシート（葉）としてかぶさってくるイメー

ジから来た言葉です．Ω 上の単葉関数 f は，Ω からその像 $f(\Omega)$ への等角写像を定めます．このとき定理 7.2 により逆関数 f^{-1} は $f(\Omega)$ から Ω への等角写像となります．等角同値の問題は，単葉関数の像の集合からどんな標準的な図形が代表元として取れるかという問題であると言い換えることもできます．

単連結な領域の場合は事情はとてもすっきりしていて，$\boldsymbol{C}$ 全体か単位円かのたった二つで代表されます．すなわち次の定理が成り立ちます．

定理 7.4 複素平面内の単連結領域は $\boldsymbol{C}$ 全体か単位円 $|z|<1$ かのいずれかと等角同値である．この二つは等角同値ではなく，$\boldsymbol{C}$ 以外の任意の単連結領域は単位円と等角同値になる．

以下これをいくつかの補題に分割して示します．簡単な方からやりましょう．始める前に，単連結性は等角写像で像の領域に遺伝することに注意しておきましょう（補題 6.22 参照）．

補題 7.5 $\boldsymbol{C}$ はいかなる有界領域 Ω とも等角同値でない．

証明 $\Omega \subset \{|z| \leq R\}$ とする．もし等角写像 $f(z): \boldsymbol{C} \to \Omega$ が有れば，f は全平面で $|f(z)| \leq R$ を満たす．よって Liouville の定理により f は定数となり不合理である． □

補題 7.6 単連結領域 Ω が $\boldsymbol{C}$ と異なるとき，Ω はある有界領域に等角に写像される．

証明 仮定により Ω の境界 $\partial\Omega$ は有限の点 α を含む．平行移動により $\alpha=0$ としても一般性を失わない．多価関数 $f(z)=\sqrt{z}$ を考えると，$0 \notin \Omega$ より $0 \notin f(\Omega)$，また $z \neq 0$ で到る所 $f'(z)=\frac{1}{2\sqrt{z}} \neq 0$ である．系 6.24 により単連結領域 Ω 上では $f(z)$ の 1 価な分枝 $f_0(z)$ が一つ定まるが，これは単葉である．実際，もし $f_0(z_1)=f_0(z_2)$ となる 2 点 $z_1, z_2 \in \Omega$ が存在したら，平方根の定義により $z_1=f_0(z_1)^2=f_0(z_2)^2=z_2$ となるからである．同様の論法で，$w \in f_0(\Omega)$ なら $-w \notin f_0(\Omega)$ が示せる．実際，もし $w=f_0(z_1)$, $-w=f_0(z_2)$, $z_1, z_2 \in \Omega$ となれば，$w^2=f_0(z_1)^2=z_1$, $(-w)^2=f_0(z_2)^2=z_2$, 従って $z_1=z_2$, $w=-w$, $w=0$ となるが，これは $0 \notin f_0(\Omega)$ に反する．

今 $\beta \in f_0(\Omega)$ とすれば，$f_0(\Omega)$ は定理 7.3 により開集合なので $\exists R>0$ s.t.

$B_R(\beta) \subset f_0(\Omega)$ となる．このとき上に示したことから

$$-B_R(\beta) := \{-w\,;\, w \in B_R(\beta)\} = B_R(-\beta)$$

は $f_0(\Omega)$ と共通点を持たない．故に Ω は単葉関数 f_0 により $B_R(-\beta)$ の補集合の中に写される．よって1次変換 $\zeta = g(w) = \frac{1}{w+\beta}$ でこれを更に写像すれば，合成写像 $g \circ f_0$ により Ω は $|\zeta| < \frac{1}{R}$ に写像され，従って有界領域となる． □

以上で任意の有界単連結領域 Ω が単位円と等角同値なことを示すのだけが残りました．これが定理 7.4 の核心で，**Riemann の写像定理**と呼ばれます．

定義と定理 7.7 (**Montel**(モンテル) **の定理**) Ω 上の正則関数の族 $\mathfrak{F} = \{f_\lambda(z)\,;\, \lambda \in \Lambda\}$ が任意のコンパクト部分集合 $K \subset \Omega$ 上で**一様有界**，すなわち，K に依存するが λ には依存しないある定数 M_K が存在し，

$$\forall f_\lambda \in \mathfrak{F},\ \ \forall z \in K \ \ \text{について}\ \ |f_\lambda(z)| \le M_K$$

を満たしているとき，**Montel の正規族** (normal family) と呼ばれる．このとき $\mathfrak{F}$ は Ω で広義一様収束する部分列を持つ．

これは，$|f'(z)|$ が少し広いところの $|f(z)|$ の最大値で抑えられるという Cauchy の積分公式の帰結の一つ（系 4.4）と平均値定理の代替不等式 (2.51) から族 $\mathfrak{F}$ が同程度連続となり，従って Ascoli(アスコリ)-Arzelà(アルゼラ) の定理（例えば [7], 定理 6.1; 実1変数の場合だが多変数でも同様）が使え証明されるのですが，他書を読んでくれというのも何なので，ほとんど同じですが証明を与えておきます．

証明* **第1段** コンパクト集合 $K \subset \Omega$ 内のすべての有理点で値が収束するような列 f_n が $\mathfrak{F}$ から抜き出せることを示す．K 内の有理点は高々可算個なので，それらを一列に並べたものを p_k, $k = 1, 2, \ldots$ とする．$f_\lambda(p_1)$, $\lambda \in \Lambda$ は $\boldsymbol{C}$ の有界集合 $|z| \le M$ に含まれるので，Bolzano-Weierstrass の定理により，そこから収束列 $f_{11}(p_1), f_{12}(p_2), \ldots, f_{1n}(p_n), \ldots$ が抜き出せる．次に $f_{1n}(p_2)$, $n = 1, 2, \ldots$ も有界列なので，そこから収束する部分列 $f_{21}, f_{22}, \ldots$ を抜き出せ，これは p_1, p_2 の両方で収束する．この操作を繰り返して f_{kn}, $n = 1, 2, \ldots$ で $p_1, p_2, \ldots, p_k$ で収束するような列が取り出せる．この操作は無限に続けることができるが，そのまま $k \to \infty$ とはできないので，**Cantor**(カントル) **の対角線論法**により f_{kk}, $k = 1, 2, \ldots$ という列を考えると，これは k 番目から先が f_{kn}, $n = 1, 2, \ldots$ の部分列となるので，$p_1, p_2, \ldots, p_k$ での値が収束している．k は任意なので，結局 K 内のすべての有理点で収束する．

以下簡単のためこの列を $f_n,\ n=1,2,\dots$ で表します．

第2段 上で取り出した列 f_n は K の任意の点で収束することを言う．ただし有理点が K 内に稠密に存在しないと困るので，必要なら十分に小さい $\varepsilon>0$ について K をその ε-近傍の閉包で Ω に含まれるようなものと置き換えておく．K と $\partial\Omega$ の距離が $>2r$ となるように $r>0$ を小さく選ぶと，系 4.4 の不等式 (4.6) により，K の r-近傍 K_r の閉包上で $|f'(z)|\le\frac{M}{r}$ が成り立つ．すると，$z_1,\ z_2\in K$ が $|z_1-z_2|<r$ を満たせば線分 z_1z_2 は K_r の閉包には含まれるので，問 2.4-2 (2) の不等式 (2.51) が適用でき，

$$|f(z_1)-f(z_2)|\le\frac{M}{r}|z_1-z_2| \tag{7.6}$$

が成り立つ．そこで今 $0<\varepsilon<r$ が任意に与えられたとき，$z\in K$ に対して，まず $|z-p_k|<\frac{r\varepsilon}{3M}$ となる K 内の有理点 p_k を選ぶ．この p_k について $\{f_n(p_k)\}_{n=1}^{\infty}$ は収束列，従って Cauchy 列なので，n_ε を $n,m\ge n_\varepsilon$ なら $|f_n(p_k)-f_m(p_k)|<\frac{\varepsilon}{3}$ となるように選ぶ．すると，(7.6) を 2 度使うと，$n,m\ge n_\varepsilon$ なら

$$\begin{aligned}|f_n(z)-f_m(z)|&\le|f_n(z)-f_n(p_k)|+|f_n(p_k)-f_m(p_k)|+|f_m(p_k)-f_m(z)|\\&\le\frac{M}{r}|z-p_k|+\frac{\varepsilon}{3}+\frac{M}{r}|p_k-z|<\frac{M}{r}\frac{r\varepsilon}{3M}+\frac{\varepsilon}{3}+\frac{M}{r}\frac{r\varepsilon}{3M}\\&=\frac{\varepsilon}{3}+\frac{\varepsilon}{3}+\frac{\varepsilon}{3}=\varepsilon.\end{aligned}$$

よって $\{f_n(z)\}_{n=1}^{\infty}$ は Cauchy 列となるから，収束する．これで K 上各点収束する関数列 $f_n(z)$ とその極限関数 $f(z)$ の存在が分かった．

第3段 $f(z)$ が連続なことを示す．$\varepsilon>0$ が与えられたとき，$z_1,\ z_2\in K$ が $|z_1-z_2|<\frac{r\varepsilon}{3M}$ を満たせば，n を $|f_n(z_1)-f(z_1)|<\frac{\varepsilon}{3}$, $|f_n(z_2)-f(z_2)|<\frac{\varepsilon}{3}$ がともに成り立つように選ぶと，

$$\begin{aligned}|f(z_1)-f(z_2)|&\le|f(z_1)-f_n(z_1)|+|f_n(z_1)-f_n(z_2)|+|f_n(z_2)-f(z_2)|\\&<\frac{\varepsilon}{3}+\frac{M}{r}|z_1-z_2|+\frac{\varepsilon}{3}<\frac{\varepsilon}{3}+\frac{\varepsilon}{3}+\frac{\varepsilon}{3}=\varepsilon.\end{aligned}$$

よって f は連続である．

第4段 $f_n(z)\to f(z)$ が一様収束することを示す．$f(z)$ はコンパクト集合 K の上では一様連続となるから，$\varepsilon>0$ が与えられたとき，$\forall z_1,z_2\in K$ が $|z_1-z_2|<\delta$ を満たせば $|f(z_1)-f(z_2)|<\frac{\varepsilon}{3}$ となるように $\delta>0$ が選べる．必要なら更に δ を小さくして，$\delta<\frac{r\varepsilon}{3M}$ となるようにしておく．今，K の各点で δ-近傍を考えると，K はコンパクトなので，そのうちの有限個 $B_\delta(\alpha_1),\dots,B_\delta(\alpha_N)$ で K を覆える．各 $j=1,2,\dots,N$ について $f_n(\alpha_j)$ は $f(\alpha_j)$ に収束するので，上の ε に対して n_ε を $n\ge n_\varepsilon$ ならすべての α_j について $|f_n(\alpha_j)-f(\alpha_j)|<\frac{\varepsilon}{3}$ が成り立つように選べる．（各 j についてこういう番号が有るが，有限個だからその最大のものを取れる．）すると，$\forall z\in K$ に対して，それを含む $B_\delta(\alpha_j)$ を取れば，$n\ge n_\varepsilon$ のとき，

$$\begin{aligned}|f_n(z)-f(z)|&\le|f_n(z)-f_n(\alpha_j)|+|f_n(\alpha_j)-f(\alpha_j)|+|f(\alpha_j)-f(z)|\\&\le\frac{M}{r}|z-\alpha_j|+\frac{\varepsilon}{3}+\frac{\varepsilon}{3}\le\frac{M}{r}\delta+\frac{\varepsilon}{3}+\frac{\varepsilon}{3}\le\frac{\varepsilon}{3}+\frac{\varepsilon}{3}+\frac{\varepsilon}{3}=\varepsilon.\end{aligned}$$

$z \in K$ は任意だったから，これは $f_n(z) \to f(z)$ の収束が K 上一様であることを示している．

第5段 Ω で広義一様収束する部分列を取り直せることを示す．このため，Ω のコンパクト集合の**取り尽くし増大列** K_n, $n = 1, 2, \ldots$ を用意する．これは各 n について K_n が K_{n+1} の内部に含まれ[3]，かつ $\bigcup_{n=1}^{\infty} K_n = \Omega$ となるようなコンパクト集合の列のことを言う．このようなものは，例えば

$$K_n = \left\{ z \in \Omega\,;\, \mathrm{dis}(z, \partial\Omega) \geq \frac{1}{n} \right\} \cap \{|z| \leq n\} \tag{7.7}$$

などで作れる．すると K_1 上では既に示したようにここで一様収束する列 $\{f_{1n}\}_{n=1}^{\infty}$ が取れる．次に K_2 上ではこの部分列としてそこで一様収束する $\{f_{2n}\}_{n=1}^{\infty}$ が取れる．以下これを繰り返して K_k 上で一様収束するような部分列 $\{f_{kn}\}_{n=1}^{\infty}$ を一つ前のものから取り出す，という操作を $k = 3, 4, \ldots$ と続け，最後に対角線要素 $\{f_{kk}\}_{k=1}^{\infty}$ を取り出せば，これはどの K_k でも一様収束する．Ω の任意のコンパクト集合はある K_k に含まれるので，この列は Ω で広義一様収束し，定理の証明が完結した． □

定理 7.8 領域 Ω 上の単葉な正則関数の列 $f_n(z)$ が Ω で広義一様収束していれば，極限関数 $f(z)$ は定数でなければ再び単葉となる．

証明 $f(z)$ は定数でないとし，$f(z)$ が大域的に一対一を示す．今，異なる二つの点 $\alpha, \beta \in \Omega$ について $f(\alpha) = f(\beta)$ とすると，$g(z) := f(z) - f(\beta)$ は $z = \alpha$ に零点を持つ．$f(z)$ は定数でないと仮定しているので $g(z) \equiv 0$ ではないから，r を十分小さく選べば $0 < |z - \alpha| \leq r$ には $g(z)$ の零点は無い．そこで $|z - \alpha| = r$ 上 $|g(z)| \geq M > 0$ とする．$g_n(z) = f_n(z) - f_n(\beta)$ は $g(z)$ にここで一様収束するから，番号 n を十分大きく選べば $|g(z)| \geq M > |g_n(z) - g(z)|$ が成り立ち，Rouché の定理により $g_n(z) = g(z) + (g_n(z) - g(z))$ も円 $|z - \alpha| < r$ 内に少なくとも一つの零点 γ を持つ．すなわち $f_n(\gamma) = f_n(\beta)$ となる．$r < |\alpha - \beta|$ に選んでおけば，$|\gamma - \beta| \geq |\alpha - \beta| - |\gamma - \alpha| > 0$ となり，f_n が大域的に一対一であったことに矛盾する．よって $f(z)$ は単葉である． □

問 7.2-1 領域 Ω 上の正則関数の列 $f_n(z)$ が $f(z)$ に広義一様収束しており，かつすべての $f_n'(z)$ が Ω に零点を持たなければ，極限関数 $f'(z)$ は恒等的に 0 でなければ Ω に零点を持たないことを示せ．（これは定理 7.8 の局所版とみなせる．）

補題 7.9 単位円から単位円への等角写像は 1 次変換である．従って任意の

---

[3] この条件を $K_n \subset\subset K_{n+1}$ と表現することがあります．単に $K_n \subset K_{n+1}$ だと，任意のコンパクト集合 K がある K_n に含まれることを言うのが困難ですが，こうしておけば $\Omega = \bigcup_{n=1}^{\infty} \mathrm{Int}(K_n)$ （$\mathrm{Int}(K_n)$ は K_n の内部を表す）なのでそれが簡単に言えます．

円板あるいは半平面から円板あるいは半平面への等角写像も 1 次変換となる.

実際，命題 6.18 で $|z| < 1$ を $|z| < 1$ の中に写し，かつその境界を境界の中に写す正則関数の形 (6.33) を決めました．単葉なら零の逆像は一つに限られるので，因子は一つだけが許され，従って $f(z) = e^{i\theta}z$ または $e^{i\theta}\frac{z-\alpha}{1-\bar{\alpha}z}$ の形となり，1 次変換です．（前者は後者で $\alpha = 0$ の場合に含まれます.）この主張の方がやさしいので，鏡像の原理の練習に直接証明してみるのも良いでしょう.

補題 7.10　Ω を単連結領域とし，$\alpha \in \Omega$ とする．Ω から単位円 $\boldsymbol{D} = \{|z| < 1\}$ への等角写像 f がもし有れば，その自由度は $f(\alpha)$ と，$\arg f'(\alpha)$ となる.

実際，この自由度は結局は単位円を単位円に写す等角写像の自由度に他なりませんが，前補題によりそのような写像は 1 次変換しかないので，例題 6.3-1 (2) から上記が結論されます．((6.29) の係数 $e^{i\theta}$ が $\arg f'(\alpha)$ に対応していることに注意しましょう.)

Riemann の写像定理の核心の証明　Ω は有界な単連結領域とし，そこから単位円 $D = \{|z| < 1\}$ への等角写像が存在することを示す．$\alpha \in \Omega$ を固定し，$\mathfrak{F}$ を Ω から D 内への単葉関数 $f(z)$ で，$f(\alpha) = 0$, $f'(\alpha) > 0$ なるものの集合とする．Ω は有界なので，適当な平行移動と相似縮小でこのような写像の例は簡単に作れるから，$\mathfrak{F}$ は空ではない．（しかも連続の濃度だけ存在する.）$\{|z - \alpha| \leq R\} \subset \Omega$ とすると $f \in \mathfrak{F}$ は $|f(z)| \leq 1$, 従って系 4.4 により $|f'(\alpha)| \leq \frac{1}{R}$ を満たすので，$\mu := \sup_{f\in\mathfrak{F}} f'(\alpha)$ は有限である．そこでこの値を $f_n'(\alpha)$ の単調増加極限に持つような列 $f_n(z) \in \mathfrak{F}$ が存在する．Montel の定理によりこれは Ω で広義一様収束する部分列を含む．記号を簡単にするためそれを再び同じ f_n で表し，極限を f としよう．このとき補題 4.6 により $f_n'(z) \to f'(z)$ も広義一様収束で，従って $f'(\alpha) = \mu > 0$ を満たすので，$f(z)$ は定数ではなく，それ故定理 7.8 により単葉である．像 $f(\Omega)$ は閉単位円 $D \cup \partial D$ に含まれるが，定理 7.3 により像は開集合なので，結局 D 内の単連結領域となる．これが D と一致することを示せば証明が終わる．方針としては，もし全射でなかったら，抜けている部分を埋めるように "初速" $f'(\alpha)$ を大きくできてしまうという矛盾を導く.

背理法により，$f(z)$ の値域に属さない点 $\gamma \in D$ が存在したとせよ．このと

き $\log \frac{z-\gamma}{1-\overline{\gamma}z}$ は単連結領域である $f(\Omega)$ の上で 1 価な分枝を持つ．故に，

$$\zeta = g(z) := \log \frac{f(z)-\gamma}{1-\overline{\gamma}f(z)}$$

は，Ω 上の 1 価関数で $g(\Omega) \subset \log(D) \subset \{\mathrm{Re}\,\zeta < 0\}$ となる．($\mathrm{Re}\log z = \log|z| < \log 1$ に注意.）これを，問 6.3-3 (3) の 1 次変換 (6.32) で再び単位円に戻す写像

$$w = h(\zeta) := \frac{\gamma}{|\gamma|}\frac{\zeta - \log(-\gamma)}{\zeta + \overline{\log(-\gamma)}}$$

と合成すると，$f(\alpha)=0$ を思い出せば

$$w = \widetilde{f}(z) := \frac{\gamma}{|\gamma|}\frac{g(z)-g(\alpha)}{g(z)+\overline{g(\alpha)}} = \frac{\gamma}{|\gamma|}\Big(1 - \frac{g(\alpha)+\overline{g(\alpha)}}{g(z)+\overline{g(\alpha)}}\Big)$$

となるが，これは Ω から D 内への単葉関数で，$\widetilde{f}(\alpha)=0$ を満たす．更に $\widetilde{f}'(\alpha)$ を計算してみると，

$$\widetilde{f}'(z) = \frac{\gamma}{|\gamma|}\frac{g(\alpha)+\overline{g(\alpha)}}{(g(z)+\overline{g(\alpha)})^2}g'(z) = \frac{\gamma}{|\gamma|}\frac{g(\alpha)+\overline{g(\alpha)}}{(g(z)+\overline{g(\alpha)})^2}\Big(\frac{f'(z)}{f(z)-\gamma} + \frac{\overline{\gamma}f'(z)}{1-\overline{\gamma}f(z)}\Big)$$

より，

$$\begin{aligned}\widetilde{f}'(\alpha) &= \frac{\gamma}{|\gamma|}\frac{1}{g(\alpha)+\overline{g(\alpha)}}\Big(\frac{f'(\alpha)}{-\gamma} + \overline{\gamma}f'(\alpha)\Big)\\ &= \frac{1-|\gamma|^2}{-2|\gamma|\,\mathrm{Re}\,g(\alpha)}f'(\alpha) = \frac{1-|\gamma|^2}{-2|\gamma|\,\mathrm{Re}\log(-\gamma)}f'(\alpha) = \frac{1-|\gamma|^2}{-2|\gamma|\log|\gamma|}f'(\alpha)\end{aligned}$$

となる．この $f'(\alpha)$ の係数は正の実数であるから $\widetilde{f}$ は $\mathfrak{F}$ の元であることが分かった．のみならず，この係数は 1 より大きいことが以下のように確かめられる：$t=|\gamma|$ は $0<t<1$ を満たしているが，この範囲での実 1 変数関数 $\varphi(t) := \frac{1-t^2}{-2t\log t}$ は $\varphi(+0)=+\infty$, $\varphi(1-0)=1$ という極限値を取り，この間で狭義単調減少であることが導関数の符号から分かる（問 7.2-2 参照）．よって $\varphi(t)>1$ である．従って $\widetilde{f}'(\alpha) > f'(\alpha)$ となるから，$f'(\alpha)$ が最大という仮定に矛盾する．故に $f(z)$ の像は D 全体となる．　□

問 **7.2-2** $\varphi(t) = \frac{1-t^2}{-2t\log t}$ の導関数が $0<t<1$ で常に負であることを確かめよ．

7.1 Riemann の写像定理について少し歴史的なことを解説しておきましょう．Riemann は単位円 D から Ω への等角写像を単位円の周に $\partial\Omega$ を対応させるような写像の中で，像の面積が最小になるものが，重なりの無い等角写像となるというアイデアで求めようとしました．行き先の面積は (7.1) で計算した Jacobi 行列式から $\iint |\frac{\partial f}{\partial z}|^2 dxdy = \frac{1}{2}\iint \left(|\frac{\partial f}{\partial x}|^2 + |\frac{\partial f}{\partial y}|^2\right) dxdy$ となるので，実部・虚部をそれぞれに求めると，結局境界条件の下で

$$J(u) := \frac{1}{2}\iint_D \left(\left|\frac{\partial u}{\partial x}\right|^2 + \left|\frac{\partial u}{\partial y}\right|^2\right) dxdy$$

を最小にすればよいことになります．これは Dirichlet（ディリクレ）原理という名で既に Dirichlet により研究されていたもので，変分法の考えで最小性の必要条件：

$$\forall\varphi(x, y) \in C_0^2(D) \text{ に対し } \quad J(u + \varepsilon\varphi) \geq J(u)$$

から ε の 1 次の項の係数を零と置いて，部分積分すると

$$\forall\varphi(x, y) \in C_0^2(D) \text{ に対し } \quad \iint \varphi(x, y) \triangle u dxdy = 0, \quad \text{従って } \Omega \text{ 上 } \triangle u = 0$$

という Laplace 方程式の境界値問題が得られます．Riemann はこの解の存在についてもその滑らかさについても何も言わなかったのですが，Weierstrass が

$$\text{“}f(-1) = 0,\ f(1) = 1 \text{ なる境界条件の下で積分 } \int_{-1}^{1} x^2 |f'(x)|^2 dx \text{ を最小にせよ”}$$

のような問題の解は存在しない（$x < 0$ で $f(x) = 0$，$x > 0$ で $f(x) = 1$ という関数に近づければ，積分はいくらでも 0 に近づくが，0 にはできない）といういじわるな例を出して Riemann の論法が不完全なことを指摘しました．等角写像の存在はその後この原理を使わない形で証明が与えられましたが，Dirichlet 原理自身は有名な **Hilbert（ヒルベルト）の問題**の第 19 番目に取り上げられ，Laplace 方程式を含む “正則変分問題” の解は解析的である（上の例だと x^2 を無くせばそうなる）ことが証明され，また Hilbert 空間論の発展による解の存在証明も確立して解析学の発展に寄与しました．

【境界の対応】 理論的な結果の最後として，定理 7.4 が与える等角写像が，境界においてどういう挙動をするかを調べます．話を簡単にするため，元の領域は有界で，その境界は長さを有する単純閉曲線と仮定し，そのとき等角写像が境界まで連続に延長され，かつ境界から境界への 1 対 1 両連続な写像（いわゆる位相同型写像）を誘導することを示します．

定理 7.11 有界単連結領域 Ω は境界が長さを持つ単純閉曲線とする．このときこれを単位円の内部 D に写す等角写像は，Ω の境界まで連続に拡張され，$\Omega \cup \partial\Omega$ から $D \cup \partial D$ への 1 対 1 両連続な写像を誘導する．

証明 定理の主張はどちらからどちらへの写像を考えても同じことなので，$f(z)$ を D から Ω への等角写像とし，少しずつ証明を進める．

第1段 $\forall\varepsilon>0$ に対し，$\delta>0$ を十分小さく取れば，$1-\delta<|z|<1$ の $f(z)$ による像は $\partial\Omega$ の ε-近傍に含まれること，および，逆に $\forall\varepsilon>0$ に対し，$\delta>0$ を十分小さく取れば，$\partial\Omega$ の δ-近傍の f^{-1} による像は $1-\varepsilon<|z|<1$ に含まれることを示す．

もし $\exists\varepsilon>0$ に対して，$\forall n$ について，$1-\frac{1}{n}<|z_n|<1$ なる点で，$f(z_n)$ が $\partial\Omega$ の ε-近傍に含まれないもの，すなわち，$\mathrm{dis}(f(z_n),\partial\Omega)\geq\varepsilon$ となるものが存在したとせよ．z_n は有界列なので，Bolzano-Weierstrass の定理により収束部分列を含む．簡単のためそれを同じ記号 z_n で表し，$z_n\to z$ としよう．z_n の取り方から $z\in\partial D$ である．像 $w_n=f(z_n)$ も有界列なので，必要なら再び部分列を取れば収束する．それも再び同じ記号で表そう．すると $w_n\to w$ となるが w は $\mathrm{dis}(w,\partial\Omega)\geq\varepsilon$ を満たすので Ω の内点となる．従って f^{-1} はそこで正則であり，よって $f^{-1}(w_n)\to f^{-1}(w)\in D$ となるが，$f^{-1}(w_n)=z_n\to z$ なので，$z\in D$ となり $z\in\partial D$ と矛盾する．よって主張が示された．逆向きも全く同様に示される．

第2段 f により ∂D から $\partial\Omega$ への対応が定義できることを示す．

∂D 上の任意の点 $e^{i\theta}$ に対し，これを中心とする半径 ρ の円板 $B_\rho(e^{i\theta})$ と D との交わり $D\cap B_\rho(e^{i\theta})$ の f による像 $f(D\cap B_\rho(e^{i\theta}))$ は Ω の部分領域となり，その境界は $\partial\Omega$ の点を含む．今 $\rho\to 0$ とすれば，この像は $\partial\Omega$ のある点に収束すること，すなわち点 $\alpha_\theta\in\partial\Omega$ が定まり，$\forall\varepsilon>0$ に対して ρ を十分小さく取れば，$f(D\cap B_\rho(e^{i\theta}))$ が α_θ の ε-近傍に含まれることを示そう．

第1段によりこの集合は $\rho\to 0$ のとき $\partial\Omega$ の ε-近傍に含まれることは分かっているので，集積点は $\partial\Omega$ 上にしか無いが，それがただ一つであることを言えばよい．背理法により，$\alpha\neq\beta$ がともに集積点であったとする．円板 $B_\rho(e^{i\theta})$ 内で点 $e^{i\theta}$ を中心とする極座標 ρ,φ を用い，円弧 $D\cap\partial B_\rho(e^{i\theta})$ のパラメータ表示を $e^{i\theta}+\rho e^{i\varphi}$, $\varphi_1(\rho)<\varphi<\varphi_2(\rho)$ としよう．（φ の限界の値は具体的に計算可能だが以下では必要無い．）この f による像の曲線弧のパラメータ表示は $f(e^{i\theta}+\rho e^{i\varphi})$, $\varphi_1(\rho)<\varphi<\varphi_2(\rho)$ となり，その長さ $L(\rho)$ は

$$|\beta-\alpha| \leq L(\rho) = \int_{\varphi_1(\rho)}^{\varphi_2(\rho)} \left|\frac{\partial}{\partial\varphi} f(e^{i\theta}+\rho e^{i\varphi})\right| d\varphi = \int_{\varphi_1(\rho)}^{\varphi_2(\rho)} \rho |f'(e^{i\theta}+\rho e^{i\varphi})| d\varphi$$

と評価される．これを ρ について ρ から $\rho+\Delta\rho$ まで積分すると，扇形領域の縁の部分を

$$E(\rho,\Delta\rho) := \{e^{i\theta}+te^{i\varphi}\,;\, \rho \leq t \leq \rho+\Delta\rho, \varphi_1(t) \leq \varphi \leq \varphi_2(t)\}$$

と置けば，

$$\int_\rho^{\rho+\Delta\rho} |\beta-\alpha| d\rho \leq \int_\rho^{\rho+\Delta\rho} L(\rho) d\rho = \int_\rho^{\rho+\Delta\rho} d\rho \int_{\varphi_1(\rho)}^{\varphi_2(\rho)} \rho |f'(e^{i\theta}+\rho e^{i\varphi})| d\varphi$$
$$= \iint_{E(\rho,\Delta\rho)} |f'(e^{i\theta}+\rho e^{i\varphi})| \rho d\rho d\varphi = \iint_{E(\rho,\Delta\rho)} |f'(z)| dxdy.$$

ここで（初等的な）Schwarz の不等式により，上は

$$\leq \left(\iint_{E(\rho,\Delta\rho)} |f'(z)|^2 dxdy\right)^{1/2} \left(\iint_{E(\rho,\Delta\rho)} 1 dxdy\right)^{1/2}$$
$$= \left(\iint_{f(E(\rho,\Delta\rho))} dudv\right)^{1/2} \left(\int_\rho^{\rho+\Delta\rho} \rho d\rho \int_{\varphi_1(\rho)}^{\varphi_2(\rho)} d\varphi\right)^{1/2}$$

となる．ここで，第 1 因子は写像 $w=f(z)$ の Jacobi 行列式が $|f'(z)|^2$ であること（定理 7.2 の 証明中に出てきた等式 (7.1)）を用いて重積分の変数変換を行った．これは結局 $f(E(\rho,\Delta\rho))$ の面積 $|f(E(\rho,\Delta\rho))|$ の平方根に等しい．また，第 2 因子は $\varphi_2(\rho)-\varphi_1(\rho) \leq 2\pi$ より $\{2\pi(\rho\Delta\rho+\frac{1}{2}\Delta\rho^2)\}^{1/2}$ で抑えられる．計算を簡単にするため $\rho=\frac{1}{2}\Delta\rho$ と取れば，以上より

$$|\beta-\alpha|\Delta\rho \leq \sqrt{2\pi|f(E(\tfrac{1}{2}\Delta\rho,\Delta\rho))|}\,\Delta\rho$$

が得られた．第 1 段により $\forall\varepsilon>0$ に対し，$f(E(\frac{1}{2}\Delta\rho,\Delta\rho))$ は $\Delta\rho$ を小さくすれば $\partial\Omega$ の ε-近傍に含まれるから，その面積はいくらでも小さくなる（下記 ♧7.2 参照）．よって上の不等式の両辺を $\Delta\rho$ で割って $\Delta\rho\to 0$ とすれば矛盾が生じる．故に $f(D\cap B_\rho(e^{i\theta}))$ の $\rho\to 0$ のときの $\partial\Omega$ 上の集積点が一つに確定した．以下これを $f(e^{i\theta})=\alpha_\theta$ で表そう．

以上の議論から明らかに，D の内部から $e^{i\theta}$ に近づく任意の点列 z_n について $f(z_n)\to f(e^{i\theta})$ となる．特に，$\alpha_\theta=\lim_{r\to 1} f(re^{i\theta})$ である．D の各半径の f による像は原点の像 $f(0)$ 以外では交差しないので，こうして得られた写

像 $f:\partial D \to \partial \Omega$ は，$\partial \Omega$ のパラメータについて狭義単調増加となっていることも分かる．（ただし，パラメータの終点においては 0 に戻すのでなく，そのまま増加させた 2 周目の値を用いるという意味においてである．）

第3段 $\partial \Omega$ 上の任意の点 α に対して，f により対応する点 $e^{i\theta} \in \partial D$ が一意に定まることを示す．

第 2 段と同様の弧長と面積を用いた論法を行うのだが，$\partial \Omega$ が複雑なので少し注意を要する．$\rho > 0$ として円板 $B_\rho(\alpha)$ を描くと，$\Omega \cap B_\rho(\alpha)$ は一般には連結とは限らない．しかし $\partial \Omega$ は単純閉曲線なので，ρ を十分小さくすれば，連結となる．実際，連結成分の一つは α を境界点に含むが，これと異なる連結成分がいつまでも存在すれば，α に到る境界の部分が他にも有ることになり $\partial \Omega$ の単純性に反する．同様に，円周 $\partial B_\rho(\alpha)$ と Ω の交わりは一般には非連結になりうるが，ρ を十分小さくすれは，ただ一つの円弧 $\varphi_1(\rho) < \varphi < \varphi_2(\rho)$ となる．実際，非連結な円弧が存在するということは，その間を $\partial \Omega$ の弧が $\Omega \cap B_\rho(\alpha)$ の境界の一部として繋いでいる訳で，これがいつまでも存在すれば，やはり α から $\partial \Omega$ の別の弧が出ていることになってしまう．以上により，第 2 段の論法をなぞることができる：$f^{-1}(\Omega \cap B_\rho(\alpha))$ は ∂D に集積点を持つ D の部分領域となるが，もし $\rho \to 0$ のとき $e^{i\theta}, e^{i\theta'}$ がともにその集積点であり続けたとすれば，第 2 段と同様の計算で矛盾を示せる．この対応は明らかに第 2 段で定義した対応の逆対応となるから，f は ∂D から $\partial \Omega$ への全単射に拡張できることが示された．

第4段 こうして境界まで拡張された写像 f は $D \cup \partial D$ から $\Omega \cup \partial \Omega$ への両連続な全単射となることを言う．

まず，$e^{i\theta} \mapsto \alpha_\theta$ は ∂D から $\partial \Omega$ への両連続な写像となることを言う．この写像はそれぞれの曲線のパラメータ $0 \le \theta < 2\pi$ から $0 \le t < T$ への写像となるが，第 2 段の最後に注意したようにこれは狭義単調増加となるので，連続でないとすれば値のジャンプ（いわゆる第 1 種の不連続点）しか有り得ない．しかし全単射なのでそれは起こり得ない．故に f は ∂D 上連続である．f^{-1} についても同様．D の内部から境界の点に収束する点列に対して f が連続に振る舞うことは既に第 2 段の最後に注意したので，以上により f は $D \cup \partial D$ からの連続写像となる．f^{-1} についても同様である． □

7.2 第 2 段の証明で用いた $\lim_{\Delta\rho\to 0}|f(E(\frac{1}{2}\Delta\rho, \Delta\rho))| = 0$ は特に領域 Ω が微積分の意味での面積確定を仮定しなくても Jordan 式内測度の意味で成立しますが，ややこしい議論を避けるために Ω の境界が長さを持つことを定理で仮定しています．すると下の問題 7.2-3 によりそのような境界の Jordan 式測度は 0 となり，Ω は Jordan 式の内測度と外測度が一致し面積が確定します．なお，単純閉曲線というだけでは境界が正の外測度を持つことがあります（[2], 例 9.4 の Osgood（オスグッド） 曲線参照）.

問 7.2-3 長さ L の単純閉曲線の ε-近傍の面積は，高々 $2\varepsilon L$ 以下であることを示せ．[ヒント：近似折れ線を利用せよ.]

等角写像は Laplace 方程式の境界値問題の解となっているという 7.1 の説明から，境界が滑らかなら等角写像関数もそれに応じて境界で滑らかとなることが期待されます．ここでは次の定理だけ示しておきましょう：

定理 7.12 Ω の境界の一部は実解析曲線弧とする．このとき，Ω から単位円への等角写像関数 $f(z)$ は，この弧の近傍に解析接続できる．

証明 実解析曲線弧のパラメータ表示を $x = \varphi(t)$, $y = \psi(t)$ とし，これらは t の実解析関数，すなわち Taylor 展開できるとし，$(\varphi'(t), \psi'(t))$ は零ベクトルにはならないものとする．（ここまでが定理の仮定の厳密な表現である.）Taylor 展開が有効な点 $t_0 \in \boldsymbol{R}$ のある微小近傍 $B_\varepsilon(t_0)$ で，t を複素変数 τ に拡張することができる，このとき $z = g(\tau) = \varphi(\tau) + i\psi(\tau)$ は $B_\varepsilon(t_0)$ から $z_0 = \varphi(t_0) + i\psi(t_0)$ の近傍への正則写像となり，$g'(t_0) \neq 0$ なので等角である．今 $\mathrm{Im}\,\tau > 0$ が Ω の内部に対応するものとすれば，合成写像 $w = f(g(\tau))$ は $B_\varepsilon(t_0) \cap \{\mathrm{Im}\,\tau > 0\}$ から 単位円の境界点 $w_0 = f(z_0)$ の近傍と単位円の交わりへの正則写像となり，かつ $B_\varepsilon(t_0) \cap \{\mathrm{Im}\,\tau = 0\}$ を $|w| = 1$ 上に写す．よって鏡像の原理（例題 6.1-1）により，$w = f(g(\tau))$ は $B_\varepsilon(t_0)$ から w_0 の近傍への正則写像に拡張できる．すると $f(z) = f(g(g^{-1}(z)))$ は z_0 の近傍から w_0 の近傍への正則写像に拡張できる． □

7.3 等角写像の実用的な作り方

等角写像の存在は少なくとも単連結領域同士の間では抽象的には示されましたが，応用上は，領域が具体的に与えられているときにその間の等角写像が具体的に知りたいことも有ります．ここではその代表的な手法を紹介します．

【手作業で作る方法】 簡単な領域の場合は，既知の写像を駆使し，それらをうまく合成して作ることができます．部品としては，平行移動や回転，相似拡大/縮小は言わずもがなですが，角（かど）の角度を変える冪関数 z^a, 半平面を円板に写す1次変換，帯状領域を角領域に変換する指数関数などがあります．これらの使い方をいくつかの例で示しましょう．以下，具体的な領域の定義の記述に $z = x + iy$, $w = u + iv$, $\zeta = \xi + i\eta$ を仮定して実の座標を援用します．

例 **7.3-1** (1) 角領域 $0 < \arg z < \theta$ は冪関数 $w = z^{\pi/\theta}$ により上半平面に等角写像され，従って1次変換と組み合わせて単位円の内部に等角写像されます．
(2) 半円 $(x-1)^2 + y^2 < 1$, $y > 0$ は，原点を固定し，点 $z = 2$ を無限遠点に持っていく1次変換 $w = \frac{z}{2-z}$ により第一象限に等角に写像されます．実際，実軸上の線分 $[0, 2]$ が実軸の $[0, \infty]$ に写るのは明らかです．他方，半円弧は1次変換で円か直線の一部に写されますが，原点はそのまま，2は無限遠に写るので，この像は原点を通る半直線となるはずです．原点で半円と実軸は直交しているので，等角性により像も実軸と直交，従ってそれは虚軸でなければなりません．よって半円の内部は第一象限に写ります．実軸と虚軸は無限遠点で直交していることに注意しましょう．これは原点と無限遠点をそれぞれRiemann 球面の南極と北極と解釈して，2本の直交する大円弧を想像して見れば納得されるでしょう．
(3) 帯状領域 $0 < \mathrm{Im}\, z < \theta$, ここに $0 < \theta < 2\pi$ は指数関数 $w = e^z$ により，角領域 $0 < \arg w < \theta$ に等角に写されます．実際，$w = e^{x+iy} = e^x e^{iy}$ は y を固定して $-\infty < x < \infty$ を動かすと y 方向の半直線を描きます．y を $0 < y < \theta$ の範囲で動かせば，これらの半直線は角領域 $0 < \arg w < \theta$ を掃過します．なお $\theta = 2\pi$ のときは，像領域は複素平面から正の実軸 $u \geq 0$, $v = 0$ を除いたものとなり，$\theta > 2\pi$ だと $0 < \arg w < \theta - 2\pi$ の部分が重なって単葉ではなくなります． □

問 **7.3-1** (1) 第一象限を単位円に等角写像する関数を一つ求めよ．
(2) 弓形 $x^2 + y^2 < 1$, $y > \frac{1}{2}$ を上半平面に等角写像する関数を一つ求めよ．
(3) 帯状領域 $0 < y < 2\pi$ を上半平面に等角写像する関数を一つ求めよ．
(4) 単位円から実軸上の線分 $[\frac{1}{4}, 1]$ を除いた領域（第2章2.2節の図2.1右）を単

位円の内部に等角写像する関数を一つ求めよ．［ヒント：まずスリットの左端が原点となるように 1 次変換せよ.］

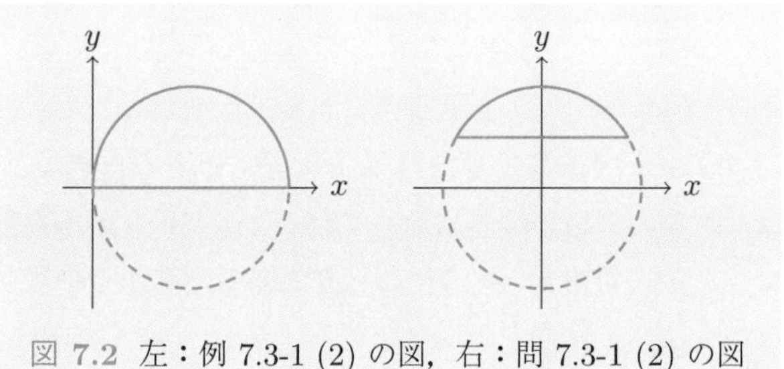

図 7.2　左：例 7.3-1 (2) の図，右：問 7.3-1 (2) の図

もう少し一般の領域が扱えるように道具の関数の種類を増やしましょう．これはいつまでやっても切りがないので，境界が解析的曲線のときに定理 7.12 の証明の技法を応用して写像を探す方法も検討します．

例 7.3-2　(1) 半平面 $\mathrm{Re}\,z > \frac{1}{2}$ は $w = z^2$ により，放物線の外部 $x > \frac{1}{4} - y^2$ に等角に写像されます．
(2) 半平面 $\mathrm{Re}\,z > 1$ は $w = \sqrt{z}$ により直角双曲線の一分枝の内部 $u^2 - v^2 > 1$, $u > 0$ に等角に写像されます．

実際，いずれも一対一等角なことはほぼ自明です．(2) の全射性は，$z = x + iy$ が $w = u + iv = \sqrt{x+iy}$ に写るとすれば，$x = u^2 - v^2$, $y = 2uv$ ですが，$x > 1$ を止めたとき双曲線 $u^2 - v^2 = x$ に沿って $y = 2\sqrt{x + v^2}v$ で定まる $\boldsymbol{R}$ 上の写像 $v \mapsto y$ の全単射単調増加性から保証されます．

例題 7.3-1　放物線の外部 $y < x^2$ を上半平面に等角写像する関数を求めよ．

解答　$\zeta = \frac{1}{4} + iz$ により，放物線の外部 $y < x^2$ は放物線の外部 $\xi > \frac{1}{4} - \eta^2$ に写される．例 7.3-2 (1) によりこれは $\zeta = w^2$ による $\mathrm{Re}\,w > \frac{1}{2}$ の像であるから，$w = \sqrt{\zeta}$ により $\mathrm{Re}\,w > \frac{1}{2}$ に写される．これを平行移動し $\frac{\pi}{2}$ だけ回転させた $i(w - \frac{1}{2})$ は上半平面となるので，これらを繋げた $i\left(\sqrt{\frac{1}{4} + iz} - \frac{1}{2}\right) = \frac{i}{2}(\sqrt{1 + 4iz} - 1)$ が求める写像となる．
別解　問題の放物線は $z = -u + iu^2$, $u \in \boldsymbol{R}$ とパラメータ表示されるので，これを実軸から複素平面に解析接続してみると，$z = -w + iw^2$ という写像が得られる．$\frac{\partial z}{\partial w} = -1 + 2iw = 0$ の根は $w = -\frac{i}{2}$ なので，これは上半平面

では等角なことが期待される．これを w について解くと $w^2+iw+iz=0$ より $w=\frac{1}{2}(-i\pm\sqrt{-1-4iz})$．原点の像が原点になるのは複号が $+$ の方で，$w=\frac{1}{2}(-i+\sqrt{-1-4iz})=\frac{i}{2}(\sqrt{1+4iz}-1)$．ここまで具体的に書ければ全単射性は容易に分かる． □

放物線のパラメータ表示としては $z=u+u^2i$ の方が自然なのに u の符号を変えたのは，対象の領域が境界に沿って動くときにいずれも左側に来るようにしたためです．u の符号を $+$ にしたら放物線の内部からの等角写像になると期待されるかもしれませんが，残念ながら $z=w+w^2i$ は $w=\frac{i}{2}$ で局所等角性が崩れ，$w=i$ の像が原点に戻ってきてしまいます．放物線の内部を上半平面に等角に写像する関数は初等関数にはならないようです．

問 **7.3-2** (1) 直角双曲線の一つの分枝の内部 $y>\frac{1}{x}>0$ を上半平面に等角写像する関数を求めよ．

(2) 上半平面から領域 $y^3>x^2$ への等角写像を求めよ．

例題 7.3-2 $0<a<b$ を定数とするとき，単位円の内部 $|z|<1$ を次のような楕円の外部（無限遠点も含む）に等角に写像する関数を求めよ．ここに $w=u+iv$ とする．

$$\frac{u^2}{(a+b)^2}+\frac{v^2}{(a-b)^2}>1.$$

解答 与えられた楕円の w-平面におけるパラメータ表示は

$$u=(a+b)\cos\theta,\ v=(a-b)\sin\theta.\quad \therefore\ w=(a+b)\cos\theta+(a-b)i\sin\theta$$

となる．これが単位円上を動く点 $z=e^{i\theta}$ の像だとすれば，

$$w=(a+b)\frac{z+\overline{z}}{2}+(a-b)\frac{z-\overline{z}}{2}=(a+b)\frac{z+\frac{1}{z}}{2}+(a-b)\frac{z-\frac{1}{z}}{2}=az+\frac{b}{z}.$$

ここで z から条件 $|z|=1$ を取り去れば，求める写像になると期待される．($a-b<0$ なので，θ を普通に動かすともとの点が単位円の周を内部から見て正の向きに回るとき，対応する楕円上の点は内部から見ると負の向きに動くが，それが外部から見たとき境界に誘導される正の向きである．）まず，この写像の等角性を調べる：

$$\frac{dw}{dz}=a-\frac{b}{z^2}=0\quad\Longleftrightarrow\quad z=\pm\sqrt{\frac{b}{a}}$$

なので，単位円内でこれが消えないためには，仮定されているように $b>a$ でなければならないことが分かる．さて，$z=x+iy$ とすれば，

$$w=az+\frac{b}{z}=a(x+iy)+\frac{b}{x+iy}=a(x+iy)+\frac{b(x-iy)}{x^2+y^2}$$
$$=\Big(a+\frac{b}{x^2+y^2}\Big)x+\Big(a-\frac{b}{x^2+y^2}\Big)yi.$$

すると，

$$u^2=\Big(a+\frac{b}{x^2+y^2}\Big)^2x^2,\quad v^2=\Big(a-\frac{b}{x^2+y^2}\Big)^2y^2.$$

これから $x^2+y^2<1\iff\frac{u^2}{(a+b)^2}+\frac{v^2}{(a-b)^2}>1$ を直接示すのは大変なので，境界が対応していることを用いて抽象的議論で示す．$z\to 0$ のとき $w\to\infty$ なので，単位円の写像先は楕円の外部になるはずであるが，途中で楕円の内部に戻らないこと，及び，大域的に 1 対 1 であることを保証しなければならない．これらを調べるため逆写像を見ると，それは次の 2 次方程式の根となる：

$$z^2-\frac{w}{a}z+\frac{b}{a}=0.$$

これより，与えられた w に対して二つの根 $z=z_1,z_2$ は根と係数の関係により $z_1z_2=\frac{b}{a}>1$ を満たすので，二つともに単位円内にあることはない．従って大域的一意性が示された．また $w=0$ を与える $z=\pm\sqrt{\frac{b}{a}}i$ は単位円の外に有り，従って 0 はこの写像の像には含まれない．すると，もし単位円の像が楕円内に戻るなら，与えられた楕円を原点に向かって相似縮小していったとき，その像から離れる直前の位置で，最後の接点において縮小された楕円内にその点だけで像と接する円 $|w-\alpha|=r$ が描ける．このとき，$\frac{1}{w-\alpha}$ が z の関数として最大値原理に反する（問 5.2-1 参照）．よって $|z|<1$ の像は指定された楕円の外側に単葉に写像される．最後に像が楕円の外側全体であることを示す．像は無限遠点を含む Riemann 球面の単連結な部分領域のはずで，従ってその補集合は連結な有界閉集合となるが，当該楕円の内部がその一つの連結成分なので，もし像に含まれない点が楕円の外部にも有れば，それは別の連結成分に属することとなり，像領域に穴が生じて不合理である．　□

7.3　上の例題で求まった写像関数の特別な場合である $w=z+\frac{1}{z}$ はこの写像を航空機の翼の設計に応用した人の名にちなんで **Joukowsky**（ジューコフスキー） **変換**と呼ばれています．（正則関数の実部は調和関数で，それは 2 次元の定常流を表現できるため，計算機が進歩する前は関数論は流体の重要な計算道具でした．）この写像の性質は問 7.3-4 で

調べます．なお，楕円の内部と単位円の内部の間の等角写像も難しい関数になるようです．

問 7.3-3　単位円の外部を楕円の外部 $\frac{u^2}{a^2}+\frac{v^2}{b^2}>1$ に等角写像する関数を一つ求めよ．ただし $a,b>0$, $a\neq b$ とする．［ヒント：$a<b$ の場合は回転で a,b を交換せよ．］

問 7.3-4　(i) $a=b$ のとき，$w=z+\frac{1}{z}$ は単位円の内部あるいは外部をどんな領域に等角に写像するか？
(ii) 以下のような円とその外部はこの変換でそれぞれどのような図形に写るか？
(1) $|z+1|=2$　　(2) $|z+\varepsilon(1-i)|=\sqrt{1+2\varepsilon+2\varepsilon^2}$.

問 7.3-5　単位円の内部をカーディオイド $r=1+\cos\theta$ の内部に等角写像する関数を求めよ．［ヒント：問 7.1-1 (2) の解答の図を調べよ．］

例題 7.3-3　$w=\sin z$ は帯状領域の半分 $|x|<\frac{\pi}{2}$, $y>0$ を上半平面に等角に写すことを示せ．

解答　$\mathrm{Re}\,w>0$ とすると $\sin z=\frac{e^{iz}-e^{-iz}}{2i}=w$, すなわち $e^{2iz}-2iwe^{iz}-1=0$ から得られる e^{iz} の 2 個の値を掛け合わせると，根と係数の関係により -1 となるので，それらの二つがともに絶対値が 1 より小，すなわち $\mathrm{Im}\,z>0$ の範囲に有ることは無い．よってこの写像は大域的に一対一である．$z=x$ が実のとき，$\sin x$ も実で，$-\frac{\pi}{2}<x<\frac{\pi}{2}$ が $-1<u=\mathrm{Re}\,w<1$ に写る．この後 z が上下の境界を成す半直線上を $\pm\frac{\pi}{2}+iy$, $y>0$ と動くとき，$\sin z=\frac{e^{\pm\frac{\pi}{2}i-y}-e^{\mp\frac{\pi}{2}i+y}}{2i}=c^{\pm\frac{\pi}{2}i}\frac{e^{-y}-e^{\mp\pi i+y}}{2i}=\pm\frac{e^{-y}+e^{y}}{2}=\pm\cosh y$ となり，実軸上の残りの部分に写像される．最初の 2 次方程式の考察から根の一つは $\mathrm{Im}\,z>0$ を満たすことが同様に分かるので，上半平面が $\mathrm{Im}\,w>0$ に全射に写されることも分かる．z の実部については周期性により $\mathrm{mod}\,\pi$ で同じ領域に写されるので，必ずもとの領域内に逆像を取れる．　□

問 7.3-6　$\mathrm{Re}\,z>0$, $|\mathrm{Im}\,z|<1$ を上半平面に等角写像する関数を求めよ．

【多角形領域の写像】*　単連結領域が多角形の場合は次の公式が有名です：

定理 7.13　(**Schwarz-Christoffel**（クリストッフェル） の公式)　有界単連結領域 Ω は多角形を境界とし，その頂点が α_j, そこでの内角が $\frac{\pi}{p_j}$, $j=1,2,\ldots,n$ であるとする．このとき，上半平面を Ω に等角に写像する関数は次の形となる：

$$w = f(z) = c_1 \int_0^z \prod_{j=1}^{n} (z - a_j)^{\frac{1}{p_j} - 1} dz + c_2. \tag{7.8}$$

ここに，c_1 は多角形の大きさと向きを，c_2 は位置を定める定数，$a_j \in \boldsymbol{R}$ は頂点 α_j の原像である．a_n が無限遠点の場合は対応する因子を省略する．

角度の q_j は超越数でも公式は有効なので，多角形というだけでは写像関数は代数関数の原始関数になるとは限りません．この定理の証明は難しくはありませんが，紙数の関係で割愛し，代わりに具体例を載せておきます．

例 **7.3-3**　上半平面を頂点 $0, 1, \frac{1+\sqrt{3}i}{2}$ の正三角形に等角写像する関数の例は

$$w = c_1 \int_0^z z^{-\frac{2}{3}} (1 - z)^{-\frac{2}{3}} dz + c_2,\quad ここに\ c_1 = \frac{1}{B(\frac{5}{3}, \frac{5}{3})},\ c_2 = 0 \tag{7.9}$$

です（$B(p, q) = \frac{\Gamma(p)\Gamma(q)}{\Gamma(p+q)}$ はベータ関数）．頂点の原像が a, b, c の場合は問 6.3-6 の 1 次変換でこれらを 0, 1, ∞ に写してから上を適用すればよく，それから c_1, c_2 が a, b, c で表されます．定数の決め方の詳細は．

例 **7.3-4**　上半平面を正方形 $0 \leq u \leq 1, 0 \leq v \leq 1$ に等角写像する関数の例は

$$w = \frac{i}{\kappa} \int_0^z \frac{dz}{\sqrt{z(z^2 - 1)}},\quad ここに\ \kappa = \int_0^1 \frac{dx}{\sqrt{x(1 - x^2)}} \tag{7.10}$$

です．不完全楕円積分なので初等関数では表せません（第 9 章 9.2 節参照）．また問 6.3-6 から分かるように，像を正方形にするには a_j の複比をここで用いた $-1, 0, 1, \infty$ と合わせる必要があります．定数の決め方の詳細は．

問 **7.3-7**　上半平面を帯状領域の半分 $|\mathrm{Re}\, w| < 1$, $\mathrm{Im}\, w > 0$ に等角写像する関数は，上記定理によれば次の形となる：

$$w = f(z) = c_1 \int_0^z (z - a)^{\frac{1}{2} - 1} (z - b)^{\frac{1}{2} - 1} dz + c_2 = c_1 \int_0^z \frac{dz}{\sqrt{(z - a)(z - b)}} + c_2.$$

(1) この式を正当化し，$a = -1, b = 1$ のとき，定数 c_1, c_2 を特定せよ．

(2) この逆関数と例題 7.3-3 との関係を調べよ．

7.4　本書は単連結領域の等角写像しか取り扱いませんでしたが，多重連結領域については，単位円に穴の数だけのスリットを入れたものに標準的に等角写像されることが知られています．スリットのサイズや相互位置には等角不変量が存在しますが，詳細は [12], [19] などを見て下さい．ここではそれを示唆するような次の問を一つ示すにとどめます．なお，同心円環は 2 重連結領域の代表例ですが，任意の 2 重連結領域は同心円環に等角写像できることも知られています．

問 **7.3-8**　同心円環 $r_1 < |z| < R_1$ から同心円環 $r_2 < |z| < R_2$ への等角写像 $f(z)$ が存在すれば，これらは相似，すなわち $\frac{R_1}{r_1} = \frac{R_2}{r_2}$ となり，従ってこの比は等角不変量なことを示せ．［ヒント：鏡像の原理を用いて $f(z) = cz$ となることを示せ．］

第8章
正則関数の大域理論*

この章では正則関数について局所的には自明に，あるいはやさしく構成できるものから大域的に構成する手法を学びます．これは 20 世紀中頃に多変数の正則関数を取り扱うために生まれた現代数学の重要な概念である層のコホモロジー理論の萌芽です．

8.1 Runge の近似定理と Mittag-Leffler の定理

【Runge の近似定理】 関数論には種々の近似定理が有りますが，**Runge**(ルンゲ) **の定理**はその代表的なものです．まず準備として，次のような簡単な関数の多項式近似を作ります．

補題 8.1 $K \subset \{|z| \leq R\}$ をコンパクト集合，α は K の外の点で，$|\beta| > R$ を満たす点 β と K に交わらない連続曲線弧 C で結べるとする．このとき $\forall\varepsilon > 0$ に対し多項式 $h(z)$ を K 上で次の不等式が成り立つように選べる：

$$\left|\frac{1}{z-\alpha} - h(z)\right| < \varepsilon.$$

証明 K も C もコンパクトなので $\mathrm{dis}(K, C) > 0$ である．$\varepsilon < \frac{1}{2}\mathrm{dis}(K, C)$ とし，C の各点 ζ を中心として，円板 $B_\varepsilon(\zeta)$ を考えると，これはもちろん K と交わらない．C はコンパクトなので，このような円板の有限個 $B_{\varepsilon_j}(\zeta_j)$, $j = 0, 1, 2, \ldots, N$ で覆えるが，ここで $\zeta_0 = \alpha$, $\zeta_N = \beta$ と仮定してもよい．（余分になっても良いので無ければ追加する．）議論を円滑にするため，近似対象の関数を一般化して $g(z) := \frac{c_1}{(z-\zeta_1)^{\nu_1}}$ とし，これを $h_0(z)$ とも書く．

$$\frac{1}{z-\zeta_1} = \frac{1}{z-\zeta_2-(\zeta_1-\zeta_2)} = \frac{1}{z-\zeta_2}\frac{1}{1-\frac{\zeta_1-\zeta_2}{z-\zeta_2}} = \frac{1}{z-\zeta_2}\sum_{k=0}^{\infty}\left(\frac{\zeta_1-\zeta_2}{z-\zeta_2}\right)^k$$

$$= \sum_{k=0}^{\infty} \frac{(\zeta_1 - \zeta_2)^k}{(z - \zeta_2)^{k+1}}$$

と展開の中心を ζ_1 から ζ_2 に変更する．$z \in K$ なら

$$|\zeta_1 - \zeta_2| < 2\varepsilon < \mathrm{dis}(K, C) \leq |z - \zeta_1|$$

なので，この等比級数は収束する．従って n_1 を十分大きく取れば

$$h_1(z) := c_1 \left\{ \sum_{k=0}^{n_1} \frac{(\zeta_1 - \zeta_2)^k}{(z - \zeta_2)^{k+1}} \right\}^{\nu_1}$$

は，もとの関数 $g(z) = h_0(z)$ を K 上誤差 $< \frac{\varepsilon}{2N}$ で近似するようにできる．次のステップでは上を展開して得られる有限個の $\frac{1}{z-\zeta_2}$ の冪の各々について同じ操作を行い，最後にまとめたもの $h_2(z)$ が一つ前の $h_1(z)$ を全体で誤差 $< \frac{\varepsilon}{2N}$ で近似するようにする．これを繰り返すと最後に ζ_N のみに極を持つ有理関数 $h_N(z)$ で K 上 $g(z)$ を誤差

$$|h_N(z) - g(z)| \leq \sum_{j=1}^{N} |h_j(z) - h_{j-1}(z)| < \frac{\varepsilon}{2N} \times N = \frac{\varepsilon}{2}$$

で近似するものが取れる．仮定により $h_N(z)$ は K を内部に含む円板 $|z| < |\beta|$ で正則なので，原点を中心としてそこで Taylor 展開でき，その適当な部分和 $h(z)$ は $|z| \leq R < |\beta|$ において誤差 $< \frac{\varepsilon}{2}$ で $h_N(z)$ を近似する．最後に得られた多項式 $h(z)$ は K 上で $g(z)$ を誤差

$$|h(z) - g(z)| \leq |h(z) - h_N(z)| + |h_N(z) - g(z)| < \frac{\varepsilon}{2} + \frac{\varepsilon}{2} = \varepsilon$$

で近似する．　□

定理 8.2 (**Runge の定理**)　Ω を単連結な領域とするとき，Ω で正則な関数 $f(z)$ はある多項式の列 $f_n(z)$ により Ω で広義一様に近似される．

証明　第 7 章 Montel の定理の証明中の式 (7.7) で導入した，Ω のコンパクト集合による取尽し増大列 K_n, $n = 1, 2, \ldots$ を用いる．ただし今は K_n の連結性が要るので，もし非連結なら一つ前の K_{n-1} を含む連結成分だけを残す．K_{n+1} の内部に K_n の周りを正の向きに一周する単純閉曲線で

区分的に滑らかなもの C_n を取る．このような C_n は，例えば次のように構成できる：$0 < \varepsilon < \mathrm{dis}(K_n, \partial K_{n+1})$ として K_n の各点の ε-近傍で K_n を覆うと，そのうちの有限個 $B_\varepsilon(z_j)$, $j = 1, 2, \dots, N$ で K が覆われるので，$C_n = \partial\{\bigcup_{j=1}^N B_\varepsilon(z_j)\}$ と取ればよい．このとき C_n の内部で

$$f(z) = \frac{1}{2\pi i}\oint_{C_n} \frac{f(\zeta)}{\zeta - z}$$

が成り立つ．そこで，C_n 上に分点 $\zeta_1, \zeta_2, \dots, \zeta_m$ を十分密に選んで K_n 上

$$\Bigl|\sum_{j=1}^m \frac{1}{2\pi i}\frac{f(\zeta_j)}{\zeta_j - z} - f(z)\Bigr| < \frac{\varepsilon_n}{2}$$

が成り立つようにする．ここで先に用意した補題 8.1 により，各 j について z の有理関数 $\frac{1}{2\pi i}\frac{f(\zeta_j)}{\zeta_j - z}$ を K_n 上で誤差 $< \frac{\varepsilon_n}{2m}$ で近似する多項式 $h_{nj}(z)$ と取り替えることができる．すると，最終的に $f_n(z) := \sum_{j=1}^m h_{nj}(z)$ は K_n 上で $|f_n(z) - f(z)| < \frac{\varepsilon_n}{2m} \times m + \frac{\varepsilon_n}{2} = \varepsilon_n$ を満たす多項式となる．この構成法を $\varepsilon_n \to 0$ を満たす列に対して各 n について K_n 上で行えば，どの K_k についても $n \geq k$ ならその上で $|f_n(z) - f(z)| < \varepsilon_n$ が成り立ち，従って各 K_k 上で一様に $f_n(z) \to f(z)$ となるような多項式の列 $f_n(z)$ が得られる． □

Runge の近似定理は穴が空いた領域では成り立ちません．実際，もし D に穴 Δ が有ると，$D \setminus \Delta$ で Δ を内部に含むような閉曲線 C を取れば，近似多項式の列 f_n がもし C 上で $f(z)$ に一様収束するなら，補題 5.5 によりこれは C の内部でも一様収束し，従って極限 $f(z)$ は C の内部にある穴 Δ でも最初から正則であったことになります．穴のある領域では，次のような近似定理が使えます．

定理 8.3 領域 Ω は有限個の穴 Δ_j, $j = 1, 2, \dots, m$ を持つとする．このとき，各穴から 1 点 $\alpha_j \in \Delta_j$ を任意に選べば，Ω で正則な関数 $f(z)$ は z の多項式 $h(z)$ と $\sum_{k=1}^{n_j} \frac{c_{jk}}{(z-\alpha_j)^k}$ の形の有理関数 $h_j(z)$, $j = 1, 2, \dots, m$ の和から成る関数 $f_n(z)$ により Ω で広義一様に近似できる．

実際，Ω のコンパクト集合による取り尽くし増大列 K_n を最初から大きめに取って，その補集合の有界連結成分がそれぞれ Δ_j を一つずつ含むようにしておくことができます．（例えば (7.7) における K_n の定義で，$\frac{1}{n}$ が Δ_j の相互の距離の最小値より小さくなるまで n を飛ばし番号を付け直せばよろしい．）

そこで K_n を内部に含むような区分的に滑らかな曲線を定理 8.2 の証明と同様に取れば，それは $m+1$ 個の単純閉曲線の集合 $C_{n0}, C_{n1}, \ldots, C_{nm}$ となり，一番外側の C_0 上の点は K_n に触れずに無限遠と結べ，またその他の C_{nj} 上の点は K_n に触れずに対応する Δ_j の点 α_j と結べます．すると K_n 上で

$$f(z) = \sum_{j=0}^{m} \frac{1}{2\pi i} \oint_{C_{nj}} \frac{f(\zeta)}{\zeta - z}$$

における C_{n0} 上の積分は，定理 8.2 の証明と同様，多項式による近似列が作れます．また C_{nj} $(1 \leq j \leq m)$ 上の積分は，近似和の成分である各有理関数に対し，補題 8.1 の論法が $h_N(z)$ を作るところまでは適用でき，$\sum_{k=1}^{n_j} \frac{c_{jk}}{(z-\alpha_j)^k}$, $\alpha_j \in \Delta_j$ の形の有理関数で近似されます．

8.1 実は，Ω の補集合 $\complement\Omega$ の連結成分が有限個でなくても，Ω のコンパクト集合による取り尽くし増大列 K_n の補集合は連結成分が有限個にできるので，K_n を囲む閉曲線の連結成分で有界領域を囲むもの C_{nj} について，その中に $\complement\Omega$ の点が既に選ばれていればそれを使い，もしまだだったら，新しい点 α_{nj} を適当に選んで追加することを繰り返せば，定理を拡張できます．この場合は有理関数の分母の候補が最終的には可算無限個になります．

次の定理は紹介だけにします．証明はサポートページに載せる予定です．ただし Ω が円板の場合は簡単に証明できるので練習問題とします（問 8.1-1）．

定理 8.4 （**Mergelyan の定理**）　$f(z)$ は単純閉曲線 C で囲まれた有界単連結領域 Ω の内部で正則で，境界 $\partial\Omega$ まで込めて連続とする．このとき $f(z)$ を $\Omega \cup \partial\Omega$ で一様近似する多項式の列 $f_n(z)$ が取れる．Ω が単連結でないときは，補集合の連結成分のどれかにただ一つの極を持つような有理関数を近似関数に追加すれば同様の近似定理が成り立つ．

この定理から，お預けとなっていた定理 3.15 の一般の場合の証明が直ちに得られます．これは一様収束の良い練習になるので問題とします（問 8.1-2）．ここでは問 8.1-1 の単位円の場合の Mergelyan の定理だけを用い，代わりに定理 7.11 を援用して本書に載せられた内容で証明を自足的に完結させます．

定理 3.15 の証明の続き （**境界が長さを持つ曲線の場合**）　必要なら部分領域に分割することにし，Ω が単連結の場合に示す．$z = g(w)$ を単位円 D から Ω への等角写像とする．定理 7.11 によりこれは境界も込めて一対一両連続な写像となる．$f(z)$

を Ω で正則，$\partial\Omega$ まで連続な任意の関数とする．$f(g(w))$ は D で正則で，∂D まで連続な関数となるので，問 8.1-1 により多項式の列 $h_n(w)$ で $D \cup \partial D$ 上一様に近似できる．線積分の定義 3.10 と定理 3.11 により，$\forall\varepsilon > 0$ に対して $\delta > 0$ を $\partial\Omega$ の分点 $z_0, z_1, \ldots, z_N = z_0$ が $\max_{j=1,\ldots,N} |z_j - z_{j-1}| < \delta$ なる限り

$$\left| \oint_{\partial\Omega} f(z)dz - \sum_{j=0}^{N-1} f(z_j)(z_{j+1} - z_j) \right| < \varepsilon \tag{8.1}$$

となるように選べる．ここで

$$\sum_{j=0}^{N-1} f(z_j)(z_{j+1} - z_j) = \sum_{j=0}^{N-1} f(g(w_j))\{g(w_{j+1}) - g(w_j)\} \tag{8.2}$$

に注意せよ．また g は $D \cup \partial D$ 上一様連続なので，$|w_{j+1} - w_j| < \delta'$ なら $|z_{j+1} - z_j| < \delta$ となるような δ' が選べる．さて，先に与えられた ε に対し，n_ε を十分大きく取れば，一様収束の仮定より ∂D 上 $n \geq n_\varepsilon$ について

$$|h_n(w) - f(g(w))| < \varepsilon$$

が成り立つ．すると，分点の選び方に依らず

$$\begin{aligned}
&\left| \sum_{j=0}^{N-1} h_n(w_j)(g(w_{j+1}) - g(w_j)) - \sum_{j=0}^{N-1} f(g(w_j))\{g(w_{j+1}) - g(w_j)\} \right| \\
&< \varepsilon \sum_{j=0}^{N-1} |g(w_{j+1}) - g(w_j)| \leq \varepsilon |\partial\Omega|
\end{aligned} \tag{8.3}$$

となる．ここで分点は円周上に循環的に並んでいることに注意すると，

$$\begin{aligned}
&\sum_{j=0}^{N-1} h_n(w_j)\{g(w_{j+1}) - g(w_j)\} = \sum_{j=0}^{N-1} h_n(w_j)g(w_{j+1}) - \sum_{j=0}^{N-1} h_n(w_j)g(w_j) \\
&= \sum_{j=0}^{N-1} h_n(w_{j-1})g(w_j) - \sum_{j=0}^{N-1} h_n(w_j)g(w_j) = -\sum_{j=0}^{N-1} \{h_n(w_j) - h_n(w_{j-1})\}g(w_j) \\
&= -\sum_{j=0}^{N-1} \frac{h_n(w_j) - h_n(w_{j-1})}{w_j - w_{j-1}} g(w_j)(w_j - w_{j-1})
\end{aligned}$$

と変形できる．最後の表現は h_n の差分商と $h_n'(w_j)$ との差が j につき一様に $O(\delta')$ となることから，$\delta' > 0$ を 0 に近づければ $-\oint_{\partial D} h_n'(w)g(w)dw$ に収束することが定理 3.11 により分かる．$h_n'(w)g(w)$ は D で正則で ∂D も込めて連続なので，定理 3.15 の既に証明済みの部分からこの積分は 0 である．（あるいは問 8.1-1, 8.1-2 を合わせて再証明してもよい．）故に固定された n については

$$\left| \sum_{j=0}^{N-1} h_n(w_j)\{g(w_{j+1}) - g(w_j)\} \right| < \varepsilon \tag{8.4}$$

となるような $\delta' > 0$ が選べる．すると，まず (8.3) が成り立つように n_ε を選び，$n \geq n_\varepsilon$ なる n を一つ固定して (8.4) が成り立ち，同時に (8.1) が成り立つように $\delta' > 0$ を十分小さく選べば，これらすべてが成り立ち，従って三角不等式により

$$\left| \oint_{\partial\Omega} f(z)dz \right| < (2 + |\partial\Omega|)\varepsilon$$

が成り立つ．$\varepsilon > 0$ は任意なので，これから $\oint_{\partial\Omega} f(z)dz = 0$ が得られた．　□

問 8.1-1　Ω が円板のときに定理 8.4 を証明せよ．［ヒント：相似変換で $f(z)$ が境界まで込めて正則となるようにし，Taylor 展開を用いよ．］

問 8.1-2　Mergelyan の定理を仮定して，境界が長さを持つ曲線の場合に定理 3.15 の証明をしてみよ．

【Mittag-Leffler の定理】　Mittag-Leffler（ミッタグ レフラー）[1] は複素平面で指定された極を持つ大域的な有理型関数を構成する問題を考えました．極の個数が有限なら単にそれらを表す Laurent 展開の負冪部分を足し算すれば済むのですが，極は（可算）無限に有り，無限遠点には集積することを許します．すると単に足し算しただけでは発散する恐れがあるので，何か工夫が必要となります．ここでは少し一般化した次の定理を示します．この問題は今まで扱ってきたような正則関数の目覚ましい性質や定理に比べると地味に見えるかもしれませんが，実はこれは“局所的には簡単に構成できるものを大域的に構成する方法”として 20 世紀後半に普及した層のコホモロジー理論の先駆を成したのです（8.2 参照）．

定理 8.5（**Mittag-Leffler の定理**）　Ω を有限連結な領域とする．Ω 内には集積点を持たない点列 α_j において，極 $\sum_{k=1}^{n_j} \dfrac{c_j}{(z-\alpha_j)^k}$ を与えたとき，これらを Laurent 展開の負冪とする有理型関数が Ω 上大域的に存在する．

証明　Ω のコンパクト集合による取り尽くし増大列 K_n を用意する．各 n について，まず $g_n(z)$ として K_n に含まれる極だけを加えたものを取る．これは有限和なので意味を持つ．次に Ω で正則な有理関数 $h_{n-1}(z)$ を適当に選んで，修正した $f_n(z) := g_n(z) - h_{n-1}(z)$ が Ω から極を除いたところで広義一様収束するするようなものを n に関する帰納法で構成する．$f_1(z) = g_1(z)$（すなわち $h_0(z) = 0$）と置く．$f_n(z)$ までできたとすると，差 $g_{n+1}(z) - f_n(z)$

---

[1] スウェーデンの男性数学者ですが複合姓でこれで一人です．Weierstrass の弟子として後輩に当たる Kovalevskaya（コワレフスカヤ）にストックホルム大学のポストを提供しました．

は K_n での極が相殺するので，そこで正則となる．実際には g_{n+1} で新たに加わった極は K_n から離れているので，この差は K_n のある δ-近傍 $U_\delta(K_n)$ で正則となる．定理 8.3 を用いてこの正則関数を Ω で正則な有理関数 h_n により K_n 上誤差 $< \frac{\varepsilon}{2^n}$ で近似する．これで修正した $f_{n+1} := g_{n+1} - h_n$ は，K_n 上

$$|f_{n+1}(z) - f_n(z)| = |g_{n+1}(z) - f_n(z) - h_n(z)| < \frac{\varepsilon}{2^n} \tag{8.5}$$

を満たしている．こうして作られた関数列 $f_n(z)$ は K_n に含まれる α_j で指定された極を持ち，その外の Ω の点では正則，かつ差 $f_{n+1}(z) - f_n(z)$ は K_n 上で正則で，そこで上の評価 (8.5) を満たす．よって任意に固定した K_k 上では

$$f_n(z) = \sum_{j=k}^{n-1} (f_{j+1}(z) - f_j(z)) + f_k(z)$$

と表される．この右辺の和はすべての項が K_k で正則で，かつ $|f_{j+1}(z) - f_j(z)| < \dfrac{\varepsilon}{2^j}$ を満たしている．故に $n \to \infty$ のとき $f_n(z)$ は K_k 上で

$$f(z) = \sum_{j=k}^{\infty} (f_{j+1}(z) - f_j(z)) + f_k(z)$$

に（極を除き）一様収束する．無限級数の部分は K_k で正則であるから，$f(z)$ は K_k 上で指定された極を持つ．このことは任意の K_k で成立するが，上の $f(z)$ の定義は級数を変形してみれば分かるように，実際には k に依らないから，求める有理型関数が得られた．　□

別証　$g_j(z)$ を α_j に指定された極を持つ有理関数とし，極の位置の集合を $A := \{\alpha_j\}$ と置く．各 α_j に対しその $4\varepsilon_j$-近傍が他の極を含まないように十分小さな $\varepsilon_j > 0$ を選ぶ．（このとき α_j の $2\varepsilon_j$-近傍は互いに交わらないことに注意せよ．）これに応じて，第4章で導入された C^2 級の補助関数 $\psi(x)$ を用いて C_0^2 級の関数で，台が $|z - \alpha_j| \le 2\varepsilon_j$ に含まれ，かつ $|z - \alpha_j| \le \varepsilon_j$ では恒等的に1となるもの $\varphi_j(z) = \psi\left(\frac{|z-\alpha|-\varepsilon_j}{\varepsilon_j}\right)$ を用意する．このとき形式和

$$\varphi(z) := \sum_{j=1}^{\infty} \varphi_j(z) g_j(z)$$

は各点で非零な項が高々一つなので，Ω 上で極の集合 A を除いたところで C^2 級，かつ α_j の ε_j-近傍では指定された極を持つ有理関数となっている．これを A の外で正則となるように修正すればよい．そのため $\frac{\partial}{\partial \bar{z}}\varphi(z)$ を考えると，これは A の外では C^1 級で，かつ $\forall j$ について $0 < |z - \alpha_j| < \varepsilon_j$ では恒等的に 0 となる．これを α_j まで 0 で延長したものを $\psi(z)$ と定義する．($\frac{\partial}{\partial \bar{z}}\varphi(z)$ 自身は α_j には何か（実は α_j に台を持つ超関数）が残るのだがそれは捨てたので，両者は等しくはない．）すると $\psi(z)$ は Ω 上 C^1 級の関数となる．後述の定理 8.6 によれば，偏微分方程式 $\frac{\partial}{\partial \bar{z}}\chi(z) = \psi(z)$ は Ω で大域的に定義された C^1 級の解 $\chi(z)$ を持つ．これは各 j について $0 < |z - \alpha_j| < \varepsilon_j$ で

$$\frac{\partial}{\partial \bar{z}}\chi(z) = \psi(z) = \frac{\partial}{\partial \bar{z}}\varphi(z) = \frac{\partial}{\partial \bar{z}}g_j(z) = 0$$

を満たすので，正則である．よって Riemann の除去可能特異点定理により α_j でも正則となる．故に差 $f(z) := \varphi(z) - \chi(z)$ は A の外では

$$\frac{\partial}{\partial \bar{z}}f(z) = \frac{\partial}{\partial \bar{z}}\varphi(z) - \psi(z) = \frac{\partial}{\partial \bar{z}}\varphi(z) - \frac{\partial}{\partial \bar{z}}\varphi(z) = 0$$

を満たし，従って正則である．他方，各 j について $|z - \alpha_j| < \varepsilon_j$ では，

$$f(z) = \varphi(z) - \chi(z) = g_j(z) - \chi(z)$$

で上に注意したように $\chi(z)$ はそこで正則なので，$f(z)$ の極部分は指定されたものとなっている． □

8.2 定理の前に示唆したように，上の証明はどちらも正則関数の層 $\mathcal{O}$ を係数とする 1 次のコホモロジー群の消滅を示す内容になっています． 最初の証明法は古典的で，現代数学から見れば Čech（チェック）コホモロジーを用いた議論に相当しますが，ちょっと簡略化して 1-コチェインを作るのを省略しています．別証の方は 20 世紀に生まれた Dolbeault（ドルボー）による $\mathcal{O}$ の分解 (resolution) に基づくコホモロジー計算の最も簡単な場合となっています．Cauchy-Riemann 方程式はずっと右辺が零のものしか扱われて来なかったのを，右辺に零と異なる関数を置いて利用したところが “現代的” です．(もっともそれも今となっては前世紀中頃の話となってしまったので，ほとんどの読者にとってはもはや古典的と言うべきでしょうが (^^;)

上の別証の鍵となったのが次の定理でした．これは解析学でしばしば現れる，近似定理と大域解の存在定理の密接な関係を示す例でもあります．

定理 8.6　Ω は単連結領域とする．$g(z)$ を Ω で定義された C^1 級の関数とすれば，非斉次 Cauchy-Riemann 方程式

$$\frac{\partial f}{\partial \bar{z}} = g(z)$$

の C^1 級の解 $f(z)$ が Ω 上大域的に存在する．

証明*　K_n を Ω のコンパクト部分集合の取り尽くし増大列とする．このとき，各 n について，C_0^1 関数 $\varphi_n(z)$ で K_{n-1} 上 1 に等しく，台が K_{n+1} の内部に含まれるようなものを取ることができる．具体的には，$\varepsilon_n > 0$ を

$$2\varepsilon_n < d_n := \min\{\mathrm{dis}(\partial K_{n+1}, K_n), \mathrm{dis}(\partial K_n, K_{n-1})\}$$

となるように選び，補題 4.14 の証明で導入した補助関数 $\psi(z)$ を用いて $\psi_n(z) = \psi(\frac{|z|-\varepsilon_n}{\varepsilon_n})$ を用意し，

$$\iint_{\boldsymbol{R}^2} \psi_n(z) dxdy = c_n$$

とすれば，

$$\varphi_n(z) = \iint_{K_n} \frac{1}{c_n} \psi_n(z - \xi - i\eta) d\xi d\eta$$

はそのような性質を持つ[2]．実際，$\varphi_n(z)$ の台は $\bigcup_{\zeta \in K_n} \{z;\, |z-\zeta| \le 2\varepsilon_n\}$ に含まれるが，後者のどの点も ∂K_{n+1} との距離 $\ge d_n - 2\varepsilon_n > 0$ である．更に，$z \in K_{n-1}$ なら，z を中心とする半径 $2\varepsilon_n$ の円板は K_n にすっぽり含まれるので，

$$\begin{aligned}
&\iint_{K_n} \frac{1}{c_n} \psi_n(z - \xi - i\eta) d\xi d\eta = \iint_{|\xi + i\eta - z| \le 2\varepsilon_n} \frac{1}{c_n} \psi_n(z - \xi - i\eta) d\xi d\eta \\
&= \iint_{|\xi + i\eta| \le 2\varepsilon_n} \frac{1}{c_n} \psi_n(\xi + i\eta) d\xi d\eta = \iint_{\boldsymbol{R}^2} \frac{1}{c_n} \psi_n(\xi + i\eta) d\xi d\eta = 1
\end{aligned}$$

となる．

さて，各 n に対し，$g_n(z) := \varphi_n(z) g(z)$ はコンパクトな台を持つので，第 4 章の補題 4.14 の証明中で紹介した Cauchy-Riemann 作用素の基本解 $\frac{1}{\pi z}$ との**畳込み積分**が意味を持つ：$\zeta = \xi + i\eta$ として

$$f_n(z) := \iint \frac{g_n(z-\zeta)}{\pi\zeta} d\xi d\eta = \iint \frac{g_n(z-\zeta)}{\pi\zeta} \frac{1}{-2i} d\zeta \wedge d\bar{\zeta}. \tag{8.6}$$

この被積分関数は $\zeta = 0$ で分母が 0 になるが，1 次のオーダーなので，2 次元の Riemann 式広義積分はそこで絶対収束する．よって上の積分は意味を持つ．以下，$f_n(z)$ が C^1 級で，$\frac{\partial}{\partial \bar{z}} f_n(z) = g_n(z)$ を満たすことを示す．上の積分を x, あるいは y で偏微分する演算は，$g_n(z-\zeta)$ の x, y に関する偏微分が仮定により連続で，かつ

[2] 第 7 章 (7.7) に例示した K_n は Jordan 可測なことが明らかなので，それを使えば Riemann 式（Jordan 式）積分の範囲内で議論が行えます．

$\frac{1}{\pi\zeta}$ の広義積分が絶対収束していることから，積分と順序交換できることが容易に示され[3)]，特に

$$\frac{\partial}{\partial \bar{z}} f_n(z) = \iint \frac{\frac{\partial}{\partial \bar{z}} g_n(z-\zeta)}{\pi\zeta} d\xi d\eta \tag{8.7}$$

となる．これが z について連続となることも，$\frac{\partial}{\partial \bar{z}} g_n(z-\zeta)$ が一様連続なことと，積分の絶対収束性から同様に示される[4)]．ここで積分領域を十分小さな $\varepsilon > 0$ について $|\zeta| \geq \varepsilon$ と $|\zeta| \leq \varepsilon$ に分ける．まず前者の上での積分は，被積分関数の分母の零点が除外されたので，第 3 章定理 3.4 に示した Cauchy-Riemann 作用素に対する Green の公式が使える：$z \in \operatorname{supp} g$ とすれば，被積分関数は ζ について台が有界になるので，その外に仮想的な境界 $|\zeta| = R$ を想定すれば，被積分関数はその上で零となり，境界積分はそこには現れず，内部の小円上のものだけが残る．よって

$$\begin{aligned}
&\iint_{|\zeta|\geq\varepsilon} \frac{\frac{\partial}{\partial \bar{z}} g_n(z-\zeta)}{\pi\zeta} d\xi d\eta = \iint_{|\zeta|\geq\varepsilon} \frac{-\frac{\partial}{\partial \bar{\zeta}} g_n(z-\zeta)}{\pi\zeta} d\xi d\eta \\
&= \frac{1}{2\pi i} \iint_{|\zeta|\geq\varepsilon} \frac{\frac{\partial}{\partial \bar{\zeta}} g_n(z-\zeta)}{\zeta} (-2i) d\xi d\eta \\
&= \frac{1}{2\pi i} \oint_{|\zeta|=\varepsilon} \frac{g_n(z-\zeta)}{\zeta} d\zeta - \frac{1}{2\pi i} \iint_{|\zeta|\geq\varepsilon} g_n(z-\zeta) \frac{\partial}{\partial \bar{\zeta}} \frac{1}{\zeta} (-2i) d\xi d\eta \\
&= \frac{1}{2\pi i} \oint_{|\zeta|=\varepsilon} \frac{g_n(z-\zeta)}{\zeta} d\zeta.
\end{aligned}$$

ここで線積分項の符号を正に変えたのは積分路の向きを通常の円周の正の向きに変更したからである．最後に重積分が消えたのは $\frac{1}{\zeta}$ の正則性による．この線積分は

$$\begin{aligned}
&\frac{1}{2\pi i} \oint_{|\zeta|=\varepsilon} \frac{g_n(z-\zeta)}{\zeta} d\zeta \\
&\quad = \frac{1}{2\pi i} \oint_{|\zeta|=\varepsilon} \frac{g_n(z-\zeta) - g_n(z)}{\zeta} d\zeta + \frac{1}{2\pi i} \oint_{|\zeta|=\varepsilon} \frac{g_n(z)}{\zeta} d\zeta
\end{aligned}$$

と分解すると，g_n が C^1 級なことから，$|\nabla g_n| \leq M$ となる定数 $M > 0$ が存在するので，右辺の第 1 項は

$$\begin{aligned}
|g_n(z-\zeta) - g_n(z)| &= \left| \int_0^1 \frac{d}{dt}(g_n(z - t\zeta)) dt \right| \\
&= \left| \int_0^1 (-\zeta \cdot \nabla g_n)(z - t\zeta)) dt \right| \leq M|\zeta| = M\varepsilon
\end{aligned}$$

に注意すると，

---

3) これは定理 2.24 (3) と同様に示せます．$\frac{1}{\zeta}$ のせいで被積分関数は連続ではありませんが，x, y に関する微分，従って $\frac{\partial}{\partial \bar{z}}$ は g_n のみにかかるので，ζ の積分と可換になります．

4) これも定理 2.24 (2) と同様に示せます．異なる点は一つ前の脚注と同様です．

$$\left|\frac{1}{2\pi i}\oint_{|\zeta|=\varepsilon}\frac{g_n(z-\zeta)-g_n(z)}{\zeta}d\zeta\right| \le \frac{1}{2\pi}\oint_{|\zeta|=\varepsilon}\frac{M\varepsilon}{\varepsilon}|d\zeta| = \frac{1}{2\pi}M\cdot 2\pi\varepsilon = M\varepsilon$$

と抑えられる．第2項は積分が具体的に計算できて $g_n(z)$ を与える．最後に，$|\zeta|\le\varepsilon$ での積分は，

$$\left|\iint_{|\zeta|\le\varepsilon}\frac{\frac{\partial}{\partial\bar{z}}g_n(z-\zeta)}{\pi\zeta}d\xi d\eta\right| \le \iint_{|\zeta|\le\varepsilon}\left|\frac{\frac{\partial}{\partial\bar{z}}g_n(z-\zeta)}{\pi\zeta}\right|d\xi d\eta$$
$$\le \iint_{|\zeta|\le\varepsilon}\frac{M}{\pi|\zeta|}d\xi d\eta = \frac{M}{\pi}\int_0^{2\pi}\int_0^{\varepsilon}\frac{1}{r}rdrd\theta = \frac{M}{\pi}\cdot 2\pi\varepsilon = 2M\varepsilon$$

と評価される．以上により $\varepsilon\to 0$ とすれば，(8.7) は $g_n(z)$ に近づく．(8.7) はもともと ε には依存していないので，それは最初から $g_n(z)$ に等しかったことになる．

さて，$f_{n+1}(z)-f_n(z)$ は，K_{n-1} の上では

$$\frac{\partial}{\partial\bar{z}}\{f_{n+1}(z)-f_n(z)\} = g_{n+1}(z)-g_n(z) = 0$$

を満たすので，正則である．よって K_{n-2} の上でこれをいくらでも近く一様近似する多項式 $\widetilde{h}(z)$ が取れる．そこで今 $\sum_{n=1}^{\infty}\varepsilon_n < 0$ となるような正項級数（例えば $\varepsilon_n=\frac{\varepsilon}{2^n}$）を用意し

$$|f_{n+1}(z)-f_n(z)-\widetilde{h}(z)| < \varepsilon_n, \qquad z\in K_{n-2} \text{ のとき}$$

としよう．$f_{n+1}-\widetilde{h}$ は

$$\frac{\partial}{\partial\bar{z}}\{f_{n+1}(z)-\widetilde{h}(z)\} = \frac{\partial}{\partial\bar{z}}f_{n+1}(z) = g_{n+1}(z)$$

なので，f_{n+1} を $f_{n+1}-\widetilde{h}$ と取り替えても方程式 $\frac{\partial}{\partial\bar{z}}f_{n+1}(z)=g_{n+1}(z)$ は保たれる．この操作を下の方から順次実行すると，各 n について

$$|f_{n+1}(z)-f_n(z)| < \varepsilon_n, \qquad z\in K_{n-2} \text{ のとき}$$

となるような $\frac{\partial}{\partial\bar{z}}f_n=g_n$ の解の列が得られる．k を止めたとき

$$f_{n+1} = f_k + \sum_{j=k}^{n}(f_{j+1}-f_j)$$

において，各 $f_{j+1}-f_j$ は K_{j-2} において，従って K_{k-2} において $|f_{j+1}(z)-f_j(z)| < \varepsilon_j$ を満たすので，$n\to\infty$ としたものは K_{k-2} で一様収束する．のみならず，そこでは $\frac{\partial}{\partial\bar{z}}f_{n+1}(z)=g_{n+1}(z)=g(z)$ を満たしているから，極限に行っても $\frac{\partial}{\partial\bar{z}}f(z)=g(z)$ が成り立つ．k は任意なので，これは Ω 全体で成り立ち，求める大域解となる．　□

8.3　上の定理では Ω を単連結と仮定しましたが，使っているのは正則関数の多項式近似のところだけで，しかも近似する関数は多項式である必要はなく，単に Ω 全体で正則なら証明に使えるので，Runge の定理の拡張である定理 8.3 で近似関数として使われた Ω の外だけに極を持つ有理関数でも構いません．なので大域解は定理 8.3 の仮定を満たすような Ω で作れます．更に，Ω の補集合が無限個の連結成分を持っていても，コンパクト部分集合の取り尽くし増大列 K_n で囲まれたそのような成分が増えるごとに近似有理関数の極の候補を増やして行けば，実は任意の領域 $\Omega\subset\boldsymbol{C}$ で大域解が存在することが示せます．

Mittag-Leffler の定理と逆に，既知の正則関数に対する部分分数分解を求めるのも応用上重要ですが，その主な具体例については，次の節で正則関数の基本的な大域的性質を調べた後に扱います．

8.2　整関数の増大度と非有界領域における最大値原理

【Phragmén-Lindelöf の定理】　無限領域における最大値原理型の主張は解析学においてしばしば必要とされます．ここではその代表的な二つを紹介します．最初は **Phragmén-Lindelöf（フラグメン-リンデレーフ）の定理**です．まず古典的な主張を証明し，それを用いて最良の精密化を示します．

定理 8.7（**Phragmén-Lindelöf の定理–その 1**）　$\alpha > 0$ とする．$f(z)$ は原点を頂点とする開き $\frac{\pi}{\alpha}$ の角領域 Ω で正則で，境界まで連続，かつ境界で $|f(z)| \leq M$ を満たすとする．もし $0 \leq \beta < \alpha$ なるある β について，Ω 上 $|f(z)| \leq Ce^{c|z|^\beta}$ が成り立つならば，Ω 上 $|f(z)| \leq M$ となる．

証明　原点を中心に回転しても主張は不変だから，角領域を $|\arg z| < \frac{\pi}{2\alpha}$ としても一般性を失わない．そこで $\beta < \gamma < \alpha$ なる γ を一つ取り，$\varepsilon > 0$ を任意に固定して $g(z) = f(z)e^{-\varepsilon z^\gamma}$ を考えると，この角領域では $z^\gamma = |z|^\gamma e^{i\gamma \arg z}$ より

$$|e^{-\varepsilon z^\gamma}| = e^{-\operatorname{Re}\varepsilon z^\gamma} = e^{-\varepsilon |z|^\gamma \operatorname{Re} e^{i\gamma \arg z}} = e^{-\varepsilon |z|^\gamma \cos(\gamma \arg z)} \leq e^{-\varepsilon |z|^\gamma \cos(\frac{\gamma}{\alpha}\frac{\pi}{2})}.$$

同様に，

$$|e^{cz^\beta}| = e^{c|z|^\beta \cos(\beta \arg z)} \leq e^{c|z|^\beta}.$$

すると，領域の境界では，単に $\cos(\frac{\gamma}{\alpha}\frac{\pi}{2}) \geq 0$ を用いて

$$|g(z)| \leq |f(z)| \leq M$$

となる．他方，$|z| = R$ 上では，

$$|g(z)| = |f(z)||e^{-\varepsilon z^\gamma}| \leq Ce^{c|z|^\beta - \varepsilon \operatorname{Re} z^\gamma} = Ce^{cR^\beta - \varepsilon R^\gamma \cos(\frac{\gamma}{\alpha}\frac{\pi}{2})}$$

となる．仮定により $\cos(\frac{\gamma}{\alpha}\frac{\pi}{2}) > 0$ なので，$R \to \infty$ のとき上の最後の辺は

0 に近づき，従って R を十分大きく取れば $|z| \geq R$ で $|g(z)| \leq M$ となる．$\Omega \cap \{|z| \leq R\}$ では最大値原理を適用すれば，ここでも $|g(z)| \leq M$, 従って Ω 全体で $|g(z)| \leq M$ となる．以上により Ω 全体で $|f(z)| \leq Me^{\varepsilon z^\gamma}$ となることが分かったが，$\varepsilon > 0$ は任意なので，結局 $|f(z)| \leq M$ となる． □

定理 8.8 (**Phragmén-Lindelöf の定理–その 2**) $\alpha > 0$ とする．$f(z)$ は原点を頂点とする開き $\frac{\pi}{\alpha}$ の角領域 Ω で正則で，境界まで連続，かつ境界で $|f(z)| \leq M$ を満たすとする．もしある正定数 C, a について Ω 全体では $|f(z)| \leq Ce^{a|z|^\alpha}$ が成り立ち，かつ Ω を 2 等分する半直線上では $\forall\varepsilon > 0$ に対し C_ε を適当に選べば $|f(z)| \leq C_\varepsilon e^{\varepsilon|z|^\alpha}$ が成り立つならば，Ω 上で $|f(z)| \leq M$ が成り立つ．

証明 定理 8.7 と同様，$\Omega = \{z \in \boldsymbol{C}; |\arg z| < \frac{\pi}{2\alpha}\}$ として論ずる．$\delta > 0$ を任意に選び $g(z) = f(z)e^{-\delta|z|^\alpha}$ を考えると，実軸上では $|z| \to \infty$ のとき $g(z) \to 0$ となるので，$g(z)$ は実軸上どこかで最大値 $\widetilde{M}$ に到達する．半分の開き $\frac{\pi}{2\alpha}$ を持つ角領域 $-\frac{\pi}{2\alpha} < \arg z < 0$, および $0 < \arg z < \frac{\pi}{2\alpha}$ に対して既に示された定理 8.7 を $\alpha \mapsto 2\alpha$, $\beta \mapsto \alpha$ として適用すると，これらの各々で $|g(z)| \leq \max\{M, \widetilde{M}\}$, 従って Ω 全体で $|f(z)| \leq \max\{M, \widetilde{M}\}e^{\delta|z|^\alpha}$ という評価が得られる．$\delta > 0$ は任意なので，結局 $|f(z)| \leq \max\{M, \widetilde{M}\}$ となる．

最後に $\widetilde{M} > M$ のときは，定理 8.7 を $\beta = 0$ として適用できる（$\widetilde{M} = Ce^c$ とみなせる）ので，結局 Ω で $|f(z)| \leq M$ が得られる． □

この定理の仮定はぎりぎりです．実際，$\varepsilon > 0$ を固定してしまうと，例えば $\alpha = 1$, すなわち上半平面のとき，$f(z) = e^{-i\varepsilon z}$ は実軸上で有界だが虚軸上で $e^{\varepsilon|z|}$ という増大を示します．なお，どちらの定理でも，$f(z)$ が原点まで定義されている必要はなく，ある $R > 0$ について $|z| > R$ で正則で $|z| = R$ まで連続，かつそこでも $|f(z)| \leq M$ を満たしていれば，上の証明は通用します．

問 8.2-1（**Phragmén-Lindelöf の定理–その 3**） $f(z)$ は原点を頂点とする扇形 $0 < \arg z < \frac{\pi}{\alpha}$, $0 < r < R$ で正則で，原点を除きこの境界まで連続，かつ境界で $|f(z)| \leq M$ を満たしているとする．もし z が原点に近づくとき $\forall\varepsilon > 0$ について適当な C_ε により $|f(z)| \leq C_\varepsilon e^{\varepsilon|z|^{-\alpha}}$ という評価が成り立っていれば，領域全体で $|f(z)| \leq M$ となることを示せ．[ヒント：原点と無限遠点を反転させ，定理 8.8 に帰着させよ．]

系 8.9 （**Carlson**[5]**の補題**）　$f(z)$ は上半平面で正則，かつ実軸を込めて連続で，正定数 C, c, a があって全体で $|f(z)| \leq Ce^{c|z|}$，および実軸上では $|f(z)| \leq Ce^{-a|x|}$ を満たしているとする．このとき $f(z) \equiv 0$ となる．

証明　$h(z) = f(z)e^{az+ciz}$ を考えると，これは正の実軸上では $|h(z)| = |f(z)|e^{ax} \leq C$，また虚軸上では $|h(z)| = |f(z)|e^{-cy} \leq Ce^{cy-cy} = C$ であり，かつ一般に $|h(z)| \leq Ce^{(a+c)|z|}$ である．よって第一象限にまず Phragmén-Lindelöf の定理 8.7 が $\alpha = \frac{\pi}{2}, \beta = 1$ として適用でき，第一象限で $|h(z)| \leq C$，従って $|f(z)| \leq Ce^{-\operatorname{Re}(az+ciz)} = Ce^{-ax+cy}$ となる．同様に，第二象限では $h(z) = f(z)e^{-az+ciz}$ を考えると，$|h(z)| \leq C$，従って $|f(z)| \leq Ce^{ax+cy}$ となる．両者を合わせると $|f(z)| \leq Ce^{-a|x|+cy}$ が上半平面で成り立つ．さて，$R > 0$ として $g(z) = f(z)e^{-iRz}$ を考えると，これは $|g(z)| \leq Ce^{-a|x|+(c+R)y}$ を満たすので，$0 \leq y \leq \frac{a}{c+R}|x|$ で $|g(z)| \leq C$ となる．よって半直線 $y = \pm\frac{a}{c+R}x$, $y \geq 0$ で囲まれた開き $\frac{\pi}{\alpha} = 2\operatorname{Arctan}\frac{c+R}{a} < \pi$ の角領域で $\beta = 1$ として再び Phragmén-Lindelöf の定理 8.7 が適用でき，ここでも $|g(z)| \leq C$ となる．よって，上半平面全体で $|g(z)| \leq C$，すなわち，$|f(z)| \leq Ce^{\operatorname{Re}(iRz)} = Ce^{-Ry}$ が得られた．$R \to \infty$ とすれば，$y > 0$ のとき $|f(z)| \to 0$. $f(z)$ は R には依存しないので，結局 $f(z) = 0$. 従って連続性により実軸も込めて f は恒等的に 0 となる．　□

次の定理は Phragmén-Lindelöf の定理の親戚にあたる定理です．

定理 8.10 （**Doetsch の 3 線定理**）　$f(z)$ は帯状領域 $0 < \operatorname{Re} z < 1$ で有界正則で，境界も込めて連続，かつ $\operatorname{Re} z = 0$ で $|f(z)| \leq M_0$, $\operatorname{Re} z = 1$ で $|f(z)| \leq M_1$ を満たすならば，$\operatorname{Re} z = x$ の線上で $|f(z)| \leq M_0^{1-x}M_1^x$ が成り立つ．

証明　$g(z) = f(z)\frac{1}{M_0}e^{z\log\frac{M_0}{M_1}}$ を考えれば，これは Ω で有界，かつ境界で $|g(z)| \leq 1$ を満たす．よってこの不等式が Ω 全体で成り立つことを言えば，

$$|f(z)| \leq M_0 e^{-\operatorname{Re} z\log\frac{M_0}{M_1}} = M_0\left(\frac{M_1}{M_0}\right)^x = M_0^{1-x}M_1^x$$

[5] 1960 年頃に連続関数の Fourier 級数がほとんど至るところで収束するという定理を証明した Carleson とは別人で，綴も異なります．

が言える．そこで $\varepsilon>0$ として $h(z)=g(z)e^{-\varepsilon\sqrt{z}}$ を考える．ただし $\sqrt{z}$ は $\sqrt{1}=1$ から定まる $\mathrm{Re}\,z>0$ における分枝とする．このとき Ω で

$$\mathrm{Re}\sqrt{z}=\mathrm{Re}\sqrt{x+iy}=\sqrt{\frac{x+\sqrt{x^2+y^2}}{2}}\geq\frac{\sqrt{|z|}}{\sqrt{2}} \tag{8.8}$$

となるので（この計算は下の問 8.2-2 参照），

$$|h(z)|=|g(z)|e^{-\frac{\varepsilon}{\sqrt{2}}\sqrt{|z|}}$$

となり，従って境界線上では $|h(z)|\leq 1$, また Ω では $|y|$ を大きくしていくと指数関数因子は 0 に近づくので，ある $R>0$ について $|y|\geq R$ では $|h(z)|\leq 1$ となる．そこで $\Omega\cap\{|y|\leq R\}$ において最大値原理を適用すると，ここでも $|h(z)|\leq 1$, 従って Ω 全体でこれが成り立つ．よって $|g(z)|\leq e^{\frac{\varepsilon}{\sqrt{2}}\sqrt{|z|}}$ が Ω において成り立つ．$\varepsilon>0$ は任意なので，これで Ω において $|g(z)|\leq 1$ が示された．　□

言わずもがなですが，上の定理の帯状領域は指数の $1-x, x$ を適当に変更すれば，横方向でも，任意の傾きでも，任意の幅でも同様の不等式が使えます．

問 **8.2-2**　評価式 (8.8) を確かめよ．

8.4　$f(z)$ が有界でないときは 3 線定理には反例があります．ただし，ある程度までの増大度は許されます．かなりマニアックな話なので，詳細は を見て下さい．

なお，帯状領域 $\Omega=\{0<\mathrm{Re}\,z<1\}$ から円環領域 $D=\{r<|w|<R\}$ への正則写像（単葉ではない）を $w=re^{z\log\frac{R}{r}}$ で定めると，円環 D で多価正則かつ有界な関数 $f(w)$ が $|w|=r$ 上 $|f(w)|\leq M_0$, $|w|=R$ 上 $|f(w)|\leq M_1$ を満たしていれば，$g(z)=f(re^{z\log\frac{R}{r}})$ は単連結領域 Ω では 1 価となり，かつ 3 線定理の仮定を満たすので，$|g(z)|\leq M_0^{1-x}M_1^x$. これを $f(w)$ に翻訳すると，

$$z=\frac{\log\frac{w}{r}}{\log\frac{R}{r}},\qquad \text{従って}\quad \mathrm{Re}\,z=\frac{\log\frac{|w|}{r}}{\log\frac{R}{r}}$$

なので，

$$|f(w)|\leq M_0^{1-\frac{\log\frac{|w|}{r}}{\log\frac{R}{r}}}M_1^{\frac{\log\frac{|w|}{r}}{\log\frac{R}{r}}}$$

が得られ，両辺を $\log\frac{R}{r}$ 乗すれば Hadamard の 3 円定理（定理 5.7）が得られます．そこでは f が 1 価でないときはその有界性を仮定する必要があると言いましたが，それは上述の 3 線定理の反例がここにも移植できるからです．

【整関数の増大度】　整関数の増大度は整関数を特徴づける重要な量であり，ま

たその零点の分布にも密接な関係があります.

定義 8.11 整関数 $f(z)$ の**位数** (order) を

$$\rho = \limsup_{r\to\infty} \frac{\log\log M(r)}{\log r}, \qquad ここに \quad M(r) := \max_{|z|=r} |f(z)| \tag{8.9}$$

で定義する. これは $\forall\varepsilon > 0$ について $\exists C_\varepsilon > 0$ により $|f(z)| \leq C_\varepsilon e^{|z|^{\rho+\varepsilon}}$ という評価を持つが, $\forall c_\varepsilon$ を持ってきても $|f(z)| > c_\varepsilon e^{|z|^{\rho-\varepsilon}}$ となる z が無限に存在することを意味する. 特に, $|f(z)| \leq Ce^{a|z|^\rho}$ という評価が成り立つとき, f は位数 ρ, 型 (type) a であるという. 更に, $\forall\varepsilon > 0$ について C_ε が存在して $|f(z)| \leq C_\varepsilon e^{\varepsilon|z|^\rho}$ を満たすとき, f は位数 ρ の極小型 (minimal type) であると言う. また, 位数 ρ だが有限の型を持たないとき, f は位数 ρ の極大型であると言う. 特に型について言及しないときはある有限の型を持つものとする.

位数 1 の整関数は**指数型**とも呼ばれます. これは Paley-Wiener の定理 (命題 6.7) が示唆するように, 解析学では特によく出てきます.

整関数を調べるには, その零点の分布を見ることがとても重要です. これは増大度とも深い関係を持っています. ここでは基礎的な結果を紹介するにとどめ, Nevanlinna (ネヴァンリンナ) の理論を始め, 一般論の詳細は [12], [18] などの専門書に譲ります. まずは次の補題を掲げておきます.

補題 8.12 位数 $\leq \rho$ の整関数 $f(z)$ が零点を持たなければ, それは $e^{g(z)}$ の形となる. ここに g は次数が ρ 以下の多項式である[6].

実際, f が零点を持たなければ定理 6.20 により $g(z) = \log f(z)$ が 1 価な整関数として確定し, それは多項式増大度を持つので, 拡張版 Liouville の定理 6.13 により本当の多項式となります. もちろんその次数は ρ 以下の非負整数で, 従って高々 $[\rho]$ です[7].

問 8.2-3 位数 $\leq \rho$ の整関数 $f(x)$ が有限個の零点 $\alpha_1, \ldots, \alpha_n$ しか持たなければ, 次数が ρ 以下の多項式 $g(z)$ が存在して $f(z) = \prod_{j=1}^n (z-\alpha_j)e^{g(z)}$ と書けることを示せ.

---

[6] 定数因子は $g(z)$ に組み込めるので, 書いてもよいのですが, 絶対必要という訳ではありません. $-1 = e^{\pi i}$ なので, 関数論では負の因子さえも指数の肩に持って行けます!

[7] 以下 [ ] は Gauss 記号を表します.

これだけではつまらないので，意味のある整関数には無限個の零点が必要です．零点は孤立しているので，0 を例外扱いとして絶対値の小さい方から

$$\alpha_n, \quad n = 1, 2, \ldots \tag{8.10}$$

と表せます．（簡単のため重複零点が有ればその数だけ並べて書くものとします．）次の定理は証明（吉田 [8] などに書かれています）にかなり長い準備が必要なので，紹介だけしておきます．

定理 8.13 位数 ρ の整関数の 0 以外の零点 (8.10) は $\forall\varepsilon > 0$ に対し次を満たす：

$$\sum_{n=1}^{\infty} \frac{1}{|\alpha_n|^{\rho+\varepsilon}} < \infty. \tag{8.11}$$

この定理から，例えば $\alpha_n = \log(n+1)$ などは有限位数の整関数ではないことが分かり，零点が多いほど増大度も激しくなるという状況が見えてきます．一見素朴な感覚とは逆のようですが，多項式補間などを想起すると自然なことに思えるかもしれません．

【Weierstrass の無限積分解】 整関数が零点の列 (8.10) を持ったら，それで積を作れば，残りは非零の指数因子になるでしょう．ただし零点が有限個の場合と異なり，無限積になるので，その意味を復習しておくことが必要です．**無限積**は，n 番目の因子までの “部分積” を考え，それが $n \to \infty$ としたら 0 でも ∞ でもない有限の値に近づくときに収束すると言います．積にとって 0 は大敵なので，因子から省くのは当然として，極限値からも省くことに注意しましょう．すると必要条件として n 番目の因子が 1 に近づくことが要求されます．従って n 番目の零点に対応する因子は $1 - \frac{z}{\alpha_n}$ の形に取ります．z を固定したとき，$|\alpha_{n_0}| > |z|$ となる n_0 を選べば，$n \geq n_0$ に対しては $\log\left(1 - \frac{z}{\alpha_n}\right)$ は $\log 1 = 0$ に対応する分枝の値として確定しますが，このとき $\prod_{n=n_0}^{\infty}\left(1 - \frac{z}{\alpha_n}\right)$ の収束は無限和 $\sum_{n=n_0}^{\infty} \log\left(1 - \frac{z}{\alpha_n}\right)$ の収束と同等になり，α_n の増大がゆっくりだと収束しません．$t = 0$ での Taylor 展開 $\log(1-t) = -t - \frac{t^2}{2} - \cdots$ から

$$\log\left(1 - \frac{z}{\alpha_n}\right) = -\frac{z}{\alpha_n} - \frac{z^2}{2\alpha_n^2} - \cdots - \frac{z^{[\rho]}}{[\rho]\alpha_n^{[\rho]}} - \frac{z^{[\rho]+1}}{([\rho]+1)\alpha_n^{[\rho]+1}} - \cdots$$

となるので，この第 $[\rho]$ 項までを取り去れば 定理 8.13 により和は収束します．

それには $\left(1-\frac{z}{\alpha_n}\right)$ に $e^{\frac{z}{\alpha_n}+\frac{z^2}{2\alpha_n^2}+\cdots+\frac{z^{[\rho]}}{[\rho]\alpha_n^{[\rho]}}}$ を掛けておけばよいことは明らかですね．このように修正された無限積は z につき全複素平面で広義一様収束することが容易に分かります．こうして **Weinerstrass の無限積表示**あるいは**因数分解**

$$f(z)=z^m e^{g(z)}\prod_{n=1}^{\infty}\left(1-\frac{z}{\alpha_n}\right)e^{\frac{z}{\alpha_n}+\frac{z^2}{2\alpha_n^2}+\cdots+\frac{z^{[\rho]}}{[\rho]\alpha_n^{[\rho]}}} \tag{8.12}$$

が得られます．先頭の z^m は例外扱いした原点の零点分で，もし原点が零点でなければ，$m=0$ とし $z^m=1$ と既約します．

補題 8.14 (8.11) を満たす列 α_n について (8.12) の右辺の無限積は位数 $\leq\rho$ の整関数を定める．従って (8.12) における $g(z)$ は高々 $[\rho]$ 次の多項式となる．

証明 $\log|w| = \operatorname{Re}\log w$ に注意して，積の一般因子を評価する．n が $|\alpha_n|>2|z|$ を満たすところでは，

$$\begin{aligned}
&\operatorname{Re}\log\left\{\left(1-\frac{z}{\alpha_n}\right)e^{\frac{z}{\alpha_n}+\frac{z^2}{2\alpha_n^2}+\cdots+\frac{z^{[\rho]}}{[\rho]\alpha_n^{[\rho]}}}\right\}\\
&\leq\left|\log\left(1-\frac{z}{\alpha_n}\right)+\left(\frac{z}{\alpha_n}+\frac{z^2}{2\alpha_n^2}+\cdots+\frac{z^{[\rho]}}{[\rho]\alpha_n^{[\rho]}}\right)\right|\\
&=\left|-\frac{z^{[\rho]+1}}{([\rho]+1)\alpha_n^{[\rho]+1}}-\frac{z^{[\rho]+2}}{([\rho]+2)\alpha_n^{[\rho]+2}}-\cdots\right|\\
&\leq\frac{|z|^{[\rho]+1}}{([\rho]+1)\alpha_n^{[\rho]+1}}\left(1+\frac{1}{2}+\frac{1}{2^2}+\cdots\right)\leq\frac{2}{2^{[\rho]+1-\rho}([\rho]+1)}\frac{|z|^\rho}{|\alpha_n|^\rho}.
\end{aligned}$$

従って，これらの和は仮定 (8.11) により，ある定数 $c>0$ について $\leq c|z|^\rho$ となるから，この分の因子の積は $\leq e^{c|z|^\rho}$ で抑えられる．他方，$|\alpha_n|\leq 2|z|$ なる項は，$t=\frac{z}{\alpha_n}$ と置くと，一般に $|t|\geq\frac{1}{2}$ において，ある定数 $c'>0$ が存在して

$$\operatorname{Re}\left\{\log(1-t)+\left(t+\frac{t^2}{2}+\cdots+\frac{t^{[\rho]}}{[\rho]}\right)\right\}\leq c'|t|^{[\rho]} \tag{8.13}$$

となることに注意せよ（証明は下の問 8.2-4 参照）．よって，(8.12) の無限積のこのような因子の積は $\exp\left(c'|z|^{[\rho]}\sum_{k=1}^{n}\frac{1}{|\alpha_k|^{[\rho]}}\right)$ で抑えられる．ここに，n は $|\alpha_n|\leq 2|z|$ となるような n の最大値である．$|\alpha_n|$ が単調増加に並べられていることと，仮定 (8.11) から

$$\sum_{k=1}^{n}\frac{1}{|\alpha_k|^{[\rho]}}=\sum_{k=1}^{n}\frac{|\alpha_k|^{\rho+\varepsilon-[\rho]}}{|\alpha_k|^{\rho+\varepsilon}}\le|\alpha_n|^{\rho+\varepsilon-[\rho]}\sum_{k=1}^{n}\frac{1}{|\alpha_k|^{\rho+\varepsilon}}\le c|\alpha_n|^{\rho+\varepsilon-[\rho]}$$
$$\le c(2|z|)^{\rho+\varepsilon-[\rho]}.$$

従ってこのような因子の積は

$$e^{c'|z|^{[\rho]}c(2|z|)^{\rho+\varepsilon-[\rho]}}=e^{C|z|^{\rho+\varepsilon}}\qquad(ここに\ C=2^{\rho+\varepsilon-[\rho]}cc')$$

と評価される．この二つを合わせれば補題の主張の前半が得られる．

後半は，$f(z)$ の位数が ρ ということから $\forall\varepsilon>0$ について $|g(z)|\le C|z|^{\rho+\varepsilon}$ が成り立つような $|z|=r_n$, $r_n\to\infty$ なる円周の列が存在しなければならないことが前半から分かり，従って $g(z)$ は次数 $\le\rho+\varepsilon$ の多項式となる（問 6.3-2 の Liouville の定理の拡張）．$\varepsilon>0$ は任意なので，結局次数は ρ 以下，従って整数なので $[\rho]$ 以下である．　□

問 **8.2-4**　不等式 (8.13) を確かめよ．

例 **8.2-1**　$\sin z=\frac{e^{iz}-e^{-iz}}{2i}$ は $n\pi$ $(n\in\boldsymbol{Z})$ に零点を持ちます．これは $e^{iz}=e^{-iz}$, すなわち $e^{2iz}=1$ から求まるので，これ以外には零点は有りません．このとき

$$\sin z=z\prod_{n-1}^{\infty}\left(1-\frac{z^2}{n^2\pi^2}\right)\tag{8.14}$$

という因数分解が成り立ちます．右辺は指数因子を調節しなくても $\boldsymbol{C}$ 上広義一様収束していることが最初に述べた無限積の一般論より分かりますが，等号が成り立つことは少しも自明ではありません．以下これを証明しましょう[8]．

虚軸上 $z=yi$ では $1-\frac{z^2}{n^2\pi^2}=1+\frac{y^2}{n^2\pi^2}$ は正の実数となるので，無限積の部分は対数が取れ，また $n\le t<n+1$ で $\frac{1}{n}\ge\frac{1}{t}$ となるので，

$$\sum_{n=1}^{\infty}\log\left(1+\frac{y^2}{n^2\pi^2}\right)=\sum_{n=1}^{\infty}\int_n^{n+1}\log\left(1+\frac{y^2}{n^2\pi^2}\right)dt$$
$$\ge\int_1^{\infty}\log\left(1+\frac{y^2}{t^2\pi^2}\right)dt=\frac{|y|}{\pi}\int_{\frac{\pi}{|y|}}^{\infty}\log\left(1+\frac{1}{s^2}\right)ds.\tag{8.15}$$

[8] [2] ではこれを Euler の原証明を正当化する形で初等的に示しましたが，ここでは汎用的な手法で関数論の諸定理を用いて証明します．

ここで $\frac{\pi}{|y|}t = s$ と置換した．部分積分で

$$\int_0^\infty \log\left(1+\frac{1}{s^2}\right)ds = \left[s\log\left(1+\frac{1}{s^2}\right)\right]_0^\infty - \int_0^\infty s\left(\frac{2s}{s^2+1}-\frac{2}{s}\right)ds$$
$$= 2\int_0^\infty \frac{1}{s^2+1}ds = \pi$$

となるから，$|y| \to \infty$ のとき $\frac{\pi}{|y|} \to 0$ より $\forall\varepsilon > 0$ に対し，$|y|$ を十分大きくすれば，(8.15) の積分は $\geq \pi(1-\varepsilon)$ となる．故に (8.15) の無限和は $\geq (1-\varepsilon)|y|$ となり，従って (8.14) の右辺の無限積は $\geq e^{(1-\varepsilon)|y|}$ となる．よって，比

$$G := \frac{\sin z}{z\prod_{n=1}^\infty \left(1-\frac{z^2}{n^2\pi^2}\right)} \tag{8.16}$$

を考えると，これは零点を持たない偶関数で，虚軸上では評価

$$|G| = \frac{|e^{-y}-e^{y}|}{2|y|\prod_{n=1}^\infty \left(1+\frac{y^2}{n^2\pi^2}\right)} \leq C_\varepsilon \frac{e^{|y|}-e^{-|y|}}{2|y|e^{(1-\varepsilon)|y|}} \leq C'_\varepsilon e^{\varepsilon|y|}$$

を満たす．ところで (8.16) は $z \mapsto z+2\pi$ という平行移動で不変なことが直感的には明らかなので（厳密な証明は問 8.2-5），例えば $z = x+\pi i$ という線上ではその絶対値の最小値は $0 \leq x \leq \pi$ における最小値と一致し，従って正の定数である．よってこの線上では上の比 G は有界となる．故に（実軸を πi だけ平行移動して）Phragmén-Lindelöf の定理 8.8 を適用すれば，G は全複素平面で有界，従って Liouville の定理により定数となる．$\lim_{z\to 0}\frac{\sin z}{z} = 1$ なので $z=0$ として $G=1$. よって等式 (8.14) が示された． □

問 **8.2-5** (8.16) が $z \mapsto z+2\pi$ で不変なことを確かめよ．

上の議論を少し修正すれば次のことが示せます：

系 8.15（**Carlson の定理**） 位数 1 で型 $< \pi$ の整関数がすべての整数 n に対して $f(n) = 0$ を満たせば，$f(z) \equiv 0$ となる．

実際，上の例の論法で $\frac{f(z)}{\sin\pi z}$ は整関数となり，指数型で，かつ虚軸方向には指数減少する．よって Carlson の補題（系 8.9 を 90 度回転させて適用）により $f(z) \equiv 0$ となります．上の例で示した無限積の増大度/減少度評価は零点

の位置が少しぐらいずれても変わらないので，$\sin \pi z$ の代わりに対応する無限積を用いれば，もう少し一般的な結果になります．また $f(z)$ が $\mathrm{Re}\, z \geq 0$ だけで定義されていても通用します．

例 8.2-2 ガンマ関数の逆数の因数分解は

$$\frac{1}{\Gamma(z)} = e^{\gamma z} z \prod_{n=1}^{\infty} \Big(1 + \frac{z}{n}\Big) e^{-\frac{z}{n}} \tag{8.17}$$

となります．ここに，$\gamma = \lim_{n\to\infty} \Big(\sum_{k=1}^{n} \frac{1}{k} - \log n\Big)$ は **Euler の定数**と呼ばれるものです．

実際，整関数 $\frac{1}{\Gamma(z)}$ の零点は問 6.1-3 から上の 1 次因子で尽くされることが分かっています．この零点の増大度はそのまま足すと発散するので，指数因子 $e^{-\frac{z}{n}}$ が必要で，かつこれを付ければ収束します．従って一般論により

$$\frac{1}{\Gamma(z)} = e^{g(z)} z \prod_{n=1}^{\infty} \Big(1 + \frac{z}{n}\Big) e^{-\frac{z}{n}}$$

の形となることが分かります．ここで $\mathrm{Re}\, z \geq \frac{1}{2}$ でこの無限積は $O(e^{|z|\log|z|})$ であることが補題 8.14 の証明と同様に示されます．（実は以下で用いるには補題 8.14 の主張 $O(e^{|z|^{1+\varepsilon}})$ だけでも十分です．）また $\Gamma(z)$ についても同じ増大度評価が容易に導かれるので（問 8.2-6 参照），これら二つの積に等しい $e^{-g(z)}$ も $\mathrm{Re}\, z > \frac{1}{2}$ で位数 1（ただし極大型）の増大度を持つことが分かります．更に，$\Gamma(z)$ の関数等式 (6.4) から $\mathrm{Re}\, z < \frac{1}{2}$ でも同様の増大度を満たさねばならないので，結局 $g(z)$ は z の高々 1 次の多項式と分かります．最後に $\frac{1}{z\Gamma(z)} = \frac{1}{\Gamma(z+1)} = e^{g(z)} \prod_{n=1}^{\infty} \big(1 + \frac{z}{n}\big) e^{-\frac{z}{n}}$ において $z = 0$ と置けば $1 = e^{g(0)}$, 従って $g(z) = cz$ の形に決まり，対数を取って $z = 1$ と置けば $0 = \log \frac{1}{\Gamma(2)} = c + \sum_{n=1}^{\infty} \big\{ \log \big(1 + \frac{1}{n}\big) - \frac{1}{n} \big\}$. これから，

$$\begin{aligned} c &= \lim_{n\to\infty} \sum_{k=1}^{n} \Big\{ \frac{1}{k} - \log \Big(1 + \frac{1}{k}\Big) \Big\} = \lim_{n\to\infty} \Big\{ \sum_{k=1}^{n} \frac{1}{k} - \sum_{k=1}^{n} \log \frac{k+1}{k} \Big\} \\ &= \lim_{n\to\infty} \Big\{ \sum_{k=1}^{n} \frac{1}{k} - \log(n+1) \Big\} = \lim_{n\to\infty} \Big\{ \sum_{k=1}^{n} \frac{1}{k} - \log n \Big\} = \gamma. \end{aligned}$$

問 8.2-6 $\mathrm{Re}\, s \geq 1$ で $|\Gamma(s)| \leq e^{\mathrm{Re}\, s \log \mathrm{Re}\, s}$ を示せ．

問 **8.2-7** 次の整関数を無限積に因数分解せよ．

(1) $e^z - 1$　　(2) $\cos z$　　(3) $e^z + 1$.

【部分分数分解の例】　最後に Mittag-Leffler の定理が保証している有理型関数の**部分分数分解**の有名な具体例を与えます．

例 **8.2-3**（**$\cot z$ の部分分数分解**）　$\log\sin z$ は無限積が無限和となって

$$\begin{aligned}\log\sin z &= \log z + \sum_{n=1}^{\infty} \log\left(1 - \frac{z^2}{n^2\pi^2}\right) \\ &= \log z + \sum_{n=1}^{\infty} \left\{ \log\left(1 - \frac{z}{n\pi}\right) + \log\left(1 + \frac{z}{n\pi}\right)\right\}\end{aligned}$$

となります．これはもとの関数の零点で分岐する複雑な関数ですが，微分すると多価性が消えて

$$\cot z := \frac{\cos z}{\sin z} = \frac{1}{z} + \sum_{n=1}^{\infty}\left(\frac{1}{z-n\pi} + \frac{1}{z+n\pi}\right) = \frac{1}{z} + \sum_{n=1}^{\infty} \frac{2z}{z^2 - n^2\pi^2} \quad (8.18)$$

が得られます．（この級数は括弧をはずすと条件収束しかしません．）

例 **8.2-4**（**ディガンマ関数 $\frac{\Gamma'(z)}{\Gamma(z)}$ の部分分数分解**）　$\frac{1}{\Gamma(z)}$ の因数分解を用いると，上と同様に

$$\frac{d}{dz}\log\frac{1}{\Gamma(z)} = -\frac{\Gamma'(z)}{\Gamma(z)} = \gamma + \frac{1}{z} + \sum_{n=1}^{\infty}\left(\frac{1}{z+n} - \frac{1}{n}\right) = \gamma + \frac{1}{z} - \sum_{n=1}^{\infty}\frac{z}{n(z+n)}.$$

$$\therefore \quad \frac{\Gamma'(z)}{\Gamma(z)} = -\gamma - \frac{1}{z} - \sum_{n=1}^{\infty}\left(\frac{1}{z+n} - \frac{1}{n}\right) = -\gamma - \frac{1}{z} + \sum_{n=1}^{\infty}\frac{z}{n(z+n)}. \quad (8.19)$$

問 **8.2-8** (8.18) を用いて次の級数の値を求めよ．

(1) $\sum_{n=1}^{\infty}\frac{1}{4n^2-1}$　　(2) $\sum_{n=1}^{\infty}\frac{1}{9n^2-1}$　　(3) $\sum_{n=1}^{\infty}\frac{1}{16n^2-1}$　　(4) $\sum_{n=1}^{\infty}\frac{1}{n^2+1}$.

問 **8.2-9** (1) $\frac{1}{e^z-1}$ の部分分数分解を求めよ．

(2) $\frac{z}{e^z-1}$ の原点における Taylor 展開を求めよ．一般項の係数には無限級数表示を用い，z^4 までの係数は具体的に与え，これより $\zeta(2), \zeta(4)$ の値を求めよ．

問 **8.2-10** (8.19) を用いて $\Gamma'(1)$ の値を求めよ．

第9章

Riemann 面*

本書の最後に多価関数の住処(すみか)である Riemann 面を紹介し代表的な例を示します.

9.1 多価性の解消法

【分岐点と代数関数】 解析接続は一般に多価な関数を生じるのでした. ある点の周りを一周してももとの値に戻らないとき, この点は**分岐点**と呼ばれるのでした. 有限回まわるともとの値に戻るときは**有限多価**あるいは**代数的分岐**, そうでないときは**無限多価**あるいは**対数分岐**と呼ばれます. もとに戻る最少の回数 p を分岐点の**分岐次数**と呼びます. 特に, $f(z)$ の p 次の分岐点 $z=\alpha$ の近傍で $\exists n$ について $(z-\alpha)^n f(z)$ の値が有界なとき, $g(z)=f(\alpha+(z-\alpha)^p)$ は点 $z=\alpha$ に高々極を持つ 1 価関数となります.

例 9.1-1 $\sqrt{z}$ に対する $z=0$ は 2 価の代数的分岐点, $\log z$ に対する $z=0$ は無限多価で “元祖” 対数分岐です.

定義 9.1 z の多項式を係数とする w の代数方程式

$$f(z,w) := a_0(z)w^n + a_1(z)w^{n-1} + a_2(z)w^{n-2} + \cdots + a_n(z) = 0 \qquad (9.1)$$

はその根として多価関数を定める. これを**代数関数**と呼ぶ. これは判別式の零点で代数的分岐を起こす.

判別式 $\Delta(z)$ は w の方程式 (9.1) が重根を持つときに 0 となるような z の多項式で, $f(z,w)$ と $\frac{\partial f}{\partial w}(z,w)$ の共通零点を記述し, これら二つの w の多項式から w を消去した, いわゆる**終結式**として計算されます (例えば [4], 補題 7.27). $\Delta(z)$ が恒等的に 0 に等しいと $f(z,w)$ は w の多項式として因数分解されてしまうので, 以下ではそうでないものだけを考えます. すると分岐点は有限個で孤立し, それ以外の z では (9.1) の根は単純になります.

例 **9.1-2** 2 次方程式 $w^2 = z$ は 2 価関数 $\sqrt{z}$ を定めます．$z = 0$ が分岐点です．次の節で扱う楕円曲線の定義方程式

$$w^2 = (z-a)(z-b)(z-c) \tag{9.2}$$

は代数関数 $w = \sqrt{(z-a)(z-b)(z-c)}$ を定めます．これは右辺の 3 次式の零点 a, b, c で分岐します．

既に第 1 章で注意したように，代数方程式は一般には四則演算と根号の有限回の組合せでは解けないので，代数関数はほとんどの場合，具体的に表示することはできません．しかし，普通の点では Taylor 展開を用いるとある一つの分枝を局所的に表現することができます．これは複素解析版の**陰関数定理**ですが，本書では 2 変数の正則関数は扱わないので，次の形で与えておきます：

定理 9.2 $f(z,w)$ は z, w の多項式 (9.1) で $f(z_0, w_0) = 0$ とする．もし $a_0(z_0) \neq 0$ かつ $\frac{\partial f}{\partial w}(z_0, w_0) \neq 0$ なら，点 z_0 の近傍で $w = \varphi(z) := w_0 + a_1(z-z_0) + a_2(z-z_0)^2 + \cdots$ という正則関数で $f(z,w) = 0$ を満たすものが一意に定まる．

証明 仮定から w_0 は w の代数方程式 $f(z_0, w) = 0$ の単根となる．よって Hurwitz の定理 6.12 とその後の 🐭6.3 により，$z = z_0$ の近傍で w の多項式 $f(z,w)$ は z に連続に依存するただ一つの単根 $w = \varphi(z)$ で $w_0 = \varphi(z_0)$ を満たすものを持つ．以下 $\varphi(z)$ が z について正則となることを言う．

$|w - w_0| \leq r$ が $f(z_0, w)$ の根を w_0 以外には含まないように r を十分小さく選ぶと，十分小さな $\varepsilon > 0$ について $|z - z_0| < \varepsilon$ では $f(z,w)$ は根の連続性により $|w - w_0| < r$ にただ一つの根 $w = \varphi(z)$ を持ち，かつ $|w - w_0| = r$ 上で零にならないとしてよい．すると留数定理（補題 5.15, 5.17）により

$$\frac{1}{2\pi i}\oint_{|w-w_0|=r} \frac{1}{f(z,w)}dw = \lim_{w \to \varphi(z)} \frac{w - \varphi(z)}{f(z,w)} = \frac{1}{\frac{\partial f}{\partial w}(z, \varphi(z))}$$

となる．左辺は補題 4.9 により z について正則となるから，これより最後の項が，従って $\frac{\partial f}{\partial w}(z, \varphi(z))$ が正則となることが分かった．同様にして

$$\frac{1}{2\pi i}\oint_{|w-w_0|=r} \frac{w}{f(z,w)}dw = \lim_{w \to \varphi(z)} \frac{w(w - \varphi(z))}{f(z,w)} = \frac{\varphi(z)}{\frac{\partial f}{\partial w}(z, \varphi(z))}$$

も正則であるから，この二つを掛け合わせると $\varphi(z)$ が正則となる． □

更に，分岐点では次のようなものを使うと局所的に解くことができます：

定義 9.3 負冪の項が有限個の $z-\alpha$ の Laurent 級数において $z-\alpha$ を $(z-\alpha)^{1/p}$ で置き換えた次の形のものを **Puiseux**（ピュイズー） **級数**と呼ぶ[1]：

$$f(z) = \sum_{n=-m}^{\infty} c_n (z-\alpha)^{n/p}. \tag{9.3}$$

n 次の代数方程式の根は n 個なので，w の代数方程式 (9.1) の根の分岐点，すなわち $f(z,w) = \frac{\partial f}{\partial w}(z,w) = 0$ となる点 z_0 において，$\varepsilon > 0$ を十分小さく選んで，$0 < |z - z_0| < \varepsilon$ において $a_0(z) \neq 0$, かつ根がすべて単純となるようにするとき，この中の任意の点 z で定理 9.2 が保証する n 個の根 $w = \varphi_j(z)$ を z_0 の周りに解析接続して戻ると，根の置換が生じます．これは代数学でいう Galois 群に相当するものですが，有限群なので位数も有限で，p 回廻るとすべての根が完全にもとに戻るような p が必ず存在します．このとき $z - z_0$ を $(z-z_0)^p$ で置き換えると，$f(z_0 + (z-z_0)^p, w)$ は $0 < |z - z_0| < \varepsilon^{1/p}$ において 1 価正則な n 個の単根を持ちます．これらは $z = z_0$ で高々有限位数の極を持つので，$z - z_0$ の Laurent 級数に展開されます．よってもとに戻せば，代数方程式 (9.1) の根として Puiseux 級数で表示される n 個の根が得られます．$a_0(z_0) \neq 0$ のときは負冪を持ちません．このように，代数方程式 (9.1) は Puiseux 級数を使うといつでも局所的に解くことができます．代数学の言葉で言うと，Laurent 級数の体の代数的閉包が Puiseux 級数の体となっています．

【Riemann 面】 第 6 章で扱った解析接続により生じた多価関数を 1 価にするため，定義域の方を分枝毎に異なる領域を用意してあげると言うのが Riemann 面の考え方です．これは分岐の数だけ別々のシートを用意して貼り合わせることにより作ることができます．

例 9.1-3 $\sqrt{z}$ の Riemann 面は，複素平面 $\boldsymbol{C}$ のコピーを 2 枚用意し，正の実軸から出発して原点を正および負の向きに回って進むと両者の値が負の実軸で

[1] 実は Puiseux よりずっと前に Newton がこの形の級数を用いて代数方程式を解いていました．Newton 多角形はこの展開の次数を決めるために用いられたものです．

食い違いを起こすので，これに対応する切れ目を入れて，負の実軸を越えるときは他方の複素平面にワープすることにします．現実世界では紙が交差するので実際の工作は無理ですが，頭の中で連続した 1 枚の面を想像することはできます．（第 1 章の図 1.7 右参照．負の実軸には特別な意味は無く，どこで貼り合わせても構いません．）これは（想像するのは更に難しいでしょうが (^^;) 原点の周りの 2 回転を 1 回転になるまで戻すように収縮させると，複素平面と同じものが得られます．実は，$\sqrt{z}$ は無限遠点でも同じように分岐しているので，それも考慮した図は下のようになり，Riemann 球面に切れ目を入れたものを 2 個用意し，切れ目に沿って a と a'，および b と b' で貼り合わせると，$\sqrt{z}$ を一意化する Riemann 面 $\mathfrak{F}_{\sqrt{z}}$ の位相的土台が得られます：

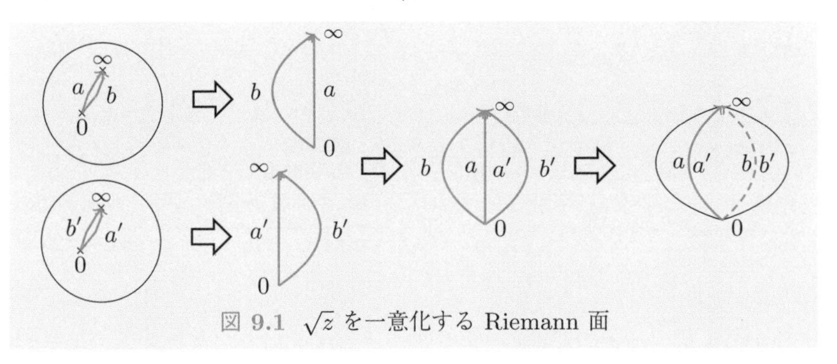

図 9.1　$\sqrt{z}$ を一意化する Riemann 面

これも回転を半分に戻せば，普通の Riemann 球面と一対一に対応します．つまり $\mathfrak{F}_{\sqrt{z}} \simeq \boldsymbol{S}$ となり，この例では一意化の Riemann 面を作っても，新しい曲面は出てきませんでした．しかし，

$$\begin{array}{ccc} \mathfrak{F}_{\sqrt{z}} & \longrightarrow & \boldsymbol{S} \\ \Uplus & & \Uplus \\ w & \mapsto & z = w^2 \end{array}$$

という Riemann 球面の 2 重被覆写像が得られました．

例 **9.1-4**　$w^2 = (z-a)(z-b)(z-c)$ で定まる代数関数 w を一意化するには，今度は最初から無限遠点も込めて考えると，例えば図 9.2 のように Riemann 球面に切れ目を入れて記号に従って貼り合わせれば，トーラス（ドーナツの面）ができることが想像されます．これは Riemann 球面とは異なる新しい曲面が得られたことを示しています．

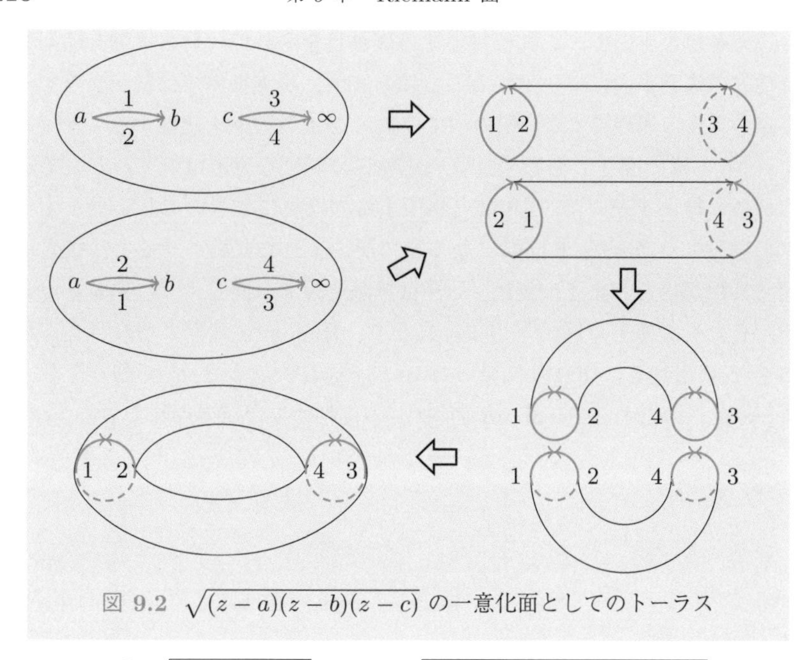

図 9.2　$\sqrt{(z-a)(z-b)(z-c)}$ の一意化面としてのトーラス

問 9.1-1　関数 $\sqrt{(z-a)(z-b)}$, および $\sqrt{(z-a)(z-b)(z-c)(z-d)}$ のそれぞれについて，一意化する Riemann 面を上図の方法で構成し，何になるか説明せよ．

【Riemann 面の抽象的定義】　第 6 章 6.4 節で紹介した解析接続の抽象的議論から得られる関数要素の集合 $\mathfrak{F}=\{(U,f)\}$ から Riemann 面の厳密な定義が導けます．第 6 章 6.3 節で最も簡単な実 2 次元多様体の例として球面 ≒ 大玉送りの玉を挙げましたが，そこで使った新聞紙が多様体の座標近傍となるのでした．各関数要素 (U,f) を座標近傍，U をその $\boldsymbol{R}^2=\boldsymbol{C}$ での実現とし，f はその添え字とみなします．これらの非連結な和集合 $\bigcup_{(U,f)\in\mathfrak{F}}(U,f)$ に

$$
\begin{aligned}
&(z_1,f_1)\in(U_1,f_1)\sim(z_2,f_2)\in(U_2,f_2)\\
&\quad\Longleftrightarrow\quad z_1=z_2 \text{ かつこの点の近傍で } f_1(z)=f_2(z)
\end{aligned}
$$

という同値関係を入れ，これで類別した集合 $M=\mathfrak{F}/\sim$ を $\mathfrak{F}$ が定める Riemann 面と定義します．

通常の意味の和集合 $\Omega=\bigcup_{(U,f)\in\mathfrak{F}}U$ は $\boldsymbol{C}$ の領域となりますが，$(U,f)\to U$ という恒等写像から $M\to\Omega$ という**被覆写像**，すなわち，局所的に同型な写像

が誘導されます．これは大域的には分岐しているので，**分岐被覆**と呼ばれます．

抽象的な多様体論が完成する前は，すべての Riemann 面はこのように $\boldsymbol{C}$（あるいは Riemann 球面 $\boldsymbol{S}$）の分岐被覆として理解されていました．Riemann は関数論の基礎を築いた人ですが，1850 年代，Riemann 面の概念を導入し，多様体論の萌芽を与えました．Riemann 面を抽象多様体論の立場から初めて厳密に記述したのが 20 世紀初頭の H. Weyl（ワイル）の著書『リーマン面』です[2]．

9.2 楕円関数と楕円曲線

この節では，Riemann 面の具体的な例として，Riemann 球面の次に基本的な楕円曲線を表すトーラス面を詳しく調べます．せっかくなので楕円曲線に関係した面白い数学の一端も紹介します．この理論は 1980 年代末に，現代暗号に使われるという，それ以前には想像もされなかった展開に寄与しました．以下の内容も実は著者が楕円曲線暗号の講義のための導入部として用意したレジュメに基づいています．

【楕円積分と楕円関数】 18 世紀頃から，次の形の積分が数学や物理でしばしば必要とされるようになりました：

$$\int \frac{dx}{\sqrt{f(x)}}. \tag{9.4}$$

ここに $f(x)$ は x の 3 次または 4 次の多項式です．$f(x)$ が 2 次式なら，逆三角関数 $\mathrm{Arcsin}\, x$ や $\mathrm{Arccos}\, x$ でこの積分は表現できますが，3 次以上の式だと，平方因子を持つとかの幸運な例外を除き初等関数では表せません．

この形の積分は，2 次曲線の弧長の計算で現れ，放物線や円などの特別な場合以外は必ずこの形になってしまいます．特に楕円の弧長を表すことから，**楕円積分**という名前が付きました．パラメータ表示だと被積分関数は平方根の中に三角関数の 2 次式が入った形となり，これは振り子の運動方程式を振れ角が小さいときの近似 $\sin x \doteqdot x$ を用いずに求めようとすると現れます．

---

[2] 原著は “Die Idee der Riemannschen Fläche”, Teubner, 1913. 邦訳：田村二郎，岩波書店，1974. Weyl がこの本を書いた動機は，同僚たちが “ほらここに Riemann 面があるでしょ？” と言って両手をひらひらさせているのを見て，これではいけないと思ったからだそうです．本書では多様体の厳密な定義は省略するので，両手ひらひらの域を出ませんが，興味が有る人は [16] などで現代的な定義を学んでください．[6] 程度の位相の知識で読めます．

この積分が初等関数では表せないことが厳密に証明されたのは 19 世紀中頃の Liouville によるものですが，楕円の弧長の計算が難しいことは既に 17 世紀中ごろには認識されていたようで，この積分が新しい関数を与えるであろうことは多くの数学者が予感していたのです．積分

$$\int \frac{dx}{\sqrt{1-x^2}} \tag{9.5}$$

自身ではなく，その逆関数が $\sin x$ という周期関数，すなわち単位円周 S^1 上の 1 価な関数を与えることから類推して，

$$\int \frac{dx}{\sqrt{1-x^4}} \tag{9.6}$$

の逆関数を考えることに思い到ったのが，Gauss, Abel, Jacobi（ヤコビ）です[3]．こうして**楕円関数**が発見されました．この関数は複素変数にすると 2 重周期を持つことが分かりました．$\sin x$ は複素変数にしても周期は一つの方向だけで，円柱 $\boldsymbol{S}^1 \times i\boldsymbol{R}$ 上の 1 価関数と思えます．2 重周期を持つような関数は虚軸方向にも丸くなっているので，**トーラス**（ドーナツ面）$\boldsymbol{T}^2 = \boldsymbol{S}^1 \times \boldsymbol{S}^1$ のような曲面の上で 1 価に定義されているものとみなせます．

$S^1 \simeq \boldsymbol{R}/\boldsymbol{Z}$ からの類推で，$T^2 = \boldsymbol{R}^2/\boldsymbol{Z}^2$ と考えられます．ここで，割り算は Abel 群の部分群による商（剰余類群）の意味で，一般論により再び Abel 群になります．$\boldsymbol{R}^2 = \boldsymbol{C}$ とみなせるので，2 重周期を持つ複素解析関数は，例えば

$$\varphi_k(z) = \sum_{m,n=-\infty}^{\infty} \frac{1}{(z-m-in)^k} \tag{9.7}$$

のようなものを考えれば容易に作ることができます．これは $z=0$ に k 位の極を持つ解析関数となるのですが，この級数は m, n が大きいところでほぼ

$$(-1)^k \sum \frac{1}{(m+in)^k}$$

[3] Gauss は 1800 年前後，レムニスケートの弧長を調べるため上の積分を研究し，逆関数が 2 重周期性を持つことを発見，楕円関数のほとんどの結果を得ていましたが，例によって理論が熟するまで発表せず，すべては遺稿として残されました．その間に Abel が 1820 年代に $\int_0^x \frac{dx}{\sqrt{(1-c^2x^2)(1+e^2x^2)}}$ の型の積分の逆関数として 2 重周期関数が得られることを発見，これを一般化した Abel 積分の理論を構築しました．更に Jacobi は 1820 ∼ 30 年代，$\mathrm{sn}(x)$ (sinusoidal), $\mathrm{cn}(x)$ (cnoidal) 関数に当たる楕円関数の変種と ϑ 関数の概念を導入し，早世した親友 Abel の後を受けて楕円関数論の基礎付けをしたのです．

に等しいので，$\left|\dfrac{1}{m+in}\right| = \dfrac{1}{\sqrt{m^2+n^2}}$ に注意すると，残念ながら $k \geq 3$ でないと収束しません．しかし，$k=2$ でも，次のように工夫すると収束します：原点で発散している定数部分を引き去ると，

$$\varphi_2(z) = \frac{1}{z^2} + \sum_{(m,n)\neq(0,0)} \left(\frac{1}{(z-m-in)^2} - \frac{1}{(m+in)^2} \right). \tag{9.8}$$

1 位の極しか持たないような関数も，ちょっと工夫すれば作ることができます：

$$\psi(z) = \frac{1}{z} - \frac{1}{z-\alpha} + \sum_{(m,n)\neq(0,0)} \left\{ \left(\frac{1}{z-m-in} + \frac{1}{m+in} \right) - \left(\frac{1}{z-\alpha-m-in} + \frac{1}{\alpha+m+in} \right) \right\}. \tag{9.9}$$

ここに，$\alpha \neq 0$ は $0 \leq \mathrm{Re}\,\alpha, \mathrm{Im}\,\alpha < 1$ を満たす任意の複素数です．こちらは $z=0$ と $z=\alpha$ にそれぞれ 1 位の極を持ち，それぞれにおける留数の和は 0 となっています．1 位の極を一つだけしか持たないような 2 重周期関数はどう頑張っても作ることができません．なぜでしょう？　これは実は Riemann 面上で一般に成り立つ Riemann-Roch（ロッホ）の定理から出て来る結論です（🕮9.2 参照）．

問 9.2-1　上の和 (9.7) ($k \geq 3$)，および (9.8)，(9.9) が z について格子点以外で広義一様に収束することを示せ．

【楕円曲線】　**楕円曲線**は，楕円とは全く異なり，

$$y^2 = x^3 + ax^2 + bx + c \tag{9.10}$$

の形の方程式で定義される 3 次曲線です．これは x の簡単な線形座標変換で

$$y^2 = 4x^3 - g_2x - g_3 \tag{9.11}$$

の形にまで持って来られます．（x^2 の項を消す計算は第 1 章の Cardano の公式のところでやりました．）これは **Weierstrass の標準形**と呼ばれます．

図 9.3 に $\boldsymbol{R}^2$ における楕円曲線のグラフの例（**Legendre**（ルジャンドル）**の標準形**）を示します．$x \to \infty$ のとき分枝は $y \sim x^{3/2}$ の形で増大し，"無限遠点" に向かいます．この表現を正確なものにするため，**実射影平面** $\boldsymbol{P}^2 = \{\boldsymbol{R}^3 \setminus (0,0,0)\}/\boldsymbol{R}^\times$ を導入しましょう．これは**同次座標** $(\xi_0, \xi_1, \xi_2) \neq (0,0,0)$ の集合で，$\boldsymbol{R}^\times$ によ

る商は零でないスカラー倍を同一視するという意味です．従って $\xi_0 \neq 0$ ならこれは $(1, x_1, x_2)$，ここに $x_1 = \frac{\xi_1}{\xi_0}$, $x_2 = \frac{\xi_2}{\xi_0}$ と同一視でき，この部分は平面 $\boldsymbol{R}^2$ と同一視されます．同様に $x_1 \neq 0$, $x_2 \neq 0$ という，全部で 3 枚の座標近傍により，実射影平面は実 2 次元の多様体とみなせます．上のグラフの無限遠点 $(0, \infty)$ は，同次座標では $(0, 0, 1)$ という点に相当し，上下に伸びる分枝は無限遠のこの同じ点で一緒になります．ただし，6.3 節で導入された Riemann 球面とは異なり，$\boldsymbol{P}^2$ の無限遠点はただ一つではなく，傾いた方向へは方向ごとに異なる無限遠点 $(0, \xi_1, \xi_2)$ が対応します．（同じ傾きなら逆方向でも同じ無限遠点に行きます．）こうして**無限遠直線**（実は閉じた円状のもの）が加わって $\boldsymbol{R}^2$ がコンパクト化されます．この様子は [3] の付録 A.6 でやさしく説明されており，射影平面で見ると，楕円，放物線，双曲線は同じものであることが図解されています．

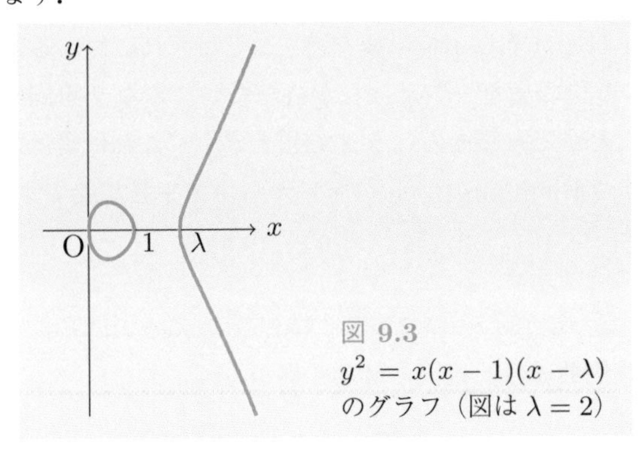

図 9.3
$y^2 = x(x-1)(x-\lambda)$
のグラフ（図は $\lambda = 2$）

9.1　$\boldsymbol{R}^2$ が Euclid 幾何の舞台であるのに対し，射影平面は射影幾何の舞台です．射影幾何はルネサンス時代に生まれた透視図法の数学的正当化として導入されました．透視図法とは，風景を立体的に見えるように平面に描く技術で，現代の CG でも基本に用いられています．これを簡単に体現するには，銀杏並木やポプラ並木を眼で見える通りにスケッチしてみるとよいでしょう．実際の景色における無限遠点たちが，画用紙の上では直線上に並ぶのが分かります．このように，射影幾何では射影変換により，無限遠にある直線は普通の有限直線と全く平等に扱われます．射影幾何における無限遠点の取り扱いで特徴的なのは，方向の $\pm$ を区別しないことで，ある方向にどんどん進むと，無限遠点に到り，反対側（背中側）から戻って来ます．つまり，射影平面上では，どんな直線も円周のように閉じています．また，射影幾何には平行線というものはありません．アフィン平行 2 直線は無限遠の 1 点で交わります．

【楕円曲線の群構造】　楕円曲線 E 上の点の全体は以下に示すような幾何学的

に定義された演算で Abel 群を成します：

定義 9.4 （**加法の定義**） 曲線 $y^2 = x^3 + ax^2 + bx + c$ 上の点 $\mathrm{P} \in E$ と $\mathrm{Q} \in E$ を通る直線が再び曲線 E と交わる点を R' とするとき，R' を x 軸に関して線対称に写した点 R を $\mathrm{R} = \mathrm{P} + \mathrm{Q}$ と定める．具体的には，$\mathrm{P} = (x_1, y_1)$, $\mathrm{Q} = (x_2, y_2)$, $\mathrm{R} = \mathrm{P} + \mathrm{Q} = (x_3, y_3)$ と置くとき，

$$x_3 = \lambda^2 - a - x_1 - x_2, \quad y_3 = -\lambda x_3 - \nu, \tag{9.12}$$

$$\text{ここに} \quad \lambda = \frac{y_2 - y_1}{x_2 - x_1}, \quad \nu = y_1 - \lambda x_1 = y_2 - \lambda x_2. \tag{9.13}$$

これを**加法公式**と呼ぶ．特に，$\mathrm{P} = \mathrm{Q}$ のときは，P, Q を通る直線を接線と解釈して $\mathrm{R} = 2\mathrm{P}$ が

$$x_3 = \lambda^2 - a - 2x_1, \quad y_3 = -\lambda x_3 - \nu, \tag{9.14}$$

$$\text{ここに} \quad \lambda = \frac{3x_1^2 + 2ax_1 + b}{2y_1}, \quad \nu = y_1 - \lambda x_1 \tag{9.15}$$

で定義される．これを **2 倍公式**と呼ぶ[4]．

公式の確認をしましょう．2 点 $\mathrm{P}(x_1, y_1)$, $\mathrm{Q}(x_2, y_2)$ を通る直線の方程式は

$$y = \lambda x + \nu, \quad \text{ここに} \ \lambda = \frac{y_2 - y_1}{x_2 - x_1}, \ \nu = y_1 - \lambda x_1 = y_2 - \lambda x_2.$$

よって $\mathrm{R}' = (x_3, -y_3)$ とすれば，x_3 は

$$x^3 + ax^2 + bx + c - (\lambda x + \nu)^2 = (x - x_1)(x - x_2)(x - x_3) = 0$$

の第 3 の根です．根と係数の関係より $x_1 + x_2 + x_3 = -a + \lambda^2$．よって $x_3 = \lambda^2 - a - x_1 - x_2$, $-y_3 = \lambda x_3 + \nu$ となり，加法公式が確かめられました．

次に，$\mathrm{P} = \mathrm{Q}$ のときは，一般に曲線 $f(x, y) = 0$ 上の点 (x_1, y_1) における接線の方程式は

$$\frac{\partial f}{\partial x}(x_1, y_1)(x - x_1) + \frac{\partial f}{\partial y}(x_1, y_1)(y - y_1) = 0$$

---

[4] C. G. Bachet（バシェ）は既に 1621 年に，$y^2 = x^3 + c$ に対し 2 倍公式を発見し，この不定方程式の一つの有理解から他の有理解を作るのに利用しており，それは Fermat に受け継がれました．一般の加法公式が発見されたのは 19 世紀になってから (Jacobi) です．群として認識されたのは Galois による群の導入よりずっと遅く，Hurwitz 1917 が最初のようです．

となります．f は多項式なので重根条件からも導けます．今は $f(x,y) = x^3 + ax^2 + bx + c - y^2$ なので，P を通る E の接線は

$$(3x_1^2 + 2ax_1 + b)(x - x_1) - 2y_1(y - y_1) = 0.$$

つまり $\lambda = \frac{3x_1^2+2ax_1+b}{2y_1}$，$\nu = y_1 - \lambda x_1$．よってこれが E と再び交わる点 $(x_3, -y_3)$ は上と同様で，$x_3 = \lambda^2 - a - 2x_1$ となります．

これは $\mathrm{P} \neq \mathrm{Q}$ のときの公式から $\mathrm{Q} \to \mathrm{P}$ の極限に行っても得られます．興味の有る人は確かめてみましょう．

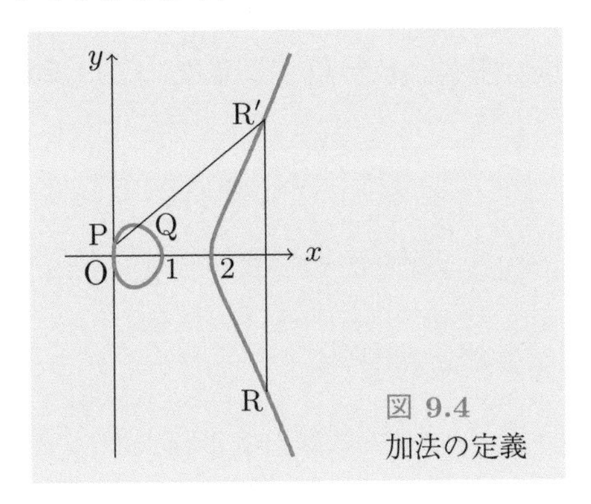

図 9.4　加法の定義

群であることを言うには，単位元や逆元を定義しなければなりません．これを厳密に行うには，楕円曲線を射影平面の同次座標 (ξ_0, ξ_1, ξ_2) を用いて書き直す必要があります．これは $x = \xi_1/\xi_0$, $y = \xi_2/\xi_0$ をもとの方程式に代入し，分母を払えばよく，結果は 3 次同次式となります：

$$\xi_0\xi_2^2 = \xi_1^3 + a\xi_0\xi_1^2 + b\xi_0^2\xi_1 + c\xi_0^3. \tag{9.16}$$

この上の無限遠点を求めるには，$\xi_0 = 0$ と置いて，$\xi_1^3 = 0$, つまり $\xi_1 = 0$. よって解は $(0, 0, \xi_2)$ のみで，$\xi_2 \neq 0$ で割れば先に示した $(0, 0, 1)$ となります．

【群の公理の確認】　楕円曲線上の唯一の無限遠点 $\mathcal{O} := (0, 0, 1)$ が単位元となります．これは，(x, y) と $\mathcal{O}$ を通る直線が $(x, -y)$ を通ることから幾何学的直感では明らかですね．厳密に証明するには，加法公式を同次座標で書き直し，そちらで計算すればよいのですが，長くなるので練習問題とします．

$\mathrm{P} = (x, y)$ の逆元は，$-\mathrm{P} := (x, -y)$, すなわち，y 座標の符号を反転したも

のです．P, −P を通る直線は y 軸に平行で $\mathcal{O}$ を通るのでこれも直感的には明らかです．（計算による証明は上記 参照.）

以上の演算の定義で E が群となることの証明は以下の通りです．6.3 節で述べた群の公理を復習しながら見て下さい．

(1) 単位元 $\mathcal{O}$ の存在，逆元 −P の存在は既に示しました．

(2) 演算が可換なことは定義から明らかです．

(3) 結合律 $(\mathrm{P}+\mathrm{Q})+\mathrm{R}=\mathrm{P}+(\mathrm{Q}+\mathrm{R})$ の証明は全然自明ではありません．これは直接計算で示せるし，幾何学的にも示せますが，いずれもかなりやっかいです．計算機による数式処理に手頃な問題なのでレポート問題にします．

問 **9.2-2**（レポート問題） 上の演算に対し結合律を証明せよ（付録課題 6 参照）．

【複素数で見た楕円曲線と Riemann 面】 最初に述べた楕円積分と楕円曲線の関係を示すには実数の上だけの議論では不十分です．無限遠点 $(0,0,1)$ は実は一つの点なので，楕円曲線はここで繋がっています．この点を有限の位置に持って来ると，次のような形となることが想像されます：

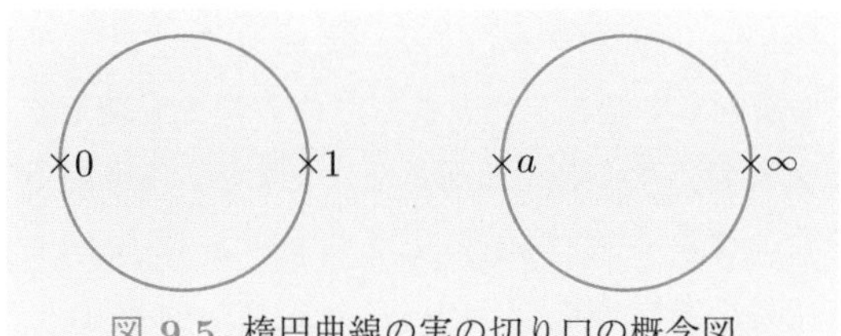

図 **9.5** 楕円曲線の実の切り口の概念図

厳密にいうと，線形の射影変換では実平面に目玉が二つ現れるような図に帰着することはできません．双方向に有理式で表現できるような，いわゆる**双有理変換**が必要となりますが，その結果，4 次の曲線 $y^2=(x^2-1)(4-x^2)$ などで上のような形が実現できます．

問 **9.2-3** $v^2=u(u-1)(u-a)$ を $y^2=x(x-1)(x-2)(x-b)$ の形に写すような双有理変換を探せ．また，$y^2=(x^2-1)(4-x^2)$ を $v^2=u(u-1)(u-a)$ の形に変換せよ．［ヒント：$u=\frac{k}{x}+l,\ v=\frac{my}{x^2}$ の形の変換を用いよ．］

上の図からは曲面を想像するのは難しいのですが，x, y を複素数で動かし，上が実の切り口であるような曲面を想像すると，図 9.2 のような曲面（トーラス）が脳裏に浮かぶでしょう．これが代数幾何で普通に**楕円曲線**と呼ばれているものの正体です．曲線と言っても複素 1 次元の意味なので，実では 2 次元の曲面となり，Riemann 球面の次に簡単なコンパクト Riemann 面となります．

楕円曲線を実で描くとき，射影平面，すなわち，実 2 次元の射影空間を用いましたが，射影空間は何次元でも同様に考えることができます．実 1 次元のアフィン空間は実軸に代表される直線ですが，これに無限遠点を追加すると実射影直線になります．これは円周と同じ（位相）構造をしており，奇妙なことは何もありません．抽象的に書くと，$\boldsymbol{R}^\times := \boldsymbol{R} \setminus \{0\}$ として

$$\boldsymbol{RP}^1 := (\boldsymbol{R}^2 \setminus \{(0,0)\})/\boldsymbol{R}^\times \quad \overset{1 \text{対} 1}{\Longleftrightarrow} \quad \{(\xi_0, \xi_1)\,;\, \xi_0^2 + \xi_1^2 = 1\}.$$

この複素数版として，複素 1 次元のアフィン空間は，いわゆる複素平面で，これに**無限遠点**を追加すると複素射影直線になります．直線といっても，これは平面の 1 点コンパクト化ですから，球面と同じ構造を持ち，それが Riemann 球面です：同じく $\boldsymbol{C}^\times := \boldsymbol{C} \setminus \{0\}$ の元によるスカラー倍を同一視して

$$\boldsymbol{CP}^1 = (\boldsymbol{C}^2 \setminus \{(0,0)\})/\boldsymbol{C}^\times \simeq \boldsymbol{S}.$$

複素楕円曲線 $y^2 = (x-a)(x-b)(x-c)$ は x, y を 2 次元の複素アフィン空間 $\boldsymbol{C}^2$（実では 4 次元）で動かしたときにこの方程式を満たすような点の集合なので，実では 2 次元，すなわち曲面となりますが，無限遠も考慮すると，**複素射影平面** $\boldsymbol{CP}^2 = (\boldsymbol{C}^3 \setminus \{(0,0,0)\})/\boldsymbol{C}^\times$ で同次座標 $(\zeta_0, \zeta_1, \zeta_2)$ を動かしたとき，上を同次化した方程式 $\zeta_0\zeta_2^2 = (\zeta_1 - a\zeta_0)(\zeta_1 - b\zeta_0)(\zeta_1 - c\zeta_0)$ を満たす点の集合というのが正確な定義となります．例 9.1-4 で取り上げたのは，これを x を Riemann 球面で動かしたとき，$y = \pm\sqrt{(x-a)(x-b)(x-c)}$ の “高さを無視したグラフ” として実現したのでした．

【格子から作る楕円曲線】 トーラスを作るには，次のようにするのが最も簡単です：“四角い紙を用意し，左右の辺を同一視すると輪になる．更に上下の辺を同一視するとトーラスができる．” この工程は図 9.2 の右側で図解されていますが，我々が住んでいる 3 次元空間では通常の紙だと皺ができてうまく曲げられず，きれいなトーラスになりません．しかし数学では同一視を抽象的に行うことができます．平面上の点 (x, y) と点 $(x+1, y)$ を，および，点 (x, y) と

点 $(x, y+1)$ を同一視すればよいだけです：

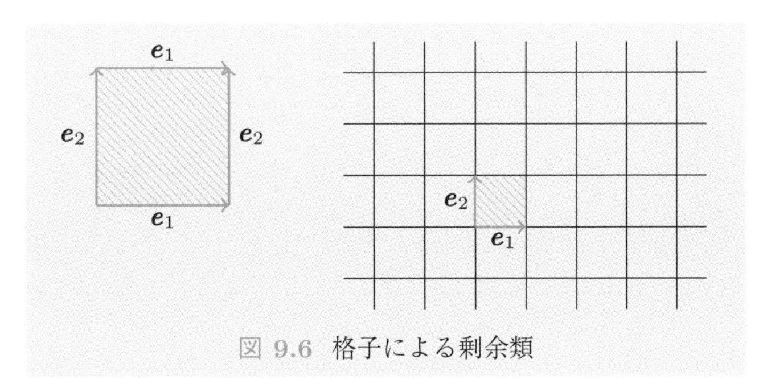

図 9.6　格子による剰余類

この同一視は，平面上を移動して行き格子に達したら一瞬でワープして，一つ手前の格子に戻ってしまうような世界を想像すればよいでしょう．

数学ではトーラスを $\boldsymbol{R}^2/\boldsymbol{Z}^2$ で定義します．$\boldsymbol{Z}^2 = \{(m,n) \mid m,n \in \boldsymbol{Z}\}$ は $\boldsymbol{R}^2$ の離散部分群で，標準格子とも呼ばれます．これを一般化して，ベクトル $\boldsymbol{e}_1, \boldsymbol{e}_2$ の代わりに $\boldsymbol{R}$ 上 1 次独立な任意の複素数の対 ω_1, ω_2 を取れます：

$$\boldsymbol{T} = \boldsymbol{C}/L, \quad L = \boldsymbol{Z}\omega_1 + \boldsymbol{Z}\omega_2. \tag{9.17}$$

以上の構造からはトーラスが Abel 群となっていることが自明，すなわち，$\boldsymbol{T}$ の演算 $+$ は単に $\boldsymbol{R}^2$, あるいは $\boldsymbol{C}$ の演算 $+$ から剰余類群に自然に誘導されたものとなります．では，図 9.3（の複素化）のトーラスと (9.17) はほんとに同じものでしょうか？　もしそうなら，楕円曲線の群構造は明らかですが，まだ両者の関係は形が似ているという程度にしか見えていません．

【楕円関数；トーラスと楕円曲線の対応】　トーラス $\boldsymbol{T}$ と楕円曲線 E の同等性は，古典的な楕円関数で両者が対応することから分かるのです．この手法は，抽象的に定義された多様体を Euclid 空間に埋め込んで具体的に捉えるときなどによく用いられるものです．まず，

$\boldsymbol{C}/(\boldsymbol{Z}\omega_1 + \boldsymbol{Z}\omega_2)$ の上に関数 $f(z)$ が存在
$\Longleftrightarrow$ $\boldsymbol{C}$ 上の関数 $f(z)$ で，二重周期性：
$f(z + m\omega_1 + n\omega_2) = f(z)$　$(\forall\, m, n \in \boldsymbol{Z})$ を持つものが存在

に注意しましょう．標準格子ではこのようなものの作り方は既に注意しまし

た．最も基本的な関数は Weierstrass のペー関数[5]と呼ばれる次のものです：

$$\wp(z) := \frac{1}{z^2} + \sum_{(m,n)\in\boldsymbol{Z}^2\setminus(0,0)} \left\{\frac{1}{(z-m\omega_1-n\omega_2)^2} - \frac{1}{(m\omega_1+n\omega_2)^2}\right\}.$$

ここで｛ ｝内は

$$\begin{aligned}&\frac{1}{(z-m\omega_1-n\omega_2)^2} - \frac{1}{(m\omega_1+n\omega_2)^2}\\ &= \frac{1}{(m\omega_1+n\omega_2)^2}\frac{1}{\{1-z/(m\omega_1+n\omega_2)\}^2} - \frac{1}{(m\omega_1+n\omega_2)^2}\\ &= \frac{1}{(m\omega_1+n\omega_2)^2}\left(\frac{m\omega_1+n\omega_2}{1-z/(m\omega_1+n\omega_2)}\right)' - \frac{1}{(m\omega_1+n\omega_2)^2}\\ &= \frac{1}{(m\omega_1+n\omega_2)^2}\sum_{k=0}^{\infty}\frac{(k+1)z^k}{(m\omega_1+n\omega_2)^k} - \frac{1}{(m\omega_1+n\omega_2)^2}\\ &= \sum_{k=1}^{\infty}\frac{(k+1)z^k}{(m\omega_1+n\omega_2)^{k+2}}.\end{aligned}$$

更に奇数次の項の m, n に関する和は対称性により消えるので

$$\wp(z) = \frac{1}{z^2} + \sum_{(m,n)\in\boldsymbol{Z}^2\setminus(0,0)}\sum_{k=1}^{\infty}\frac{(2k+1)z^{2k}}{(m\omega_1+n\omega_2)^{2k+2}} = \frac{1}{z^2} + \sum_{k=1}^{\infty}(2k+1)G_{k+1}z^{2k}$$

$$\text{ここに}\quad G_k := \sum_{(m,n)\in\boldsymbol{Z}^2\setminus(0,0)}\frac{1}{(m\omega_1+n\omega_2)^{2k}},\quad k=2,3,\dots.$$

すると，

$$\begin{aligned}&\wp'(z) = -2\sum_{m,n=-\infty}^{\infty}\frac{1}{(z-m\omega_1-n\omega_2)^3} = -\frac{2}{z^3} + \sum_{k=1}^{\infty}(2k+1)2kG_{k+1}z^{2k-1},\\ &\wp'(z+m\omega_1+n\omega_2) = \wp'(z),\quad \wp(-z) = \wp(z),\quad \wp'(-z) = -\wp'(z),\\ &\wp'\Big(\frac{\omega_1}{2}\Big) = \wp'\Big(\frac{\omega_2}{2}\Big) = \wp'\Big(\frac{\omega_1+\omega_2}{2}\Big) = 0,\\ &\wp'(z)^2 = 4\wp(z)^3 - g_2\wp(z) - g_3 \quad (g_2 = 60G_2,\ g_3 = 140G_3) \qquad (9.18)\end{aligned}$$

が得られます．最後の (9.18) だけ証明しましょう．（その他の等式の確認は容易です．）両辺の差を考え，$z=0$ で極が打ち消すことを言えば，全平面で有

[5] Weierstrass は 1840 ～ 60 年代，冪級数を主体として関数論の厳密化を行い，楕円関数の解析的理論を構築しました．彼の手書きの p である $\wp$ はその後も使い続けられ，今では TeX の記号 `\wp` (Weierstrass の p) としても採り入れられています．

界正則となるので，Liouville の定理より定数となります．従って更に，$z=0$ で定数項も消えていることを言えば，恒等的に 0 となり証明が完了します．

$$\wp(z)=\frac{1}{z^2}+3G_2z^2+5G_3z^4+\cdots$$

を項別微分して，

$$\wp'(z)=-\frac{2}{z^3}+6G_2z+20G_4z^3+\cdots$$

$$\begin{aligned}\therefore\quad \wp'(z)^2-4\wp(z)^3&=\Big(\frac{4}{z^6}-\frac{24G_2}{z^2}-80G_4+\cdots\Big)-4\Big(\frac{1}{z^6}+\frac{9G_2}{z^2}+15G_3+\cdots\Big)\\&=-\frac{60G_2}{z^2}-140G_3.\end{aligned}$$

よって $g_2,\ g_3$ を上のように選べば確かに極と定数項が消えます．これより，

$$\begin{array}{ccc}\boldsymbol{C}/(\boldsymbol{Z}\omega_1+\boldsymbol{Z}\omega_2) & \xrightarrow{\sim} & E:=\{(x,y)\in\boldsymbol{CP}^2\mid y^2=4x^3-g_2x-g_3\}\\ \cup & & \cup\\ z & \mapsto & (\wp(z),\wp'(z))\end{array}\tag{9.19}$$

という対応が定まります．これが同型対応となっていることをきちんと調べるのは演習問題としておきましょう（問 9.2-7）．

さて，楕円関数には，**加法定理**と呼ばれる重要な公式があります（証明は問 9.2-6）．このような公式は，楕円関数が発見される前，既に 18 世紀に Euler により楕円積分の間の関係式の一つとして実質的には知られていました．

$$\wp(u+v)=-\wp(u)-\wp(v)+\frac{1}{4}\Big(\frac{\wp'(u)-\wp'(v)}{\wp(u)-\wp(v)}\Big)^2.\tag{9.20}$$

上の対応により，$\boldsymbol{C}$ の加法が $\wp(z)$ の加法定理を通して楕円曲線の演算に対応しているのです．このことをきちんと調べるのも問 9.2-7 に回します．

問 9.2-4 $\int\frac{dx}{\sqrt{4x^3-g_2x-g_3}}$ を $\wp$ 関数を用いて表せ．［ヒント：(9.18) を用いよ．］

問 9.2-5 $\wp$ 関数は次の微分方程式を満たすことを示せ：

(1) $\wp''(z)=6\wp(z)^2-\frac{g_2}{2}$　　(2) $\wp'''(z)=12\wp(z)\wp'(z)$.

問 9.2-6 $\wp$ 関数の加法定理 (9.20) を証明してみよ．［ヒント：適当な点で両辺の極と定数項が一致することを見よ．］

問 9.2-7 $\boldsymbol{C}$ の加法が $\wp(z)$ の加法定理を通して幾何学的に定義された楕円曲線の演算に対応していることを確かめよ．またこれを用いて (9.19) が一対一対応となることを示せ．［ヒント：(9.20) とそれを微分したもので $\boldsymbol{C}/L$ から対応 (9.19) による行き先を見ると，楕円曲線の加法の定義 (9.12)–(9.13) を Weierstrass の標準形 (9.11) に対して適用したものと一致することを確かめよ．］

9.2 Riemann 面に関する更に進んだ話題から有名なものを列挙しておきます．

種数 (genus) Riemann 面は穴の数 g で分類されます．Riemann 球面は $g=0$，楕円曲線は $g=1$ です．一般に $f(x)$ を n 次の重根を持たない多項式とするとき，$y^2=f(x)$ は $g=[\frac{n-1}{2}]$ の曲面となり，$g\geq 2$ は**超楕円曲線**と呼ばれます．位相多様体としても実 2 次元のコンパクト曲面は g で分類されます．特に $n=5,6$ のときは穴が二つの曲面（久賀道郎先生の言葉で“二人乗りの浮袋”）になります（図 9.7）．

j*-不変量** 楕円曲線を格子から作るとき，格子が同じ（基底ベクトルが**モジュラー群** $SL(2,\boldsymbol{Z})$ の元で移り合う）なら同じ曲線になり，更に格子を定数倍してもできる Riemann 面は正則同値になりますが，正則写像は角度を保つので，それ以外なら位相同型でも複素多様体としては同型になりません．よって格子基底を $1,\tau$ に取ると，$SL(2,\boldsymbol{Z})$ により τ は図 9.8 の領域に写せ，この各点が異なる楕円曲線に対応します（楕円曲線の**モジュライ**と呼ばれます）．j*-不変量**は $j(\tau):=1728\frac{g_2^3}{g_2^3-27g_3^2}$，ここに g_2，g_3 は $(1,\tau)$ に対応する $\wp$-関数の展開係数から (9.18) で定まる量ですが，相似変換の違いを吸収したこの値が楕円曲線の同型類を決定します．Gauss が少年時代からつけていた数学日記 (Leiste) の最後のページにはこの図が説明無しに描かれており，その意味が分かったのは彼の死後 50 年ほどが経っていたそうです．

Riemann-Roch の定理 偏角の原理の一般化で，種数 g の Riemann 面 $\mathcal{R}$ 上に存在する有理型関数の極と零点の位数とそれを実現する関数の量の間の関係式で，$l(D)-l(K-D)=\deg(D)+1-g$ と書かれます．ここで D は零点と極の位置と位数を表す形式的有限和 $\sum_{\alpha\in\mathcal{R}}\nu_\alpha\alpha$ で**因子**と呼ばれ，$\deg(D)=\sum_\alpha\nu_\alpha$ です．$l(D)$ は D の各項で $\nu_\alpha<0$ なら α で少なくとも $-\nu_\alpha$ 位の零点，>0 なら高々 ν_α 位の極を持つような有理型関数の $\boldsymbol{C}$ 上のベクトル空間としての次元です．また K は $\mathcal{R}$ 上の大域的な 1 次微分形式 $f(z)dz$ の係数の零点と極から作られる因子で，**標準因子**と呼ばれ，Riemann 球面では dz は無限遠点で $-\frac{d\zeta}{\zeta^2}$ となるので $K=-2\infty$ です．この式の証明と，$g=0,1$ のときに今まで述べてきたこととの関係については．

普遍被覆面 単連結な被覆面のことで，Riemann 球面はそれ自身単連結，楕円曲線はホモロジー群が $\boldsymbol{Z}^2$ で $\boldsymbol{C}$ が普遍被覆面になっています．$g\geq 2$ の Riemann 面は普遍被覆面がすべて単位円（$\cong$ 上半平面）となり，従ってその離散部分群（**Fuchs**（フックス）**群**）による商空間として実現されます．図 9.9 は $g=2$ の Riemann 面の例です．

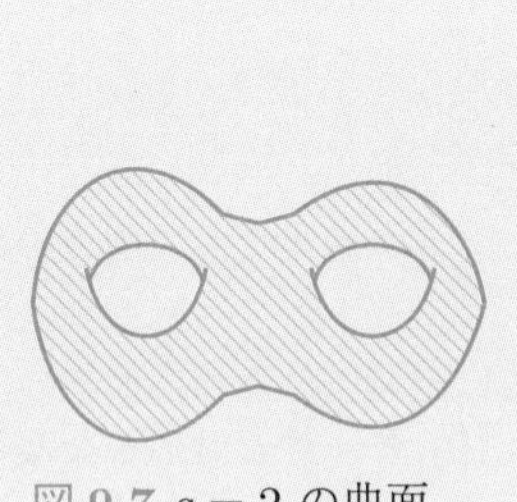

図 9.7 $g=2$ の曲面

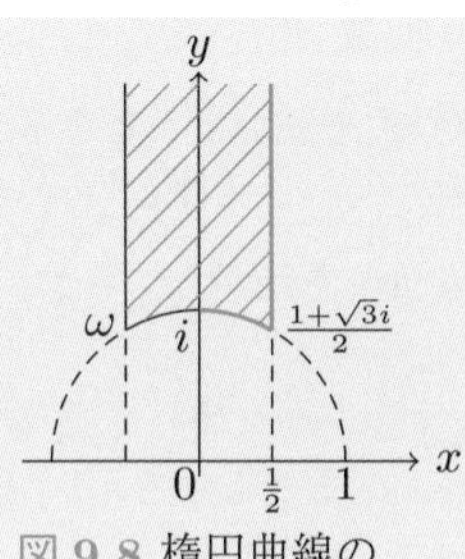

図 9.8 楕円曲線のモジュライ

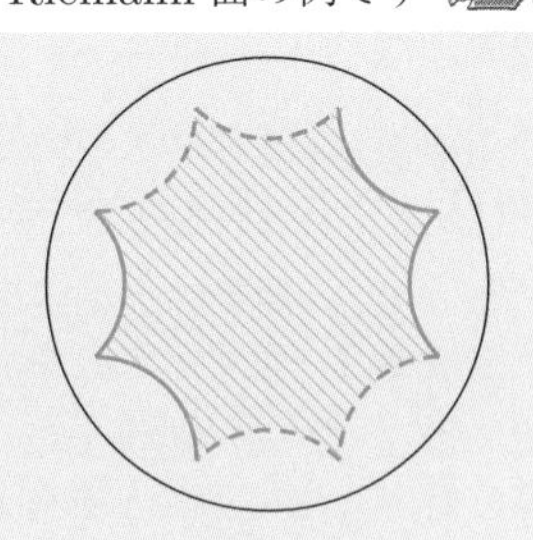

図 9.9 Fuchs 群の基本集合の例

付　録
計算機を用いた関数論演習

関数論の内容を理解する助けとして，手軽に使えるフリーソフトの maxima を用いて関数論で出てくるいろいろな計算をやってみます．

> 原稿執筆時点では，maxima のサイトは `http://maxima.sourceforge.net/` にあります．右下の方のメニューで Download を押すと，Downloads のページに降り，そこで Windows, Macintosh, Linux などの OS 毎の実行可能ファイルが選べます．また Maxima online interface という選択肢で，ブラウザの中で試しに使ってみることが可能です．そこには指令の例があり，Clic ボタンで実行できます．Clear ボタンを押して自分で新しい指令を試すこともできます．[1]

【課題 1：微分計算】[2] 問 2.3-2 の Cauchy-Riemann 方程式の計算をしてみます．虚数単位は `%i` で表します．`;` は行末記号で，結果を出力します．これを `$` に変えるとそれを抑制します．`/*　*/` で挟まれた部分は注釈です．

```
f(x,y):=log(sqrt(x^2+y^2))+%i*atan(y/x);    /* 関数の定義 */
diff(f(x,y),x)+%i*diff(f(x,y),y);  /* Cauchy-Riemann を適用 */
ratsimp(%o2);    /* %o2 は 2 番目の出力結果. 状況に合わせ変更せよ */
ratsimp(diff(f(x,y),x)); /* 間違えると何でも 0 になるので要確認 */
```

`ratsimp` は有理式の出力結果を簡単にする指令ですが，万能ではありません．結果がうまく整理できなかったときの対処法は千差万別なのでインターネットで検索して調べて下さい．最後は人間が結果を解釈することになります．

演習 1.1 問 2.3-1 を maxima でやってみよ．

演習 1.2 問 2.3-4 の関数が Cauchy-Riemann 方程式を満たすことを確かめよ．原点については maxima は何か言うか確認せよ．

演習 1.3 正則関数の合成関数が正則関数となることを，Cauchy-Riemann の方程式の計算で示せ．［ヒント：gradef を用いて抽象的関数の偏微分を定義せよ．］

---

[1] インストール法や起動法はサポートページで解説する予定ですが，インターネットで maxima の本部サイトを見つけてその指示に従えば，解説を見るまでもないでしょう．

[2] 以下の課題と演習の実行例とその出力結果はすべてサポートページのこの章向けの pdf に載せてあります．この章ではアイコン 📄 はこの文書への参照を意味します．

【課題 2：複素線積分の計算】 例題 2.1-2 の線積分を計算してみます．π は %pi と書きます．

```
integrate(%i*exp(%i*t)/(cos(t)+%i*sin(t))^n,t,0,2*%pi);
integrate(%i*exp(%i*t)/(cos(t)+%i*sin(t)),t,0,2*%pi);
```

n は整数と言ってないので，不定文字の扱いになり，結果はちょっとだけ人の手による解釈が必要です．どのみち $n=1$ は別にやる必要があります．

【課題 3：代数方程式の根の探求】

(i) 偏角原理を用いた複素根の分離

(ii) Newton 法によるそれらの近似計算

(iii) Newton 法による反復がどの根に収束するかの分布図の作成

という課題を以下の多項式についてやってみましょう．

(1) z^3-z+5 (2) z^4+2z^2+2 (3) z^5-z+2 (4) z^6+z^5-1.

ここではまず (i) をやります．最初に根の存在範囲 $|z|<R$ の見積もりを理論的に行います．次いで実軸上と虚軸上に根があるかどうかを，符号変化でチェックします．最後に各象限ごとに根が何個あるかを調べます．

(1) の解答: 方程式は $z^3(1-\frac{1}{z^2}+\frac{5}{z^3})=0$ と書き直せ，$|z|\geq 2$ ではこの括弧内は $|1-\frac{1}{z^2}+\frac{5}{z^3}|\geq 1-\frac{1}{4}-\frac{5}{8}=\frac{7}{8}>0$ となるので，根はすべて $|z|<2$ にある．奇数次で実係数なので実根が一つは存在する．虚軸上ではこの多項式は $(-y^3-y)i+5$ となり零にはならない．そこでまず半円 $C=\{|z|=2, x>0\}\cup\{x=0,-2\leq y\leq 2\}$ に沿って偏角原理の周回積分 $\frac{1}{2\pi i}\oint_C\frac{3z^2-1}{z^3-z+5}dz$ を半円弧，直径の順に線積分の定義に従い近似計算すると

```
f(z):=z^3-z+5;                    /* 関数の定義 */
df(z):=''(diff(f(z),z));          /* 導関数 */
pi:3.14; N:20;                    /* 円周率の近似値と分点の個数の設定 */
s1:0; t:-pi/2;                    /* 和の変数とパラメータの初期化 */
dt:pi/N;                          /* 積分変数の増分設定 */
z1:float(2*cos(t)+2*%i*sin(t));
for j: 1 thru N do               /* 半円弧上の線積分の近似和のループ */
  (w:rectform(df(z1)/f(z1)),t:t+dt,
   z2:float(2*cos(t)+2*%i*sin(t)), s1:s1+w*(z2-z1), z1:z2);
s2:0; z1:2*%i;                    /* 直径上の線積分の変数初期化 */
dz:4.0*%i/N;                      /* 積分変数の増分設定 */
for j: 1 thru N do                /* 直径上の線積分の近似和のループ */
  (w:rectform(df(z1)/f(z1)),z2:z1-dz,
```

```
   s2:s2+w*(z2-z1), z1:z2);
s:rectform((s1+s2)/2/pi/%i);   /* この実部が根の個数の近似値 */
```

rectform は複素数を $a+bi$ 型に整形する関数です．実数のように ev や rat ではきれいになりません．ループ内では指令の区切りは ; でなく , です．この計算結果から，この半円内に 2 個の共役複素根の存在が分かります．残りの一つは負の実数となることが実軸上での符号変化から容易に分かります．この解答例は長いので，サポートページの henkakugenri.m をダウンロードし，maxima で `batch("./henkakugenri.m");` を実行するとやってくれます．

演習 3.1　上の (2)~(4) について課題と同じことをやってみよ．

演習 3.2　問 6.2-1 の計算を実行せよ．

【課題 4：Newton 法による根の近似値計算】　課題 3 で挙げた (ii) を行います．(1) の多項式について，存在が突き止められた場所から適当な初期値を取って，反復法により根の近似値を計算します．

```
f(z):=z^3-z+5;                  /* 関数の定義 */
df(z):=''(diff(f(z),z));        /* 導関数を新関数として定義 */
eps:1.0e-15;                    /* 終了条件 */
z:1.0+1.0*%i;                   /* 適当な初期値を設定 */
do (w:rectform(f(z)/df(z)),z:rectform(z-w),   /* 無限ループ */
    if float(cabs(w))<eps then return(z));/*脱出判定は|w|<eps*/
```

今回は z の値は自動的に出力されるので，`z;` や `print(z);` は不要です．

演習 4.1　上の多項式について，適当な初期値を選んで残りの根の近似値を計算せよ．

演習 4.2　課題 3 の残りの多項式についても，すべての根の近似値を計算せよ．

【課題 5：等角写像】　例題 7.1-1 (1) の写像による直角座標系の直交格子，あるいは極座標系の同心円と半径による直交曲線系の像を同一キャンバスに重ね描きしてみます．maxima は描画に gnuplot を利用します．

```
f(z):=(z-1)/(z+2);
fx(r,t):=''(realpart(f(r*(cos(t)+%i*sin(t))))); /*関数の実部*/
fy(r,t):=''(imagpart(f(r*(cos(t)+%i*sin(t)))));  /* 同虚部 */
p:[];            /* 同じ窓に重ね描きするため描画指令をリストにする */
for r: 0.1 thru 1.0 step 0.1 do
  (p:append(p,[[parametric,fx(r,t),fy(r,t),[t,0,2*%pi],
   [gnuplot_preamble,"unset key"],[color,black]]]));
for a: 0.0 thru 2*%pi step %pi/10 do
```

```
  (p:append(p,[[parametric,fx(t,a),fy(t,a),[t,0,1.0],
   [gnuplot_preamble,"unset key"],[color,black]]]));
plot2d(p);                       /* gnuplot の描画指令を呼び出す */
```

gnuplot_preamble は maxima に取り込まれていない指令を実行するためのものです．ここでは最低限のオプションを記していますが，これらの説明と改良法の詳細は．実際の関数論の講義の演習では，グラフィックスの例としてこの後課題 3 の (iii) とフラクタルの描画を行いましたが，紙数の関係で割愛します．なお [5], 第 9 章ではこれが C++ 言語で解説されています．

演習 5.1 例題 7.1-1 の (2) 以降について指定領域とその関数による像を描画せよ．

演習 5.2 問 7.1-1 の各関数について指定領域とその像を描画せよ．

【課題 6：楕円曲線の加法公式の結合律の確認】 これは楕円曲線暗号の大学院の講義の演習として Risa/Asir を用いて行ったものですが，ここでは maxima の数式処理の実力を試してみましょう．プログラムを短くするためリスト（配列）を利用していますが，maxima ではこの添え字が 1 から始まります．

```
e(P):=P[2]^2-P[1]^3-a*P[1]^2-b*P[1]-c;   /* 楕円曲線の方程式 */
Y:[y1,y2,y3]; E:[e([x1,y1]),e([x2,y2]),e([x3,y3])];
elladd(P,Q):=                         /* 点の加法 P+Q を返す関数を定義 */
  block([L:0],[N:0],[R1:0],[R2:0],   /* 局所変数の宣言と初期化 */
        L:ratsimp(Q[2]-P[2])/(Q[1]-P[1]),
        N:ratsimp(P[2]-L*P[1]),
        R1:ratsimp(L^2-P[1]-Q[1]-a),
        R2:-ratsimp(L*R1+N),
        return([R1,R2]));         /* R=[R1,R2] を P+Q として返す */
srem(X,Y,Z):=divide(X,Y,Z)[2];       /* 剰余を与える関数を定義 */
ellred(X,i):=                      /* mod E[i] で yi の冪を下げる関数 */
  block([S:0],[T:0],
        S:num(X), T:denom(X),          /* 分子，分母を取り出す */
        S:srem(S,E[i],Y[i]),T:srem(T,E[i],Y[i]),
        return(S/T));                          /* 分数に直して返す */
S:elladd([x1,y1],[x2,y2])$
S:elladd(S,[x3,y3])$                      /* (P1+P2)+P3 */
T:elladd([x2,y2],[x3,y3])$
T:elladd([x1,y1],T)$                      /* P1+(P2+P3) */
D:ratsimp(S-T)$          /*上二つの座標の差，成分毎に計算してくれる*/
for j: 1 thru 2 do
  (for i: 1 thru 3 do          /* E[i] で mod しないと一致せず */
     (D[j]:ratsimp(ellred(D[j],i))));
D;                                      /* D=[0,0] なら証明成功 */
```

問の解答

第1章

問 1.1-1 サポートページの歴史的読み物の記事参照.

問 1.2-1 (1) 高校生流に解くと，まず $x=1$ が根であることがほぼ目の子で分かるから，$x-1$ で割ると残りは $x^2+x-6=0$ となるので，これを因数分解して $(x+3)(x-2)=0$, よって残りの根は $x=2$, $x=-3$.

次に Cardano の公式で解くと，まず $R=\frac{36}{4}+\frac{(-7)^3}{27}=-\frac{343-243}{27}=-\frac{100}{27}$. 次に $\sqrt[3]{-3\pm\frac{10}{9}\sqrt{3}i}=\frac{1}{3}\sqrt[3]{-81\pm 30\sqrt{3}i}=\frac{1}{3}(3\pm 2\sqrt{3}i)$. よって一つ目の根は $\frac{1}{3}(3+2\sqrt{3}i)+\frac{1}{3}(3-2\sqrt{3}i)=2$. 他の根は $\frac{-1+\sqrt{3}i}{2}\frac{3+2\sqrt{3}i}{3}+\frac{-1-\sqrt{3}i}{2}\frac{3-2\sqrt{3}i}{3}=-\frac{1}{2}-\frac{1}{2}-1-1=-3$, $\frac{-1-\sqrt{3}i}{2}\frac{3+2\sqrt{3}i}{3}+\frac{-1+\sqrt{3}i}{2}\frac{3-2\sqrt{3}i}{3}=-\frac{1}{2}-\frac{1}{2}+1+1=1$.

ちなみに，$\sqrt[3]{-81\pm 30\sqrt{3}i}$ の計算は．付録の課題 4 で解説される Newton 法で近似値を計算して推測するのが簡単だが，例題 1.2-1 でやったのと同様，$\cos\theta=-\frac{81}{\sqrt{6561+2700}}=-\frac{81}{21\sqrt{21}}=-\frac{27}{7\sqrt{21}}$ より，$4\cos^3\frac{\theta}{3}-3\cos\frac{\theta}{3}=-\frac{27}{7\sqrt{21}}$ を解いてみると，$t=\cos\frac{\theta}{3}=\frac{s}{\sqrt{21}}$ と置いて $\frac{4}{21\sqrt{21}}s^3-\frac{3}{\sqrt{21}}s=-\frac{27}{7\sqrt{21}}$, すなわち，$4s^3-63s+81=0$. 整数根が有るとすれば 81 の因数なので試してみると 3 が求まる．よって $t=\cos\frac{\theta}{3}=\frac{3}{\sqrt{21}}=\frac{\sqrt{3}}{\sqrt{7}}$. $\sin\frac{\theta}{3}=\pm\frac{2}{\sqrt{7}}$. 以上より，$\sqrt[3]{-81\pm 30\sqrt{3}i}=\sqrt{21}(\cos\frac{\theta}{3}\pm i\sin\frac{\theta}{3})=\sqrt{3}(\sqrt{3}\pm 2i)$ と分かる.

(2) まず $x=1$ が目の子で求まるので，$x-1$ で割り算すると $x^2+2x+2=0$ が残る．よって他の根は $x=-1\pm i$.

次に Cardano の公式で解くと，まずは根の平行移動で x^2 の項を消さねばならないので, $x=y-\frac{1}{3}$ と置くと, $x^3+x^2-2=y^3+\frac{1}{3}y-\frac{1}{27}-\frac{2}{3}y+\frac{1}{9}-2=y^3-\frac{1}{3}y-\frac{52}{27}=0$ となる．よって $R=\frac{52^2}{4\times 27^2}-\frac{1}{27^2}=\frac{25\times 27}{27^2}=\frac{25}{27}$ となるから，$\sqrt{R}=\sqrt{\frac{25}{27}}=\frac{5}{9}\sqrt{3}$. よって $\sqrt[3]{\frac{26}{27}\pm\frac{5}{9}\sqrt{3}}=\frac{1}{3}\sqrt[3]{26\pm 15\sqrt{3}}=\frac{1}{3}(2\pm\sqrt{3})$. だから一つ目の根は $y_1=\frac{1}{3}\{(2+\sqrt{3})+(2-\sqrt{3})\}=\frac{4}{3}$. また他の根は $y_2=\frac{-1+\sqrt{3}i}{2}\frac{2+\sqrt{3}}{3}+\frac{-1-\sqrt{3}i}{2}\frac{2-\sqrt{3}}{3}=-\frac{2}{3}+i$, $y_3=\frac{-1-\sqrt{3}i}{2}\frac{2+\sqrt{3}}{3}+\frac{-1+\sqrt{3}i}{2}\frac{2-\sqrt{3}}{3}=-\frac{2}{3}-i$. x に戻すには，これらから $\frac{1}{3}$ を引いて $x=1,-1\pm i$.

今度は $\sqrt[3]{26\pm 15\sqrt{3}}$ の値は三角関数では求まらない．これも数値計算で推定するのが簡単だが，$a\pm b\sqrt{3}$, $b>0$ と置いて未定係数法で整数解を探すと，$a^3+9ab^2=26$, $3a^2b+3b^3=15$. 後者から $a^2b+b^3=5$ で，この可能性は $b=1$ しか得ないことがすぐ分かり，$a=2$ も容易に求まる.

問 1.2-2 (1.10) において β を $\beta-\alpha$ で置き換えればよいから，$(\overline{\beta}-\overline{\alpha})z-$

$(\beta-\alpha)\overline{z}-\alpha(\overline{\beta}-\overline{\alpha})+\overline{\alpha}(\beta-\alpha)=0$. 定数項で一つキャンセルするので，結局 $(\overline{\beta}-\overline{\alpha})z-(\beta-\alpha)\overline{z}-\alpha\overline{\beta}+\overline{\alpha}\beta=0$ となる．

問 1.2-3 (1) $z(\overline{z}-2)-2(\overline{z}-2)=5$, $(z-2)(\overline{z}-2)=5$, $|z-2|^2=5$. よって 2 を中心とする半径 $\sqrt{5}$ の円.

(2) $z\{\overline{z}-(1+i)\}-(1-i)\{\overline{z}-(1+i)\}=3$, $\{z-(1-i)\}\{\overline{z}-(1+i)\}=3$, $|z-(1-i)|^2=3$. よって $1-i$ を中心とする半径 $\sqrt{3}$ の円.

(3) $z=x+yi$ とすると，$z\overline{z}-2z-2\overline{z}-1+5x=5yi$. この実部，虚部をそれぞれ 0 と置いて $y=0$, $x^2-4x-1=0$. $x=2\pm\sqrt{5}$. つまり実軸上の 2 点．このように z, $\overline{z}$ の係数が互いに複素共役でないと円にはならない．

問 1.2-4 まず $-\alpha$ だけ平行移動して原点を中心とする回転に帰着させ，後で α に戻すと，$w=e^{i\theta}(z-\alpha)+\alpha$.

問 1.2-5 実軸上の異なる 2 点 x_1, x_2 をとり，それぞれを中心として α を通る円を描くと，これらは α 以外にもう一つの交点 β で交わる．対称性により β は実軸に関して α と線対称な位置にあり，これは $\beta=\overline{\alpha}$ と書ける．逆にこの条件が満たされれば，$x\in\boldsymbol{R}$ を任意として $|x-\beta|=|x-\overline{\alpha}|=|\overline{x-\alpha}|=|x-\alpha|$.

虚軸の場合は同様に推論してもよいが，y を実数として $|yi-\alpha|=|yi-\beta|$ は両辺に $|-i|$ を掛ければ $|y+\alpha i|=|y+\beta i|$ と書き直せるので，既に示した実軸の場合から $-\beta i=\overline{-\alpha i}$, すなわち $\beta=-\overline{\alpha}$ が条件と分かる．

問 1.2-6 二つの円の中心を結ぶ直線は (1.9) より $z=\alpha_1+t(\alpha_2-\alpha_1)$, $t\in\boldsymbol{R}$ である．根軸の方程式 (1.13) は実数値であるが，これを例題 1.2-2 (3) の方程式に合わせるため両辺に $-i$ を掛けると，$(\overline{\alpha_2 i}-\overline{\alpha_1 i})z-(\alpha_2 i-\alpha_1 i)\overline{z}-|\alpha_1|^2+|\alpha_2|^2 i+r_1^2 i-r_2^2 i=0$ となるので，方向ベクトルが $(\alpha_2-\alpha_1)i$ であることが分かる．これは確かに上述した根軸の中心を通る直線の方向を 90 度回転したものになっている．

問 1.3-1 双曲線関数の定義は $\sinh x=\frac{e^x-e^{-x}}{2}$, $\cosh x=\frac{e^x+e^{-x}}{2}$ であり，指数関数で表されるので高校の教科書にも載せているものがある．主な公式として $\cosh^2 x-\sinh^2 x=1$, $\cosh(x+y)=\cosh x\cosh y-\sinh x\sinh y$, $\sinh(x+y)=\sinh x\cosh y+\cosh x\sinh y$, $(\sinh x)'=\cosh x$, $(\cosh x)'=\sinh x$ などが微積の教科書に載っているであろう．三角関数に対する公式に良く似ているが，周期性に関する公式が（実数の範囲では）無いことに注意されたい．三角関数の複素指数関数による表現 (1.2) を使うと，双曲線関数は $\sinh x=i\sin(-ix)$, $\cosh x=\cos(-ix)$ であることが分かる．三角関数の諸公式は独立変数が複素数になっても成り立つ（実は複素指数関数の指数法則からすべて導ける）から，上に挙げた双曲線関数の諸公式はすべて三角関数の対応する公式から導かれることが分かる．ここでは例として次の二つだけ紹介する：$\cosh^2 x-\sinh^2 x=\cos^2(-ix)-i^2\sin^2(-ix)=\cos^2(-ix)+\sin^2(-ix)=1$, $(\cosh x)'=\{\cos(-ix)\}'=(-i)\{-\sin(-ix)\}=i\sin(-ix)=\sinh x$.

問 1.3-2 図 A.1 より $\mathrm{Arccos}\,x=\frac{1}{i}\log(x+i\sqrt{1-x^2})$, $\mathrm{Arctan}\,x=\frac{1}{i}\log(\frac{1+ix}{\sqrt{1+x^2}})$.（後者は実部が現れないように全体を $|1+ix|=\sqrt{1+x^2}$ で割った．）これは $1+x^2=(1+ix)(1-ix)$ に注意すると，更に $=\frac{1}{2i}\log\frac{1+ix}{1-ix}$ と変形できる．最後の表現はこの右図の三角形を実軸に関して鏡映したものを図 A.2 の左側と同様に重ね

て描けば，直接幾何学的に求まる．

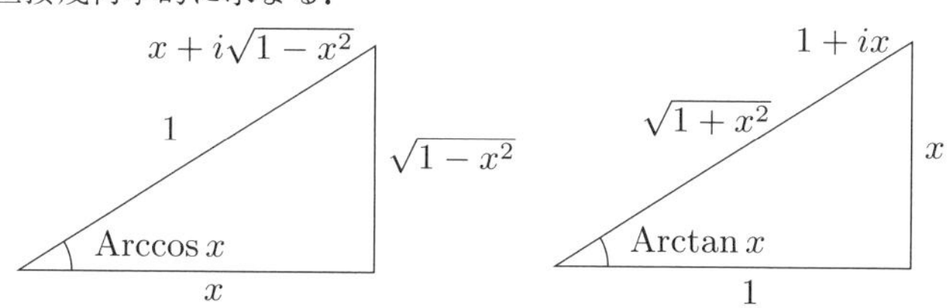

図 A.1 問 1.3-2 の図

問 1.3-3 $x=\cos\theta=\frac{e^{i\theta}+e^{-i\theta}}{2}$ において $e^{i\theta}=w$ と置けば，$x=\frac{w+1/w}{2}$，$w^2-2xw+1=0$. $x=\cos\theta$ の絶対値 ≤ 1 に注意してこれを解くと $e^{i\theta}=w=x\pm\sqrt{1-x^2}i$. よって $i\theta=\log(x\pm\sqrt{1-x^2}i)$. この式から x を複素数にしたときの定義 $\mathrm{Arccos}\,z=-i\log(z\pm\sqrt{1-z^2}i)$ が得られる．x が実数のときは更に $\theta=-i\{\log 1\pm i\arg(x\pm\sqrt{1-x^2}i)\}$ と変形され，確かに $\theta=\pm\mathrm{Arccos}\,x$. 同様に，$x=\sin\theta=\frac{e^{i\theta}-e^{-i\theta}}{2i}=\frac{w-1/w}{2i}$ より $w^2-2ixw-1=0$. $e^{i\theta}=w=ix\pm\sqrt{1-x^2}$ となるから，$i\theta=\log(\pm\sqrt{1-x^2}+ix)=i\arg(\pm\sqrt{1-x^2}+ix)$. $\theta=\mathrm{Arcsin}\,x$ または $\pi-\mathrm{Arcsin}\,x$ となる．こちらも x を複素数にすると，$\mathrm{Arcsin}\,z=-i\log(\pm\sqrt{1-z^2}+iz)$ が得られる．

問 1.3-4 指数関数の加法公式を用いると
$z^a\cdot z^b=e^{a\log z}\cdot e^{b\log z}=e^{a\log z+b\log z}=e^{(a+b)\log z}=z^{a+b}$.
等式を得るためには $\log z$ の分子として一貫して同じものを使う必要がある．例えば，$(-1)^{\frac{1}{2}}\cdot(-1)^{\frac{1}{2}}=(-1)^{\frac{1}{2}+\frac{1}{2}}=(-1)^1=-1$ は，左辺で異なる分枝を選んだり多価とみなしたりすれば $(-i)\cdot i=1$ という値も現れてしまい，完全な等号ではなくなる．

問 1.3-5 $1^i=e^{i\log 1}=e^{i\cdot 2n\pi i}=e^{-2n\pi}$, $n\in\boldsymbol{Z}$.

問 1.3-6 $a>0$ なら $\int\frac{dx}{\sqrt{ax^2+1}}=\frac{1}{\sqrt{a}}\int\frac{d(\sqrt{a}x)}{\sqrt{ax^2+1}}=\frac{1}{\sqrt{a}}\log(\sqrt{a}x+\sqrt{ax^2+1})$. ここで，$a$ を負の数 $-a$ に変えると，$\int\frac{dx}{\sqrt{-ax^2+1}}=\frac{1}{\sqrt{-a}}\log(\sqrt{-a}x+\sqrt{-ax^2+1})=\frac{1}{\sqrt{a}i}\log(\sqrt{a}xi+\sqrt{1-ax^2})$. log の中の複素数は絶対値が $(\sqrt{a}x)^2+(\sqrt{1-ax^2})^2=1$ に等しいから，上は $=\frac{1}{\sqrt{a}i}i\,\mathrm{Arcsin}(\sqrt{a}x)=\frac{1}{\sqrt{a}}\mathrm{Arcsin}(\sqrt{a}x)$ となる．$a=1$ とすれば，第 1 の公式が第 2 の公式に変形できた．

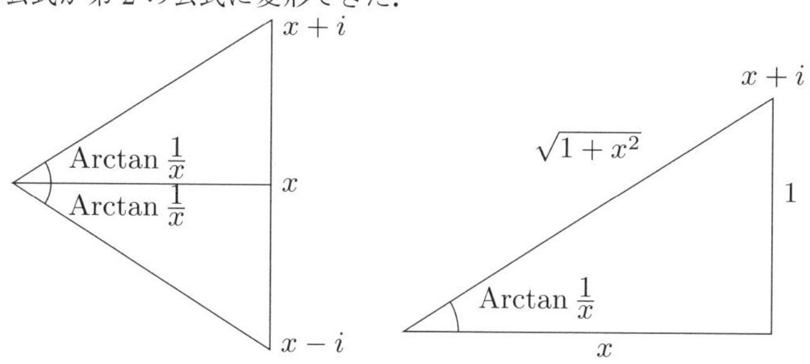

図 A.2 問 1.3-7 の図

問 1.3-7 (1) 図 A.2 左から $\log\frac{x-i}{x+i}=-\log\frac{x+i}{x-i}=-i\arg\frac{x+i}{x-i}=-2i\arg(x+i)=$

$-2i\,\mathrm{Arctan}\,\frac{1}{x}=-2i(\frac{\pi}{2}-\mathrm{Arctan}\,x)=2i\,\mathrm{Arctan}\,x-\pi i$. よって不定積分はこの $\frac{1}{2i}$ で $\mathrm{Arctan}\,x-\frac{\pi}{2}$ となる．不定積分の計算では $-\frac{\pi}{2}$ は任意定数に繰り込める．
(2) 同図右から $\int\frac{1}{x^2+1}=\int(-\mathrm{Im}\,\frac{1}{x+i})dx=-\mathrm{Im}\int\frac{1}{x+i}dx=-\mathrm{Im}\log(x+i)+C=-\mathrm{Im}\{|x+i|+i\arg(x+i)\}+C=-\,\mathrm{Arctan}\,\frac{1}{x}+C$. 以下は (1) と同じ.

第2章

問 2.1-1 $f(x+\Delta x,y)g(x+\Delta x,y)=$
$\{f(x,y)+f_x\Delta x+o(\Delta x)\}\{g(x,y)+g_x\Delta x+o(\Delta x)\}=$
$fg+(f_xg+fg_x)\Delta x+o(\Delta x)$. よって $\frac{\partial}{\partial x}(fg)=f_xg+fg_x$. 全く同様に $\frac{\partial}{\partial y}(fg)=f_yg+fg_y$. [この証明は f,g が実数値のときと全く変わらない.]
問 2.1-2 (1) 以下 $\frac{\partial}{\partial x}$ のみ行う．$\frac{\partial}{\partial y}$ も全く同様である．補題 2.1 により $\frac{\partial}{\partial x}\left(\frac{f}{g}\right)=\frac{\partial f}{\partial x}\frac{1}{g}+f\frac{\partial}{\partial x}\left(\frac{1}{g}\right)$. 後者を計算するため $g=u+iv$ を実部・虚部への分解とすれば，$\frac{1}{g}=\frac{u-iv}{u^2+v^2}$ より $\frac{\partial}{\partial x}\frac{1}{g}=\frac{\partial}{\partial x}\left(\frac{u}{u^2+v^2}\right)-i\frac{\partial}{\partial x}\left(\frac{v}{u^2+v^2}\right)=$
$\frac{u_x(u^2+v^2)-u(2uu_x+2vv_x)}{(u^2+v^2)^2}-i\frac{v_x(u^2+v^2)-v(2uu_x+2vv_x)}{(u^2+v^2)^2}=$
$\frac{-u^2u_x+u_xv^2-2uvv_x+i(-u^2v_x+v^2v_x+2uvu_x)}{(u^2+v^2)^2}=\frac{(-u^2+v^2+2uvi)(u_x+iv_x)}{(u^2+v^2)^2}=$
$\frac{(-u^2+v^2+2uvi)g_x}{(u^2+v^2)^2}=-\frac{(u-iv)^2g_x}{(u^2+v^2)^2}=-\frac{g_x}{(u+iv)^2}=-\frac{g_x}{g^2}$. よって $\frac{\partial}{\partial x}\left(\frac{f}{g}\right)=\frac{f_x}{g}-f\frac{g_x}{g^2}$
$=\frac{f_xg-fg_x}{g^2}$. [$\frac{\partial}{\partial x}\frac{1}{g}=-\frac{g_x}{g^2}$ は本問の主旨からして証明をすべきである.]
別解 上の導き方は煩雑なので補題 2.1 の証明のように $\frac{f}{g}$ をいきなり実部・虚部に分解するのはやる気にならないであろう．しかし 1 次近似の考えを用いると
$\frac{f(x+\Delta x,y)}{g(x+\Delta x,y)}=\frac{f(x,y)+f_x\Delta x+o(\Delta x)}{g(x,y)+g_x\Delta x+o(\Delta x)}=\frac{f+f_x\Delta x+o(\Delta x)}{g\{1+\frac{g_x}{g}\Delta x+o(\Delta x)\}}$
$=\frac{\{f+f_x\Delta x+o(\Delta x)\}\{1-\frac{g_x}{g}\Delta+o(\Delta x)\}}{g}=\frac{\{f+f_x\Delta x+o(\Delta x)\}\{g-g_x\Delta x+o(\Delta x)\}}{g^2}$
$=\frac{fg+(f_xg-fg_x)\Delta x+o(\Delta x)}{g^2}=\frac{f}{g}+\frac{f_xg-fg_x}{g^2}\Delta x+o(\Delta x)$. よって最後の Δx の係数として $\frac{\partial}{\partial x}\left(\frac{f}{g}\right)=\frac{f_xg-fg_x}{g^2}$ と一気に導ける.

(2) (1) と n が正のときの (2.7) により $\frac{\partial}{\partial x}\frac{1}{f(x,y)^{|n|}}=-\frac{\frac{\partial}{\partial x}f(x,y)^{|n|}}{f(x,y)^{2|n|}}=$
$-\frac{|n|f(x,y)^{|n|-1}f_x(x,y)}{f(x,y)^{2|n|}}=-|n|f(x,y)^{-|n|-1}f_x(x,y)=nf(x,y)^{n-1}f_x(x,y)$.
問 2.1-3 (1) (2.7) より $\frac{\partial}{\partial y}z^n=nz^{n-1}\frac{\partial z}{\partial y}=nz^{n-1}\frac{\partial}{\partial y}(x+iy)=inz^{n-1}$.
(2) 同じく $\frac{1}{2}\left(\frac{\partial}{\partial x}+i\frac{\partial}{\partial y}\right)z^n=\frac{1}{2}nz^{n-1}\left(\frac{\partial z}{\partial x}+i\frac{\partial z}{\partial y}\right)=\frac{1}{2}nz^{n-1}(1+i^2)=0$.
(3) $\frac{1}{2}\left(\frac{\partial}{\partial x}-i\frac{\partial}{\partial y}\right)z^n=\frac{n}{2}z^{n-1}\left(\frac{\partial z}{\partial x}-i\frac{\partial z}{\partial y}\right)=\frac{n}{2}z^{n-1}(1-i^2)=\frac{n}{2}z^{n-1}(1+1)=nz^{n-1}$.
(4) (2.10) と同様に $\frac{\partial}{\partial y}|z|=\frac{\partial}{\partial y}\sqrt{z\overline{z}}=\frac{1}{2\sqrt{z\overline{z}}}\frac{\partial}{\partial y}(z\overline{z})=\frac{1}{2|z|}\frac{\partial}{\partial y}(x^2+y^2)=\frac{y}{|z|}$.
(5) (2.10) と (4) とから $\frac{1}{2}\left(\frac{\partial}{\partial x}+i\frac{\partial}{\partial y}\right)|z|=\frac{x}{|z|}+i\frac{y}{|z|}=\frac{z}{|z|}$.
(6) 上と同様に $\frac{1}{2}\left(\frac{\partial}{\partial x}-i\frac{\partial}{\partial y}\right)|z|=\frac{x}{|z|}-i\frac{y}{|z|}=\frac{\overline{z}}{|z|}$.
問 2.1-4 いずれも曲線弧のパラメータとして $z=e^{i\theta},\ 0\le\theta\le 2\pi$ を用いる.
(1) $\oint_C\frac{1}{z^n}d\overline{z}=\int_0^{2\pi}\frac{1}{e^{ni\theta}}d(e^{-i\theta})=\int_0^{2\pi}e^{-ni\theta}(-i)e^{-i\theta}d\theta=-i\int_0^{2\pi}e^{-(n+1)i\theta}d\theta=\frac{i}{(n+1)i}\left[e^{-(n+1)\theta}\right]_0^{2\pi}=0$.
(2) (1) と同じように計算してもよいが，(1) の複素共役なので 0.
(3) $\oint_C\frac{1}{\overline{z}^n}d\overline{z}=\int_0^{2\pi}\frac{1}{e^{-ni\theta}}d(e^{-i\theta})=(-i)\int_0^{2\pi}e^{ni\theta}e^{-i\theta}d\theta=(-i)\int_0^{2\pi}e^{(n-1)i\theta}d\theta$.

よって，$n=1$ のときこれは $=(-i)\int_0^{2\pi}d\theta=-2\pi i$, $n>1$ のときは $=-\frac{i}{(n-1)i}\left[e^{(n-1)i\theta}\right]_0^{2\pi}=0$.

(4) $\oint_C \overline{z}^n dz=\int_0^{2\pi}e^{-ni\theta}d(e^{i\theta})=i\int_0^{2\pi}e^{(1-n)i\theta}d\theta$. よって $n=1$ のとき $=i\int_0^{2\pi}d\theta=2\pi i$, $n>1$ のとき $=\frac{i}{(1-n)i}\left[e^{(1-n)i\theta}\right]_0^{2\pi}=0$.

問 2.2-1 絶対収束により項順序が自由に変えられることを用いて $e^{z+w}=\sum_{n=0}^{\infty}\frac{(z+w)^n}{n!}=\sum_{n=0}^{\infty}\frac{1}{n!}\sum_{k=0}^{n}{}_n\mathrm{C}_k z^{n-k}w^k=\sum_{n=0}^{\infty}\sum_{k=0}^{n}\frac{z^{n-k}}{(n-k)!}\frac{w^k}{k!}=\sum_{n=0}^{\infty}\sum_{j+k=n,\ j\ge 0,k\ge 0}\frac{z^j}{j!}\frac{w^k}{k!}=\sum_{j=0}^{\infty}\sum_{k=0}^{\infty}\frac{z^j}{j!}\frac{w^k}{k!}=\sum_{j=0}^{\infty}\frac{z^j}{j!}\sum_{k=0}^{\infty}\frac{w^k}{k!}=e^z e^w$.

問 2.2-2 (1) $\cos(z+w)=\frac{e^{i(z+w)}+e^{-i(z+w)}}{2}=\frac{e^{iz}e^{iw}+e^{-iz}e^{-iw}}{2}$. これが $\cos z\cos w-\sin z\sin w=\frac{e^{iz}+e^{-iz}}{2}\frac{e^{iw}+e^{-iw}}{2}-\frac{e^{iz}-e^{-iz}}{2i}\frac{e^{iw}-e^{-iw}}{2i}$ と一致すれば良いので，最後の式を展開すると，$=\frac{e^{iz}e^{iw}+e^{-iz}e^{iw}+e^{iz}e^{-iw}+e^{-iz}e^{-iw}}{4}+\frac{e^{iz}e^{iw}-e^{-iz}e^{iw}-e^{iz}e^{-iw}+e^{-iz}e^{-iw}}{4}=\frac{e^{iz}e^{iw}+e^{-iz}e^{-iw}}{2}$ となり確かに最初のものと一致する．同様に，$\sin(z+w)=\frac{e^{i(z+w)}-e^{-i(z+w)}}{2i}=\frac{e^{iz}e^{iw}-e^{-iz}e^{-iw}}{2i}$. 他方，$\sin z\cos w+\cos z\sin w=\frac{e^{iz}-e^{-iz}}{2i}\frac{e^{iw}+e^{-iw}}{2}+\frac{e^{iz}+e^{-iz}}{2}\frac{e^{iw}-e^{-iw}}{2i}=\frac{e^{iz}e^{iw}-e^{-iz}e^{-iw}}{2i}$ となり，上と一致する．

(2) $\left(\frac{e^{iz}+e^{-iz}}{2}\right)^2+\left(\frac{e^{iz}-e^{-iz}}{2i}\right)^2=\frac{e^{2iz}+2+e^{-2iz}}{4}-\frac{e^{2iz}-2+e^{-2iz}}{4}=\frac{4}{4}=1$.

別解として，直接級数の 2 乗和を加えると，

$\left(\sum_{n=0}^{\infty}\frac{(-1)^n}{(2n)!}z^{2n}\right)^2+\left(\sum_{n=0}^{\infty}\frac{(-1)^n}{(2n+1)!}z^{2n+1}\right)^2$

$=\sum_{n=0}^{\infty}\sum_{k=0}^{n}\frac{(-1)^{n-k}(-1)^k}{(2n-2k)!(2k)!}z^{2n}+\sum_{n=0}^{\infty}\sum_{k=0}^{n-1}\frac{(-1)^{n-k-1}(-1)^k}{(2n-2k-1)!(2k+1)!}z^{2n}$.

ここで定数項は前者だけから現れ，1 となる．$n\ge 1$ に対しては，z^{2n} の係数は $\sum_{k=0}^{n}\frac{(-1)^n}{(2n-2k)!(2k)!}+\sum_{k=0}^{n-1}\frac{(-1)^{n-1}}{(2n-2k-1)!(2k+1)!}=(-1)^n\sum_{l=0}^{2n}\frac{(-1)^l}{(2n-l)!l!}=\frac{(-1)^n}{(2n)!}\sum_{l=0}^{2n}\frac{(-1)^l(2n)!}{(2n-l)!l!}=\frac{(-1)^n}{(2n)!}(1-1)^{2n}=0$.

問 2.2-3 $\log(1+z)=\sum_{n=1}^{\infty}(-1)^{n-1}\frac{z^n}{n}=\sum_{n=1}^{\infty}(-1)^{n-1}\frac{(x+iy)^n}{n}$

$=\sum_{n=1}^{\infty}(-1)^{n-1}\sum_{k=0}^{[n/2]}\frac{{}_n\mathrm{C}_{2k}}{n}(-1)^k x^{n-2k}y^{2k}$

$+i\sum_{n=1}^{\infty}(-1)^{n-1}\sum_{k=1}^{[(n+1)/2]}\frac{{}_n\mathrm{C}_{2k-1}}{n}(-1)^{k-1}x^{n-2k+1}y^{2k-1}$ である．ここに $[x]$ は Gauss 記号（x を超えない最大の整数）を表す．この実部・虚部がそれぞれ $\log(1+z)$ $=\log\sqrt{(1+x)^2+y^2}+i\,\mathrm{Arctan}\,\frac{y}{1+x}=\log(1+x)+\frac{1}{2}\log\left(1+\frac{y^2}{(1+x)^2}\right)$ $+i\,\mathrm{Arctan}\,\frac{y}{1+x}$ の実部・虚部と一致することを見る．まず実部は，

$\log(1+x)+\frac{1}{2}\log\left(1+\frac{y^2}{(1+x)^2}\right)=\log(1+x)+\sum_{k=1}^{\infty}\frac{(-1)^{k-1}}{2k}\frac{y^{2k}}{(1+x)^{2k}}$. この y^{2k} の係数が $\sum_{n=1}^{\infty}(-1)^{n-1}\sum_{k=0}^{[n/2]}\frac{{}_n\mathrm{C}_{2k}}{n}(-1)^k x^{n-2k}y^{2k}=\sum_{n=1}^{\infty}(-1)^{n-1}\frac{1}{n}x^n$ $+\sum_{k=1}^{\infty}(-1)^{k-1}y^{2k}\sum_{n=2k}^{\infty}(-1)^n\frac{{}_n\mathrm{C}_{2k}}{n}x^{n-2k}$

$=\log(1+x)+\sum_{k=1}^{\infty}\frac{(-1)^{k-1}}{2k}y^{2k}\sum_{m=0}^{\infty}(-1)^m{}_{m+2k}\mathrm{C}_{2k}\frac{2k}{m+2k}x^m$

$=\log(1+x)+\sum_{k=1}^{\infty}\frac{(-1)^{k-1}}{2k}y^{2k}\sum_{m=0}^{\infty}(-1)^m\frac{(m+2k-1)!}{(2k-1)!m!}x^m$ の y^{2k} の係数と一致することを見なければならない．$k=0$ については既に明らかである．$k>0$ については $\frac{1}{(1+x)^{2k}}$ の展開係数を知る必要があるが，これは $\frac{1}{1+x}$ の展開を $2k$ 回微分してみるのが速い：等比級数 $\frac{1}{1+x}=\sum_{n=0}^{\infty}(-1)^n x^n$ の両辺を x で m 回微分すると，

$\frac{(-1)^m m!}{(1+x)^{m+1}} = \sum_{n=m}^{\infty} \frac{(-1)^n n!}{(n-m)!} x^{n-m}$. 両辺を $(-1)^m m!$ で割れば,

$$\frac{1}{(1+x)^{m+1}} = \sum_{n=m}^{\infty} \frac{(-1)^{n-m} n!}{(n-m)!m!} x^{n-m} = \sum_{n=m}^{\infty} (-1)^{n-m} {}_n\mathrm{C}_m x^{n-m}. \quad (\mathrm{A.1})$$

ここで $n-m \mapsto m$, $m \mapsto 2k-1$ と置けば上が得られる. 次に虚部は
$\sum_{k=1}^{\infty} \frac{(-1)^{k-1}}{2k-1} y^{2k-1} \sum_{n=2k-1}^{\infty} \frac{(-1)^{n-1}}{n} {}_n\mathrm{C}_{2k-1}(2k-1)x^{n-2k+1}$
$= \sum_{k=1}^{\infty} \frac{(-1)^{k-1}}{2k-1} y^{2k-1} \sum_{m=0}^{\infty} (-1)^m {}_{m+2k-1}\mathrm{C}_{2k-1} \frac{2k-1}{m+2k-1} x^m$
$= \sum_{k=1}^{\infty} \frac{(-1)^{k-1}}{2k-1} y^{2k-1} \sum_{m=0}^{\infty} (-1)^m \frac{(m+2k-2)!}{(2k-2)!m!} x^m = \sum_{k=1}^{\infty} \frac{(-1)^{k-1}}{2k-1} \frac{y^{2k-1}}{(1+x)^{2k-1}}$ で,
展開係数が一致することが上と同様に確かめられる.

なお, この問題は $\log(1+z) = \log(1+x+iy) = \log\left\{(1+x)\left(1+\frac{iy}{1+x}\right)\right\} = \log(1+x) + \log\left(1+\frac{iy}{1+x}\right)$ と変形し, 後者を $= \sum_{n=1}^{\infty} \frac{(-1)^{n-1}}{n} \frac{(iy)^n}{(1+x)^n} = \sum_{m=1}^{\infty} \frac{(-1)^{m-1}}{2m} \frac{y^{2m}}{(1+x)^{2m}} + i\sum_{m=1}^{\infty} \frac{(-1)^{m-1}}{2m-1} \left(\frac{y}{1+x}\right)^{2m-1}$
$= \frac{1}{2}\log\left(1+\frac{y^2}{(1+x)^2}\right) + i\,\mathrm{Arctan}\,\frac{y}{1+x}$ と Taylor 展開するとほとんど自明になってしまう. しかし, このような基本を問う問題で複素数に対する log の加法公式を使ってしまってよいかどうかは議論の余地がある. ここではそれを冪級数で定義する方の対数に用いているのだから, 加法公式も冪級数だけで証明しておけばこれでも完全な証明となるだろう. その概要は次の通り：x, y を絶対値が 1 より小さい複素数として,
$\log\{(1+x)(1+y)\} = \log\{1+x+(1+x)y\} = \sum_{n=1}^{\infty} \frac{(-1)^{n-1}}{n} \{x+(1+x)y\}^n$
$= \sum_{n=1}^{\infty} \frac{(-1)^{n-1}}{n} \sum_{k=0}^{n} {}_n\mathrm{C}_k x^{n-k}(1+x)^k y^k$
$= \sum_{k+m>0} \frac{(-1)^{k+m-1}}{k+m} {}_{k+m}\mathrm{C}_k x^m (1+x)^k y^k$
$= \sum_{m=1}^{\infty} \frac{(-1)^{m-1}}{m} x^m + \sum_{k=1}^{\infty} \frac{(-1)^{k-1}}{k} (1+x)^k y^k \sum_{m=0}^{\infty} \frac{(-1)^m k}{k+m} \frac{(k+m)!}{m!k!} x^m$
$= \log(1+x) + \sum_{k=1}^{\infty} \frac{(-1)^{k-1}}{k} (1+x)^k y^k \sum_{m=0}^{\infty} (-1)^m \frac{(k+m-1)!}{m!(k-1)!} x^m$
$= \log(1+x) + \sum_{k=1}^{\infty} \frac{(-1)^{k-1}}{k} (1+x)^k y^k (1+x)^{-k} = \log(1+x) + \log(1+y)$.
ここで, 最後の変形は $(1+x)^{-k}$ の展開 (A.1) を用いた. 同様の注意は, レポートで $\log e^z = z$ の類の公式を使ってしまった人にも当てはまる. 結局はみんな成り立つのだが, こういう証明問題では, その趣旨を考えて何を使って良く何は証明が要るかをはっきりさせて論を進めなければならないだろう.

問 2.3-1 (1) 定義通りに計算して
$\left(\frac{\partial}{\partial x} + i\frac{\partial}{\partial y}\right)(x^2 - y^2 + 2xyi) = (2x+2yi) + i(-2y+2xi) = 0$. よって正則.
(2) 同じく
$\left(\frac{\partial}{\partial x} + i\frac{\partial}{\partial y}\right)(x^2 - y^2 - 2xyi) = (2x-2yi) + i(-2y-2xi) = 4x - 4yi \neq 0$.
よって正則でない. なお, “方程式の右辺が原点で 0 になるので, 原点だけでは正則” と答える人がたまにいるが, 原点で正則とは, 原点のある近傍で正則という意味で, Cauchy-Riemann 方程式が一点での値だけで満たされていてもそうは言わない.
(3) 同じく $\left(\frac{\partial}{\partial x} + i\frac{\partial}{\partial y}\right)\{e^{x^2-y^2}(\cos 2xy + i\sin 2xy)\} =$
$(2x - 2iy)e^{x^2-y^2}(\cos 2xy + i\sin 2xy) + e^{x^2-y^2}(-2y\sin 2xy + 2iy\cos 2xy - 2xi\sin 2xy - 2x\cos 2xy) = 0$. よって正則. これは
$e^{x^2-y^2}(\cos 2xy + i\sin 2xy) = e^{x^2-y^2+2xyi} = e^{z^2}$ と変形してみれば, 二つの正則関

数 z^2 と e^z の合成関数として正則性が容易に確かめられる．

問 2.3-2 与式の右辺を $f(x,y)$ と置けば，$\frac{\partial}{\partial x}f(x,y)=\frac{x}{x^2+y^2}-i\frac{y}{x^2+y^2}$，$\frac{\partial}{\partial y}f(x,y)=\frac{y}{x^2+y^2}+i\frac{x}{x^2+y^2}$．故に，$\left(\frac{\partial}{\partial x}+i\frac{\partial}{\partial y}\right)f(x,y)=\frac{x+iy}{x^2+y^2}-\frac{x+iy}{x^2+y^2}=0$．以上の計算はもちろん $(x,y)\neq(0,0)$ でのみ有効．なお，maxima による計算は付録の課題 1 参照．

問 2.3-3 まず実数値関数 $u(x,y)$ について $\overline{\frac{\partial}{\partial z}u(x,y)}=\frac{1}{2}\overline{\frac{\partial}{\partial x}u(x,y)-i\frac{\partial}{\partial y}u(x,y)}=\frac{1}{2}\left(\frac{\partial}{\partial x}u(x,y)+i\frac{\partial}{\partial y}u(x,y)\right)=\frac{\partial}{\partial\overline{z}}u(x,y)$，$\overline{\frac{\partial}{\partial\overline{z}}u(x,y)}=\frac{1}{2}\overline{\frac{\partial}{\partial x}u(x,y)+i\frac{\partial}{\partial y}u(x,y)}=\frac{1}{2}\left(\frac{\partial}{\partial x}u(x,y)-i\frac{\partial}{\partial y}u(x,y)\right)=\frac{\partial}{\partial z}u(x,y)$ に注意すると，
$\overline{\frac{\partial}{\partial z}f(z)}=\overline{\frac{\partial}{\partial z}\{u(x,y)+iv(x,y)\}}=\overline{\frac{\partial}{\partial z}u(x,y)}+\overline{i\frac{\partial}{\partial z}v(x,y)}=\frac{\partial}{\partial\overline{z}}u(x,y)-i\frac{\partial}{\partial\overline{z}}v(x,y)=\frac{\partial}{\partial\overline{z}}(u(x,y)-iv(x,y))=\frac{\partial}{\partial\overline{z}}\overline{f(z)}$．得られた等式で $f(z)$ の代わりに $\overline{f(z)}$ を代入すると，$\overline{\frac{\partial}{\partial z}\overline{f(z)}}=\frac{\partial}{\partial\overline{z}}\overline{\overline{f(z)}}=\frac{\partial}{\partial\overline{z}}f(z)$．この式全体の複素共役を取れば最後の等式も得られる．

問 2.3-4 これは定義通りにやるのはさすがに手では面倒なので，z と $\overline{z}$ で表す方法をとることにする．有理関数の場合は理論的にも問題は無い．
$\frac{x^2-y^2}{(x^2+y^2)^2}-\frac{2xyi}{(x^2+y^2)^2}=\frac{1}{|z|^4}\left\{\left(\frac{z+\overline{z}}{2}\right)^2-\left(\frac{z-\overline{z}}{2i}\right)^2-2i\frac{z+\overline{z}}{2}\frac{z-\overline{z}}{2i}\right\}$
$=\frac{1}{|z|^4}\frac{1}{2}(z^2+\overline{z}^2-z^2+\overline{z}^2)=\frac{\overline{z}^2}{|z|^4}=\frac{1}{z^2}$．
よって z だけの関数になったから，分母が消える原点以外では正則と知られる．なお，計算機による直接計算は付録の演習 1.2 に載せた．

問 2.3-5 (1) $\frac{\partial}{\partial\overline{z}}=\frac{1}{2}\left(\frac{\partial}{\partial x}+i\frac{\partial}{\partial y}\right)=\frac{1}{2}\left(\frac{\partial r}{\partial x}\frac{\partial}{\partial r}+\frac{\partial\theta}{\partial x}\frac{\partial}{\partial\theta}+i\frac{\partial r}{\partial y}\frac{\partial}{\partial r}+i\frac{\partial\theta}{\partial y}\frac{\partial}{\partial\theta}\right)$
$=\frac{1}{2}\left(\frac{x}{r}\frac{\partial}{\partial r}+\frac{-y}{r^2}\frac{\partial}{\partial\theta}+i\frac{y}{r}\frac{\partial}{\partial r}+i\frac{x}{r^2}\frac{\partial}{\partial\theta}\right)=\frac{1}{2}\left(\frac{z}{r}\frac{\partial}{\partial r}+i\frac{z}{r^2}\frac{\partial}{\partial\theta}\right)=\frac{e^{i\theta}}{2}\left(\frac{\partial}{\partial r}+\frac{i}{r}\frac{\partial}{\partial\theta}\right)$．
同様に（または上の結果の複素共役を取り）$\frac{\partial}{\partial z}=\frac{1}{2}\left(\frac{\partial}{\partial x}-i\frac{\partial}{\partial y}\right)=\frac{e^{-i\theta}}{2}\left(\frac{\partial}{\partial r}-\frac{i}{r}\frac{\partial}{\partial\theta}\right)$．
(2) 極座標表示の Cauchy-Riemann 方程式から $\frac{\partial f}{\partial r}=-\frac{i}{r}\frac{\partial f}{\partial\theta}$．これを $\frac{\partial f}{\partial z}$ の極座標表示に代入すれば，$\frac{\partial f}{\partial z}=\frac{e^{-i\theta}}{2}2\frac{\partial f}{\partial r}=e^{-i\theta}\frac{\partial f}{\partial r}$，および $\frac{\partial f}{\partial z}=-\frac{e^{-i\theta}}{2}2\frac{i}{r}\frac{\partial f}{\partial\theta}=-\frac{ie^{-i\theta}}{r}\frac{\partial f}{\partial\theta}$．前者は $=\frac{1}{e^{i\theta}}\frac{\partial f}{\partial r}$，後者は $=\frac{1}{r}\frac{\partial f}{\partial e^{i\theta}}$ と書き直せば，それぞれ動径方向の増分 $e^{i\theta}\Delta r$，およびそれに直角な方向への増分 $ire^{i\theta}\Delta\theta$ に対する方向微分と考えられる．

問 2.3-6 $r=\sqrt{x^2+y^2}$，$\theta=\mathrm{Arctan}\,\frac{y}{x}$ とすれば，$\frac{\partial}{\partial x}(r^{1/n}e^{i\theta/n})=$
$\frac{x}{nr}r^{1/n-1}e^{i\theta/n}+\frac{i}{n}r^{1/n}\frac{\frac{y}{-x^2}}{1+(\frac{y}{x})^2}e^{i\theta/n}=(x-iy)r^{1/n-2}e^{i\theta/n}$．同様に，
$\frac{\partial}{\partial y}(r^{1/n}e^{i\theta/n})=\frac{y}{nr}r^{1/n-1}e^{i\theta/n}+\frac{i}{n}r^{1/n}\frac{\frac{1}{x}}{1+(\frac{y}{x})^2}e^{i\theta/n}=(y+ix)r^{1/n-2}e^{i\theta/n}$．
故に $(\frac{\partial}{\partial x}+i\frac{\partial}{\partial y})(r^{1/n}e^{i\theta/n})=\{(x-iy)+i(y+ix)\}r^{1/n-2}e^{i\theta/n}=0$．

別解 前問の極座標表示を使うと，因子の $\frac{e^{i\theta}}{2}$ は略して $(\frac{\partial}{\partial r}+\frac{i}{r}\frac{\partial}{\partial\theta})(r^{1/n}e^{i\theta/n})=\frac{1}{n}r^{1/n-1}e^{i\theta/n}+\frac{i}{r}r^{1/n}\frac{i}{n}e^{i\theta/n}=\frac{1}{n}r^{1/n-1}e^{i\theta/n}-\frac{1}{n}r^{1/n-1}e^{i\theta/n}=0$．

問 2.3-7 (i) $4\frac{\partial}{\partial z}\frac{\partial}{\partial\overline{z}}=(\frac{\partial}{\partial x}-i\frac{\partial}{\partial y})(\frac{\partial}{\partial x}+i\frac{\partial}{\partial y})=\frac{\partial^2}{\partial x^2}+i\frac{\partial^2}{\partial x\partial y}-i\frac{\partial^2}{\partial y\partial x}+\frac{\partial^2}{\partial y^2}=\frac{\partial^2}{\partial x^2}+\frac{\partial^2}{\partial y^2}$．（偏微分作用素の計算では定数係数の偏微分は可換として行う．作用される関数が必要なだけ十分微分可能と仮定されていると思えばよい．）
(ii) $f(z)=u(x,y)+iv(x,y)$ を正則関数とその実部，虚部への分解とする．$\frac{\partial}{\partial\overline{z}}f(z)=0$ なので，(i) より $\triangle f(z)=\frac{\partial}{\partial z}\frac{\partial}{\partial\overline{z}}f(z)=0$．従って $\triangle u(x,y)+i\triangle v(x,y)=$

0 となるが，実数値関数に $\triangle$ を作用させたものも実数値なので，これから $\triangle u(x,y)=\triangle v(x,y)=0$ が得られる．

(iii) (1) $+ie^{x^2-y^2}\sin 2xy$ を補えば正則関数となる．これは Cauchy-Riemann 方程式

$\frac{\partial v}{\partial y}=\frac{\partial}{\partial x}(e^{x^2-y^2}\cos 2xy)=2xe^{x^2-y^2}\cos 2xy-2ye^{x^2-y^2}\sin 2xy$,

$\frac{\partial v}{\partial x}=-\frac{\partial}{\partial y}(e^{x^2-y^2}\cos 2xy)=2ye^{x^2-y^2}\cos 2xy+2xe^{x^2-y^2}\sin 2xy$

から目の子で想像できるだろう．

(2) $\bigl(\frac{\partial^2}{\partial x^2}+\frac{\partial^2}{\partial y^2}\bigr)e^x\cos 2y=e^x\cos 2y-4e^x\cos 2y=-3e^x\cos 2y\neq 0$ なので調和関数にはなっていない．よって正則関数にはできない．

(3) $\triangle(x^3y-xy^3)=6xy-6xy=0$ なので虚部 $v(x,y)$ を補って正則関数にできる可能性がある．Cauchy-Riemann 方程式を適用すると $\frac{\partial}{\partial\bar{z}}(x^3y-xy^3+iv)=\frac{1}{2}\{3x^2y-y^3+i(x^3-3xy^2)+i(v_x+iv_y)\}=0$ より，$v_x=-x^3+3xy^2$, $v_y=3x^2y-y^3$. これから解 $v=-\frac{1}{4}x^4+\frac{3}{2}x^2y^2-\frac{1}{4}y^4$ が目の子で推測でき，これらを合わせると，$f(z)=x^3y-xy^3+(-\frac{1}{4}x^4+\frac{3}{2}x^2y^2-\frac{1}{4}y^4)i=-\frac{i}{4}z^4$.

(iv) $\triangle=4\frac{\partial}{\partial z}\frac{\partial}{\partial\bar{z}}=4\frac{e^{-i\theta}}{2}\bigl(\frac{\partial}{\partial r}-\frac{i}{r}\frac{\partial}{\partial\theta}\bigr)\frac{e^{i\theta}}{2}\bigl(\frac{\partial}{\partial r}+\frac{i}{r}\frac{\partial}{\partial\theta}\bigr)$

$=\frac{\partial^2}{\partial r^2}+\frac{i}{r}\frac{\partial^2}{\partial r\partial\theta}-\frac{i}{r}\frac{\partial^2}{\partial\theta\partial r}+\frac{1}{r^2}\frac{\partial^2}{\partial\theta^2}-\frac{i}{r^2}\frac{\partial}{\partial\theta}+\frac{1}{r}\bigl(\frac{\partial}{\partial r}+\frac{i}{r}\frac{\partial}{\partial\theta}\bigr)=\frac{\partial^2}{\partial r^2}+\frac{1}{r^2}\frac{\partial^2}{\partial\theta^2}+\frac{1}{r}\frac{\partial}{\partial r}$.

（虚数になる項を途中で無視してよければ書く量はずっと減らせる.）

問 2.4-1 (1) 高校生流に差分商の極限を取ってみると，

$\frac{\{\alpha f(z+\Delta z)+\beta g(z+\Delta z)\}-\{\alpha f(z)+\beta g(z)\}}{\Delta z}$

$=\alpha\frac{f(z+\Delta z)-f(z)}{\Delta z}+\beta\frac{g(z+\Delta z)-g(z)}{\Delta z}\to\alpha f'(z)+\beta g'(z)$.

(2) 同じく

$\frac{f(z+\Delta z)g(z+\Delta z)-f(z)g(z)}{\Delta z}=\frac{\{f(z+\Delta z)-f(z)\}g(z+\Delta z)+f(z)\{g(z+\Delta z)-g(z)\}}{\Delta z}$

$=\frac{f(z+\Delta z)-f(z)}{\Delta z}g(z+\Delta z)+f(z)\frac{g(z+\Delta z)-g(z)}{\Delta z}\to f'(z)g(z)+f(z)g'(z)$.

ここで $g(z+\Delta z)\to g(z)$ という連続性を用いた．

(3) 同じく $\frac{\frac{f(z+\Delta z)}{g(z+\Delta z)}-\frac{f(z)}{g(z)}}{\Delta z}=\frac{f(z+\Delta z)g(z)-f(z)g(z+\Delta z)}{g(z+\Delta z)g(z)\Delta z}$

$=\frac{1}{g(z+\Delta z)g(z)}\frac{\{f(z+\Delta z)-f(z)\}g(z)-f(z)\{g(z+\Delta z)-g(z)\}}{\Delta z}$

$\to\frac{1}{g(z)^2}\{f'(z)g(z)-f(z)g'(z)\}$.

問 2.4-2 (1) $(1-t)\alpha+tz$ は t の正則関数なので，補題 2.19 (ii) から明らかだが，念のため直接計算すると

$f((1-t-\Delta t)\alpha+(t+\Delta t)z)=f((1-t)\alpha+tz+(z-\alpha)\Delta t)$

$=f((1-t)\alpha+tz)+f'((1-t)\alpha+tz)(z-\alpha)\Delta t+o(\Delta t)$.

t に関する微分の定義により求める量はこの Δt の係数の部分となる．

(2) 導いた式から（心配なら実部，虚部について）微分積分学の基本定理により

$\int_0^1 f'((1-t)\alpha+tz)(z-\alpha)dt=\int_0^1\frac{d}{dt}f((1-t)\alpha+tz)dt=\bigl[f((1-t)\alpha+tz)\bigr]_0^1$

$=f(z)-f(\alpha)$. 最後に $|f(z)-f(\alpha)|=\bigl|\int_0^1 f'((1-t)\alpha+tz)(z-\alpha)dt\bigr|$

$\leq\int_0^1|f'((1-t)\alpha+tz)||z-\alpha|dt\leq|z-\alpha|\max_{0\leq t\leq 1}|f'((1-t)\alpha+tz)|$.

問 2.4-3 (1) $f'(z)=0$ は連続関数なので，前問の不等式 (2.51) が使え，それから固定した α と領域内で直線で結べる任意の点 z について $|f(z)-f(\alpha)|=0$, 従って

$f(z)-f(\alpha)$ はそのような範囲で 0 となる．これから f は局所的に定数となるが，f は連続なので，任意の曲線弧に沿ってその定数値は一定でなければならず，従って領域全体で定数となる．

別解 $f'(z)=0$ なら $\frac{\partial f}{\partial z}=\frac{\partial f}{\partial \bar{z}}=0$ となるので，$\frac{\partial f}{\partial x}=0$, $\frac{\partial f}{\partial y}=0$. よって $f=u+iv$ とすれば，$\frac{\partial u}{\partial x}=0$, $\frac{\partial u}{\partial y}=0$, および $\frac{\partial v}{\partial x}=0$, $\frac{\partial v}{\partial y}=0$ となる．これからまず領域内の任意の長方形で $f(z)$ が定数となることを示す．これには u, v の各に対し x, y のそれぞれについて 1 変数の平均値定理を用いればよい．あるいは，(x_0, y_0), (x_1, y_1) を長方形内で任意に選ぶと，$0=\int_{x_0}^{x_1}\frac{\partial}{\partial x}f(x, y_0)dx+\int_{y_0}^{y_1}\frac{\partial}{\partial y}f(x_1, y)dy=\{f(x_1, y_0)-f(x_0, y_0)\}+\{f(x_1, y_1)-f(x_1, y_0)\}=f(x_1, y_1)-f(x_0, y_0)$ となる．（この計算は f の偏導関数が 0, 従って連続なので f は C^1 級になっていることから，普通の意味で正当である．）よって勝手な 2 点での値が等しく，従って f はこの長方形内で定数となる．これより先は最初の証明と同じである．

(2) $f(z)=z^2$ を考えると，$f'(z)=2z$. もし 1 と i の間で実 1 変数と同じ形の平均値定理が成立すると，$\exists c\in \boldsymbol{C}$ で 1 と i を結ぶ線分上に有り，従って $c=1-t+it$, $0\leq t\leq 1$ と置け，$i^2-0^2=2c(i-1)=2(1-t+it)(i-1)=2\{-1+(1-2t)i\}$ を満たすものが存在することになるが，実部の比較だけでこれは無理なことが分かる．これは複素微分がベクトルであり，線分に沿ってその方向が一定でない限り平均値定理が一般には期待できないためである．

問 2.4-4 合成関数の微分公式を用いて $g(f(z))=z$ の両辺を微分すると，$g'(f(z))f'(z)=1$. これに $w=f(z)$, $z=g(w)$ を代入すれば $g'(w)f'(g(w))=1$, すなわち，$g'(w)=\frac{1}{f'(g(w))}$.（以上は高校で学んだ方法そのままのはず．）

問 2.4-5 (1) $f(z)=\cos^2 z+\sin^2 z$ を微分すると，(2.52) により $f'(z)=2\cos z(-\sin z)+2\sin z\cos z=0$, 従って問 2.4-3 (1) により $f(z)$ は定数となる．その値は $f(0)=1^2+0^2=1$ から分かる．

(2) (2.22), (2.23) で定義される $\cos z, \sin z$ は $z=t$ が実のとき明らかに実数値であり，従って (1) より $\mathrm{P}(\cos t, \sin t)$ は単位円周上の点ののパラメータ表示となる．このとき弧長要素は $ds=\sqrt{\sin^2 t+\cos^2 t}dt=dt$ となるので，t は弧長パラメータと一致し，従って $t=2\pi$ のときは一周して P は $t=0$ のときの位置に戻る．よって単位円の周長 2π が $\cos t, \sin t$ の周期となる．

(3) (2) より $e^{iy}=\cos y+i\sin y$ も y につき周期 2π を持つから，$e^z=e^x e^{iy}$ も虚部 y につき周期 2π を持つ．

問 2.4-6 inf の定義により点列 $z_n\in F$, $\zeta_n\in K$ で $|z_n-\zeta_n|\to d$ となるものが存在する．K はコンパクトなので，Bolzano-Weierstrass の定理により ζ_n は収束部分列を持つ．番号を付け直して ζ_n 自身が収束列とし，極限点を $\zeta_\infty\in K$ としよう．z_n は n を大きくすれば，適当に固定した $\delta>0$ について ζ_∞ を中心とする半径 $d+\delta$ の閉円板 Δ 内に入るから，前の方の番号を捨てて最初から $z_n\in F\cap\Delta$ としてよい．$F\cap\Delta$ はコンパクト集合なので，z_n も収束部分列を持つ．その収束先 z_∞ は $|z_\infty-\zeta_\infty|=d$ を満たす．もし $d=0$ なら $z_\infty=\zeta_\infty\in F\cap K$ となって仮定に反するから $d>0$ である．

問 2.4-7 (1) $\forall z \in K$ は $|z| < r$ を満たすので，$|z| < r' < r$ なる r' が取れる．よって K は開集合の族 $\{|z| < r' \,;\, 0 < r' < r\}$ で覆われるから，Heine-Borel の定理によりその有限個で覆われる．それらは r' の値により包含関係にあるので，一番大きい r' を取ればその一つで覆われる．

別解 連続関数 $z \mapsto |z|$ は K 上で最大値 M に到達するが，$M < r$ なので，$M < r' < r$ なる r' を取れば K は $|z| < r'$ に含まれる．

(2) 広義一様収束 $\Longrightarrow$ 局所一様収束 $\forall \alpha \in K$ に対し，その閉近傍 $|z - \alpha| \leq \varepsilon$ を Ω 内に取れば，これはコンパクトなので仮定によりそこで $f_n \to f$ は一様収束となる．
局所一様収束 $\Longrightarrow$ 広義一様収束 コンパクト集合 $K \subset \Omega$ を取れば，その各点 $\alpha \in K$ で適当な近傍 $B_{\delta_\alpha}(\alpha)$ が取れ，$f_n \to f$ はそこで一様収束となる．すなわち，$\forall \varepsilon > 0$ $\exists n_{\alpha,\varepsilon}$ s.t. $n \geq n_{\alpha,\varepsilon} \Longrightarrow \forall z \in B_{\delta_\alpha}(\alpha)$ について $|f_n(z) - f(z)| < \varepsilon$ となる．K はこのような近傍の有限個 $B_{\delta_{\alpha_k}}(\alpha_k)$, $k = 1, 2, \ldots, N$ で覆われるので，$n_\varepsilon := \max_k n_{\alpha_k,\varepsilon}$ ととれば，$n \geq n_\varepsilon \Longrightarrow \forall z \in K$ について $|f_n(z) - f(z)| < \varepsilon$ とできる．

第3章

問 3.1-1 対象とする滑らかな弧は $z = \Phi(t_0)$, $0 < t_0 < T$ とパラメータで書けているとせよ．連続性により $\varepsilon > 0$ を小さくすれば，この弧の両端点はこの円の外になるので，弧 $\widehat{\Phi(0)\Phi(t_0)}$, $\widehat{\Phi(t_0)\Phi(T)}$ は必ずこの円の周と少なくとも 1 点ずつで交わる．（これは例えば $|\Phi(t) - \Phi(t_0)|$ に中間値定理を適用すれば分かる．）また弧が滑らかなことから，$\varepsilon > 0$ が小さければ，円内でのこの弧の接線は $\Phi'(t_0)$ と近いので，2 点で交わることは不可能となる．従って交わりは $\widehat{\Phi(t_1)\Phi(t_2)}$ の形となる．他方，この弧以外の ∂D の構成要素 C' は，単純閉曲線の仮定により $\widehat{\Phi(t_1)\Phi(t_2)}$ とは共通点を持たないので，両者の距離は正であるから，$\varepsilon > 0$ をそれより小さくすれば C' の点はもはや円内には存在しない．
z が繋ぎ目の場合は，それを端点とする二つの滑らかな曲線弧について同様の議論を繰り返して弧 $\widehat{zz_1}$, $\widehat{zz_2}$ を求め，これら二つを除いた ∂D の構成要素 C' との距離より小さく $\varepsilon > 0$ を取り直せば，所与の条件が満たされる．

問 3.1-2 (1) $x = \varphi(\xi, \eta)$, $y = \psi(\xi, \eta)$ とするとき，$dx = \frac{\partial \varphi}{\partial \xi} d\xi + \frac{\partial \varphi}{\partial \eta} d\eta$, $dy = \frac{\partial \psi}{\partial \xi} d\xi + \frac{\partial \psi}{\partial \eta} d\eta$ から $f dx + g dy = f(\frac{\partial \varphi}{\partial \xi} d\xi + \frac{\partial \varphi}{\partial \eta} d\eta) + g(\frac{\partial \psi}{\partial \xi} d\xi + \frac{\partial \psi}{\partial \eta} d\eta) = (f\frac{\partial \varphi}{\partial \xi} + g\frac{\partial \psi}{\partial \xi}) d\xi + (f\frac{\partial \varphi}{\partial \eta} + g\frac{\partial \psi}{\partial \eta}) d\eta$. よって $\widetilde{f} = f\frac{\partial \varphi}{\partial \xi} + g\frac{\partial \psi}{\partial \xi}$, $\widetilde{g} = f\frac{\partial \varphi}{\partial \eta} + g\frac{\partial \psi}{\partial \eta}$ である．ただし，いずれも右辺の f, g には $x = \varphi(\xi, \eta)$, $y = \psi(\xi, \eta)$ が代入されるものとする．同様に，$\frac{\partial f}{\partial y} = \frac{\partial f}{\partial \xi}\frac{\partial \xi}{\partial y} + \frac{\partial f}{\partial \eta}\frac{\partial \eta}{\partial y}$, $\frac{\partial g}{\partial x} = \frac{\partial g}{\partial \xi}\frac{\partial \xi}{\partial x} + \frac{\partial g}{\partial \eta}\frac{\partial \eta}{\partial x}$. また，
$dx \wedge dy = (\frac{\partial \varphi}{\partial \xi} d\xi + \frac{\partial \varphi}{\partial \eta} d\eta) \wedge (\frac{\partial \psi}{\partial \xi} d\xi + \frac{\partial \psi}{\partial \eta} d\eta) = (\frac{\partial \varphi}{\partial \xi}\frac{\partial \psi}{\partial \eta} - \frac{\partial \varphi}{\partial \eta}\frac{\partial \psi}{\partial \xi}) d\xi \wedge d\eta$ より，$(\frac{\partial g}{\partial x} - \frac{\partial f}{\partial y}) dx \wedge dy = (\frac{\partial g}{\partial \xi}\frac{\partial \xi}{\partial x} + \frac{\partial g}{\partial \eta}\frac{\partial \eta}{\partial x} - \frac{\partial f}{\partial \xi}\frac{\partial \xi}{\partial y} - \frac{\partial f}{\partial \eta}\frac{\partial \eta}{\partial y})(\frac{\partial \varphi}{\partial \xi}\frac{\partial \psi}{\partial \eta} - \frac{\partial \varphi}{\partial \eta}\frac{\partial \psi}{\partial \xi}) d\xi \wedge d\eta$. ここで $\frac{\partial \xi}{\partial x}$ 等は最初に書いた座標変換の逆変換の偏微分を表す．

(2) $\frac{\partial \varphi}{\partial \xi}\frac{\partial \psi}{\partial \eta} - \frac{\partial \varphi}{\partial \eta}\frac{\partial \psi}{\partial \xi} = \frac{\partial x}{\partial \xi}\frac{\partial y}{\partial \eta} - \frac{\partial x}{\partial \eta}\frac{\partial y}{\partial \xi}$ とも書ける．これは最初の変換のヤコビアン，すなわち写像の微分行列の行列式 Δ であり，合成関数の偏微分公式により逆変換の微分行列と $\begin{pmatrix} \frac{\partial \xi}{\partial x} & \frac{\partial \xi}{\partial y} \\ \frac{\partial \eta}{\partial x} & \frac{\partial \eta}{\partial y} \end{pmatrix} \begin{pmatrix} \frac{\partial x}{\partial \xi} & \frac{\partial x}{\partial \eta} \\ \frac{\partial y}{\partial \xi} & \frac{\partial y}{\partial \eta} \end{pmatrix} = \begin{pmatrix} 1 & 0 \\ 0 & 1 \end{pmatrix}$ という関係にある．よって 2 次行列の逆行列の公式より $\frac{\partial \xi}{\partial x} = \frac{1}{\Delta}\frac{\partial y}{\partial \eta}$, $\frac{\partial \xi}{\partial y} = -\frac{1}{\Delta}\frac{\partial x}{\partial \eta}$, $\frac{\partial \eta}{\partial x} =$

$-\frac{1}{\Delta}\frac{\partial y}{\partial \xi}$, $\frac{\partial \eta}{\partial y} = \frac{1}{\Delta}\frac{\partial y}{\partial \eta}$ となる．これらを (1) の計算結果に代入すれば，$d\xi \wedge d\eta$ の係数は $= (\frac{\partial g}{\partial \xi}\frac{\partial \xi}{\partial x} + \frac{\partial g}{\partial \eta}\frac{\partial \eta}{\partial x} - \frac{\partial f}{\partial \xi}\frac{\partial \xi}{\partial y} - \frac{\partial f}{\partial \eta}\frac{\partial \eta}{\partial y})\Delta = \frac{\partial g}{\partial \xi}\frac{\partial y}{\partial \eta} - \frac{\partial g}{\partial \eta}\frac{\partial y}{\partial \xi} + \frac{\partial f}{\partial \xi}\frac{\partial x}{\partial \eta} - \frac{\partial f}{\partial \eta}\frac{\partial x}{\partial \xi}$.
他方，(1) で求めた $\widetilde{f}, \widetilde{g}$ から $\frac{\partial \widetilde{g}}{\partial \xi} - \frac{\partial \widetilde{f}}{\partial \eta} = \frac{\partial}{\partial \xi}(f\frac{\partial \varphi}{\partial \eta} + g\frac{\partial \psi}{\partial \eta}) - \frac{\partial}{\partial \eta}(f\frac{\partial \varphi}{\partial \xi} + g\frac{\partial \psi}{\partial \xi})$
$= \frac{\partial f}{\partial \xi}\frac{\partial \varphi}{\partial \eta} + f\frac{\partial^2 \varphi}{\partial \xi \partial \eta} + \frac{\partial g}{\partial \xi}\frac{\partial \psi}{\partial \eta} + g\frac{\partial^2 \psi}{\partial \xi \partial \eta} - \frac{\partial f}{\partial \eta}\frac{\partial \varphi}{\partial \xi} - f\frac{\partial^2 \varphi}{\partial \eta \partial \xi} - \frac{\partial g}{\partial \eta}\frac{\partial \psi}{\partial \xi} - g\frac{\partial^2 \psi}{\partial \eta \partial \xi}$
$= \frac{\partial f}{\partial \xi}\frac{\partial \varphi}{\partial \eta} + \frac{\partial g}{\partial \xi}\frac{\partial \psi}{\partial \eta} - \frac{\partial f}{\partial \eta}\frac{\partial \varphi}{\partial \xi} - \frac{\partial g}{\partial \eta}\frac{\partial \psi}{\partial \xi} = \frac{\partial f}{\partial \xi}\frac{\partial x}{\partial \eta} + \frac{\partial g}{\partial \xi}\frac{\partial y}{\partial \eta} - \frac{\partial f}{\partial \eta}\frac{\partial x}{\partial \xi} - \frac{\partial g}{\partial \eta}\frac{\partial y}{\partial \xi}$ となり，両者は一致する．

問 3.2-1 (1) $\int_C \overline{z}^2 dz = \int_{-1}^{1} \overline{z}^2\big|_{y=-1} dx + \int_{-1}^{1} \overline{z}^2\big|_{x=1} idy + \int_{1}^{-1} \overline{z}^2\big|_{y=1} dx$
$+ \int_{1}^{-1} \overline{z}^2\big|_{x=-1} idy = \int_{-1}^{1}(x+i)^2 dx + \int_{-1}^{1}(1-iy)^2 idy + \int_{1}^{-1}(x-i)^2 dx$
$+ \int_{1}^{-1}(-1-iy)^2 idy = \left[\frac{(x+i)^3}{3}\right]_{-1}^{1} + \left[\frac{-(1-iy)^3}{3}\right]_{-1}^{1} + \left[\frac{(x-i)^3}{3}\right]_{1}^{-1} + \left[\frac{-(-1-iy)^3}{3}\right]_{1}^{-1}$
$= \frac{(1+i)^3}{3} + \frac{(1-i)^3}{3} - \frac{(1-i)^3}{3} + \frac{(1+i)^3}{3} - \frac{(1+i)^3}{3} - \frac{(1-i)^3}{3} + \frac{(1-i)^3}{3} - \frac{(1+i)^3}{3} = 0.$
(2) Green の定理を使うと，$\int_C \overline{z}^2 dz = \iint_D \frac{\partial}{\partial \overline{z}}\overline{z}^2 d\overline{z} \wedge dz = \iint_D 2\overline{z} d\overline{z} \wedge dz = 4i\iint_D \overline{z} dxdy = 4i\iint_D (x-iy)dxdy$. ここで，$x$ の方は先に x で積分すると，また $-iy$ の方は先に y で積分すると，対称性により零となる．よって答は 0.

問 3.2-2 (1) 複素形の Green の定理 3.3 より $\oint_{\partial D} f(z)g(z)d\overline{z} =$
$\iint_D \frac{\partial}{\partial z}\{f(z)g(z)\}dz \wedge d\overline{z} = \iint_D g(z)\frac{\partial}{\partial z}f(z)dz \wedge d\overline{z} + \iint_D f(z)\frac{\partial}{\partial z}g(z)dz \wedge d\overline{z}$. これから適当に移項すれば求める公式が得られる．
(2) 問 2.3-7 (i) と (1) で示した公式と定理 3.4 を用いて $\iint_D f\triangle g dz \wedge d\overline{z} =$
$\iint_D f \cdot 4\frac{\partial}{\partial z}\left(\frac{\partial g}{\partial \overline{z}}\right)dz \wedge d\overline{z} = 4\oint_{\partial D} f\frac{\partial g}{\partial \overline{z}}d\overline{z} - 4\iint_D \frac{\partial f}{\partial z}\frac{\partial g}{\partial \overline{z}}dz \wedge d\overline{z}$
$= 4\oint_{\partial D} f\frac{\partial g}{\partial \overline{z}}d\overline{z} + 4\iint_D \frac{\partial f}{\partial z}\frac{\partial g}{\partial \overline{z}}d\overline{z} \wedge dz$
$= 4\oint_{\partial D} f\frac{\partial g}{\partial \overline{z}}d\overline{z} + 4\oint_{\partial D} \frac{\partial f}{\partial z}g dz - 4\iint_D \frac{\partial}{\partial \overline{z}}\left(\frac{\partial f}{\partial z}\right)g d\overline{z} \wedge dz$
$= 4\oint_{\partial D} f\frac{\partial g}{\partial \overline{z}}d\overline{z} + 4\oint_{\partial D} g\frac{\partial f}{\partial z}dz + \iint_D g\triangle f dz \wedge d\overline{z}$. この最左辺と最右辺を残し，$dz \wedge d\overline{z} = -d\overline{z} \wedge dz = -2idx \wedge dy$, $2\frac{\partial g}{\partial \overline{z}}d\overline{z} = \left(\frac{\partial g}{\partial x} + i\frac{\partial g}{\partial y}\right)(dx - idy) = \frac{\partial g}{\partial x}dx + \frac{\partial g}{\partial y}dy + i\left(\frac{\partial g}{\partial y}dx - \frac{\partial g}{\partial x}dy\right)$, $2\frac{\partial f}{\partial z}dz = \left(\frac{\partial f}{\partial x} - i\frac{\partial f}{\partial y}\right)(dx + idy) = \frac{\partial f}{\partial x}dx + \frac{\partial f}{\partial y}dy + i\left(\frac{\partial f}{\partial x}dy - \frac{\partial f}{\partial y}dx\right)$ を代入して全体を $-2i$ で割れば，
$\iint_D f\triangle g dxdy = \oint_{\partial D} f\left(\frac{\partial g}{\partial x}dy - \frac{\partial g}{\partial y}dx\right) - \oint_{\partial D} g\left(\frac{\partial f}{\partial x}dy - \frac{\partial f}{\partial y}dx\right) + \iint_D g\triangle f dxdy$
$+ i\oint_{\partial D}\left\{f\left(\frac{\partial g}{\partial x}dx + \frac{\partial g}{\partial y}dy\right) + g\left(\frac{\partial f}{\partial x}dx + \frac{\partial f}{\partial y}dy\right)\right\}$. 最後の積分は $\oint_{\partial D}\left(\frac{\partial(fg)}{\partial x}dx + \frac{\partial(fg)}{\partial y}dy\right) = \oint_{\partial D} d(fg)$ と書き直され，周回積分なので零になる．

問 3.2-3 (1) 積分路上で $z\overline{z} = R^2$ なので，$\oint_{|z|=R} \frac{1}{\overline{z}^n}dz = \oint_{|z|=R} \frac{z^n}{R^{2n}}dz = 0$ (Cauchy の積分定理による)．
(2) $\oint_{|z|=R} x^2 dz = \oint_{|z|=R}(\frac{z+\overline{z}}{2})^2 dz = \frac{1}{4}\oint_{|z|=R}(z^2 + 2z\overline{z} + \overline{z}^2)dz$. ここで z^2 と $z\overline{z} = R^2$ の積分は Cauchy の積分定理により 0 となる．残ったものに Green の定理を適用すると $\frac{1}{4}\oint_{|z|=R}\overline{z}^2 dz = \frac{1}{4}\iint_{|z|\le R} 2\overline{z} d\overline{z} \wedge dz = \frac{1}{4}\iint_{|z|\le R} 4i(x+iy)dxdy$ となるが，これは対称性により 0 となる．
(3) 同様に $\oint_{|z|=R} xdz = \oint_{|z|=R} \frac{z+\overline{z}}{2}dz = \frac{1}{2}\oint_{|z|=R} \overline{z}dz = \frac{1}{2}\iint_{|z|\le R} d\overline{z} \wedge dz = \frac{1}{2}\iint_{|z|\le R} 2idxdy = i\pi R^2$ (最後は円の面積の知識を用いた)．

問 3.2-4 (1) $\frac{1}{z^n}$ が正則でない点は原点だけである．例題 2.1-2 の計算によれば，$n \ge 2$ のとき原点を一周する閉路に沿う線積分は零になるので，原点をどのように迂

回しても積分の値は一定なことが分かる．よって線積分により原点を除いたところで1価な原始関数が求まる．具体的には原始関数が $\int \frac{1}{z^n}dz = -\frac{1}{(n-1)z^{n-1}} + C$ となることは，冪関数の導関数の知識から導かれる．（このことは高校の微積分で習うのと全く同じである．）

(2) $w = f(z)$ を $\frac{1}{z}$ の原始関数とすると，$f'(z) = \frac{1}{z}$ でその逆関数 $z = g(w)$ は逆関数の微分公式により $g'(w) = \frac{1}{f'(g(w))} = g(w)$ を満たす．これは e^w が満たす有名な微分方程式であるが，$g(w) = ce^w$ を導くのに微分方程式の知識を使ったり，求積法で対数関数を用いて示してはまずいので，次のように直接示す：$H(w) = \frac{g(w)}{e^w}$ と置けば，g が満たす方程式を用いて $H'(w) = \frac{g'(w)e^w - g(w)e^w}{e^{2w}} = 0$. 従って問 2.4-3 (1) により $H(w) = \frac{g(w)}{e^w} = c$ は定数となる．積分基点を $z = 1$ に選んだので，$f(1) = 0$ だから $g(0) = 1$. よって $c = 1$ となり，$g(w) = e^w$ が確定した．故に $f(z)$ はその逆関数なので，対数関数に他ならない．

問 3.2-5 (1) $dx = \frac{dz+d\overline{z}}{2}$ なので，$\oint_{|z|=R} \frac{1}{z^n}dx = \frac{1}{2}\oint_{|z|=R} \frac{1}{z^n}dz + \frac{1}{2}\oint_{|z|=R} \frac{1}{z^n}d\overline{z}$.
右辺の第1項は問 3.2-3 (1) と同様，積分路上で $z\overline{z} = R^2$ に注意し，被積分関数を $\frac{z^n}{R^{2n}}$ に書き直すと Cauchy の積分定理により零になる．第2項の積分は $\overline{z}$ を z に取り替えたものの複素共役で，前問の結果を用いると $n \geq 2$ のとき 0，$n = 1$ のときは $\frac{1}{2}\overline{2\pi i} = -\pi i$ となる．（$d\overline{z}$ による積分は円周を逆向きに回るから符号が変わるとしてもよい．）第2項の別の導き方としては $\frac{1}{z^n}d\overline{z} = \frac{z^n}{R^{2n}}d\left(\frac{R^2}{z}\right) = -\frac{z^{n-2}}{R^{2n-2}}dz$ を用いてもよい．

(2) 同じく $n \geq 2$ のときは，$\frac{1}{z^n}$ が1価な原始関数を持つことから $\oint_{|z|=R} \overline{z}^n dz = \oint_{|z|=R} \frac{R^{2n}}{z^n}dz = 0$. また $n = 1$ のときは $= 2\pi i R^2$. これは線積分の結果を用いなくても，問 3.2-3 (3) の解答のように Green の定理で重積分に直し円の面積を用いてもよい．

(3) 同じく $\int_{|z|=R} x^n dz = \int_{|z|=R} \left(\frac{z+\overline{z}}{2}\right)^n dz = \frac{1}{2^n}\int_{|z|=R} \sum_{j=0}^{n} {}_n\mathrm{C}_j z^{n-j}\overline{z}^j dz$
$= \frac{1}{2^n}\int_{|z|=R} \sum_{j=0}^{[n/2]} {}_n\mathrm{C}_j z^{n-2j} R^{2j} dz + \frac{1}{2^n}\int_{|z|=R} \sum_{j=[n/2]+1}^{n} {}_n\mathrm{C}_j \frac{R^{2j}}{z^{2j-n}}dz.$
ここで最後の辺の第1項は $n - 2j \geq 0$ より Cauchy の積分定理で零になる．第2項は n が偶数のときは $2j - n \geq 2$ で1価な原始関数が存在し，閉曲線に沿う積分は零となる．n が奇数のときは先頭の項だけが零にならず，$\int_{|z|=R} {}_n\mathrm{C}_{[n/2]+1} \frac{R^{2[n/2]+2}}{z}dz = 2\pi i\, {}_n\mathrm{C}_{[n/2]+1} R^{n+1}$ が残る．

問 3.2-6 $f = u + iv$ が正則とすれば，Cauchy-Riemann 方程式 (2.46) より，$\frac{\partial v}{\partial x} = -\frac{\partial u}{\partial y}$, $\frac{\partial v}{\partial y} = \frac{\partial u}{\partial x}$. 従って求める v は $dv = v_x dx + v_y dy = -u_y dx + u_x dy$ を満たす．☞ 3.4 の解説によれば，このような v は $d(-u_y dx + u_x dy) = 0$ なら線積分を用いて求まるが，この外微分は u が調和関数という仮定から，$= -u_{yy}dy \wedge dx + u_{xx}dx \wedge dy = (u_{xx} + u_{yy})dx \wedge dy = \triangle u dx \wedge dy = 0$ となるので証明された．不定性は積分基点の分なので定数和となることが予想されるが，もし二つの解が有れば，差を取ったものは微分が零，すなわち x, y に関する偏微分がともに零ということから定数と確定する（問 2.4-3 の別解参照）．

問 3.3-1 (1) 定義 3.10 に従って計算すると，$\zeta_0 = z_1$, $\zeta_N = z_2$ として $\int_C dz =$

$\lim\sum_{k=1}^{N}(\zeta_k-\zeta_{k-1})$. この和は極限を取る前から $\zeta_N-\zeta_0=z_2-z_1$ に等しい.
(2) 同様に $\int_C zdz=\lim\sum_{k=1}^{N}\zeta_k(\zeta_k-\zeta_{k-1})=\lim\sum_{k=1}^{N}\zeta_{k-1}(\zeta_k-\zeta_{k-1})$ のはずなので, この近似和の相加平均をとった $\sum_{k=1}^{N}\zeta_k\frac{\zeta_k(\zeta_k-\zeta_{k-1})+\zeta_{k-1}(\zeta_k-\zeta_{k-1})}{2}=\sum_{k=1}^{N}\frac{\zeta_k^2-\zeta_{k-1}^2}{2}=\frac{\zeta_N^2-\zeta_0^2}{2}=\frac{z_2^2-z_1^2}{2}$ の極限とも一致するはずである. よって極限もこの値となる.
C が閉曲線の場合は $z_2=z_1$ なので, 上の値はいずれも 0 となる.
問 3.3-2 .
問 3.3-3 C の近似折れ線をその長さが C と $<\delta$ しか違わないように作ることは長さを持つ曲線弧の定義により可能である. 必要ならこれを更に細分して, C 上に取った分点 z_j, $j=1,2,\dots,n$ が $|z_j-z_{j-1}|<\delta$ を満たすようにできる. 以下この折れ線を Z_δ で表す. Z_δ が C の δ-近傍に含まれることは補題 3.14 の前で注意したように以上から自明となる. 逆に C が Z_δ の δ-近傍に含まれることを言おう. もし下図 A.3 のように Z_δ のある線分 $z_{j-1}z_j$ で, C のこれに対応する弧 $\widehat{z_{j-1}z_j}$ の上に線分からの距離が δ 以上の点 ζ_j が含まれていたとすると, この弧の長さは二つの線分 $z_{j-1}\zeta_j$, $\zeta_j z_j$ の長さの和より小さくはないことが直線の最短性より分かる. しかし $|z_j-z_{j-1}|=:l<\delta$, また ζ_j から線分に下した垂線の足を ζ_j', $|\zeta_j'-z_{j-1}|=t$ と置くとき, $|z_{j-1}-\zeta_j|+|\zeta_j-z_j|\geq\sqrt{t^2+\delta^2}+\sqrt{(l-t)^2+\delta^2}$ であり, $0\leq t\leq l$ におけるこの最小値は $t=\frac{l}{2}$ で取られ, $\sqrt{l^2+4\delta^2}$ となることが微積の簡単な計算で分かる. するとこの部分だけで曲線弧と近似線分の長さの差が $\geq\sqrt{l^2+4\delta^2}-l=\frac{4\delta^2}{\sqrt{l^2+4\delta^2}+l}\geq\frac{4}{\sqrt{5}+1}\delta>\delta$ となり, 全体の長さの差 $<\delta$ という仮定に反する.

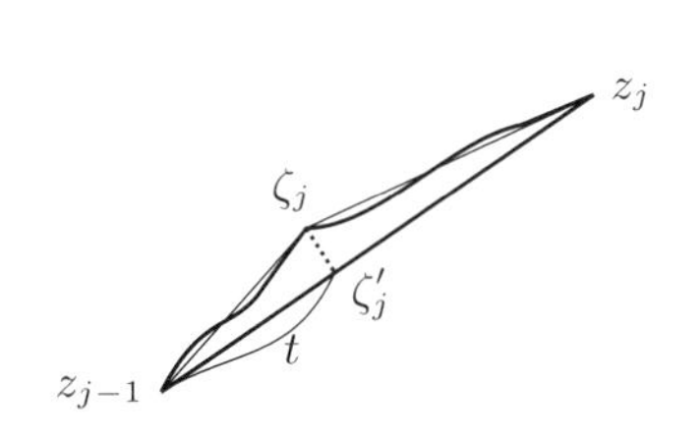

図 **A.3** 問 3.3-3 の説明図

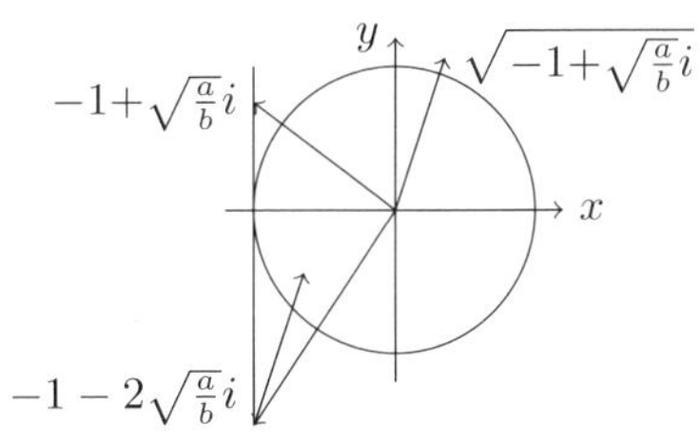

図 **A.4** 問 5.5-1 (3) の説明図

問 3.3-4 (1) 境界が単純閉曲線でなければ自交点が存在するか, あるいは同じ道を折り返すところが存在する. 前者の場合は, その点に少なくとも 3 本の曲線弧が入り込み, 仮定を満たさない. 後者の場合は, そのような点, 特に折り返しの端点が仮定を満たさない.
(2) 同様に, 上のような点が有れば, その近傍では境界はどの方向から見ても 1 価関数のグラフとはみなせないので, 仮定に反する.

第 4 章

問 4.1-1 $\frac{1}{\Delta z}\left\{\frac{1}{\{\zeta-(z+\Delta z)\}^2}-\frac{1}{(\zeta-z)^2}\right\}-\frac{2}{(\zeta-z)^3}=\frac{2(\zeta-z)-\Delta z}{\{\zeta-z-\Delta z\}^2(\zeta-z)^2}-\frac{2}{(\zeta-z)^3}=\frac{2(\zeta-z)^2-(\zeta-z)\Delta z-2(\zeta-z-\Delta z)^2}{(\zeta-z-\Delta z)^2(\zeta-z)^3}=\frac{3(\zeta-z)\Delta z-2\Delta z^2}{(\zeta-z-\Delta z)^2(\zeta-z)^3}$. よって

$\left|\frac{1}{\Delta z}\left\{\frac{1}{\{\zeta-(z+\Delta z)\}^2}-\frac{1}{(\zeta-z)^2}\right\}-\frac{2}{(\zeta-z)^3}\right| \leq \frac{3(R+r)+2\varepsilon}{(R-r-\varepsilon)^2(R-r)^3}|\Delta z|$ となるから，$M=\max_{\zeta\in C}|f(\zeta)|$ とすれば $\Delta z\to 0$ のとき

$\left|\frac{1}{\Delta z}\oint_C\left\{\frac{f(\zeta)}{\{\zeta-(z+\Delta z)\}^2}-\frac{f(\zeta)}{(\zeta-z)^2}\right\}d\zeta-\oint_C\frac{2f(\zeta)}{(\zeta-z)^3}d\zeta\right| \leq \frac{2\pi RM\{3(R+r)+2\varepsilon\}}{(R-r-\varepsilon)^2(R-r)^3}|\Delta z|\to 0.$

問 4.1-2 仮定より $\forall\varepsilon>0$ に対し，$\delta>0$ を十分小さく取れば，$|\Delta z|<\delta$ のとき $\left|\frac{\partial f}{\partial z}(z+\Delta z,\zeta)-\frac{\partial f}{\partial z}(z,\zeta)\right|<\varepsilon$ となるので，問 2.4-2 (2) により $\left|\frac{f(z+\Delta z,\zeta)-f(z,\zeta)}{\Delta z}-\frac{\partial f}{\partial z}(z,\zeta)\right|=\left|\int_0^1\frac{\partial f}{\partial z}((1-t)z+t(z+\Delta z,\zeta)-\frac{\partial f}{\partial z}(z,\zeta)dt\right|<\varepsilon.$ よって (3.26) より $\left|\int_C\left(\frac{f(z+\Delta z,\zeta)-f(z,\zeta)}{\Delta z}-\frac{\partial f}{\partial z}(z,\zeta)\right)d\zeta\right|<|C|\varepsilon$ となるので，$\frac{1}{\Delta z}\left(\int_C f(z+\Delta z,\zeta)d\zeta-\int_C f(z,\zeta)d\zeta\right)\to\int_C\frac{\partial f}{\partial z}(z,\zeta)d\zeta$. すなわち，$z$ に関する複素微分が積分記号下に入る．

問 4.1-3 C 上の部分積分で互いに変換できる．より直接的には，(3.20) により $\oint_C\frac{f'(\zeta)}{\zeta-z}d\zeta-\oint_C\frac{f(\zeta)}{(\zeta-z)^2}d\zeta=\oint_C\frac{d}{d\zeta}\left(\frac{f(\zeta)}{\zeta-z}\right)d\zeta=\left[\frac{f(\zeta)}{\zeta-z}\right]_{\text{始点}}^{\text{終点}}$ だが，閉曲線なので始点と終点は一致し，最後の表現は零となる．ここでは 1 価な原始関数の存在が要点であり，領域内部での被積分関数の正則性は不要で，従って Green の公式とは関係無い．

問 4.2-1 (4.14) に代入するだけである．(1) $\sin z$ の逐次微分は z が実のときと同じなので，$\sin z=\sin i+\frac{\cos i}{1!}(z-i)-\frac{\sin i}{2!}(z-i)^2-\frac{\cos i}{3!}(z-i)^3+\cdots$ で，以下係数の分子は $\bmod 4$ で周期的となり，$\sin i=\frac{e^{-1}-e^1}{2i}=\frac{i}{2}(e-\frac{1}{e}),\ \cos i=\frac{e+e^{-1}}{2}$ を用いると，$\sin z=\frac{e+e^{-1}}{2}\{(z-i)-\frac{(z-i)^3}{3!}+\frac{(z-i)^5}{5!}-+\cdots\}$
$+i\frac{e-e^{-1}}{2}\{1-\frac{(z-i)^2}{2!}+\frac{(z-i)^4}{4!}-+\cdots\}.$

(2) 例えば $\log i=\frac{\pi i}{2}$ なる分枝を取るとこれが定数項で，他は $\frac{1}{z}$ とその逐次導関数の $z=i$ での値から一意に求まり，

$\log z=\frac{\pi i}{2}-i(z-i)+\frac{1}{2}(z-i)^2+\frac{i}{3}(z-i)^3-\frac{1}{4}(z-i)^4-\frac{i}{5}(z-i)^5+\cdots$
$=\left\{\frac{\pi i}{2}+\frac{(z-i)^2}{2}-\frac{(z-i)^4}{4}+-\cdots\right\}-i\left\{(z-i)-\frac{(z-i)^3}{3}+\frac{(z-i)^5}{5}-+\cdots\right\}.$

問 4.2-2 (1) ヒントに従って部分積分を繰り返す．数学的帰納法により，

$f(z)=f(\alpha)+f'(\alpha)(z-\alpha)+\cdots+\frac{f^{(n-1)}(\alpha)}{(n-1)!}+\frac{(z-\alpha)^n}{(n-1)!}\int_0^1 f^{(n)}(\alpha+t(z-\alpha))(1-t)^{n-1}dt$

が得られたとすると，最後の項を部分積分で変形すれば

$=\left[-\frac{(z-\alpha)^n}{n!}f^{(n)}(\alpha+t(z-\alpha))(1-t)^n\right]_0^1+\frac{(z-\alpha)^{n+1}}{n!}\int_0^1 f^{(n+1)}(\alpha+t(z-\alpha))(1-t)^n dt$
$=\frac{(z-\alpha)^n}{n!}f^{(n)}(\alpha)+\frac{(z-\alpha)^{n+1}}{n!}\int_0^1 f^{(n+1)}(\alpha+t(z-\alpha))(1-t)^n dt$

となるので，任意の n について公式が成り立つ．ちなみに，この部分積分は，微積分と同様，積と合成関数の微分公式から得られる式

$\frac{d}{dt}\left\{\frac{(z-\alpha)^n}{n!}f^{(n)}(\alpha+t(z-\alpha))(1-t)^n\right\}$
$=\frac{(z-\alpha)^{n+1}}{n!}f^{(n+1)}(\alpha+t(z-\alpha))(1-t)^n-\frac{(z-\alpha)^n}{(n-1)!}f^{(n)}(\alpha+t(z-\alpha))(1-t)^{n-1}$

の両辺を t で 0 から 1 まで積分すれば得られる．

(2) (4.4) より $f^{(n+1)}(\alpha+t(z-\alpha))=\frac{(n+1)!}{2\pi i}\int_{|\zeta-\alpha|=R}\frac{f(\zeta)}{\{\zeta-\alpha-t(z-\alpha)\}^{n+2}}d\zeta.$

ここで初等的な積分の計算：$|a|>1$ のとき $\int_0^1\frac{(1-t)^n}{(a-t)^{n+2}}dt=\frac{1}{(n+1)(a-1)a^{n+1}}$ （この導出例は ）を $a=\frac{\zeta-\alpha}{z-\alpha}$ として使うと，

$\frac{(z-\alpha)^{n+1}}{n!}\int_0^1 f^{(n+1)}(\alpha+t(z-\alpha))(1-t)^n dt$
$=\frac{(z-\alpha)^{n+1}}{n!}\frac{(n+1)!}{2\pi i}\int_0^1(1-t)^n dt\int_{|\zeta-\alpha|=R}\frac{f(\zeta)}{\{\zeta-\alpha-t(z-\alpha)\}^{n+2}}d\zeta$

$$= \frac{(z-\alpha)^{n+1}(n+1)}{2\pi i}\int_{|\zeta-\alpha|=R} f(\zeta)d\zeta \int_0^1 \frac{(1-t)^n}{(\frac{\zeta-\alpha}{z-\alpha}-t)^{n+2}}dt\frac{1}{(z-\alpha)^{n+2}}$$
$$= \frac{(z-\alpha)^{n+1}(n+1)}{2\pi i}\int_{|\zeta-\alpha|=R} f(\zeta)\frac{1}{(n+1)(\frac{\zeta-\alpha}{z-\alpha}-1)(\frac{\zeta-\alpha}{z-\alpha})^{n+1}}d\zeta\frac{1}{(z-\alpha)^{n+2}}$$
$$= \frac{(z-\alpha)^{n+1}}{2\pi i}\oint_{|\zeta-\alpha|=R} \frac{f(\zeta)}{(\zeta-z)(\zeta-\alpha)^{n+1}}d\zeta.$$

(3) 評価の優劣は関数に依る．$\alpha = 0$ のときの $f(z) = z$, $\frac{1}{R+\varepsilon-z}$ で確認できる．

問 4.3-1　$|z| = \sqrt{x^2+y^2}$ は $z \neq 0$ では C^∞ 級である．$|z| < R$ では，$\frac{|z|-R}{\delta} < 0$ なので，そこでは χ は恒等的に 0 なので，(4.22) はもちろん C^∞ 級である．よって調べなければならないのは，$\frac{|z|-R}{\delta}$ が定義式 (4.22) の繋ぎ目の 0 あるいは 1 の値をとるあたりであるが，そこではこの分数は z につき C^∞ 級である．χ は C^2 級なので，代入したものは C^2 級となる．

第5章

問 5.1-1　z, w が右半平面に有れば，これらの偏角は $-\frac{\pi}{2} < \arg z, \arg w < \frac{\pi}{2}$ に選べる．このとき zw の偏角は自然にこれらの足し算で $-\pi < \arg(zw) < \pi$ の範囲に取れる．この自然な選択では実軸における加法定理が関数関係不変の原理により成立し $\log z + \log w = \log(zw)$ となる．$\log(zw)$ の値の不定性は $2\pi i$ の整数倍なので，この偏角の範囲には値の候補は他に存在しないから，偏角をこのように指定すれば加法定理が成り立つ．

問 5.1-2　実軸上で $\frac{d}{dx}\log x = \frac{1}{x}$ が成り立つことは既知とする．$\log z$ をこのように定義すると正則関数となることは既に問 2.3-2 で示されている．一般論によりその複素導関数も正則関数となるが，z が正の実軸上にあるときは $\log z = \log x$ は実の対数関数であり，そこでは (2.39) により $\frac{d}{dz}\log z = \frac{\partial}{\partial x}\log z = \frac{d}{dx}\log x = \frac{1}{x}$ である．よって解析接続の一意性により $\frac{d}{dz}\log z$ は $\frac{1}{x}$ の解析接続である $\frac{1}{z}$ と一致する．なお以上の論法は関数関係不変の原理に含まれるものなので，試験等で証明を求められた場合以外はこのような丁寧な説明をせずに使ってよい．

問 5.2-1　仮定により $1/f(z)$ は Ω で正則である．$|f(z)|$ が $\alpha \in \Omega$ で正の最小値に到達したとすると，$1/f(z)$ はそこで絶対値が最大になる．よって最大値原理により $1/f(z)$ は Ω で定数 c となるから，$f(z)$ もそこで定数 $1/c$ となる．後半は $f(z) = z^n + c_1 z^{n-1} + \cdots + c_n$ $(n \geq 1)$ とすれば，$|f(z)| = |z|^n|1 + \frac{c_1}{z} + \cdots + \frac{c_n}{z^n}|$ は $z \to \infty$ で限りなく大きくなるので，ある有界な範囲 $|z| \leq R$ で最小値を取る．それがもし 0 なら根が求まったことになるし，もし正なら上で示したことにより $f(z)$ は定数となり不合理となる．

問 5.2-2　$f(z)$ が実数値なら，絶対値を付けなくても値の大小比較ができるので，(5.3) においてもし $f(z)$ が α で最大値に到達すると，$f(\alpha) = \frac{1}{\pi R^2}\iint_{|z-\alpha|\leq R} f(z)dxdy \leq \frac{1}{\pi R^2}\iint_{|z-\alpha|\leq R} f(\alpha)dxdy = f(\alpha)$ となる．よって途中の $\leq$ は等号でなければならず，$\iint_{|z-\alpha|\leq R}\{f(\alpha) - f(z)\}dxdy = 0$ となるが，この被積分関数は非負なので，それは恒等的に零でなければならない．最小値定理は，“領域内の 1 点で $f(z)$ が最小値に到達すれば，それは定数となる” と述べられ，上の証明で $\leq$ を $\geq$ に変えてやり直すか，$-f(z)$ に最大値定理を適用すれば得られる．

問 5.3-1　$zf(z)$ は Riemann の除去可能特異点定理の仮定を満たすので，$z = 0$ で正則となる．よってこの原点での値を c とすれば $f(z)=\frac{c}{z}+g(z)$ で $g(z)$ は原点で正則となる．もし $c\neq 0$ なら $f(z)z^q=\frac{c}{z^{1-q}}+z^q g(z)$ は $z\to 0$ のとき値が有界でなく，仮定に反する．よって $f(z)=g(z)$ となり，f は原点に正則に拡張される．

問 5.3-2 系 5.9 の不等式 (5.5) を $K=\{|z-\alpha|=r\}$, $\varepsilon=\frac{r}{2}$ として用いると，$\max_{|z-\alpha|=r}|f(z)|\leq\frac{4}{\pi r^2}\iint_{\frac{r}{2}\leq|z-\alpha|\leq\frac{3r}{2}}|f(z)|dxdy$ で，この積分は $r\to 0$ のとき仮定により 0 に近づく．従って $(z-\alpha)^2 f(z)$ は $z\to\alpha$ のとき 0 に近づくから，Riemann の除去可能特異点定理により $(z-\alpha)^2 f(z)$ は $z=\alpha$ で正則，かつこの点は $f(z)$ の高々 1 位の極となる．（なお $f(z)=\frac{1}{z}$ は実際に 1 位の極を持つ例である．）

問 5.3-3 (1) $\sin\frac{1}{z}=\sum_{n=0}^{\infty}\frac{(-1)^n}{(2n+1)!}\frac{1}{z^{2n+1}}$.

(2) $e^{1/z}=\sum_{j=0}^{\infty}\frac{1}{j!}\frac{1}{z^j}$ と $\frac{1}{1-z}=\sum_{k=0}^{\infty}z^k$ を掛け合わせると，$0<|z|<1$ で $\frac{e^{1/z}}{1-z}=\sum_{n=-\infty}^{\infty}\left(\sum_{k-j=n,j\geq 0,k\geq 0}\frac{1}{j!}\right)z^n=\sum_{n=-\infty}^{\infty}\left(\sum_{j=\max\{-n,0\}}^{\infty}\frac{1}{j!}\right)z^n$.

(3) $\frac{1}{1-z}=-\frac{1}{z}\frac{1}{1-\frac{1}{z}}=-\sum_{k=1}^{\infty}\frac{1}{z^k}$. これと $e^{1/z}$ の上記展開を掛け合わせると，$|z|>1$ で $\frac{e^{1/z}}{1-z}=-\sum_{n=1}^{\infty}\left(\sum_{j\geq 0,k\geq 1,j+k=n}\frac{1}{j!}\right)\frac{1}{z^n}=-\sum_{n=1}^{\infty}\left(\sum_{j=0}^{n-1}\frac{1}{j!}\right)\frac{1}{z^n}$.

問 5.3-4 (1) $z=0$ での Laurent 展開は $\frac{1}{z^4(z-1)^3}=-\frac{1}{z^4(1-3z+3z^2-z^3)}=$
$-\frac{1}{z^4}\{1+(3z-3z^2+z^3)+(3z-3z^2+z^3)^2+(3z-3z^2+z^3)^3+\cdots\}$
$=-\frac{1}{z^4}(1+3z-3z^2+z^3+9z^2-18z^3+27z^3+\cdots)=-\frac{1}{z^4}(1+3z+6z^2+10z^3+\cdots)$
$=-\frac{1}{z^4}-\frac{3}{z^3}-\frac{6}{z^2}-\frac{10}{z}+\cdots$. 次に $z=1$ では
$\frac{1}{z^4(z-1)^3}=\frac{1}{(1+z-1)^4(z-1)^3}=\frac{1}{(z-1)^3\{1+4(z-1)+6(z-1)^2+\cdots\}}$
$=\frac{1}{(z-1)^3}\{1-4(z-1)-6(z-1)^2+16(z-1)^2+\cdots\}=\frac{1}{(z-1)^3}-\frac{4}{(z-1)^2}+\frac{10}{z-1}+\cdots$. よってこれらの負冪項を集めて $\frac{1}{z^4(z-1)^3}=-\frac{1}{z^4}-\frac{3}{z^3}-\frac{6}{z^2}-\frac{10}{z}+\frac{1}{(z-1)^3}-\frac{4}{(z-1)^2}+\frac{10}{z-1}$.
原始関数は $\frac{1}{3z^3}+\frac{3}{2z^2}+\frac{6}{z}-10\log z-\frac{1}{2(z-1)^2}+\frac{4}{z-1}+10\log(z-1)$.

(2) まず $z=0$ での Laurent 展開は $\frac{1}{z(z^2+1)}=\frac{1}{z}(1+\cdots)=\frac{1}{z}+\cdots$. 次に $z=i$ における Laurent 展開は $\frac{1}{z(z^2+1)}=\frac{1}{(z-i)i\cdot 2i}+\cdots=-\frac{1}{2}\frac{1}{z-i}+\cdots$. $z=-i$ における展開はこの複素共役で $=-\frac{1}{2}\frac{1}{z+i}+\cdots$. これらの負冪だけを集めれば $\frac{1}{z(z^2+1)}=\frac{1}{z}-\frac{1}{2}\frac{1}{z-i}-\frac{1}{2}\frac{1}{z+i}=\frac{1}{z}-\frac{z}{z^2+1}$. よって原始関数は $\log z-\frac{1}{2}\log(z^2+1)=\log\frac{z}{\sqrt{z^2+1}}$.

(3) $z=0$ での Laurent 展開は
$\frac{1}{z^3(z^2+1)^2}=\frac{1}{z^3}(1-z^2+\cdots)^2=\frac{1}{z^3}(1-2z^2+\cdots)=\frac{1}{z^3}-\frac{2}{z}+\cdots$.
次に $z=i$ では $\frac{1}{z^3(z^2+1)^2}=\frac{1}{(z-i)^2}\frac{1}{z^3}\frac{1}{(z+i)^2}=\frac{1}{(z-i)^2}\frac{1}{(z-i+i)^3}\frac{1}{(z-i+2i)^2}$
$=\frac{1}{(z-i)^2}\frac{1}{i^3}\frac{1}{\{1-i(z-i)\}^3}\frac{1}{(2i)^2}\frac{1}{\{1-\frac{i}{2}(z-i)\}^2}$
$=\frac{1}{4i}\frac{1}{(z-i)^2}\{1+3i(z-i)+\cdots\}\{1+i(z-i)+\cdots\}$
$=\frac{1}{4i}\frac{1}{(z-i)^2}\{1+4i(z-i)+\cdots\}=\frac{1}{4i}\frac{1}{(z-i)^2}+\frac{1}{z-i}+\cdots$.
$z=-i$ における展開は，上で i を一斉に $-i$ で置き換えればよい．すなわち複素共役を取ればよい．以上の負冪部分を集めると $\frac{1}{z^3(z^2+1)^2}=$
$\frac{1}{z^3}-\frac{2}{z}+\left\{\frac{1}{4i}\frac{1}{(z-i)^2}+\frac{1}{z-i}\right\}+\left\{-\frac{1}{4i}\frac{1}{(z+i)^2}+\frac{1}{z+i}\right\}=\frac{1}{z^3}-\frac{2}{z}+\frac{z}{(z^2+1)^2}+\frac{2z}{z^2+1}$.
この原始関数は実のままでも簡単に求まり，

$\int \frac{dz}{z^3(z^2+1)^2} = -\frac{1}{2z^2} - 2\log z - \frac{1}{2}\frac{1}{z^2+1} + \log(z^2+1)$.

(4) この問題は非負冪の多項式が現れる．微積分では普通割り算の商としてそれを求めるが，これは z の下降冪展開（$z=\infty$ における Laurent 展開）から同様の漸近計算で求まる：$\frac{z^4}{(z+1)(z^2+z+1)} = \frac{z}{(1+\frac{1}{z})(1+\frac{1}{z}+\frac{1}{z^2})} = z(1-\frac{1}{z}+\cdots)(1-\frac{1}{z}+\cdots) = z-2+\cdots$.

次に分母の零点は -1 と $z^2+z+1=(z-\omega)(z-\omega^2)$ の根であり，ここに $\omega = \frac{-1+\sqrt{3}i}{2}$ は 1 の原始 3 乗根で $\omega^2 = \overline{\omega}$. まず $z=-1$ では $\frac{z^4}{(z+1)(z^2+z+1)} = \frac{1}{z+1}+\cdots$. 次に $z=\omega$ では $\omega+1=-\omega^2$ に注意して，$\frac{z^4}{(z+1)(z^2+z+1)} = \frac{1}{z-\omega}\frac{\omega^4}{(\omega+1)(\omega-\overline{\omega})}+\cdots = -\frac{1}{\sqrt{3}i}\frac{\overline{\omega}}{z-\omega}+\cdots$. $z=\overline{\omega}$ ではこの複素共役で $\frac{z^4}{(z+1)(z^2+z+1)} = \frac{1}{\sqrt{3}i}\frac{\omega}{z-\overline{\omega}}+\cdots$. 以上を合わせると部分分数分解は $\frac{z^4}{(z+1)(z^2+z+1)} = z-2+\frac{1}{z+1}-\frac{\overline{\omega}}{\sqrt{3}i}\frac{1}{z-\omega}+\frac{\omega}{\sqrt{3}i}\frac{1}{z-\overline{\omega}} = z-2+\frac{1}{z+1}+\frac{1}{\sqrt{3}i}\frac{(\omega-\overline{\omega})(z+1)}{z^2+z+1} = z-2+\frac{1}{z+1}+\frac{\sqrt{3}i}{\sqrt{3}i}\frac{z+1}{z^2+z+1} = z-2+\frac{1}{z+1}+\frac{z+1}{z^2+z+1}$.

原始関数は $\frac{z^2}{2}-2z+\log(z+1)+\frac{1}{2}\log(z^2+z+1)+\frac{1}{\sqrt{3}}\operatorname{Arctan}\frac{2z+1}{\sqrt{3}}$.

問 5.5-1 (1) $\cos\theta = \frac{z+\overline{z}}{2} = \frac{z^2+1}{2z}$, $\sin\theta = \frac{z-\overline{z}}{2i} = \frac{z^2-1}{2iz}$, $d\theta = \frac{dz}{iz}$ と置き，複素積分に直すと

$I = \int_0^{2\pi}\frac{1}{2+a\cos\theta+b\sin\theta}d\theta = \oint_{|z|=1}\frac{1}{2+a\frac{z^2+1}{2z}+b\frac{z^2-1}{2iz}}\frac{dz}{iz} = \frac{2}{i}\oint_{|z|=1}\frac{1}{(a-bi)z^2+4z+(a+bi)}dz$.

ここで分母の 2 次方程式は根 $\frac{-2\pm\sqrt{4-(a-bi)(a+bi)}}{a-bi} = \frac{-2\pm\sqrt{4-a^2-b^2}}{a-bi}$ を持ち，そのうち複号が + のものだけが単位円内に存在する．よってそこでの留数を計算すると，

$I = 2\pi i\frac{2}{i(a-bi)}\frac{1}{2\frac{\sqrt{4-a^2-b^2}}{a-bi}} = \frac{2\pi}{\sqrt{4-a^2-b^2}}$.

(2) $\cos^2(\theta+\pi) = \cos^2\theta$ なので

$I = \int_0^{\pi}\frac{1}{a+b\cos^2\theta}d\theta = \frac{1}{2}\int_0^{2\pi}\frac{1}{a+b\cos^2\theta}d\theta$ に注意し $\cos\theta = \frac{z+\overline{z}}{2} = \frac{z^2+1}{2z}$，また $z=e^{i\theta}$ から $d\theta = \frac{dz}{iz}$ により複素積分に直すと

$I = \frac{1}{2}\int_{|z|=1}\frac{1}{a+b\frac{(z^2+1)^2}{4z^2}}\frac{dz}{iz} = \frac{2}{i}\int_{|z|=1}\frac{z}{4az^2+b(z^2+1)^2}dz$. ここで分母は

$\sqrt{b}(z^2+1)\pm 2\sqrt{a}iz = \sqrt{b}(z^2\pm 2\sqrt{\frac{a}{b}}iz+1)$ という二つの 2 次因子に分解される．この各々は 2 個の根を持つが，解いてみれば分かるようにどちらも純虚数で，かつその一方 $\mp\left(\sqrt{\frac{a}{b}}-\sqrt{\frac{a}{b}+1}\right)i$ だけが単位円内にある．よって留数計算の結果は

$$= \frac{4\pi i}{bi}\left\{\frac{z}{(z+(\sqrt{\frac{a}{b}}+\sqrt{\frac{a}{b}+1})i)(z-(\sqrt{\frac{a}{b}}+\sqrt{\frac{a}{b}+1})i)(z-(\sqrt{\frac{a}{b}}-\sqrt{\frac{a}{b}+1})i)}\Big|_{z\mapsto-(\sqrt{\frac{a}{b}}-\sqrt{\frac{a}{b}+1})i}\right.$$
$$\left.+\frac{z}{(z+(\sqrt{\frac{a}{b}}+\sqrt{\frac{a}{b}+1})i)(z+(\sqrt{\frac{a}{b}}-\sqrt{\frac{a}{b}+1})i)(z-(\sqrt{\frac{a}{b}}+\sqrt{\frac{a}{b}+1})i)}\Big|_{z\mapsto(\sqrt{\frac{a}{b}}-\sqrt{\frac{a}{b}+1})i}\right\}$$
$$= \frac{4\pi}{b}\left(\frac{-(\sqrt{\frac{a}{b}}-\sqrt{\frac{a}{b}+1})i}{(2\sqrt{\frac{a}{b}+1}i)(-2\sqrt{\frac{a}{b}}i)(-2(\sqrt{\frac{a}{b}}-\sqrt{\frac{a}{b}+1})i)}+\frac{(\sqrt{\frac{a}{b}}-\sqrt{\frac{a}{b}+1})i}{(2\sqrt{\frac{a}{b}}i)2(\sqrt{\frac{a}{b}}-\sqrt{\frac{a}{b}+1})i}\frac{1}{-2\sqrt{\frac{a}{b}+1}i}\right)$$
$$= \frac{4\pi}{b}\left(\frac{1}{8\sqrt{\frac{a}{b}}\sqrt{\frac{a}{b}+1}}+\frac{1}{8\sqrt{\frac{a}{b}}\sqrt{\frac{a}{b}+1}}\right) = \frac{\pi}{b}\frac{1}{\sqrt{\frac{a}{b}}\sqrt{\frac{a}{b}+1}} = \frac{\pi}{\sqrt{a}\sqrt{a+b}}.$$

別解　倍角公式で $\cos^2\theta = \frac{1+\cos 2\theta}{2}$ と書き直すと $I = \int_0^{\pi}\frac{1}{a+b\frac{1+\cos 2\theta}{2}}d\theta = \int_0^{2\pi}\frac{1}{a+b\frac{1+\cos\varphi}{2}}\frac{d\varphi}{2} = \int_0^{2\pi}\frac{1}{2a+b+b\cos\varphi}d\varphi$. ここで，$\cos\varphi = \frac{z+\overline{z}}{2} = \frac{z^2+1}{2z}$，また $d\varphi = \frac{dz}{iz}$ により複素積分に直すと $I = \int_{|z|=1}\frac{1}{2a+b+b\frac{z^2+1}{2z}}\frac{dz}{iz} = \frac{2}{bi}\int_{|z|=1}\frac{1}{z^2+2(2\frac{a}{b}+1)z+1}dz$.

この分母は 2 実根 $-(2\frac{a}{b}+1)\pm\sqrt{(2\frac{a}{b}+1)^2-1} = -(2\frac{a}{b}+1)\pm 2\sqrt{\frac{a}{b}+1}\sqrt{\frac{a}{b}}$

を持ち，複号が $+$ の方だけが単位円内にあるので，そこでの留数を計算すると $I = 2\pi i \frac{2}{bi}\frac{1}{4\sqrt{\frac{a}{b}+1}\sqrt{\frac{a}{b}}} = \frac{\pi}{\sqrt{a+b}\sqrt{a}}$. なお，この問題の積分を $\frac{2a+b}{2}$ 倍すれば，(1) の問題で $a \mapsto \frac{2b}{2a+b}$, $b \mapsto 0$ としたものになるので，前問の答から $\frac{2}{2a+b}\frac{\pi}{\sqrt{4-\frac{4b^2}{(2a+b)^2}}} = \frac{\pi}{\sqrt{(2a+b)^2-b^2}} = \frac{\pi}{\sqrt{a+b}\sqrt{a}}$ と検算できる．

(3) $\int_{\pi/2}^{\pi}\frac{1}{a+b\cos^4\theta}d\theta = \int_0^{\pi/2}\frac{1}{a+b\cos^4(\theta+\frac{\pi}{2})}d\theta = \int_0^{\pi/2}\frac{1}{a+b\sin^4\theta}d\theta$
$= \int_0^{\pi/2}\frac{1}{a+b\sin^4(\frac{\pi}{2}-\theta)}d\theta = \int_0^{\pi/2}\frac{1}{a+b\cos^4\theta}d\theta$ なので，$I = \int_0^{\pi/2}\frac{1}{a+b\cos^4\theta}d\theta = \frac{1}{2}\int_0^{\pi}\frac{1}{a+b\cos^4\theta}d\theta$. ここで倍角公式を用いると，$2\theta = \varphi$ として
$I = \frac{1}{2}\int_0^{\pi}\frac{1}{a+b(\frac{\cos 2\theta+1}{2})^2}d\theta = \int_0^{2\pi}\frac{1}{4a+b(\cos\varphi+1)^2}d\varphi$. ここで $\cos\varphi = \frac{z+\overline{z}}{2} = \frac{z^2+1}{2z}$, $d\varphi = \frac{dz}{iz}$ として複素積分に直せば $I = \oint_{|z|=1}\frac{1}{4a+b(\frac{z^2+1}{2z}+1)^2}\frac{dz}{iz} = \frac{4}{i}\oint_{|z|=1}\frac{z}{16az^2+b(z+1)^4}dz = \frac{4}{bi}\oint_{|z|=1}\frac{z}{\{(z+1)^2+4i\sqrt{\frac{a}{b}}z\}\{(z+1)^2-4i\sqrt{\frac{a}{b}}z\}}dz$.
よって分母の零点は二つの 2 次方程式 $f_\pm(z) := z^2+(2\pm 4\sqrt{\frac{a}{b}}i)z+1 = 0$ の根から求まる．どちらも 2 根の積は 1 だが，もとの被積分関数の分母が消えないので根は単位円周上には無く，従ってどちらか一方だけが円内に存在する．二つの方程式は係数が互いに複素共役なので，根も複素共役のはずである．今 $f_+(z)$ の方の根を α, β とし，α を単位円内に有るものとすれば，$\frac{1}{2\pi i}\oint_{|z|=1}\frac{z}{\{(z+1)^2+4i\sqrt{\frac{a}{b}}z\}\{(z+1)^2-4i\sqrt{\frac{a}{b}}z\}}dz = \mathrm{Res}_{z=\alpha}\frac{z}{(z-\alpha)(z-\beta)(z-\overline{\alpha})(z-\overline{\beta})} + \mathrm{Res}_{z=\overline{\alpha}}\frac{z}{(z-\alpha)(z-\beta)(z-\overline{\alpha})(z-\overline{\beta})} = \frac{\alpha}{(\alpha-\beta)f_-(\alpha)} + \frac{\overline{\alpha}}{(\overline{\alpha}-\overline{\beta})f_+(\overline{\alpha})}\ldots(*)$. ここで，
$f_+(z)-f_-(z) = 8i\sqrt{\frac{a}{b}}z$ より，$f_-(\alpha) = f_+(\alpha)-8i\sqrt{\frac{a}{b}}\alpha = -8i\sqrt{\frac{a}{b}}\alpha$,
$f_+(\overline{\alpha}) = 8i\sqrt{\frac{a}{b}}\overline{\alpha}$. これらを上に代入すると，$(*) = \frac{i}{8(\alpha-\beta)\sqrt{\frac{a}{b}}} - \frac{i}{8(\overline{\alpha}-\overline{\beta})\sqrt{\frac{a}{b}}}$. また直接方程式から $\alpha,\beta = -(1+2\sqrt{\frac{a}{b}}i) \pm \sqrt{1-4\frac{a}{b}+4\sqrt{\frac{a}{b}}i-1} =$
$-(1+2\sqrt{\frac{a}{b}}i) \pm 2\sqrt{\frac{a}{b}}\sqrt{-1+\sqrt{\frac{b}{a}}i}$. ここで最後の平方根は偏角が $0<\theta<\frac{\pi}{2}$ のものを表すとすれば，複号が $-$ の方は p.245 の図 A.4 を見ると単位円外に出るので，α, β はそれぞれ $+$, $-$ に対応するから，$\alpha-\beta = 4\sqrt{\frac{a}{b}}\sqrt{-1+\sqrt{\frac{b}{a}}i}$. また未定係数法でこの偏角の条件から $\sqrt{-1+\sqrt{\frac{b}{a}}i} = \sqrt{-\frac{1}{2}+\frac{1}{2}\sqrt{\frac{a+b}{a}}} + \sqrt{\frac{1}{2}+\frac{1}{2}\sqrt{\frac{a+b}{a}}}i$ であることが分かる．従って $(*) = \frac{i}{32\frac{a}{b}}\left(\frac{1}{\sqrt{-1+\sqrt{\frac{b}{a}}i}} - \frac{1}{\sqrt{-1-\sqrt{\frac{b}{a}}i}}\right)$

$$= \frac{bi}{32a}\frac{\sqrt{-1-\sqrt{\frac{b}{a}}i}-\sqrt{-1+\sqrt{\frac{b}{a}}i}}{\sqrt{1+\frac{b}{a}}} = \frac{bi}{32a}\frac{-2\sqrt{\frac{1}{2}+\frac{1}{2}\sqrt{\frac{a+b}{a}}}i}{\sqrt{\frac{a+b}{a}}} = \frac{b}{16a}\sqrt{\frac{a}{a+b}}\sqrt{\frac{1}{2}+\frac{1}{2}\sqrt{\frac{a+b}{a}}}.$$

求める積分はこの $\frac{4}{bi}2\pi i = \frac{8\pi}{b}$ 倍で $\frac{\pi}{2\sqrt{2}\sqrt{a}\sqrt{a+b}}\sqrt{1+\sqrt{\frac{a+b}{a}}} = \pi\frac{\sqrt{a+\sqrt{a(a+b)}}}{2\sqrt{2}a\sqrt{a+b}}$.

(4) (2) と同じ変換で $\int_0^{2\pi}\cos^n\theta d\theta = \oint_{|z|=1}(\frac{z^2+1}{2z})^n\frac{dz}{iz} = \frac{1}{2^n i}\oint_{|z|=1}\frac{1}{z^{n+1}}(z^2+1)^n dz = \frac{1}{2^n i}\oint_{|z|=1}\frac{1}{z^{n+1}}\sum_{k=0}^n {}_n\mathrm{C}_k z^{2k}dz$. 被積分関数の $z=0$ における Laurent 展開の $\frac{1}{z}$ の係数は，分子の z^n の係数に等しく，従って n が偶数なら ${}_n\mathrm{C}_{n/2}$ となり，奇数なら零となる．よって求める積分値は，n が偶数のとき $\frac{1}{2^n i}\cdot 2\pi i\cdot {}_n\mathrm{C}_{n/2} = \frac{\pi}{2^{n-1}}\frac{n!}{(\frac{n}{2}!)^2} = 2\pi\frac{(n-1)!!}{n!!}$ (!! は一つ飛びの階乗を表す)，また n が奇数のときは 0 となる．

問 5.5-2 (1) $\frac{1}{z^4+1}$ の極は $z=e^{k\pi i/4}$, $k=1,3,5,7$ で，うち上半平面に有るのは最初の二つだから，積分路を上にずらした極限でこの 2 点での留数が残り，

$\int_{-\infty}^{\infty}\frac{1}{x^4+1}dx = 2\pi i \operatorname{Res}_{z=e^{\pi i/4}}\frac{1}{z^4+1} + 2\pi i \operatorname{Res}_{z=e^{3\pi i/4}}\frac{1}{z^4+1}$
$= \frac{2\pi i}{(e^{\pi i/4}-e^{3\pi i/4})(e^{\pi i/4}-e^{5\pi i/4})(e^{\pi i/4}-e^{7\pi i/4})}$
$+ \frac{2\pi i}{(e^{3\pi i/4}-e^{\pi i/4})(e^{3\pi i/4}-e^{5\pi i/4})(e^{3\pi i/4}-e^{7\pi i/4})}$
$= \frac{2\pi i}{e^{\pi i/4}-e^{3\pi i/4}}\left\{\frac{1}{(e^{\pi i/4}-e^{5\pi i/4})(e^{\pi i/4}-e^{7\pi i/4})} - \frac{1}{(e^{3\pi i/4}-e^{5\pi i/4})(e^{3\pi i/4}-e^{7\pi i/4})}\right\}$
$= \frac{2\pi i}{e^{\pi i/4}+e^{-\pi i/4}}\left\{\frac{1}{(1-e^{\pi i})(e^{\pi i/2}-1)} - \frac{1}{(1-e^{\pi i/2})(e^{3\pi i/2}-e^{5\pi i/2})}\right\}$
$= \frac{2\pi i}{2\cos(\pi/4)}\left\{\frac{1}{2(i-1)} - \frac{1}{(1-i)(-2i)}\right\} = \frac{\pi i}{\sqrt{2}}\left(\frac{1}{i-1}+\frac{1}{i+1}\right) = \frac{\pi i}{\sqrt{2}}\frac{2i}{-2} = \frac{\pi}{\sqrt{2}}$.

(2) 積分路を上方にずらすと，$z=i, 2i$ で 1 位の極を通り留数が残って後は消失するので $\int_{-\infty}^{\infty}\frac{1}{(x^2+1)(x^2+4)}dx = 2\pi i\left\{\operatorname{Res}_{z=i}\frac{1}{(x^2+1)(x^2+4)} + \operatorname{Res}_{z=2i}\frac{1}{(x^2+1)(x^2+4)}\right\}$
$= 2\pi i\left\{\frac{1}{2i(-1+4)} + \frac{1}{(-4+1)4i}\right\} = 2\pi\left(\frac{1}{6}-\frac{1}{12}\right) = \frac{\pi}{6}$.

(3) $(x^2+1)^3=(x-i)^3(x+i)^3$ なので，積分路を上方にずらすと $x=i$ で 3 位の極に当たる．よって $\int_{-\infty}^{\infty}\frac{x^2}{(x^2+1)^3}dx = 2\pi i \operatorname{Res}_{z=i}\frac{z^2}{(z^2+1)^3}$ と計算できる．$\frac{z^2}{(z^2+1)^3} = \frac{(z-i+i)^2}{(z-i)^3(z-i+2i)^3} = \frac{i^2(1+\frac{z-i}{i})^2}{(z-i)^3(2i)^3(1+\frac{z-i}{2i})^3} = \frac{1}{8i}\frac{\{1+2\frac{z-i}{i}+\frac{(z-i)^2}{-1}\}\{1-\frac{z-i}{2i}+\frac{(z-i)^2}{-4}+\cdots\}^3}{(z-i)^3}$.
ここで多項定理により $\{1-\frac{z-i}{2i}+\frac{(z-i)^2}{-4}+\cdots\}^3 = 1-\frac{3!}{2!1!}\frac{z-i}{2i}+\frac{3!}{1!2!}\frac{(z-i)^2}{-4}+\frac{3!}{2!1!}\frac{(z-i)^2}{-4}+\cdots = 1+\frac{3}{2}i(z-i)-\frac{3}{2}(z-i)^2+\cdots$ なので，最初の分数は $\frac{z^2}{(z^2+1)^3} = \frac{1}{8i}\frac{1-\frac{i}{2}(z-i)+\frac{1}{2}(z-i)^2+\cdots}{(z-i)^3}$ となるから留数は $\frac{1}{16i}$．積分の値はこの $2\pi i$ 倍で $\frac{\pi}{8}$.

問 5.5-3 (1) 例 5.5-3 の結果を用いると $\int_0^{\infty}\frac{\cos x}{x^2+1}dx = \frac{1}{2}\int_{-\infty}^{\infty}\frac{\cos x}{x^2+1}dx = \frac{\pi}{2e}$.

(2) $\int_0^{\infty}\frac{x\sin x}{(x^2+1)^2}dx = \frac{1}{2}\int_{-\infty}^{\infty}\frac{x\sin x}{(x^2+1)^2}dx = \operatorname{Im}\left\{\frac{1}{2}\int_{-\infty}^{\infty}\frac{ze^{iz}}{(z^2+1)^2}dz\right\}$ として，積分路を上方に平行移動する．（実部が対称性により消えているので，Im を付ける代わりに計算結果から i を除去してもよい．）極限において $z=i$ における留数が残り，$\{\ \} = \frac{2\pi i}{2}\operatorname{Res}_{z=i}\frac{ze^{iz}}{(z^2+1)^2} = \pi i \operatorname{Res}_{z=i}\frac{ze^{iz}}{(z^2+1)^2}$．ここで，
$\frac{ze^{iz}}{(z^2+1)^2} = \frac{(z-i+i)e^{i(z-i)-1}}{(z-i+2i)^2(z-i)^2} = \frac{1}{e}\frac{\{i+(z-i)\}\{1+i(z-i)+\cdots\}}{-4\{1-\frac{i}{2}(z-i)+\cdots\}^2(z-i)^2}$
$= -\frac{i}{4e}\frac{\{1-i(z-i)\}\{1+i(z-i)+\cdots\}\{1+i(z-i)+\cdots\}}{(z-i)^2} = -\frac{i}{4e}\frac{1+i(z-i)+\cdots}{(z-i)^2}$ なので，留数は $\frac{1}{4e}$.
よって積分の結果は $\frac{\pi i}{4e}$ となるから，求める答は $\frac{\pi}{4e}$.

問 5.5-4 (1) 例 5.5-5 の真似をし，もとの積分を I と置き $J=\int_0^{\infty}\frac{\log x}{x^2-x+1}dx$ を原点の周りに正の向きに一回転させると，z^2-z+1 の零点が $-\omega=e^{5\pi i/3}=e^{-\pi i/3}$, $-\omega^2=e^{\pi i/3}$ であることに注意すれば，
$J = \int_0^{\infty}\frac{\log x+2\pi i}{x^2-x+1}dx + 2\pi i\operatorname{Res}_{-\omega^2}\frac{\log z}{z^2-z+1} + 2\pi i \operatorname{Res}_{-\omega}\frac{\log z}{z^2-z+1} = J+2\pi i I + 2\pi i\left(\frac{\pi i/3}{e^{\pi i/3}-e^{-\pi i/3}}+\frac{5\pi i/3}{e^{-\pi i/3}-e^{\pi i/3}}\right)$．よって $I = -\frac{\pi i/3-5\pi i/3}{e^{\pi i/3}-e^{-\pi i/3}} = \frac{2}{3}\frac{1}{\sin\frac{\pi}{3}} = \frac{4}{3\sqrt{3}}$.

(2) $J=\int_0^{\infty}\frac{(\log x)^2}{x^2+1}dx$ を原点の周りに一周回すと，$\int_0^{\infty}\frac{(\log x+2\pi i)^2}{x^2+1}dx = J + 4\pi i\int_0^{\infty}\frac{\log x}{x^2+1}dx - 4\pi^2\int_0^{\infty}\frac{1}{x^2+1}dx$ に戻るので，留数計算でもとの積分の値が（例 5.5-5 も用いて）$\int_0^{\infty}\frac{\log x}{x^2+1}dx = \frac{4\pi^2}{4\pi i}\int_0^{\infty}\frac{1}{x^2+1}dx - \frac{2\pi i}{4\pi i}\left\{\operatorname{Res}_i\frac{(\log x)^2}{x^2+1} + \operatorname{Res}_{-i}\frac{(\log x)^2}{x^2+1}\right\}$

$= -\frac{\pi^2 i}{2} - \frac{1}{2}\left\{\frac{(\pi i/2)^2}{2i} + \frac{(3\pi i/2)^2}{-2i}\right\} = -\frac{\pi^2 i}{2} + \frac{\pi^2 i}{2} = 0$ と求まる．

この例では $1/x = t$ なる変換で $I = \int_0^\infty \frac{\log x}{x^2+1}dx = \int_\infty^0 \frac{\log(1/t)}{1/t^2+1}\left(-\frac{1}{t^2}\right)dt = -\int_0^\infty \frac{\log t}{t^2+1}dt = -I$ から $I=0$ が分かるが，これは偶然うまくいったのである．

(3) $J = \int_0^\infty \frac{(\log x)^3}{x^2+1}dx$ の積分路を原点の周りに正の向きに一周させると，$J = \int_0^\infty \frac{(\log x + 2\pi i)^3}{x^2+1}dx + 2\pi i\left(\operatorname{Res}_i \frac{(\log z)^3}{z^2+1} + \operatorname{Res}_{-i} \frac{(\log z)^3}{z^2+1}\right) = J + 6\pi i \int_0^\infty \frac{(\log x)^2}{x^2+1}dx - 12\pi^2 \int_0^\infty \frac{\log x}{x^2+1}dx - 8\pi^3 i \int_0^\infty \frac{1}{x^2+1}dx + 2\pi i\left(-\frac{\pi^3 i}{16i} + \frac{27\pi^3 i}{16i}\right)$．よって前問と例 5.5-5 の結果を用いると $\int_0^\infty \frac{(\log x)^2}{x^2+1}dx = -2\pi i \int_0^\infty \frac{\log x}{x^2+1}dx + \frac{4}{3}\pi^2 \int_0^\infty \frac{1}{x^2+1}dx - \frac{1}{3}\frac{26\pi^3}{16} = \frac{4}{3}\pi^2\frac{\pi}{2} - \frac{13\pi^3}{24} = \frac{2}{3}\pi^3 - \frac{13\pi^3}{24} = \frac{\pi^3}{8}$．なお別解は ．

問 5.5-5 (1) 積分路を原点の周りに半周させると，$I = \int_0^\infty \frac{\sqrt{x}}{x^2+1}dx = \int_0^{-\infty} \frac{\sqrt{x}}{x^2+1}dx + 2\pi i \operatorname{Res}_i \frac{\sqrt{i}}{2i}$．ここで上から回ってきたので $x<0$ のとき $\sqrt{x} = i\sqrt{|x|}$ だから，積分の方は $x \mapsto -x$ と変数変換し，留数の計算では $\sqrt{i} = \frac{1+i}{\sqrt{2}}$ に注意すれば，$I = -i\int_0^\infty \frac{\sqrt{x}}{x^2+1}dx + \frac{\pi}{\sqrt{2}}(1+i) = -iI + \frac{\pi}{\sqrt{2}}(1+i)$．よって $I = \frac{1}{1+i}\frac{\pi}{\sqrt{2}}(1+i) = \frac{\pi}{\sqrt{2}}$．

(2) z^3+1 の零点は $e^{\pi i/3}, -1, e^{5\pi i/3} = e^{-\pi i/3}$ なので，積分路を $\frac{2\pi}{3}$ だけ回転させると $x \mapsto xe^{2\pi i/3}$ となり，$\int_0^\infty \frac{x}{x^3+1}dx = \int_0^\infty \frac{e^{2\pi i/3}x}{x^3+1}e^{2\pi i/3}dx + 2\pi i \operatorname{Res}_{e^{\pi i/3}} \frac{z}{z^3+1}$．

従って $\int_0^\infty \frac{x}{x^3+1}dx = \frac{2\pi i}{1-e^{4\pi i/3}}\frac{e^{\pi i/3}}{(e^{\pi i/3}+1)(e^{\pi i/3}-e^{-\pi i/3})} = \frac{\pi}{\sin\frac{\pi}{3}}\frac{e^{\pi i/3}}{(e^{\pi i/3}+1)^2}$

$= \frac{\pi}{\sin\frac{\pi}{3}}\frac{1}{(e^{\pi i/6}+e^{-\pi i/6})^2} = \frac{\pi}{\sin\frac{\pi}{3}}\frac{1}{4\cos^2\frac{\pi}{6}} = \frac{\pi}{3\sin\frac{\pi}{3}} = \frac{2\pi}{3\sqrt{3}}$．

(3) 積分路を $\frac{2\pi}{n}$ だけ回転させると，被積分関数はもとに戻るが dx が $dz = e^{2\pi i/n}dx$ に変わる．この扇形内にある z^n+1 の零点は $e^{\pi i/n}$ だけなので，

$I = \int_0^\infty \frac{1}{x^n+1}dx = e^{2\pi i/n}I + 2\pi i \operatorname{Res}_{z=e^{\pi i/n}} \frac{1}{z^n+1}$．よって

$I = \frac{2\pi i}{1-e^{2\pi i/n}}\left[\frac{1}{nz^{n-1}}\right]_{z\mapsto e^{\pi i/n}} = \frac{\pi}{n}\frac{2i}{(1-e^{2\pi i/n})e^{\pi i - \pi i/n}} = \frac{\pi}{n}\frac{2i}{e^{\pi i/n}-e^{-\pi i/n}} = \frac{\pi}{n\sin\frac{\pi}{n}}$．

(4) $I = \int_0^\infty \frac{\sqrt[3]{x}e^{ix}}{x^2+1}dx$ の積分路を原点を中心に半回転させると，

$I = \int_0^{-\infty} \frac{\sqrt[3]{x}e^{ix}}{x^2+1}dx + 2\pi i \operatorname{Res}_i \frac{\sqrt[3]{z}e^{iz}}{z^2+1}$．ここで，$x<0$ のとき $\sqrt[3]{x} = \sqrt[3]{\ \ x}e^{\pi i/3}$

となるので，最後の積分で $x \mapsto -x$ と変換すれば，

$I = -e^{\pi i/3}\int_0^\infty \frac{\sqrt[3]{x}e^{-ix}}{x^2+1}dx + 2\pi i\frac{\sqrt[3]{i}e^{-1}}{2i} = -e^{\pi i/3}\int_0^\infty \frac{\sqrt[3]{x}e^{-ix}}{x^2+1}dx + \frac{\pi}{e}e^{\pi i/6}$．

従って，$\int_0^\infty \frac{\sqrt[3]{x}(e^{ix-\frac{\pi i}{6}}+e^{-ix+\frac{\pi i}{6}})}{x^2+1}dx = \frac{\pi}{e}$．これより $\int_0^\infty \frac{\sqrt[3]{x}\cos(x-\frac{\pi}{6})}{x^2+1}dx = \frac{\pi}{2e}$．

(5) この問題は $x^2 = t$ と置換すると $\frac{1}{2}\int_0^\infty \frac{t^{-(1-q)/2}}{t+1}dt$ となり，例題 5.5-1 に帰着されて $\frac{\pi}{2\sin\frac{\pi(1-q)}{2}} = \frac{\pi}{2\cos\frac{q\pi}{2}}$ が得られる．試験に出たときのために直接やると，積分路の半直線を原点を中心に半回転させると，$z=i$ での留数の分と実軸での積分 $-e^{\pi iq}\int_0^\infty \frac{x^q}{x^2+1}dx$ の和になる．留数の分は $2\pi i\frac{e^{\pi iq/2}}{2i} = \pi e^{\pi iq/2}$．よって $\int_0^\infty \frac{x^q}{x^2+1}dx = \pi\frac{e^{\pi iq/2}}{1+e^{\pi iq}} = \frac{\pi}{e^{-\pi iq/2}+e^{\pi iq/2}} = \frac{\pi}{2\cos\frac{q}{2}\pi}$．

第6章

問 6.1-1 $\log z = \log\{1+(z-1)\} = (z-1) - \frac{(z-1)^2}{2} + \cdots + \frac{(-1)^{n-1}(z-1)^n}{n} + \cdots$ である．この展開の中心を α にずらすと，

$= (z-\alpha+\alpha-1) - \frac{(z-\alpha+\alpha-1)^2}{2} + \cdots + \frac{(-1)^{n-1}(z-\alpha+\alpha-1)^n}{n} + \cdots$

$= \{\alpha - 1 - \frac{(\alpha-1)^2}{2} + \cdots + \frac{(-1)^{n-1}(\alpha-1)^n}{n} + \cdots\}$
$+ \{1 - 2\frac{\alpha-1}{2} + \cdots + n\frac{(-1)^{n-1}(\alpha-1)^{n-1}}{n} + \cdots\}(z-\alpha) + \cdots$
$+ \sum_{k=n}^{\infty} {}_k\mathrm{C}_n \frac{(-1)^{k-1}(\alpha-1)^{k-n}}{k}(z-\alpha)^n + \cdots.$
ここで一般項の係数は問 2.2-3 の解答中の式 (A.1) により $\sum_{k=n}^{\infty} {}_k\mathrm{C}_n \frac{(-1)^{k-1}(\alpha-1)^{k-n}}{k}$ $= \frac{(-1)^{n-1}}{n}\frac{1}{\{1+(\alpha-1)\}^n} = \frac{(-1)^{n-1}}{n}\frac{1}{\alpha^n}$ となるので，上は最終的に
$= \log\{1+(\alpha-1)\} + \sum_{n=1}^{\infty} \frac{(-1)^{n-1}}{n}\frac{1}{\alpha^n}(z-\alpha)^n = \log\alpha + \sum_{n=1}^{\infty}\frac{(-1)^{n-1}}{n\alpha^n}(z-\alpha)^n$
となる．以上の計算は $|\alpha-1| < 1$ なら正当である．これはもちろん，$\log z = \log\{\alpha+(z-\alpha)\} = \log\alpha + \log(1+\frac{z-\alpha}{\alpha}) = \log\alpha + \sum_{n=1}^{\infty}\frac{(-1)^{n-1}}{n}\left(\frac{z-\alpha}{\alpha}\right)^n$ として求めたものと一致する．得られた級数の収束半径は Cauchy-Hadamard の公式から $|\alpha|$ に等しい．これは α と特異点である原点との距離である．

問 6.1-2 $\Gamma(1) = 1$ なので，関数等式 (6.3) から，$\Gamma(s)$ は $s = 0$ で $\frac{1}{s}$ から始まる Laurent 展開を持つ．この関数等式で s を一つずらしたものを右辺に代入すると $\Gamma(s) = \frac{\Gamma(s+2)}{s(s+1)}$ となり，Γ が $s = 0, -1$ を除き $\mathrm{Re}\, s > -2$ まで解析接続され，$s = -1$ での Laurent 展開は $\frac{1}{(-1)(s+1)}$ から始まることが分かる．以下これを繰り返すと $\forall n$ について $\Gamma(s) = \frac{\Gamma(s+n+1)}{s(s+1)\cdots(s+n)}$ となり，$s = -n$ では $\frac{1}{(-n)(-n+1)\cdots(-1)(s+n)} = \frac{(-1)^n}{n!(s+n)}$ が極の形となることが分かる．

問 6.1-3 $\Gamma(s)$ は $\mathrm{Re}\, s > 0$ で正則なだけでなく，0 にならない．これは s が整数なら自明だが，そうでないときは関数等式 (6.4) で $\sin\pi s$ が極を持たないため右辺が 0 にならないことと $\Gamma(1-z)$ がそこでは有限な値を持つことから分かる．よって $\frac{1}{\Gamma(s)}$ はそこで正則となる．更に $\Gamma(s)$ の関数等式から $\frac{1}{\Gamma(s)} = \frac{s}{\Gamma(s+1)} = \frac{s(s+1)}{\Gamma(s+2)} = \cdots = \frac{s(s+1)\cdots(s+n)}{\Gamma(s+n+1)}$ と書き直すと，最後の表現から $-n-1 < \mathrm{Re}\, s \le 0$ への解析接続が定まる．n は任意なので $\frac{1}{\Gamma(s)}$ は到るところ正則となり，同時に $s = -n, n = 0, 1, 2, \ldots$ はその 1 位の零点と分かる．最後の部分は Γ に対する前問の知見の逆数を取っても分かる．

問 6.1-4 (1) $\mathrm{Re}\, s > 1$ において $\sum_{p:\text{素数}} \frac{1}{p^s} \le \sum_{n=1}^{\infty}\frac{1}{n^s} < \infty$ なので無限積は意味を持つ．更に，各因子は絶対収束する等比級数 $(1-\frac{1}{p^s})^{-1} = 1 + p^s + p^{2s} + \cdots$ に展開される．よってこれらを掛け合わせたものは展開でき，それをまとめ直すと $\sum_{m=1}^{\infty}\sum_{p_1,\ldots,p_m:\text{素数},k_1,\ldots,k_m:\text{非負整数}} \frac{1}{(p_1^{k_1}\cdots p_m^{k_m})^s}$ の形となる．各項の分母はある正整数 n の素因数分解であり，その一意性により n はこの和に一度だけ現れるので，これは結局 $\zeta(s)$ と一致する．[この表現から $\zeta(s)$ が $\mathrm{Re}\, s > 1$ に零点を持たないことが分かる．$\mathrm{Re}\, s = 1$ ではより微妙だが，零点が無いことが早くから知られていた．]
(2) (6.8) の積分でもう一度部分積分を実行すると
$= -\frac{1}{(s-1)\Gamma(s)}\left[\left(\frac{x}{e^x-1}\right)'\frac{x^s}{s}\right]_0^{\infty} + \frac{1}{(s-1)s\Gamma(s)}\int_0^{\infty}\left(\frac{x}{e^x-1}\right)'' x^s dx$
$= \frac{1}{(s-1)\Gamma(s+1)}\int_0^{\infty}\left(\frac{x}{e^x-1}\right)'' x^s dx$. 最後の表現は $\mathrm{Re}\, s > -1$ において $s = 1$ を除き正則である．以下この操作はいくらでも同様に続けられる．
(3) (6.8) の $\frac{1}{s-1}$ の係数に $s = 1$ を代入すると
$-\frac{1}{\Gamma(1)}\int_0^{\infty}\left(\frac{x}{e^x-1}\right)' dx = -\left[\frac{x}{e^x-1}\right]_0^{\infty} = \lim_{x\to 0}\frac{x}{e^x-1} = 1.$

問 6.1-5 (1) 系 4.8 と仮定により $f(z)=\frac{1}{2\pi i}\oint_{\partial\Omega}\frac{f(\zeta)}{\zeta-z}d\zeta=\frac{1}{2\pi i}\int_{\partial\Omega\setminus C}\frac{f(\zeta)}{\zeta-z}d\zeta$ が成り立つ．最後の表現は補題 4.9 により C から両端を除いたものの近傍で正則となるが，仮定により f はそこで零なので，一致の定理により $f\equiv 0$ となる．
(2) C の点 α を中心として $\Omega_+\cup\Omega_-\cup C$ 内に収まる円 $D:|z-\alpha|<R$ を取り，$D_+:=\Omega_+\cap D$, $D_-:=\Omega_-\cap D$ と置くと，これらは C に沿って隣接し，かつ ∂D_+ と ∂D_- はそこで向きが逆になっているので，その分の線積分は打ち消し，$\oint_{\partial D}\frac{f(\zeta)}{\zeta-z}d\zeta=\oint_{\partial D_+}\frac{f(\zeta)}{\zeta-z}d\zeta+\oint_{\partial D_-}\frac{f(\zeta)}{\zeta-z}d\zeta$ と分解する．ここで $z\in D_+$ なら，後の方は z を囲まないので定理 3.15 より零となる．また前の方は系 4.8 より $f_+(z)$ となる．よって定理 6.3 の証明と同様，$f_+(z)$ は C を越えて D_- へ正則に延長できるが，延長したものは仮定によりもとの $f_-(z)$ と $C\cap D$ 上で一致しているので，$f_-(z)-f(z)$ に (1) が適用でき，これは D_- で零となる．故に $f(z)$ は $f_\pm(z)$ を正則に繋げたものとなる．
問 6.1-6 (1) 円に関する鏡像変換は内と外で同じになるので，$\widetilde{f}$ も接続できる領域 $\widetilde{\Omega}$ もその像も形式的には例題 6.1-1 (2) と同じ式でよい．
(2) 虚軸に関する鏡像は実部の符号を変えるものだが，これは $z\mapsto-\overline{z}$ で表される．（この表現がすぐに思いつかなければ i を掛けて 90 度回転し，実軸に関する鏡像，すなわち複素共役に持ち込めばよい．）よって $\widetilde{f}(z)=-f(\frac{R^2}{\overline{z}})$ で上と同じ領域 $\widetilde{\Omega}$ まで解析接続され，像領域は $-\overline{f(\Omega)}$ に拡張される．
(3) $w=f(z)$, $\zeta=w^2-1$ と置くと，問題の領域は $(\mathrm{Re}\,w)^2-(\mathrm{Im}\,w)^2>1\iff\mathrm{Re}\,\zeta>0$ に対応するので，$\zeta=f(z)^2-1$ については虚軸上で値が変わらないように $\zeta=-\overline{f\bigl(\frac{R^2}{\overline{z}}\bigr)^2-1}=-\overline{f\bigl(\frac{R^2}{\overline{z}}\bigr)}^2+1$ とすれば所望の解析接続ができる．$w=f(z)$ にこの拡張を翻訳すると，$w=\sqrt{\zeta+1}=\sqrt{-\overline{f\bigl(\frac{R^2}{\overline{z}}\bigr)^2}+2}$ となる．
問 6.1-7 $f_\varepsilon(x):=f_+(x+i\varepsilon)-f_-(x-i\varepsilon)=\frac{1}{2\pi i}\int_a^b\bigl\{\frac{f(t)}{t-(x+i\varepsilon)}-\frac{f(t)}{t-(x-i\varepsilon)}\bigr\}dt$ $=\frac{\varepsilon}{\pi}\int_a^b\frac{f(t)}{(x-t)^2+\varepsilon^2}dt$. これから $f(x)=\frac{\varepsilon}{\pi}\int_{-\infty}^\infty\frac{f(x)}{(x-t)^2+\varepsilon^2}dt$ を引くと，$f_\varepsilon(x)-f(x)$ $=\frac{\varepsilon}{\pi}\int_a^b\frac{f(t)-f(x)}{(x-t)^2+\varepsilon^2}dt-\frac{\varepsilon}{\pi}\int_{-\infty}^a\frac{f(x)}{(x-t)^2+\varepsilon^2}dt-\frac{\varepsilon}{\pi}\int_b^\infty\frac{f(x)}{(x-t)^2+\varepsilon^2}dt\ \dots(*)$ を得る．
$a<x<b$ のときは x の δ-近傍がこの開区間に含まれるとき $\bigl|\frac{\varepsilon}{\pi}\int_{x-\delta}^{x+\delta}\frac{f(t)-f(x)}{(x-t)^2+\varepsilon^2}dt\bigr|\le\sup_{|t-x|<\delta}|f(t)-f(x)|\frac{\varepsilon}{\pi}\int_{-\infty}^\infty\frac{1}{(x-t)^2+\varepsilon^2}dt=\sup_{|t-x|<\delta}|f(t)-f(x)|$. また残りの部分での積分は，$\sup_{a\le x\le b}|f(x)|\le M$ とすれば $\bigl|\frac{\varepsilon}{\pi}\int_{[a,b]\cap\{|t-x|\ge\delta\}}\frac{f(t)-f(x)}{(x-t)^2+\varepsilon^2}dt\bigr|\le\frac{2M(b-a)}{(\delta^2+\varepsilon^2)\pi}\varepsilon$ となる．他の 2 項も同様に $\frac{\varepsilon}{\pi}\int_\delta^\infty\frac{M}{t^2}dt=\frac{M}{\delta\pi}\varepsilon$ 等で抑えられる．よって $|\lim_{\varepsilon\to 0}f_\varepsilon(x)-f(x)|\le\sup_{|t-x|<\delta}|f(t)-f(x)|$ となる．$\delta>0$ はいくらでも小さく選べるので，結局 $\lim_{\varepsilon\to 0}f_\varepsilon(x)=f(x)$ が区間の両端点の近傍を除いたところで一様となることが分かった．$x\notin[a,b]$ のときは上の計算の後半がそのまま使え，a,b の近傍を除いたところで一様に 0 に収束することが言える．最後に $x=a$ のときは，$(*)$ の右辺第 1 項を $a\le t<a+\delta$ とそれ以外に分けるとこれは上と同様に処理できるが，第 2 項が $\varepsilon\to 0$ で零にならず，常に $\frac{\varepsilon}{\pi}\int_{-\infty}^a\frac{f(a)}{(a-t)^2+\varepsilon^2}dt=\frac{f(a)}{2}$ となるので，$\lim_{\varepsilon\to 0}f_\varepsilon(a)=f(a)-\frac{f(a)}{2}=\frac{f(a)}{2}$ となる．$x=b$ でも同様である．f の値がこれらの点で零でなければ，極限関数が連続でないので，収束は一様ではない．逆に端で

の値が 0 なら，大きめの区間で最初の証明が適用でき，収束は全体で一様となる．

問 6.1-8 (1) 定義式 (6.13) において $\zeta = e^{i\varphi}$ と置けば，
$f_+(re^{i\theta}) - f_-(\frac{1}{r}e^{i\theta}) = \frac{1}{2\pi i}\int_0^{2\pi}\big(\frac{1}{e^{i\varphi}-re^{i\theta}} - \frac{1}{e^{i\varphi}-\frac{1}{r}e^{i\theta}}\big)f(e^{i\varphi})ie^{i\varphi}d\varphi$
$= \frac{1}{2\pi}\int_0^{2\pi}\big(\frac{1}{1-re^{i(\theta-\varphi)}} - \frac{1}{1-\frac{1}{r}e^{i(\theta-\varphi)}}\big)f(e^{i\varphi})d\varphi = \frac{1}{2\pi}\int_0^{2\pi}\frac{(r-\frac{1}{r})e^{i(\theta-\varphi)}f(e^{i\varphi})}{1-(r+\frac{1}{r})e^{i(\theta-\varphi)}+e^{2i(\theta-\varphi)}}d\varphi$
$= \frac{1}{2\pi}\int_0^{2\pi}\frac{(\frac{1}{r}-r)f(e^{i\varphi})}{(\frac{1}{r}+r)-e^{i(\theta-\varphi)}-e^{-i(\theta-\varphi)}}d\varphi = \frac{1}{2\pi}\int_0^{2\pi}\frac{1-r^2}{1-2r\cos(\theta-\varphi)+r^2}f(e^{i\varphi})d\varphi$. $r\nearrow 1$ のときこれが $f(e^{i\theta})$ に一様収束することは問 6.1-7 と同様に示せる：$\forall\varepsilon > 0$ に対し，$\delta > 0$ を $|\theta-\varphi| < \delta$ のとき $|f(e^{i\theta}) - f(e^{i\varphi})| < \varepsilon$ となるように選べば，$|\theta-\varphi| \geq \delta$ では $1-\cos(\theta-\varphi) \geq 1-\cos\delta > 0$ なので，円周上で $|f(z)| \leq M$ とすれば，
$\big|\frac{1}{2\pi}\int_{|\theta-\varphi|\geq\delta}\frac{1-r^2}{1-2r\cos(\theta-\varphi)+r^2}f(e^{i\varphi})d\varphi\big| \leq \frac{1}{2\pi}2\pi M\frac{1-r^2}{(1-r)^2+2r(1-\cos\delta)}$ となり，これは $r\nearrow 1$ のときこの区間で一様に 0 に収束する．他方
$\frac{1}{2\pi}\int_{|\theta-\varphi|<\delta}\frac{1-r^2}{1-2r\cos(\theta-\varphi)+r^2}|f(e^{i\varphi}) - f(e^{i\theta})|d\varphi < \frac{1}{2\pi}\varepsilon\int_0^{2\pi}\frac{1-r^2}{1+r^2-2r\cos\theta}d\theta$
$= \frac{1}{2\pi}\varepsilon\cdot 2\pi = \varepsilon$ となる．（最後の積分の値は例 5.5-1 で $a = 1+r^2, b = 2r$ としたものから求まる．）ところで同じ積分値より $\frac{1}{2\pi}\int_0^{2\pi}\frac{1-r^2}{1-2r\cos(\theta-\varphi)+r^2}f(e^{i\theta})d\varphi = f(e^{i\theta})$ となり，このうち $|\theta-\varphi| \geq \delta$ の部分は 0 に一様収束することが既に示されているので，結局もとの積分の $|\theta-\varphi| < \delta$ の部分は $f(\theta)$ に一様収束する．よって両者を合わせれば $r\nearrow 1$ のときもとの積分が $f(\theta)$ に一様収束することが言えた．
(2) $f_+(z) - f_-(\frac{1}{\bar{z}}) = \frac{1}{2\pi i}\oint_C\big(\frac{f(\zeta)}{\zeta-z} - \frac{f(\zeta)}{\zeta-\frac{1}{\bar{z}}}\big)d\zeta$ は $z = re^{i\theta}$ と置いてみれば (1) で扱った積分と同じものなので，$r = |z|\nearrow 1$ のとき $f(z)$ に一様に収束する．他方 $\triangle f(z) = 4\frac{\partial}{\partial z}\frac{\partial}{\partial\bar{z}}f(z) = 0$, かつ $\triangle f(\frac{1}{\bar{z}}) = 4\frac{\partial}{\partial z}\frac{\partial}{\partial\bar{z}}f(\frac{1}{\bar{z}}) = 4\frac{\partial}{\partial z}\{f'(\frac{1}{\bar{z}})\frac{\partial}{\partial z}(\frac{1}{\bar{z}})\} = 0$ なので，$f(z)$ は複素数値調和関数である．よって主張が示された．
(3) $f_+(z)$ は単位円内で Taylor 展開 $\sum_{n=0}^\infty c_n z^n$ を持つが，この係数は (4.14) の計算より $c_n = \frac{1}{2\pi i}\oint_{|\zeta|=1}\frac{f(\zeta)}{\zeta^{n+1}}d\zeta = \frac{1}{2\pi i}\oint_{|\zeta|=1}\frac{f(e^{i\varphi})}{e^{i(n+1)\varphi}}ie^{i\varphi}d\varphi = \frac{1}{2\pi}\int_0^{2\pi}f(\zeta)e^{-in\varphi}d\varphi$ となる．また，$f_-(z)$ は Laurent 展開を持ち，その $\frac{1}{z^n}$ の係数は定理 5.13 の証明中の式 (5.9) により $-\frac{1}{2\pi i}\oint_{|\zeta|=1}f(\zeta)\zeta^{n-1}d\zeta$ となる．よって $-f_-(z)$ の係数は負号が取れて $\frac{1}{2\pi}\int_0^{2\pi}f(\zeta)e^{in\varphi}d\varphi$ となる．これらの積分は $f(e^{i\theta})$ の Fourier 級数展開 の，それぞれ $e^{in\theta}$, $n = 0, 1, 2, \ldots$ および $n = -1, -2, \ldots$ の係数を求める積分と一致している．よって，$r\nearrow 1$ の極限は形式和として $f(e^{i\theta})$ の Fourier 級数展開 $\sum_{n=-\infty}^\infty c_n e^{in\theta}$ を与える．（この級数は f が連続というだけでは一般には収束しない点が有るが，Carleson により収束しないような θ は測度 0 であることが示された．）

問 6.1-9 因数分解は単なる展開計算で確かめられる．$(\frac{d}{dz} \mp i)w = 0$ の解は $e^{\pm iz}$ を基底とする線形空間を成し，これらが $\boldsymbol{C}$ 上 1 次独立であることは容易に示される．これらは因数分解からもとの 2 階線形常微分方程式の解となることは明らかなので，その解空間である 2 次元線形空間の基底ともなるはずである．それらの 2 次正則行列による像 $\frac{e^{iz}+e^{-iz}}{2}$, $\frac{e^{iz}-e^{-iz}}{2i}$ も基底となる．これらの $z = 0$ における初期条件を見れば，z が実のときによく知られている解 $\cos z, \sin z$ と一致することが分かる．

問 6.2-1 答の数値は (1) 1, (2) 1, (3) 1, (4) 2. 数値計算は付録の演習 3.2 参照．

問 6.2-2 C を単位円，$f(z) = z$, $g(z) = z^2$ とすると，C 上で $|f(z)| = |g(z)|$（ち

なみに C の内部では $|f(z)| > |g(z)|$）である．$f(z)=0$ は C 内にただ一つの零点を持つが，$f(z)+g(z)=z+z^2$ の零点 0, -1 のうち後者は C 上にある．$0<r<1$ として $g(z)=rz^2$ とすると Rouché の定理の仮定が満たされ，二つ目の零点 $-\frac{1}{r}$ は確かに円の外にあるが，$r\nearrow 1$ とするとこれが円に近づいてきて，遂には円上に到るのである．この例では円の半径を 1 より小さくすれば $r=1$ でも定理の仮定が満たされるので，原点にある $f(z)$ の零点は外に逃げ出さないことが分かるが，逆に $f(z)=z^2, g(z)=z$ とすると，同じく $f(z)+rg(z)$ の考察から，原点に有った二つの零点のうちの一つが $-r$ となり $r\nearrow 1$ で C 上に逃げ出すことが分かる．なお，零点のパラメータに関する連続性については Hurwitz の定理 6.12 および 6.3 参照．

問 6.2-3 もし $f(z)$ が恒等的に零でなく，かつ $f(\alpha)=0$ なる点 α が存在したとすると，零点は孤立するから，$r>0$ を十分小さく選べば $0<|z-\alpha|\le r$ において $f'(z)$ は零にならない．すると Hurwitz の定理（定理 6.12）により十分大きな n について $f_n(z)$ は $|z-\alpha|<r$ 内に零点を持つことになり，仮定に反する．よって $f(z)$ は零点を持たない．一般化は，"$f_n(z)$ の零点がどれも m 個以下で，極限 $f(z)$ が恒等的に零でなければ，その零点も m 個以下となる．" 証明は，$f(z)$ が $m+1$ 個（以上）の零点を持ったとし，それらの周りで上の議論を適用して矛盾を導く．

問 6.3-1 北極 N$(0,0,1)$ を通る直線は $x=at, y=bt, z=1-ct$ とパラメータ表示される．簡単のため (a,b,c) は単位ベクトルとする．これが球面と再び交わる点は $a^2t^2+b^2t^2+(\frac{1}{2}-ct)^2=\frac{1}{4}$, すなわち（$a^2+b^2+c^2=1$ を用いて）$t^2-ct=0$ より $t=c$, 従って $\xi=ac, \eta=bc, \zeta=1-c^2$．この直線が xy 平面と交わる点は $z=0$ として $t=\frac{1}{c}$．よって $x=\frac{a}{c}=\frac{\xi}{c^2}, y=\frac{b}{c}=\frac{\eta}{c^2}$ となる．$c^2=1-\zeta$ なので，最終的に球面上の点 (ξ,η,ζ) の平面への立体射影像は $x=\frac{\xi}{1-\zeta}, y=\frac{\eta}{1-\zeta}$ となる．$\xi^2+\eta^2+(\zeta-\frac{1}{2})^2=\frac{1}{4}$ より $\xi^2+\eta^2=\zeta(1-\zeta)\ldots(*)$ に注意すると，$x^2+y^2=\frac{\xi^2+\eta^2}{(1-\zeta)^2}=\frac{\zeta(1-\zeta)}{(1-\zeta)^2}=\frac{\zeta}{1-\zeta}$ より $1-\zeta=\frac{1}{x^2+y^2+1}$．これより逆対応は $\xi=\frac{x}{x^2+y^2+1}, \eta=\frac{y}{x^2+y^2+1}, \zeta=\frac{x^2+y^2}{x^2+y^2+1}$ となる．

xy 平面の円周 $x^2+y^2+2Ax+2By+C=0$ には ξ,η,ζ の関係式 $\frac{\xi^2}{(1-\zeta)^2}+\frac{\eta^2}{(1-\zeta)^2}+2A\frac{\xi}{1-\zeta}+2B\frac{\eta}{1-\zeta}+C=0$, すなわち，$\xi^2+\eta^2+2A\xi(1-\zeta)+2B\eta(1-\zeta)+C(1-\zeta)^2=0$ が対応するが，これに $(*)$ を代入して $1-\zeta$ で割ると，$\zeta+2A\xi+2B\eta+C(1-\zeta)=0$．これは平面の方程式なので，これと球面との交わりは確かに円である．これは $(0,0,1)$ を通っていないことは明らかだが，xy 平面の直線 $Ax+By+C=0$ の場合は，$A\frac{\xi}{1-\zeta}+B\frac{\eta}{1-\zeta}+C=0$, すなわち，$A\xi+B\eta+C(1-\zeta)=0$ となり，同じく平面だが北極を通る．よって直線に対応するのは北極を通る円で，これは図からも明らか．

問 6.3-2 $\frac{f(z)}{z^n}$ は $|z|=r_k$, $k=1,2,\ldots$ 上で $\left|\frac{f(z)}{z^n}\right|\le C$ を満たすから，最大値原理により各 k につき $r_k\le|z|\le r_{k+1}$ で同じ不等式を満たし，定理 6.13 に帰着される．

問 6.3-3 (1) 相似変換は原点を中心とする円板の方が簡単なので，一旦円の中心を原点に写す写像を仲介とする．これは $f(z)=z-\alpha$ でよい．その後円の半径を R から r に変化させるには $\frac{r}{R}$ 倍すればよい．ここで原点を動かさず，円 $|z|=r$ を不変にする等角写像の自由度は，例題 6.3-1 (2) の解答中で Schwarz の補題を用いて示されているように絶対値 1 の複素数倍なので，$\zeta=\frac{r}{R}e^{i\theta}(z-\alpha)$ がここまでの一般形と

なる．あとはこの原点を β に平行移動させればよいので，結局 $w=\frac{r}{R}e^{i\theta}(z-\alpha)+\beta$ が最終的な一般形となる．

(2) 例題 6.3-1 (2) により，α を原点に写す同様の写像関数の一般形は $f(z)=R^2e^{i\theta}\frac{z-\alpha}{R^2-\overline{\alpha}z}$, 同じく β を原点に写す関数の一つは $w=g(z)=R^2\frac{z-\beta}{R^2-\overline{\beta}z}$ で与えられる．（こちらは一つでよい．）よって $g^{-1}(w)=R^2\frac{w+\beta}{R^2+\overline{\beta}w}$ に注意すると，求める関数の一般形は，$g^{-1}(f(z))=$
$R^2\frac{R^2e^{i\theta}(z-\alpha)+(R^2-\overline{\alpha}z)\beta}{R^2-\overline{\alpha}z}\frac{R^2-\overline{\alpha}z}{R^2(R^2-\overline{\alpha}z)+R^2e^{i\theta}\overline{\beta}(z-\alpha)}=\frac{(R^2e^{i\theta}-\overline{\alpha}\beta)z-R^2(e^{i\theta}\alpha-\beta)}{R^2-\alpha\overline{\beta}e^{i\theta}-(\overline{\alpha}-\overline{\beta}e^{i\theta})z}$.

(3) 境界の対応から z が純虚数 yi のとき全体の絶対値が 1 とならねばならないので，$|\frac{\alpha iy+\beta}{\gamma iy+\delta}|=1$ から，α,γ のいずれかが零だと $|y|\to\infty$ のときこれは有り得ないので，これらの定数で割り算して最初から $c\frac{z-\alpha}{z-\beta}$ の形として考察すればよい．$|\frac{iy-\alpha}{iy-\beta}|=1$ となるためには，$\alpha\neq\beta$ が虚軸に関して対称の位置にあることが必要十分で，そのための条件は $\beta=-\overline{\alpha}$（問 1.2-5）．これより一般形は $w=e^{i\theta}\frac{z-\alpha}{z+\overline{\alpha}}$, $0\leq\theta<2\pi$, $\mathrm{Re}\,\alpha<0$（左半平面の点）となる．

問 6.3-4 定理 6.14 により $w=az+b$ の形としてよい．これが上半平面を保つためにはまず境界の実軸上で実数値を取らねばならないので，a,b はともに実である．更に $z=i$ の像が上半平面にあるためには $a>0$ も必要である．この条件は確かに要求を満たす．

問 6.3-5 まず次のことに注意する：

(a) 平行移動 $w=z+\alpha$ では中心が $+\alpha$ され，半径は変わらない．

(b) 定数倍 $w=\beta z$ では，中心は β 倍の位置に移り，半径は $|\beta|$ 倍される．

(c) 逆数では，もとの中心 γ, 半径 R なら，中心は $\frac{1}{2}\Big(\frac{1}{\gamma(1-R/|\gamma|)}+\frac{1}{\gamma(1+R/|\gamma|)}\Big)=\frac{\overline{\gamma}}{|\gamma|^2-R^2}$, 半径は $\frac{1}{2}\Big|\frac{1}{|\gamma|-R}-\frac{1}{|\gamma|+R}\Big|=\frac{R}{||\gamma|^2-R^2|}$ になる．

(a) は自明．(b) については，中心を γ とすれば $|w-\beta\gamma|=|\beta z-\beta\gamma|=|\beta||z-\gamma|$ から分かる．最後に (c) は図を描いて原点と中心を通る直線上の直径の両端の行き先を調べれば導ける．計算による確認は，$|w-\frac{\overline{\gamma}}{|\gamma|^2-R^2}|=|\frac{1}{z}-\frac{\overline{\gamma}}{|\gamma|^2-R^2}|=\frac{||\gamma|^2-R^2-\overline{\gamma}z|}{|z|||\gamma|^2-R^2|}$.
この分子の 2 乗は $(|\gamma|^2-R^2-\overline{\gamma}z)(|\gamma|^2-R^2-\gamma\overline{z})=(|\gamma|^2-R^2)^2-(|\gamma|^2-R^2)(\overline{\gamma}z+\gamma\overline{z})+|\gamma|^2|z|^2=(|\gamma|^2-R^2)((|\gamma|^2-\overline{\gamma}z-\gamma\overline{z}-R^2)+|z|^2)+R^2|z|^2=(|\gamma|^2-R^2)(|\gamma-z|^2-R^2)+R^2|z|^2$ なので，$|z-\gamma|=R$ と上の値が $\frac{R}{||\gamma|^2-R^2|}$ に等しいこととは同値になる．（ただし，$|\gamma|=R$ のときは例外で，円周は原点を通るので逆数変換で無限遠に行くと，像は直線になり，中心 ∞, 半径 ∞ となる．）

最後に，定理 6.15 別証の方針で，中心と半径の変化を追うと，

(i) z_1 への平行移動で中心 $c+\frac{\delta}{\gamma}$, 半径 r,

(ii) z_2 への逆数変換で中心 $\frac{\overline{c+\delta/\gamma}}{|c+\delta/\gamma|^2-r^2}$, 半径 $\frac{r}{||c+\delta/\gamma|^2-r^2|}$,

(iii) z_3 への相似変換で中心 $\frac{\beta\gamma-\alpha\delta}{\gamma^2}\frac{\overline{c+\delta/\gamma}}{|c+\delta/\gamma|^2-r^2}=\frac{1}{\gamma}\frac{(\beta\gamma-\alpha\delta)(\overline{c\gamma+\delta})}{|c\gamma+\delta|^2-r^2|\gamma|^2}$, 半径 $|\frac{\beta\gamma-\alpha\delta}{\gamma^2}|\frac{r}{||c+\delta/\gamma|^2-r^2|}=\frac{|\beta\gamma-\alpha\delta|}{||c\gamma+\delta|^2-r^2|\gamma|^2|}r$,

(iv) w への平行移動で中心 $\frac{1}{\gamma}\frac{(\beta\gamma-\alpha\delta)(\overline{c\gamma+\delta})}{|c\gamma+\delta|^2-r^2|\gamma|^2}+\frac{\alpha}{\gamma}=\frac{\{\beta\gamma-\alpha\delta+\alpha(c\gamma+\delta)\}(\overline{c\gamma+\delta})-r^2\gamma\overline{\gamma}\alpha}{\gamma(|c\gamma+\delta|^2-r^2|\gamma|^2)}$
$=\frac{(\beta+c\alpha)(\overline{c\gamma+\delta})-r^2\overline{\gamma}\alpha}{|c\gamma+\delta|^2-r^2|\gamma|^2}$, 半径 $\frac{|\beta\gamma-\alpha\delta|}{||c\gamma+\delta|^2-r^2|\gamma|^2|}r$ となる．最後のものを少し書き直せば

確かに最初に導いた値と一致する．以上の過程は最初に期待したほど簡単ではなかった (^^; が，計算の見通しは良くなっているだろう．

問 6.3-6 平行移動，スカラー倍，反転のそれぞれについて確かめればよい．前2者については明らか．反転は

$\dfrac{\frac{1}{z_3}-\frac{1}{z_1}}{\frac{1}{z_3}-\frac{1}{z_2}}\Big/\dfrac{\frac{1}{z_4}-\frac{1}{z_1}}{\frac{1}{z_4}-\frac{1}{z_2}} = \frac{z_2z_3}{z_1z_3}\frac{z_1-z_3}{z_2-z_3}\Big/\frac{z_2z_4}{z_1z_4}\frac{z_1-z_4}{z_2-z_4} = \frac{z_3-z_1}{z_3-z_2}\Big/\frac{z_4-z_1}{z_4-z_2}$ より示せる．後半は，$\frac{c-a}{c-b}\Big/\frac{z-a}{z-b} = \frac{\infty-0}{\infty-1}\Big/\frac{w-0}{w-1} = \frac{w-1}{w}$ から，$1-\frac{1}{w} = \frac{(c-a)(z-b)}{(c-b)(z-a)}$，$\frac{1}{w} = \frac{(a-b)(z-c)}{(c-b)(z-a)}$，従って $w = \frac{(c-b)(z-a)}{(a-b)(z-c)}$．解が一つに決まるのは，問 6.3-4 から $0, 1, \infty$ を保つ上半平面の1次変換が恒等写像しか無いことが直ちに分かることと整合的である．

問 6.3-7 もとの円周のパラメータ表示を $z = Re^{-i\theta}$, $0 \le \theta < 2\pi$ とする．これを $\zeta = \frac{1}{z}$ で書き直せば $\zeta = \frac{1}{R}e^{i\theta}$, $0 \le \theta < 2\pi$ となるので，確かに $\zeta = 0$ を正の向きに回っている．

第7章

問 7.1-1 (1) 1次変換なので円々対応を実現していることに注意．到るところ等角，ただし原領域の境界上の点 $z = -1$ が無限遠点に行くので，ここを通る円 $|z| = 1$ は直線 $\mathrm{Re}\, z = 0$ に写っている．像の全体は半平面 $\mathrm{Re}\, z < 0$ と一致する．従って無限領域なので適当にちぎって描くしかない．この問題は理論的にはやさしいが，きれいな図を作るのに苦労する．

(2) $w = z^2 - 1$ は $w' = 2z = 0$, すなわち原点で等角性がくずれており，この点は原領域の境界上に有る．像はここで平角 $-\pi/2 \le \theta \le \pi/2$ を全周角 $-\pi \le \theta \le \pi$ に写すように回転し，境界はこの点で尖点状に像領域に入り込むように写される．原点の像はレベルラインが集中しているだけで特異点ではない．

(3) $(e^z)' = e^z$ は決して 0 になることはないので，局所的には常に等角である．（しかし大域的には一意性がくずれることは有る．）水平線 $y = c$ は $w = e^z$ により $w = e^{ic}e^x$ という半直線に行き，$x = -\infty$ が原点に $x = \infty$ が e^{ic} 方向の無限遠点に対応する．従って x 軸に平行な帯は原点を中心とする無限に延びた扇形に写像され，帯の幅が中心角となる．この例は中心角 π なので，像は上半平面である．無限領域は描けないので，図は $-2 \le x \le 2$ の部分を描いており，従って原点の近くに穴が有り，また外側にも有限となっている．

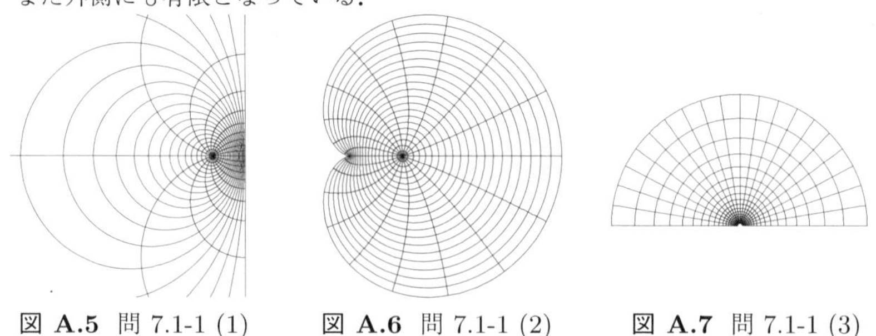

図 **A.5** 問 7.1-1 (1)　図 **A.6** 問 7.1-1 (2)　図 **A.7** 問 7.1-1 (3)

(4) $w = z^3 - 3z$ は $w' = 3z^2 - 3 = 0$, すなわち $z = \pm 1$ において等角性がくずれ

る．これらは原領域の長方形の底辺の両端に有り，像はここで直角が平角になるが，全体にマイナス符号がついて像は下半平面に行く．この範囲では大域的な一意性は保持されている．

(5) これは (4) と同じ写像関数で領域を横方向に 1 だけずらしたものであり，等角性が崩れる点が境界線分の中点になるので，そこで平角が全周角となって，一見像領域の内部に収まったように見える．これは例題 7.1-1 (6) の原領域を右半分だけにしたものとも思え，この図と合わせると同例題の図が解釈しやすくなるであろう．

手ではグラフを完全に書くことはできないのだから，像領域を一言言葉で説明するべきである．等角性の吟味が無い人も居たが，計算機にグラフを描かせただけで考察しないと試験で困りますよ．

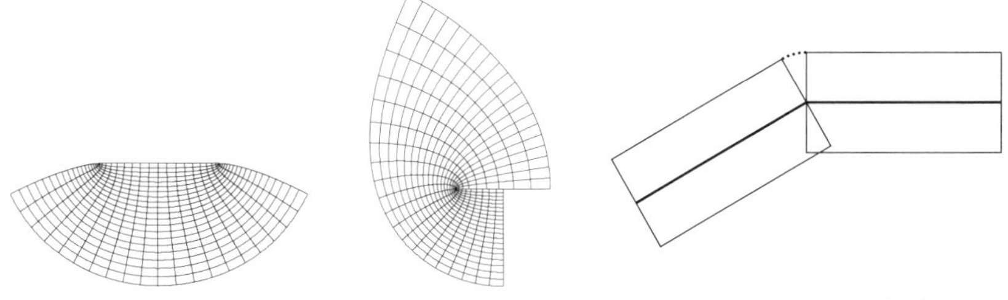

図 A.8 問 7.1-1(4)　**図 A.9** 問 7.1-1(5)　**図 A.10** 問 7.2-3 の解説図

問 7.2-1 補題 4.6 により $f_n(z)$ と同様 $f_n'(z)$ も Ω で $f'(z)$ に広義一様収束している．よって問 6.2-3 により，$f'(z)$ は恒等的に 0 でなければ零点を持たない．

問 7.2-2 $\varphi'(t) = \frac{d}{dt}\frac{1-t^2}{-2t\log t} = \frac{-2t(-2t\log t)-(1-t^2)(-2\log t-2)}{(-2t\log t)^2}$. ここで分子の $\frac{1}{2}$ は $2t^2\log t + (1-t^2)(1+\log t) = 1-t^2+(1+t^2)\log t \ldots (*)$ となる．$0<t<1$ で $\log t = \log\{1-(1-t)\} = -(1-t)-\frac{1}{2}(1-t)^2-\cdots < -(1-t)-\frac{1}{2}(1-t)^2$ なので，$(*) < 1-t^2-(1+t^2)\{(1-t)+\frac{1}{2}(1-t)^2\} = (1+t-1-t^2)(1-t)-\frac{1}{2}(1+t^2)(1-t)^2 = t(1-t)^2-\frac{1}{2}(1+t^2)(1-t)^2 = -\frac{1}{2}(1-2t+t^2)(1-t)^2 = -\frac{1}{2}(1-t)^4 < 0$ となる．よってこの範囲で $\varphi'(t)<0$ である．

問 7.2-3 まず多角形の周の場合に，その ε-近傍の面積が周長 L の 2ε 倍以下であることに注意する．1 本の線分の場合は両端の半円を除けばこれは明らかであるが，二つの線分が繋がっているときは図 A.10 のように各線分の両側に幅 ε ずつの帯をつけると，繋ぎ目では重なったところと空いたところが生じるが，重なったところを空いたところに持ってゆくと，帯の外縁をまっすぐ伸ばしたものになる．実際の ε-近傍はその内側を通る扇形となるので，長さの和の 2ε 倍よりは小さくなる．これを繰り返せば，折れ線全体で同じ主張が得られる．曲線は全体として閉じているので端の半円は不要となる．次に，一般の長さを持つ閉曲線 $\partial\Omega$ の場合は，分点間距離 $<\delta$，弧長の差 $<\delta$ となるような閉折れ線近似 Z_δ を取ると，問 3.3-3 で示されているように $\partial\Omega$ は Z_δ の δ-近傍に含まれる．$\delta<\varepsilon$ とすれば，$\partial\Omega$ は常に Z_δ の ε-近傍に含まれており，ε を固定して $\delta\to 0$ とすれば，この近傍は極限において $\partial\Omega$ の ε-近傍と一致する．その面積は常に $2\varepsilon L$ 以下なので，極限でもそれを超えることはない．

以上により主張が証明された．

問 7.3-1 (1) $\theta=\frac{\pi}{2}$ として例 7.3-1 (1) を適用すると，$\zeta=z^2$ でまず上半平面に写せる．これを単位円に写す写像は例題 6.3-1 (3), あるいはその後の 6.5 により 1 次変換 $w=\frac{\zeta-i}{\zeta+i}$ が使える．以上を合成した $w=\frac{z^2-i}{z^2+i}$ が一つの答となる．

(2) 弓形の弦の部分は $-\frac{\sqrt{3}}{2}+\frac{1}{2}i$ と $\frac{\sqrt{3}}{2}+\frac{1}{2}i$ を端点とする線分である．よって前者を原点に平行移動する変換 $\zeta=z-(-\frac{\sqrt{3}}{2}+\frac{1}{2}i)$ で弓形は実軸上に乗り，$\zeta=\xi+i\eta$ とすれば，$(\xi-\frac{\sqrt{3}}{2})^2+(\eta+\frac{1}{2})^2=1$, $\eta>0$ と表される．原点での弦と弓が成す角度は $\frac{\pi}{6}$ である．よって原点を動かさず，弦の他の端 $(\sqrt{3},0)$ を無限遠点に写す 1 次変換 $\upsilon=\frac{\zeta}{\sqrt{3}-\zeta}$ で弓形は角領域 $0<\arg\upsilon<\frac{\pi}{6}$ に写される．これを 6 乗する $w=\upsilon^6$ で角度が π, すなわち上半平面となる．よって写像関数はこれらのすべてを合成した $w=\left(\frac{z+\frac{\sqrt{3}}{2}-\frac{1}{2}i}{\sqrt{3}-z-\frac{\sqrt{3}}{2}+\frac{1}{2}i}\right)^6$.

(3) $w=e^{az}$ により $0<y<2\pi$ は角領域 $0<\arg w<2a\pi$ に写される．よって $a=\frac{1}{2}$ に取れば像を上半平面にできるので，答は $e^{z/2}$.

(4) ヒントに従い，点 $\frac{1}{4}$ を原点に写し単位円を動かさない 1 次変換 $\tilde{z}=\frac{z-1/4}{1-z/4}$ を施すと，スリットを $[0,1]$ に変えられる．そこで $\zeta=\sqrt{\tilde{z}}$ を適用すると，領域は半円 $|\zeta|=1, \operatorname{Im}\zeta>0$ になる．これを 1 だけ右に平行移動して $\tilde{\zeta}=\zeta+1$ とし，例 7.3-1 (2) を用いて $\upsilon=\frac{\tilde{\zeta}}{2-\tilde{\zeta}}$ により第一象限に写す．最後に本問 (1) の写像 $w=\frac{\upsilon^2-i}{\upsilon^2+i}$ で単位円に写すと，以上すべてを合成した
$w=\left[\left\{\left(\sqrt{\frac{z-1/4}{1-z/4}}+1\right)/\left(1-\sqrt{\frac{z-1/4}{1-z/4}}\right)\right\}^2-i\right]/\left[\left\{\left(\sqrt{\frac{z-1/4}{1-z/4}}+1\right)/\left(1-\sqrt{\frac{z-1/4}{1-z/4}}\right)\right\}^2+i\right]$ が求める写像となる．

問 7.3-2 (1) 問題の領域は $-\frac{\pi}{4}$ の回転と $\frac{1}{\sqrt{2}}$ の相似縮小の合成 $\zeta=\frac{1}{\sqrt{2}}\frac{1-i}{\sqrt{2}}z=\frac{1-i}{2}z$ で例 7.3-2 (2) の直角双曲線の内部に写るので，そこでの写像の逆 $w=\zeta^2$ により半平面 $\operatorname{Re}w>1$ に写る．よってこれを $i(w-1)$ なる平行移動と回転により上半平面にすれば，合成写像 $i(\frac{-iz^2}{2}-1)=\frac{z^2}{2}-i$ が求める関数となる．

(2) 行き先の境界の曲線は $w=x+ix^{2/3}$ とパラメータ表示されるので，これを上半平面に $w=z+iz^{2/3}$ で拡張してみる．$\frac{\partial w}{\partial z}=1+\frac{2i}{3z^{1/3}}=0$ の解 $z=-\frac{8}{27}i$ は下半平面の点なので期待が持てる．y を固定したとき直線 $x+iy$ の像は $x+iy+i\sqrt[3]{x^2+y^2}\exp\left(\frac{i}{3}\operatorname{Arcsin}\frac{2xy}{x^2+y^2}\right)$ であり，これは y について連続的に上にシフトして無限遠に行くので全単射が分かる．

問 7.3-3 $\lambda>0, \mu>0$ を実定数とするとき，関数 $w=\lambda z+\frac{\mu}{z}$ は単位円の外部を楕円の外部 $\frac{u^2}{(\lambda+\mu)^2}+\frac{v^2}{(\lambda-\mu)^2}>1$ に等角に写す．この証明は例題 7.3-2 とほぼ同様であるが，$\frac{dw}{dz}=\lambda-\frac{\mu}{z^2}=0$ より $z=\pm\sqrt{\frac{\mu}{\lambda}}$ で等角性が崩れるので，これが単位円の外部に存在しないためには $\lambda>\mu$ が必要である．よって $a>b$ なら，$\lambda+\mu=a$, $\lambda-\mu=b$ から $\lambda=\frac{a+b}{2}$, $\mu=\frac{a-b}{2}$ と選べば，求める写像 $w=\frac{a+b}{2}z+\frac{a-b}{2z}$ となる．$a<b$ のときは，$\lambda+\mu=b$, $\lambda-\mu=a$ から $\lambda=\frac{a+b}{2}$, $\mu=\frac{b-a}{2}$ と取れば $\zeta=\frac{a+b}{2}z+\frac{b-a}{2z}$ により単位円の外部は $\frac{\xi^2}{b^2}+\frac{\eta^2}{a^2}>1$ に写されるので，更に座標の $\frac{\pi}{2}$ 回転 $w=i\zeta$ により，$\frac{u^2}{a^2}+\frac{v^2}{b^2}$ に写される．従ってこのときの等角写像は

$w=\frac{(a+b)i}{2}z+\frac{(b-a)i}{2z}$ となる．

別解として，まず単位円の外を $\zeta=\frac{1}{z}$ により単位円の内部に等角写像し，例題 7.3-2 の写像を適用してもよいが，$a<b$ の場合はいずれにせよ別にやらねばならない．

問 7.3-4 (i) 今度は $x^2+y^2=1$ のとき $v^2=0$ となり，$u^2=4x^2$, 従って単位円の像は実軸上の線分 $[-2,2]$ となる．$\frac{dw}{dz}=0$ となるのは $z=\pm1$ で，この像は上記線分の端点である．単位円の外部がこの線分の補集合（無限遠点も含む）に等角に写されることは例題 7.3-2 と同様にして示せる．単位円の内部についても，別に全体が線分に潰れるわけではなく，同じ領域に写像される．これは $w=z+\frac{1}{z}$ を z について解いた $z=\frac{w}{2}\pm\sqrt{\frac{w^2}{4}-1}$ という 2 価関数の一意化 Riemann 面への $\boldsymbol{C}$ からの正則写像と思える．（線分 $[-2,2]$ で 2 枚の分枝が貼り合わされる．）

(ii) これらの円は等角性が崩れる点 $z=1$ を通っており，そこでは $w=z+\frac{1}{z}=2+\frac{1}{z}(z-1)^2$ となり，円の境界の半平面は無限小レベルで線分の外部に写され，全体は流線型の尾のような形になる．(1) の円は単位円を内部に含むので，単葉性は (i) から自明であるが，(2) の場合は第四象限で単位円がこの円から少しはみ出し，その像は w 平面で実軸を越えるので，単葉性はこの部分については改めて調べる必要がある．これは次のように示せる：$z^2-wz+1=0$ の 2 根を z_1, z_2, $z_1=re^{-i\theta}$ とし，$0<\theta<\frac{\pi}{2}$ を固定して $r>1$ から単調に減らせば，他の根 $z_2=\frac{1}{r}e^{i\theta}$ は単位円の内部から単調に外に向かって動き，$r=1$ で単位円に達した後，z_1 の方が問題の円周上に来たとき $|re^{-i\theta}+\varepsilon(1-i)|=\sqrt{1+2\varepsilon+2\varepsilon^2}$, 従って $r^2+2\varepsilon r(\cos\theta+\sin\theta)=1+2\varepsilon$, $r=\sqrt{\varepsilon^2(\cos\theta+\sin\theta)^2+1+2\varepsilon}-\varepsilon(\cos\theta+\sin\theta)=\frac{1+2\varepsilon}{\sqrt{\varepsilon^2(\cos\theta+\sin\theta)^2+1+2\varepsilon}+\varepsilon(\cos\theta+\sin\theta)}$ となるので，そのとき z_2 の方がまだ問題の円内に有ることを言えば，二つが同時に円外に存在することは無い．よって上の r の値を代入したとき $|\frac{1}{r}e^{i\theta}+\varepsilon(1-i)|^2-2\varepsilon^2\leq1+2\varepsilon$ となることを言えばよい．この計算は初等的だが長いので．

下図は計算機による描画である．右の方は $\varepsilon=0.2$ のときである．表示されているのは各円の同心円と動径の像であり，直交曲線系を成すが流線ではない．

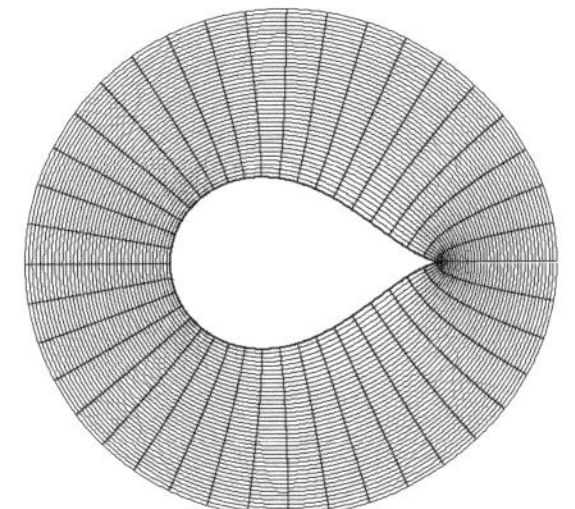
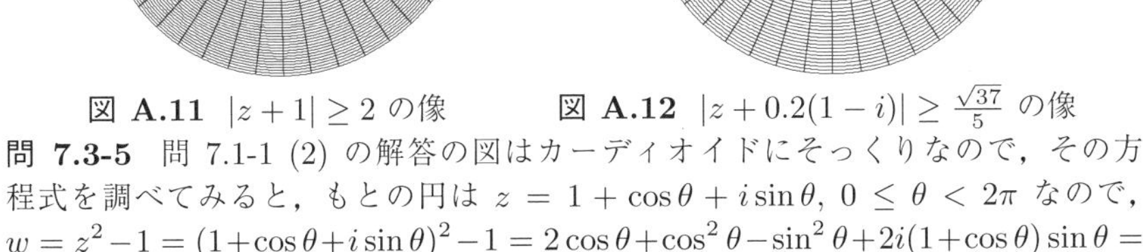

図 **A.11** $|z+1|\geq2$ の像　　図 **A.12** $|z+0.2(1-i)|\geq\frac{\sqrt{37}}{5}$ の像

問 7.3-5 問 7.1-1 (2) の解答の図はカーディオイドにそっくりなので，その方程式を調べてみると，もとの円は $z=1+\cos\theta+i\sin\theta$, $0\leq\theta<2\pi$ なので，$w=z^2-1=(1+\cos\theta+i\sin\theta)^2-1=2\cos\theta+\cos^2\theta-\sin^2\theta+2i(1+\cos\theta)\sin\theta=$

$2(1+\cos\theta)\cos\theta - 1 + 2i(1+\cos\theta)\sin\theta$. これはカーディオイドの極座標表示 $r = 1+\cos\theta$ を 2 倍して -1 だけ平行移動したものになっている．この問題ではもとの領域は原点中心の単位円なので，$z \mapsto z+1$ と置き換えてから $+1$ すれば求める写像 $w = \frac{(z+1)^2}{2}$ が得られる．

別解 (1) で直角座標について行った考察を極表示でやってみる．カーディオイドの極座標表示は $r = 1+\cos\theta,\ 0 \le \theta < 2\pi$ であるが，これを複素数の極表示に翻訳すると $w = re^{i\theta} = (1+\cos\theta)e^{i\theta}$ となる．これは $z = e^{i\theta}$ と置けば，$w = \left(1+\frac{z+\overline{z}}{2}\right)z = \frac{1}{2}(2z+z^2+1) = \frac{1}{2}(z+1)^2$ となる．よって z の絶対値 1 の制限を取り払ってこのまま複素関数とみなせば，導関数の零点は $z=-1$ だけであり，単位円は局所等角にカーディオイドの内部または外部に写像される．$z=0$ の行き先は $w=\frac{1}{2}$ でカーディオイドの中に有るので，あとは大域的等角性を見ればよいが，これは z^2 の挙動からほぼ自明である．

問 7.3-6 問題の半帯領域は $\zeta = \frac{\pi}{2}iz$ により例題 7.3-3 の半帯領域に写される．よって求める写像は $w = \sin\zeta = \sin\frac{\pi}{2}iz = \frac{e^{-\frac{\pi}{2}z}-e^{\frac{\pi}{2}z}}{2i} = i\frac{e^{\frac{\pi}{2}z}-e^{-\frac{\pi}{2}z}}{2} = i\sinh\frac{\pi}{2}z$.

問 7.3-7 (1) 像領域の直角を少し縮めて二等辺三角形とし，そこへの等角写像で無限遠点を追加された頂点に写すものを定理により作る．この頂点を無限に遠ざければこの式となり，定理 7.8 より極限も単葉．与式は $w = -c_1 i\,\mathrm{Arcsin}\,z + c_2$ と積分される．z が実の線分 $|x| \le 1$ を動くとき w が実の線分 $|w| \le 1$ を動く条件は $\mp\frac{\pi}{2}c_1 i + c_2 = \pm 1$. これより $c_1 = \frac{2}{\pi}i,\ c_2 = 0$ で写像関数は $w = \frac{2}{\pi}\mathrm{Arcsin}\,z$ となる．
(2) この逆関数は $z = \sin\frac{\pi}{2}w$ で，例題 7.3-3 の写像関数の z の帯幅を π から 2 に相似縮小したものと一致する．

問 7.3-8 鏡像の原理（例題 6.1-1）により，f は $|z| = r_1$ を越えて内側に $\frac{r_1^2}{R_1} < |z| \le r_1$ まで解析接続できる．像の方は $\frac{r_2^2}{R_2} < |w| \le r_1$ まで延びる．再び $|z| = \frac{r_1^2}{R_1}$ において鏡像の原理を用いると更に $|z| = \frac{r_1^4}{R_1^3}$ まで延びる．これを繰り返すと f は $0 < |z| < R_1$ で正則になりその像は $0 < |w| < R_2$ に含まれる．故に Riemann の除去可能特異点定理により f は原点でも正則となる．f による原点の行き先は原点しか有り得ないので，$f(0) = 0$, かつこれ以外に零点は存在しない．再び鏡像の原理により，f は $|z| \ge R_1$ にも解析接続され，無限遠で 1 位の極を持つ．よって $f(z) = cz$ の形となり（回転を除けば）円環は $|c|$ 倍の相似拡大/縮小を受けるだけである．

第8章

問 8.1-1 多項式は変数の平行移動･相似変換をしても多項式なので，$\Omega = \{|z| < 1\}$ として一般性を失わない．$f(z)$ が $|z| < 1$ で正則，$|z| \le 1$ で連続とする．$n = 1, 2, \ldots$ に対し $f_n(z) := f((1+\frac{1}{n})^{-1}z)$ は $|z| < 1 + \frac{1}{n}$ で正則で，$n \to \infty$ のとき $|z| \le 1$ 上一様に $f(z)$ に収束することが $f(z)$ の $|z| \le 1$ 上での一様連続性から分かる．$f_n(z)$ を Taylor 展開し，その部分和 $g_n(z)$ を f_n が正則な円板内のコンパクト集合 $|z| \le 1$ 上で $|f_n(z) - g_n(z)| < \frac{1}{n}$ を満たすように選べる．すると $g_n(z)$ は $|z| \le 1$ 上 $f(z)$ に一様収束する多項式の列となる．

問 8.1-2 Mergelyan の定理により Ω で正則，$\Omega \cup \partial\Omega$ で連続な関数 $f(z)$ に対し，

$\Omega\cup\partial\Omega$ の近傍で正則な多項式または有理関数より成る列 $f_n(z)$ で，$\Omega\cup\partial\Omega$ 上 $f(z)$ に一様収束するようなものが取れる．すると定理 3.11 の評価 (3.26) から $\forall\varepsilon>0$ に対し $n\geq\exists n_\varepsilon$ で $\left|\oint_{\partial\Omega}f(z)dz-\oint_{\partial\Omega}f_n(z)dz\right|<\varepsilon|\partial\Omega|$ となるが，$f_n(z)$ に対する線積分は補題 3.14 により常に 0 である．よって $f(z)$ に対する線積分も 0 となる．

問 8.2-1 $g(z)=f(\frac{1}{z})$ と置けば，g は $-\frac{\pi}{\alpha}<\arg z<0,\ r>\frac{1}{R}$ で正則，境界まで連続で，境界上 $|g(z)|\leq M$ を満たす．更に領域内で $\forall\varepsilon>0$ に対し $|g(z)|\leq C_\varepsilon e^{\varepsilon|z|^\alpha}$．故に定理 8.8（証明の後の注意も参照）により領域内で $|g(z)|\leq M$ となる．

問 8.2-2 $\sqrt{x+iy}=u+iv$ と置けば $u^2-v^2+2uvi=x+iy$, 従って $u^2-v^2=x$, $2uv=y$ より $u^2-\frac{y^2}{4u^2}=x,\ u^4-xu^2-\frac{y^2}{4}=0$. これを解いて $u^2=\frac{x+\sqrt{x^2+y^2}}{2}$（正根の方を取った）．$u>0$, かつ $x>0$ なので $u=\frac{\sqrt{x+\sqrt{x^2+y^2}}}{\sqrt{2}}\geq\frac{\sqrt{\sqrt{x^2+y^2}}}{\sqrt{2}}=\frac{\sqrt{|z|}}{\sqrt{2}}$.

問 8.2-3 $f(z)/\prod_{j=1}^n(z-\alpha_j)$ を考えると，これは零点を持たない整関数となる．かつ位数は明らかに f と同じ ρ になるので，補題 8.12 により結論が従う．

問 8.2-4 $\mathrm{Re}\left\{\log(1-t)+\left(t+\frac{t^2}{2}+\cdots+\frac{t^{[\rho]}}{[\rho]}\right)\right\}\leq\log|1-t|+\left(|t|+\frac{|t|^2}{2}+\cdots+\frac{|t|^{[\rho]}}{[\rho]}\right)$. ここで $|1-t|\leq 2$ では，$\log|1-t|\leq\log 2$. またこのとき $|t|-1\leq|t-1|\leq 2$ より $|t|\leq 3$ なので，和の部分は有界，従って $|t|\geq\frac{1}{2}$ の冪の定数倍で抑えられることは自明である．最後に $|1-t|>2$ では，$|t|+1\geq|1-t|>2$ より $|t|>1$. 従って有限級数のどの項も $|t|^{[\rho]}$ で抑えられ，また $\log|1-t|\leq\log(1+|t|)\leq|t|$ なので，全体は $([\rho]+1)|t|^{[\rho]}$ で抑えられる．

問 8.2-5 分子の $\sin z$ については e^z の $2\pi i$ 周期性から直ちに従う．分母の無限積については，$z\mapsto z+2\pi$ という置き換えで

$g(z):=z\prod_{n=1}^\infty\left(1-\frac{z^2}{n^2\pi^2}\right)=z\prod_{n=1}^\infty\left(\frac{n\pi+z}{n\pi}\,\frac{n\pi-z}{n\pi}\right)$

$\mapsto g(z+2\pi)=(z+2\pi)\prod_{n=1}^\infty\left\{\frac{(n+2)\pi+z}{n\pi}\,\frac{(n-2)\pi-z}{n\pi}\right\}$

$=(2\pi+z)\left(\frac{3\pi+z}{\pi}\,\frac{-\pi-z}{\pi}\right)\left(\frac{4\pi+z}{2\pi}\,\frac{-z}{2\pi}\right)\left(\frac{5\pi+z}{3\pi}\,\frac{\pi-z}{3\pi}\right)\left(\frac{6\pi+z}{4\pi}\,\frac{2\pi-z}{4\pi}\right)\cdots$. ここで二つの因子 $-\pi-z,\ -z$ の符号を変え，分子を正しい位置にずらすと，形式的にはもとの無限積が得られる．位置のずらしは，もとの無限積で高々 2 個分であることに注意せよ．これより次のような正当化が可能となる：$|z|\leq R$ とし，N を十分大きく選び，この範囲の z に対し $1-\varepsilon<\left|\prod_{n=N+1}^\infty\left(1-\frac{z^2}{n^2\pi^2}\right)\right|<1+\varepsilon$, かつ $n\geq N-1$ について $1-\varepsilon<\left|1\pm\frac{z}{n\pi}\right|<1+\varepsilon$ となるようにできる．このとき $g_N(z):=z\prod_{n=1}^N\left(1-\frac{z^2}{n^2\pi^2}\right)$ に対して上の平行移動と分子の入れ替えを実践すると，$g_N(z+2\pi)=$
$z\prod_{n=1}^{N-2}\left(1-\frac{z^2}{n^2\pi^2}\right)\times\left(1+\frac{z}{(N-1)\pi}\right)\left(1+\frac{z+2\pi}{(N-1)\pi}\right)\left(1+\frac{z}{N\pi}\right)\left(1+\frac{z+2\pi}{N\pi}\right)$ を得る．従って比は $\frac{g_N(z+2\pi)}{g_N(z)}=\left(1+\frac{z+2\pi}{(N-1)\pi}\right)\left(1+\frac{z+2\pi}{N\pi}\right)\left(1-\frac{z}{(N-1)\pi}\right)^{-1}\left(1-\frac{z}{N\pi}\right)^{-1}$ となる．残った因子はいずれも $|z|\leq R-2\pi$ では上で仮定した評価を満たすので，$\left(\frac{1-\varepsilon}{1+\varepsilon}\right)^4<\left|\frac{g_N(z+2\pi)}{g_N(z)}\right|<\left(\frac{1+\varepsilon}{1-\varepsilon}\right)^4$ という評価が得られる．他方，$n\geq N+1$ の部分の積は $z\mapsto z+2\pi$ としても，$|z|\leq R-2\pi$ の範囲では最初に仮定した不等式を満たしている．以上より $\left(\frac{1-\varepsilon}{1+\varepsilon}\right)^5<\left|\frac{g(z+2\pi)}{g(z)}\right|<\left(\frac{1+\varepsilon}{1-\varepsilon}\right)^5$ が得られた．$\varepsilon>0$ は任意なので，これで $\left|\frac{g(z+2\pi)}{g(z)}\right|=1$ が $|z|\leq R-2\pi$ で示された．$R>0$ は任意なので，結局これは $\forall z$ で成り立つが，この比は正則なので，$z=0$ での値 1 に恒等的に等しくなる．

問 8.2-6 $|\Gamma(s)|\leq\int_0^\infty e^{-x}|x^{s-1}|dx=\int_0^\infty e^{-x}x^{\mathrm{Re}\,s-1}dx$ なので，以下 s を正実数

として論じる．$\Gamma''(s)=\int_0^\infty e^{-x}x^{s-1}(\log x)^2dx>0$ から $\Gamma(s)$ は凸関数で，従って $\Gamma(1)=\Gamma(2)=1$ と合わせて $1\le s\le 2$ では $\Gamma(s)\le 1\le e^{s\log s}$ は自明．$s\ge 2$ のときは $n\le s<n+1$ なる正整数 n を取れば，関数等式 (6.2) から $\Gamma(s)=(s-1)(s-2)\cdots(s-n+1)\Gamma(s-n+1)$ で，$1\le s-n+1<2$ なので $\Gamma(s-n+1)\le 1$. 他方，$(s-1)(s-2)\cdots(s-n+1)\le(s-1)^{n-1}\le(s-1)^{(s-1)}=e^{(s-1)\log(s-1)}$ なので証明された．

問 8.2-7 この問題は例 8.2-1 を真似て零点から直接因数分解を推測しそれを正当化することもできるが，長くなるので以下では既知の因数分解を利用して解く．

(1) $e^z-1=2ie^{z/2}\frac{e^{z/2}-e^{-z/2}}{2i}=2ie^{z/2}\sin(-iz/2)=$
$2ie^{z/2}\frac{-iz}{2}\prod_{n=1}^\infty\left(1-\frac{-z^2}{4n^2\pi^2}\right)=e^{z/2}z\prod_{n=1}^\infty\left(1+\frac{z^2}{4n^2\pi^2}\right)$.

(2) (8.14) より $\cos z=\sin(\frac{\pi}{2}-z)=(\frac{\pi}{2}-z)\prod_{n=1}^\infty\left(1-\frac{\pi/2-z}{n\pi}\right)\left(1+\frac{\pi/2-z}{n\pi}\right)$. ここで $\left(1-\frac{\pi/2-z}{n\pi}\right)\left(1+\frac{\pi/2-z}{n\pi}\right)=\frac{(n-1/2)\pi(n+1/2)\pi}{n^2\pi^2}\left(1+\frac{z}{(n-1/2)\pi}\right)\left(1-\frac{z}{(n+1/2)\pi}\right)$. ここで括りだされた係数のすべての積は，再び (8.14) より $\prod(1-\frac{1}{4n^2})=\frac{\sin\frac{\pi}{2}}{\frac{\pi}{2}}=\frac{2}{\pi}$ となる．また新たな無限積は先頭の因子 $(\frac{\pi}{2}-z)$ と合わせて因子を一つずつずらせば（正当化は問 8.2-5 と同様）$\frac{\pi}{2}(1-\frac{z}{\pi/2})\prod_{n=1}^\infty\left(1+\frac{z}{(n-1/2)\pi}\right)\left(1-\frac{z}{(n+1/2)\pi}\right)=\frac{\pi}{2}\prod_{n=1}^\infty\left(1-\frac{z^2}{(n-1/2)^2\pi^2}\right)$. よって答は $\prod_{n=1}^\infty\left(1-\frac{z^2}{(n-1/2)^2\pi^2}\right)$.

(3) (1) より $e^z+1=-(e^{z+\pi i}-1)=-e^{z/2+\pi i/2}(z+\pi i)\prod_{n=1}^\infty\left(1+\frac{(z+\pi i)^2}{4n^2\pi^2}\right)$. ここで $1+\frac{(z+\pi i)^2}{4n^2\pi^2}=\frac{2n\pi i+z+\pi i}{2n\pi}\frac{-2n\pi i+z+\pi i}{2n\pi}=\frac{4n^2-1}{4n^2}\left(1+\frac{z}{(2n+1)\pi i}\right)\left(1-\frac{z}{(2n-1)\pi i}\right)$. 係数の積は (8.14) より $\prod_{n=1}^\infty\left(1-\frac{1}{4n^2}\right)=\frac{2}{\pi}\sin\frac{\pi}{2}=\frac{2}{\pi}$. よって
$e^z+1=-ie^{z/2}(z+\pi i)\frac{2}{\pi}\prod_{n=1}^\infty\left(1+\frac{z}{(2n+1)\pi i}\right)\left(1-\frac{z}{(2n-1)\pi i}\right)$
$=2e^{z/2}\prod_{n=1}^\infty\left(1+\frac{z^2}{(2n-1)^2\pi^2}\right)$. 最後は (2) と同様の因子のずらしを用いた．

問 8.2-8 (8.18) において $z=\frac{\pi}{2},\frac{\pi}{3},\frac{\pi}{4}$ を代入すると，それぞれ

(1) $0=\frac{2}{\pi}-\sum_{n=1}^\infty\frac{\pi}{n^2\pi^2-\frac{\pi^2}{4}}=\frac{2}{\pi}-\frac{4}{\pi}\sum_{n=1}^\infty\frac{1}{4n^2-1}$, 故に $\sum_{n=1}^\infty\frac{1}{4n^2-1}=\frac{1}{2}$.
（これは初等的にも求まる．）

(2) $\frac{1}{\sqrt{3}}=\frac{3}{\pi}-\sum_{n=1}^\infty\frac{2\pi/3}{n^2\pi^2-\pi^2/9}=\frac{3}{\pi}-\frac{6}{\pi}\sum_{n=1}^\infty\frac{1}{9n^2-1}$, $\sum_{n=1}^\infty\frac{1}{9n^2-1}=\frac{1}{2}-\frac{\pi}{6\sqrt{3}}$.

(3) $1=\frac{4}{\pi}-\sum_{n=1}^\infty\frac{2\pi/4}{n^2\pi^2-\pi^2/16}=\frac{4}{\pi}-\frac{8}{\pi}\sum_{n=1}^\infty\frac{1}{16n^2-1}$, $\sum_{n=1}^\infty\frac{1}{16n^2-1}=\frac{1}{2}-\frac{\pi}{8}$.

(4) (8.18) において $z=\pi i$ を代入すると，左辺は $\cot\pi i=i\frac{e^{-\pi}+e^{\pi}}{e^{-\pi}-e^{\pi}}$, また右辺は $\frac{1}{\pi i}-\frac{2i}{\pi}\sum_{n=1}^\infty\frac{1}{n^2+1}$ となるので，$\sum_{n=1}^\infty\frac{1}{n^2+1}=\frac{\pi i}{2}\left(-i\frac{e^{\pi}+e^{-\pi}}{e^{\pi}-e^{-\pi}}-\frac{1}{\pi i}\right)=\frac{\pi}{2}\frac{e^{\pi}+e^{-\pi}}{e^{\pi}-e^{-\pi}}-\frac{1}{2}$.

問 8.2-9 (1) (2.24) により $\cot z=i\frac{e^{iz}+e^{-iz}}{e^{iz}-e^{-iz}}=i\frac{e^{2iz}+1}{e^{2iz}-1}=i+2i\frac{1}{e^{2iz}-1}$. よって $\frac{1}{e^{2iz}-1}=-\frac{1}{2}+\frac{1}{2i}\cot z=-\frac{1}{2}+\frac{1}{2i}\left(\frac{1}{z}+\sum_{n=1}^\infty\frac{2z}{z^2-n^2\pi^2}\right)$. ここで $2iz\mapsto z$ とすれば $\frac{1}{e^z-1}=-\frac{1}{2}+\frac{1}{z}+\sum_{n=1}^\infty\frac{2z}{z^2+4n^2\pi^2}=-\frac{1}{2}+\frac{1}{z}+\sum_{n=1}^\infty\left(\frac{1}{z+2n\pi i}+\frac{1}{z-2n\pi i}\right)$.

別解 問 8.2-7 (1) より $\log(e^z-1)=\frac{z}{2}+\log z+\sum_{n=1}^\infty\log\left(1+\frac{z^2}{4n^2\pi^2}\right)$. この両辺を微分すると $\frac{e^z}{e^z-1}=1+\frac{1}{e^z-1}=\frac{1}{2}+\frac{1}{z}+\sum_{n=1}^\infty\frac{2z}{z^2+4n^2\pi^2}$. これより同じ答を得る．

(2) 上の結果より $\frac{z}{e^z-1}=1-\frac{z}{2}+\sum_{n=1}^\infty\frac{2z^2}{z^2+4n^2\pi^2}$. この級数の部分は
$\sum_{n=1}^\infty\frac{z^2}{2n^2\pi^2}\left(1+\frac{z^2}{4n^2\pi^2}\right)^{-1}=\sum_{n=1}^\infty\frac{z^2}{2n^2\pi^2}\sum_{j=0}^\infty\left(-\frac{z^2}{4n^2\pi^2}\right)^j$
$=-2\sum_{j=0}^\infty\left(-\frac{z^2}{4\pi^2}\right)^{j+1}\sum_{n=1}^\infty\frac{1}{n^{2(j+1)}}=-2\sum_{j=0}^\infty\left(-\frac{z^2}{4\pi^2}\right)^{j+1}\zeta\big(2(j+1)\big)$

$= -2\sum_{j=1}^{\infty}\left(-\frac{z^2}{4\pi^2}\right)^j\zeta(2j)$ と変形でき，従って
$\frac{z}{e^z-1} = 1-\frac{z}{2}+\sum_{j=1}^{\infty}\frac{(-1)^{j-1}}{2^{2j-1}\pi^{2j}}\zeta(2j)z^{2j}$. 他方, 左辺の Taylor 展開の $2j$ 次の係数は未定係数法による漸化式から定まる Bernoulli（ベルヌーイ）数と呼ばれる有理数 B_j（[2], 補題 8.11）を用いて $\frac{(-1)^{j-1}}{(2j)!}B_j$ と表されることが知られており，これから $\zeta(2j) = 2^{2j-1}B_j\pi^{2j}$ が分かる．z^4 までの係数は，漸近計算から $\frac{z}{e^z-1} = \left(1+\frac{z}{2!}+\frac{z^2}{3!}+\frac{z^3}{4!}+\frac{z^4}{5!}+\cdots\right)^{-1}$
$= 1-(\frac{z}{2}+\frac{z^2}{6}+\frac{z^3}{24}+\frac{z^4}{120})+(\frac{z}{2}+\frac{z^2}{6}+\frac{z^3}{24})^2-(\frac{z}{2}+\frac{z^2}{6})^3+(\frac{z}{2})^4+\cdots$
$= 1-\frac{z}{2}+(-\frac{1}{6}+\frac{1}{4})z^2+(-\frac{1}{24}+\frac{1}{6}-\frac{1}{8})z^3+(-\frac{1}{120}+\frac{1}{36}+\frac{1}{24}-\frac{1}{8}+\frac{1}{16})z^4+\cdots$
$= 1-\frac{z}{2}+\frac{z^2}{12}-\frac{z^4}{720}+\cdots$. これより係数比較で $\zeta(2)=\frac{\pi^2}{6}$, $\zeta(4)=\frac{\pi^4}{90}$ が分かる．
問 8.2-10 (8.19) の両辺に $z=1$ を代入すると $\Gamma'(1) = -\gamma-1+\sum_{n=1}^{\infty}\frac{1}{n(1+n)} = -\gamma-1+\sum_{n=1}^{\infty}\left(\frac{1}{n}-\frac{1}{n+1}\right) = -\gamma$.

第9章

問 9.1-1 $\sqrt{(z-a)(z-b)}$ については，$a=0$, $b=\infty$ と考えると，図 9.1 と同様 Riemann 球面の 2 重被覆になり，結局 Riemann 球面自身と同じになる．$\sqrt{(z-a)(z-b)(z-c)(z-d)}$ の方は a と b, および c と d を繋ぐスリットを作り，図 9.2 と同様に変形してゆくと，同じ形のトーラス面ができる．こちらは無限遠点では分岐していない．変形過程と出来上がりの図は .
問 9.2-1 $\forall M>0$ に対し，$|z|\le M$ では $N=2M$ と選ぶとき $\sqrt{m^2+n^2}\le N$ なる (m,n) は有限個で収束の問題は無い．他方 $\sqrt{m^2+n^2}\ge N$ なら三角不等式により $|z-m-in|\ge|m+in|-|z|\ge\frac{1}{2}|m+in|+\frac{1}{2}N-M=\frac{1}{2}|m+in|$. 従って z には依らない級数で $\left|\frac{1}{(z-m-in)^k}\right|\le 2^{-k}(m^2+n^2)^{-k/2}$ と抑えられ，$k\ge 3$ なのでこの部分は一様に絶対収束する．2 重級数の収束の定義と他の二つの解答は .
問 9.2-2 手による計算は , 計算機は付録の課題 6 参照．
問 9.2-3 $u=\frac{k}{x}+l, v=\frac{my}{x^2}$ なる変換で，$v^2=u(u-1)(u-a)$ は $\frac{m^2y^2}{x^4} = (\frac{k}{x}+l)(\frac{k}{x}+l-1)(\frac{k}{x}+l-a)$, すなわち $m^2y^2 = l(l-1)(l-a)x(x+\frac{k}{l})(x+\frac{k}{l-1})(x+\frac{k}{l-a})$ となる．ここで $\frac{k}{l}=-1$ ととれば $l=-k$. 次いで $\frac{k}{l-1}=-2$, i.e. $k=-2(l-1)$ ととれば $l=2$, 従って $k=-2$. これより $m=\sqrt{l(l-1)(l-a)}=\sqrt{2(2-a)}$. このとき $b=-\frac{k}{l-a}=\frac{2}{2-a}$ である．この b の値で求める変換が実現した．
逆に，$x=\frac{k}{u}+l, y=m(x-l)^2v=\frac{mk^2v}{u^2}$ を $y^2=(x^2-1)(4-x^2)$ に代入すると，$\frac{m^2k^4v^2}{u^4} = ((\frac{k}{u}+l)^2-1)(4-(\frac{k}{u}+l)^2) = (\frac{k}{u}+l-1)(\frac{k}{u}+l+1)(2-l-\frac{k}{u})(2+l+\frac{k}{u})$. ここで l をもとの式の右辺の根のどれか, 例えば 1 に選ぶと, $\frac{m^2k^4v^2}{u^4} = \frac{k}{u}(\frac{k}{u}+2)(1-\frac{k}{u})(3+\frac{k}{u})$. よって $m^2k^4v^2 = k(2u+k)(u-k)(3u+k) = 6k(u-k)(u+\frac{k}{2})(u+\frac{k}{3})$. i.e. $\frac{m^2k^3}{6}v^2 = (u-k)(u+\frac{k}{2})(u+\frac{k}{3})$. $k=6$ ととれば $m^26^2v^2=(u-6)(u+3)(u+2)$. $m=\frac{1}{6}$ とし，$u\mapsto u-3$ と変換すれば，$v^2=u(u-1)(u-9)$ になる．
問 9.2-4 $x=\wp(t)$ を代入すると，積分は $\int\frac{\wp'(t)dt}{\sqrt{4\wp(t)^3-g_2\wp(t)-g_3}}$ に変換される．(9.18) によりこれは $=\int dt = t = \wp^{-1}(x)$ となる .
問 9.2-5 (9.18) の両辺を微分すると $2\wp'\wp''=12\wp^2\wp'-g_2\wp'$. $\wp'\ne 0$ で両辺を割

ると $2\wp'' = 12\wp^2 - g_2$, i.e. $\wp'' = 6\wp^2 - \frac{g_2}{2}$. 更に微分すると $\wp''' = 12\wp\wp'$.

別解 両辺の $z=0$ における Laurent 展開の非正冪の項が一致することを見ればよい．例えば後者については，左辺 $= -\frac{24}{z^5}$, 右辺 $= 12(\frac{1}{z^2} + 3G_2z^2)(-\frac{2}{z^3} + 6G_2z) + \cdots = -\frac{24}{z^5} - \frac{72G_2}{z} + \frac{72G_2}{z} + \cdots$ で一致する．

問 9.2-6 v を $\wp$ の任意の正則点に固定し，u を動かすと，左辺の極は $u = -v$ だけで，そこでの Laurent 展開の負冪の項は $\frac{1}{(u+v)^2}$ のみである．他方，$\wp(u) - \wp(v) = \wp(u+v-v) - \wp(-v) = \wp'(-v)(u+v) + \frac{\wp''(-v)}{2}(u+v)^2 + \cdots$, また $\wp'(u) - \wp'(v) = \wp'(u+v-v) + \wp'(-v) = 2\wp'(-v) + \wp''(-v)(u+v) + \cdots$. よって $(\wp'(u) - \wp'(v))^2 = 4\wp'(v)^2\{1 - \frac{\wp''(v)}{2\wp'(v)}(u+v) + \cdots\}^2$

$= 4\wp'(v)^2\{1 - \frac{\wp''(v)}{\wp'(v)}(u+v) + \cdots\}$, また

$\frac{1}{(\wp(u) - \wp(v))^2} = \frac{1}{\wp'(v)^2(u+v)^2}\{1 - \frac{\wp''(v)}{2\wp'(v)}(u+v) + \cdots\}^{-2}$

$= \frac{1}{\wp'(v)^2(u+v)^2}\{1 + \frac{\wp''(v)}{\wp'(v)}(u+v) + \cdots\}$. 故に右辺は $\frac{1}{4}\frac{(\wp'(u)-\wp'(v))^2}{(\wp(u)-\wp(v))^2} + O(1) = \frac{1}{(u+v)^2}\{1 + O(u+v)^2\} + O(1)$ となり左辺と負冪項が一致する．よって両辺の差は $u = -v$ で正則である．(9.20) の右辺には見かけ上 $u = 0$ にも特異点が有るが，この点での Laurent 展開は，正冪にしか関与しない部分を $\cdots$ で略すと

$-\frac{1}{u^2} - \wp(v) + \frac{1}{4}\left(\frac{-\frac{2}{u^3} - \wp'(v) + \cdots}{\frac{1}{u^2} - \wp(v) + \cdots}\right)^2 = -\frac{1}{u^2} - \wp(v) + \frac{1}{u^2}(1 - \wp(v)u^2)^{-2} + \cdots = -\frac{1}{u^2} - \wp(v) + \frac{1}{u^2} + 2\wp(v) + \cdots = \wp(v) + \cdots$ となる．よって (9.20) の 両辺の差は u の正則関数となり，従って Liouville の定理により定数となるが，$u = 0$ での展開は定数項も打ち消しているので，実は恒等的に零となる．

問 9.2-7 $\wp(u) = x_1$, $\wp'(u) = y_1$, $\wp(v) = x_2$, $\wp'(v) = y_2$ と置き，$P(x_1, y_1) + Q(x_2, y_2) = R(x_3, y_3)$ を定義 9.4 に従って計算したものが $x_3 = \wp(u+v)$, $y_3 = \wp'(u+v)$ となっていることを見ればよい．ただし，(9.18) の右辺は定義 9.4 が仮定する曲線の方程式と少し形がずれているので，合わせるため実際には両辺を 4 で割った後，$\frac{\wp'(u)}{2}$ を y_1 で，$\frac{\wp'(v)}{2}$ を y_2 で置き換え，また $a = 0$, $b = -\frac{g_2}{4}$ とみなさねばならない．この読み替えに従うと $\wp$ 関数の加法公式 (9.20) は定義 9.4 の記号で $\wp(u+v) = -x_1 - x_2 + \left(\frac{y_1 - y_2}{x_1 - x_2}\right)^2 = \lambda^2 - x_1 - x_2$ となる．これは (9.12)–(9.13) の x_3 に他ならない．次に (9.20) の両辺を u で偏微分して $\wp'(u+v) = -\wp'(u) + \frac{1}{2}\frac{\wp'(u)-\wp'(v)}{\wp(u)-\wp(v)}\left\{\frac{\wp''(u)}{\wp(u)-\wp(v)} - \frac{(\wp'(u)-\wp'(v))\wp'(u)}{(\wp(u)-\wp(v))^2}\right\}$. ここで問 9.2-5 により $\wp''(u) = 6\wp(u)^2 - \frac{g_2}{2} = 6x_1^2 + 2b$ に注意すると，$\frac{1}{2}\wp'(u+v) = -y_1 + \frac{\lambda}{x_1 - x_2}(3x_1^2 + b - 2\lambda y_1)$. ここで (9.18) の z に u, v を代入したものの差を取ると，$\wp'(u)^2 - \wp'(v)^2 = 4(\wp(u)^3 - \wp(v)^3) - g_2(\wp(u) - \wp(v))$. 両辺を $4(\wp(u) - \wp(v))$ で割ると，$\lambda(y_1 + y_2) = x_1^2 + x_1x_2 + x_2^2 - \frac{g_2}{4}$. よって $b = \lambda(y_1 + y_2) - (x_1^2 + x_1x_2 + x_2^2)$. これを上に代入すると，$\frac{1}{2}\wp'(u+v) = -y_1 + \frac{\lambda}{x_1 - x_2}(3x_1^2 + \lambda(y_1 + y_2) - (x_1^2 + x_1x_2 + x_2^2) - 2\lambda y_1) = -y_1 - \lambda\frac{\lambda(y_1 - y_2)}{x_1 - x_2} + \lambda\frac{2x_1^2 - x_1x_2 - x_2^2}{x_1 - x_2} = -y_1 - \lambda^3 + \lambda(2x_1 + x_2) = (-\lambda^3 + \lambda x_1 + \lambda x_2) - y_1 + \lambda x_1 = -\lambda x_3 - y_1 + \lambda x_1 = y_3$.

最後の問は，正則写像が局所同型なこと，及び，どちらも群なので，単位元の近傍が全体を生成できることから大域的同型が分かる．

参考文献

下記は，最初に本文中で予備知識として引用した著者による教科書，次いで関数論の教科書で著者が参考にしてきたもの，最後に特定の話題や発展した内容に関する書物，の順に並べています．載せきれなかった文献はサポートページで紹介予定です．

[1] 金子晃『基礎と応用微分積分 I』，サイエンス社，2000.

[2] ――― 『基礎と応用微分積分 II』，サイエンス社，2001.

[3] ――― 『線形代数講義』，サイエンス社，2004.

[4] ――― 『応用代数講義』，サイエンス社，2006.

[5] ――― 『数値計算講義』，サイエンス社，2009.

[6] ――― 『数理基礎論講義』，サイエンス社，2010.

[7] ――― 『微分方程式講義』，サイエンス社，2014.

[8] 吉田洋一『函数論』，岩波全書，1938（第 2 版 2015）.

著者が高 1 のときに初めて手にした学部レベルの数学書で，位相の議論が全く分からず，いわゆる写経ということをしました．今回執筆にあたり久しぶりに読み返してみて，初心者向けに実に懇切丁寧に書かれているのを知り，ある種の感慨に浸りました．

[9] Ahlfors L.（吉田節三訳）『複素解析』，吉岡書店，1968.

著者が数学科 3 年のとき及川廣太郎先生の関数論の講義で教科書指定されたもので，Cauchy の積分公式を円板に限って関数論の基礎付けができること，ホモロジー論に基づいた展開，最大値原理を開写像性から導くことなどが特色で，本書でも継承しています．

[10] 辻正次・小松勇作編『大学演習函数論』，裳華房，1959.

関数論のほぼ全分野に渡る事項が集められており，演習問題の体裁ですが，解答も付いているので辞書代わりになり，著者も学生時代から大いに利用してきました．

[11] Titchmarsh E. C. “The Theory of Functions” (2nd Edition), Oxford Univ. Press, 1939.

[12] 辻正次『複素函数論』，槇書店，1968.

[13] 河田敬義『位相数学』，共立出版，1956.

著者が高 2 のとき郷里の書店の店頭で購入できた最も現代的な数学書で，こんなのも数学なのかと驚いた記憶があります．内容は今となっては古典的ですが，Jordan の曲線定理の証明が載っている数少ない書物なので，自分の思い出だけでなく文献に挙げておきます．

[14] 岩澤健吉『代数函数論』，岩波書店，1988.

[15] 高橋礼司『複素解析』，東京大学出版会，1990.

[16] 及川廣太郎『リーマン面』，共立出版，1970.

[17] 武部尚志『楕円積分と楕円関数』，日本評論社，2019.

[18] Boas R. P. “Entire Functions”, Academic Press, 1954.

[19] 小松勇作『等角寫像論上下』，共立出版，1944, 1949.

索　引

ま　行

や　行

ら　行

欧　字

ギリシャ文字

著者略歴

金子　晃（かねこ　あきら）

1968 年　東京大学 理学部 数学科卒業
1973 年　東京大学 教養学部 助教授
1987 年　東京大学 教養学部 教授
1997 年　お茶の水女子大学 理学部 情報科学科 教授
　　　　理学博士，東京大学・お茶の水女子大学
　　　　名誉教授

主要著書

数理系のための 基礎と応用 微分積分 I, II
（サイエンス社，2000, 2001）
線形代数講義（サイエンス社，2004）
応用代数講義（サイエンス社，2006）
数値計算講義（サイエンス社，2009）
数理基礎論講義（サイエンス社，2010）
微分方程式講義（サイエンス社，2014）
基礎演習 微分方程式（サイエンス社，2015）
基礎演習 線形代数（サイエンス社，2017）
定数係数線型偏微分方程式（岩波講座基礎数学，1976）
超函数入門（東京大学出版会，1980–82）
教養の数学・計算機（東京大学出版会，1991）
偏微分方程式入門（東京大学出版会，1998）

ライブラリ数理・情報系の数学講義＝5

関数論講義

2021 年 4 月 25 日 ©　　　初 版 発 行

著 者 金子　晃　　　発行者 森 平 敏 孝
　　　　　　　　　　印刷者 馬 場 信 幸
　　　　　　　　　　製本者 小 西 惠 介

発行所　**株式会社 サ イ エ ン ス 社**

〒151–0051 東京都渋谷区千駄ヶ谷 1 丁目 3 番 25 号
営業 ☎ (03) 5474–8500（代） 振替 00170–7–2387
編集 ☎ (03) 5474–8600（代）
FAX ☎ (03) 5474–8900

印刷 三美印刷(株)　　　製本 (株)ブックアート

サイエンス社のホームページのご案内
https://www.saiensu.co.jp
ご意見・ご要望は
rikei@saiensu.co.jp まで．

ISBN978–4–7819–1504–3

PRINTED IN JAPAN